矿山地质选集

第四卷 矿山地质与地球物理新进展

主编 汪贻水
彭 觥
肖垂斌

内容简介

《矿山地质选集》是值中国地质学会矿山地质专业委员会成立35周年之际，根据“国务院关于加强矿山地质工作的决定”，将我国各矿山地质工作者及中国地质学会矿山地质专业委员会35年来在做好矿山地质工作方面所取得的成绩、进展和突破，以其阶段性总结、著作、论文形式集结出版，以达到承前启后，促进提升的作用。选集共分十卷，内容包括矿山地质实用手册，实用矿山地质学理论与工作，六十四种有色金属及中国铂业，矿山地质与地球物理新进展，工艺矿物学研究与矿山深部找矿，3DMine在矿山地质领域的研究和应用，尾矿库设计、施工、管理及尾矿资源开发利用技术手册，铅锌矿山找矿新成就，铜金矿山找矿新突破，矿山地质理论与实践创新。

本卷为《矿山地质选集第四卷：矿山地质与地球物理新进展》，由《矿山地质选集》丛书主编汪贻水、彭觥、肖垂斌选编自孙振家主编的《中国矿山地质找矿与矿产经济》（中南大学出版社2000年出版）和彭觥、汪贻水、孙振家、汤井田主编的《当代矿山地质地球物理新进展》（中南大学出版社2004年出版）。主要内容包括：矿产资源勘查进展与矿业可持续发展，矿山外围及深边部找矿的新理论、新成果，老矿山二轮地质找矿的典型经验，矿产经济分析与资源综合利用，地球物理找矿新方法、新技术。

本书主要供矿山地质工程师使用，对从事矿山地质领域的科研、设计、教学、矿山管理人员也是一部极为重要的参考书。

《矿山地质选集》编委会

前　言

今年是中国地质学会矿山地质专业委员会成立35周年。35年来，全国矿山地质找矿、勘探和开发取得了巨大成就，矿山地质学的理论研究和矿山地质找矿的新技术、新方法也有了长足的进展，发表的地质论著数以千计。此次就中国地质学会矿山地质专业委员会成立35周年之际，我们选择了部分论文著作编辑出版这套《矿山地质选集》，共分为十卷。第一卷为矿山地质实用手册，第二卷为实用矿山地质学理论与工作，第三卷为六十四种有色金属及中国铂业，第四卷为矿山地质与地球物理新进展，第五卷为工艺矿物学研究与矿山深部找矿，第六卷为3DMine在矿山地质领域的研究和应用，第七卷为尾矿库设计、施工、管理及尾矿资源开发利用技术手册，第八卷为铅锌矿山找矿新成就，第九卷为铜金矿山找矿新突破，第十卷为矿山地质理论与实践创新。

自中华人民共和国成立特别是改革开放30多年以来，广大地质工作者在全国范围内开展了大规模的矿产勘查工作，作出了巨大贡献，有力地为我国工农业生产及国民经济增长提供了矿产资源保障。矿业的发展，也给矿山地质工作带来了极为繁重的任务，但意义也极为重大。2006年1月20日国发[2006]4号文《国务院关于加强地质工作的决定》指出："矿山地质工作对合理开发利用资源、延长现有矿山服务年限意义重大。按照理论指导、技术优先、探边摸底、外围拓展的方针，搞好矿山地质工作。加强矿山生产过程的补充勘探，指导科学开采。加快危机矿山、现有油气田和资源枯竭城市接替资源勘查，大力推进深部和外围找矿工作。开展共伴生矿产和尾矿的综合评价、勘查和利用。做好矿山关闭和复垦的地质工作。"

为贯彻上述宗旨，中国地质学会矿山地质专业委员会及其有关矿山35年来，竭尽全力，将扩大矿山接替资源、延长矿山服务年限作为首要任务，为发展矿山地质工作作出了重要贡献，为许多大、中型矿山提供了大量的补充资源，例如中国铂业——金川大型铜镍(铂)硫化物矿床；中国古铜都——铜陵及周边地区找矿理论及实践；紫金矿业及山东玲珑金矿的找矿进展；戈壁明珠——锡铁山铅锌矿和西南麒麟——会泽铅锌矿以及广东凡口铅锌矿的深边部找矿突破，均使这些大矿山获得了新的生命，全国矿山地质工作也取得了宝贵的经验。

为适应建设资源节约型、环境友好型社会的总体要求，必须以科技进步为手段，以管理创新为基础，以矿产资源节约与综合利用为重要着力点，全面提高矿产资源开发利用效率和水平。多年实践证明，工艺矿物学研究在矿产资源评价和矿产综合利用过程中起到了极其重要的作用，尤其在低品位、共伴生、复杂难选等矿产资源及尾矿资源的开发利用过程中取得了明显的效果。许多矿山在这一方面取得了重要进展和可观的效益。

加强矿山管理和环境地质工作，合理规划地质资源的开采，防止乱挖滥采，提高采、选回收率，减少贫化损失和浪费，也是矿山地质的一项重要工作，要大力开发利用排弃物质，变废为宝，增加矿山收益。

矿产资源是矿业发展的基础，人才资源是矿业发展的保障。中国地质学会矿山地质专业委员会成立35年来，一直得到我国老一辈地质学家的关心和支持。一方面是他们对学会和对矿山地质发展的关心和支持，另一方面，在他们的培养和帮助下，大批年轻的矿山地质工作者不断成长、崛起。在大家共同努力下，开创出今天的矿山地质事业的大好局面。《矿山地质选集》所收录的部分论文著作，反映了我国老一辈和新一代地质工作者在矿山地质理论研究、矿山地质地球物理找矿新方法新技术、计算机技术和3DMine软件在矿山地质中的应用、矿山深边部找矿等方面的新进展、新突破。只是鉴于选集篇幅所限，无法将35年来矿山地质工作者的论文全部选入，敬请谅解！

展望未来，虽形势大好，但任务仍然艰巨。唯有以此为新的起点，努力攀登新的高峰！

让我们共同努力吧！

《矿山地质选集》编委会

2015年3月

目 录

一、矿产资源勘查进展与矿业可持续发展

二、矿山外围及深边部找矿的新理论、新成果

三、老矿山二轮地质找矿的典型经验

四、矿产经济分析与资源综合利用

五、地球物理找矿新方法、新技术

一、矿产资源勘查进展与矿业可持续发展

矿山地球物理勘探新进展

何继善 柳建新 严家斌
（中南大学，长沙，410083）

摘 要：结合中南大学地球物理勘察新技术研究所针对矿山地球物理勘探领域所存在的世界性难题开展的研究和取得的突破性进展，介绍了该所近几年在我国生产矿山深边部和近外围开展地球物理勘探工作所取得的成果。

关键词：生产矿山；地球物理勘探；新技术；新思路；奇性指标；矿致异常

1 简述

我国现有矿山9000多座，乡镇集体和个体矿山26万多个，具有2000多万矿业大军，从矿产资源总量来看，我国是世界上的资源大国，但如将我国的矿产资源情况与社会经济因素联系起来分析，情况则不容乐观：

（1）我国矿产资源总量与人口规模相比较，人均资源占有量居世界第80位，不及世界平均水平的一半。

（2）部分已探明的矿产资源因受外部条件限制在近期内难以开采利用。

（3）在各种矿产资源中，危机最严重的是金属矿产资源，而有色金属矿产资源危机更是首当其冲。

目前的严峻形势是：大多数矿山由于资源近于枯萎，如不能在近期找到接替资源，部分矿山将因丧失生产能力而走向关闭，这将会造成大量职工失业下岗，给社会带来不稳定因素。

反之，如能在这些资源危机的生产矿山深边部及近外围找到新的接替资源，就可直接利用矿山原有生产条件和设备进行开采和冶炼，做到既快又省地解决矿山所面临的资源危机问题，同时还可促进社会稳定。因此，在生产矿山的深边部及近外围寻找新的接替资源，具有十分重要的意义。

2 生产矿山接替资源勘探难度大

我国许多矿山的资源面临枯竭、保证程度低（尤其是有色金属矿山）的原因是多方面的。一是有的矿山确实因资源已完全探明，开采已到晚期，属正常闭矿之列；二是有的矿山以往的工作尚未做细，潜在的资源并未探明，是有潜力可挖的；三是以往的矿山地质工作主要是配合开采过程进行，对矿山后续资源的寻找工作开展不多，加上矿山地质队伍力量薄弱，找矿力度不大。

那些有潜力可挖的和以往找矿力度不大的生产矿山是有一定找矿前景的，问题在于生产矿山（特别是有色金属矿山）深边部及近外围找矿具有相当大的难度，归纳起来主要有以下几个方面：

（1）我们面临的矿山大多是脉状矿床，这类矿山一般都经过了多次找矿研究，在成矿规律和找矿方法上形成了一定的模式，多年来一直应用固定的常规方法找矿，因而很难取得突破。对这类矿山必须以新的思路、新的方法进行成矿构造研究，解决不同地质环境矿脉空间分布规律的问题。

（2）在生产矿山深边部找矿要求物探方法的探测深度大、分辨能力强。

（3）许多矿山都存在碳质干扰，要求物探方法能有效地区分矿致异常和碳质异常。

(4)生产矿山的各种设施、坑道和废石对找矿信息可造成极大干扰。

(5)生产矿山用电干扰大，要求物探仪器抗工业电流干扰的能力很强。

(6)浅表层大型矿、易识别矿发现的机会越来越少。

(7)生产矿山经济困难，无法提供必要的研究经费，要求研究者有极大的责任感和奉献精神。

因此，生产矿山深边部和近外围勘探研究必须摆脱原来的老思路，采用新的找矿方法、新的技术、新的思路，利用新的仪器设备、新的机制，发挥多学科优势，并充分发挥研究人员的主观能动性，才能取得突破性进展。

3 研究成果与创新

众所周知，电法勘探(包括激电法和电磁法)对金属矿有很好的反映，因此在寻找金属矿时人们通常选用既能反映岩、矿石电阻率又能反映岩、矿石电化学性质的方法，遗憾的是这些方法一直存在着三大难题，多年来地球物理工作者一直被这三大难题所困惑，极大地影响了地球物理找矿效果。这三大难题是：

(1)碳质岩石也能产生激电异常，很难将其与矿异常区别。

(2)要加大探测深度必须加大极距，而加大极距就会出现感应耦合。

(3)当主矿体上方有小矿体或矿化体时，会造成屏蔽效应，难于分辨深部矿体。

这三大难题是国际上多年来未解决的热门课题，中南大学地球物理勘察新技术研究所“生产矿山地质地球物理”课题组经过多年的理论研究与生产实践，针对这些国际性的难题进行了不懈的努力，终于从理论上寻找到了解决这些难题的方法，并已将我们的研究成果成功地应用到了危机矿山深部、边部和外围找矿工作，取得了不小的成绩。例如在湘东钨矿、湘西金矿、江永县银铅锌矿、广西泗顶铅锌矿、安徽铜陵凤凰山矿区、甘肃石青硐及国内其他大型矿山都找到了一些新的矿体，缓解了这些矿山近期资源接替危机。

总的来说，我们的研究主要体现在以下几个方面：

(1)用频谱差异和非线性响应区分碳质异常。

(2)用斩波和相干积分直接消除感应耦合。

(3)用奇性指标除去浅部干扰。

(4)用定场源微分测深分辨三维矿体。

此外，在采用大功率、大电流压制工业干扰提高信噪比方面，我们也开展了许多研究，试制出了用于不同方法的大功率发送设备。

3.1 频谱差异区分碳质异常

对于区分碳质异常，国内外学者常以变频方式测量激电相位谱的方法，虽然这方面文章很多，却未见实际使用报道。主要原因是：①低频段测量速度很慢；②高频段感应严重；③野外的相位曲线很平缓，变频测量相位的精度难以达到要求。

针对相位谱的上述特征，我们提出了伪随机(多)三频相位法。伪随机三频法有以下特点：①三个频率选在中频区，能反映关键信息；②测量速度快，且无感应影响；③三频同时测量，精度高；④可以在普查时就全面测量，不增加成本，因而数据量大，区分的可靠性大为提高。

3.2 非线性区分碳质异常

金属硫化物都是半导体，而碳质则不是，它们在电流密度变化时的非线性范围是明显不同的，国外学者在直流电场中作了许多研究，均因精度达不到区分要求而放弃了。经过多年的研究和大量的标本测试分析，我们发现了在频域场中电化学非线性效应的特殊响应，找到了准确反映非线性响应的方法，能从更本质的角度区分碳质异常。

3.3 除去感应耦合新方法

长期以来人们对为加大勘探深度而加大极距所遇到的感应耦合问题进行了许多的研究，总的来说，以前国内外学者采取的都是从野外实测数据中减去在室内模型计算出的感应耦合理论值的消除方法。例如Zonge(美国)用水平层状介质的理论值；Pelton(加拿大)用 Cole-Cole 模型计算理论值。由于这些“理论值”都是一种粗糙的近似，很难(甚至无法)在实际中应用，因此一直停留在理论阶段，未能得到实际应用。

我们在研究感应耦合和矿体异常规律基础上，提出了“斩波”和“相干积分”两种直接消除感应耦合的方法，这两种消除方法不但在理论上先进，在实际中也切实可行，我们还设计了在测量时直接消除感应耦合的抗感应耦合型的仪器，结束了国内外在室内用近似计算消除感应耦合的历史，从而可以加大探测深度。

3.4 用奇性指标除去浅部干扰

浅部电性不均匀引起的干扰异常是一种局部效应，我们应用小波变换的时域双重局部性能，提出了一种可以刻画异常特征的新参数——“奇性指标”。

理论上证明：深部二维和三维地质体引起的异常奇性指标大于零，而浅部电性及其他原因的干扰异常的奇性指标小于零，从而可通过判别奇性指标的正负，自动识别浅部干扰异常。应用多分辨分析，可以将信号在不同尺度(分辨率)下分解，且分解后的信号可恢复到原始信号。由于能识别干扰异常，因而在重构中可以将干扰异常从不同的分辨率意义下消除。最后，我们对小波理论作了扩展，提出了高分辨率消除干扰异常的最佳方法。

3.5 定场源微分测深分辨三维矿体

传统的对称四极测深分不出层状矿体和三维矿体，测不出三维矿体底面的反映。为此，我们发展了定场源微分测深法，该方法不仅能很好地确定出矿体的形态，还能清晰地反映矿体的顶面和底面深度，达到矿体空间精确定位的目的。

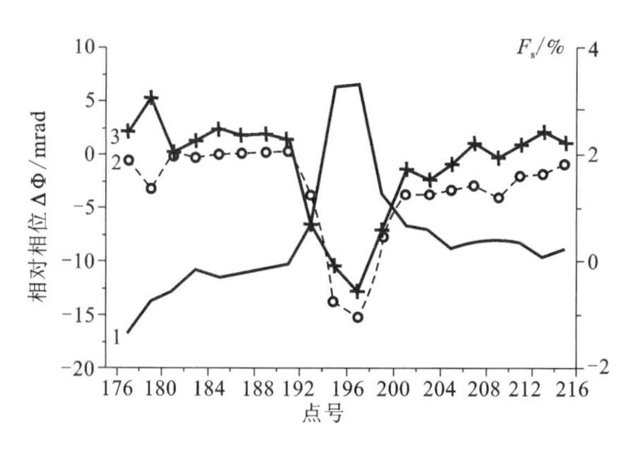

图 1 路福 86 线三频激电测量结果

1—低 - 中；2—中 - 高；3—F_s

4 应用效果

对于不同类型、不同矿种、不同成矿规律的矿山，我们通常采用物探与地质相结合、理论研究与应用研究相结合、不同物探方法相互组合等找矿思路和手段。多年来我们已在全国 20 多个矿山(大多为生产矿山)开展了接替资源的勘探研究项目，在大多数研究矿山都取得了很好的地质效果。如在湘西金矿找到了 40 多 t 金(已有近 30 t 被沿脉坑道所控制)、15 万 t 锑、6000 t 三氧化钨；在湘东钨矿找到了 5000 t 三氧化钨；在广西泗顶铅锌矿找到了铅锌平均品位达 13.4% 的优质铅锌矿；在甘肃石青硐找到了铜铅锌金银多金属矿；在安徽铜陵凤凰山铜矿找到了优质铜矿体。

例如，我们在泗顶铅锌矿外围找矿研究时，首先根据地质研究所总结的该矿区成矿规律，针对所要寻找的铜锌矿的矿石标本测量具有较好的激电效应的特点，采用了大功率双频激电仪进行面积性测量，发现激电异常后再用伪随机三频激电仪区分铅锌矿、硫铁矿和寒武系老地层的异常，最后再在有望的矿致异常区进行微分测深确定矿体的埋深和厚度，为后续工程验证提供依据。经面积性测量，我们发现了路福、筑田弄、露头村三个有意义的异常区，经三频激电工作和水槽模型实验我们发现该矿区双频激电相对相位异常有以下规律：

在寒武系出露区相对相位 $\Delta\Phi_{低频-中频} > \Delta\Phi_{中频-高频}$；而在泥盆系出露区则 $\Delta\Phi_{低频-中频} < \Delta\Phi_{中频-高频}$(见图 2)。

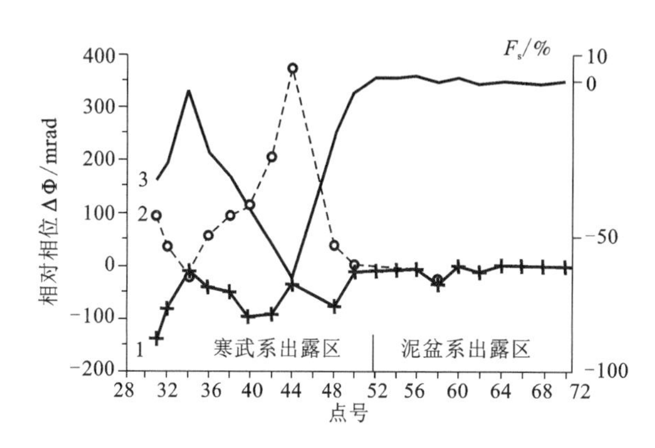

图 2 露头村 100 线三频激电测量结果

1—低 - 中；2—中 - 高；3—F_s

在矿体可能存在的地方必定存在高极化率值异常和相对相位的低值异常，且 $\Delta\Phi_{低频-中频} \approx \Delta\Phi_{中频-高频}$(见图 3)。

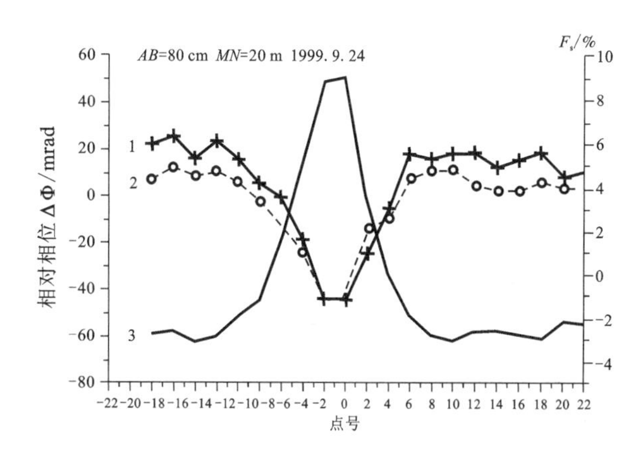

图 3 水槽中铅锌矿标本三频激电测量结果

1—低 - 中；2—中 - 高；3—F_s

碳质页岩、泥质板岩无激电异常，相对相位大于 0 或稍小于 0，两条曲线基本平行。

因此我们认为只有路福异常最有可能为矿致异常，筑田弄异常为硫铁矿所致，露头村异常反映了该区浅部的寒武系地层。

图1是路福86线双频激电与三频激电测量结果，图中193～199号点之间明显存在一个幅频率和相对相位异常。图3是水槽中含铅锌30%的标本测量结果(标本位于0号点位置)，对比图1和图3我们可以看出二者有很好的可比性，幅频率异常形态和相位异常特征十分相似，因此我们可以肯定路福异常是一个陡倾斜的富铅锌矿板状体引起的，有一定的工业价值。

图4是路福86线197号点的测深结果，从图中可以看到在25～32 m存在一个高极化低电阻的异常、在57～61 m处存在一个次高激化高阻异常。结合该区硫铁矿的低阻高极化和泥盆系灰岩产出的铅锌矿高阻高极化特征，我们认为第一层异常是硫铁矿引起的，深部异常则是铅锌矿体引起的。后经钻孔揭示，验证了我们的解释结果，在25～30 m打到了断层和硫铁矿化，在57～61 m打到了优质铅锌矿。

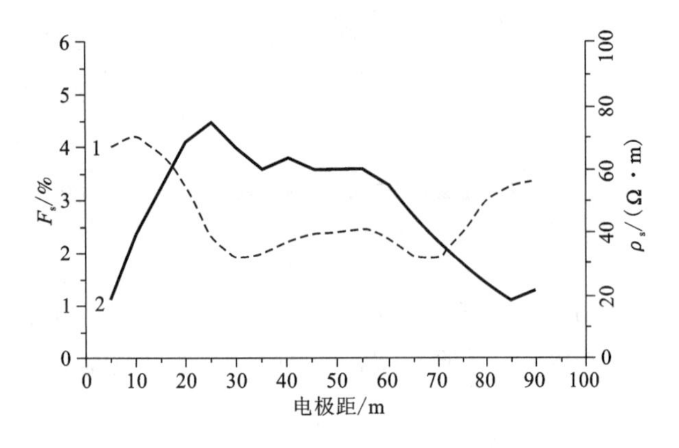

图4 路福异常86线197号点的微分测深结果

1—ρ_s；2—F_s

路福异常的验证结果说明了我们所选择的方法是正确的，微分测深结果是可靠的。

5 结论

由于我们多年在生产矿山深边部及近外围勘探研究中深深地认识到了在寻找深部隐伏矿和难识别矿种方面，传统的找矿方法和技术难以取得好的地质效果。要取得找矿突破，一是要加强现代成矿地质理论研究；二是地球物理勘探理论、方法、技术手段要有所更新和突破；三是多元信息的复合处理技术的应用；四是要利用新的机制，充分调动研究人员的积极性。

由于每个矿山具有各自的特殊性，因此任何一种找矿方法都不能适应所有的矿山。对不同的矿山和不同的矿种只有找到最有效的物探方法组合，通过多元信息的复合处理才能取得最好的找矿效果。如我们在白银石青硐采用激电扫面发现异常，用三频激电测深分出上下两层多金属矿体；在江永银铅锌矿则采用近矿激电法圈定矿体范围和深度，用三频激电法区分矿与非矿异常；在湘西金矿采用正交电磁法扫面，然后用近矿激电法对异常进行定性研究；在湘东钨矿采用高精度磁测和高密度电法圈定矿脉。

地球物理与地质的有机结合是生产矿山深边部和近外围资源勘探取得突破的关键。特别是在物探靶区的选择和物探资料的地质解释工作中更应该强调地球物理与地质的密切配合。

参考文献(略)

金属矿主动源频率域电磁法快速三维勘查技术

何继善
（中南大学地球科学与信息物理学院，长沙，410083）

摘　要：金属矿电法快速三维勘查技术的发展将直接关系到金属矿产资源的勘探效率和效果，因而也是国内外地球物理工作者面临的资源勘探关键技术之一。本文详细介绍了作者在几十年金属矿产资源勘探技术研究基础上提出的具有自主知识产权的以特殊 2^n 系列伪随机电流信号作为激励场源的均匀广谱伪随机电磁测深技术。该技术经部分矿区试验性应用取得了很好的效果，具有效率高、成本低、数据可靠、信息丰富等优点，可以实现金属矿主动源频率域电磁法快速三维勘查。

关键词：均匀广谱；伪随机；三维勘查；主动源；频率域

1　概　述

现代地质理论和成矿理论的出现，大大加深了对成矿条件和成矿空间的认识，这些认识主要靠勘探地球物理大面积三维勘查来获取。在金属矿勘查中主要的勘探方法是电法勘探、磁法勘探以及重力勘探。重、磁法快速大面积高精度勘查技术通过 20 世纪 80、90 年代的研究与发展已成为非常成熟的方法技术，它通过数据处理获得地下隐伏空间的三维密度和磁性分布规律，以达到直接找矿和间接找矿的目的。电法勘探是勘查金属矿的有效方法，但目前由于技术、效率问题很难获得大面积三维电性分布资料，很难发挥其寻找良导性大型金属矿和查明成矿空间的作用，影响了地下三维地球物理综合信息的获取，成为当今勘查技术的瓶颈。

我国金属矿产资源多分布在山区，特别是西部中高山地区，这些矿集区往往地形险峻，交通不便，仅靠以往传统的电法勘探难以开展区域性面积工作。时间(直流)电阻率测深法，因其笨重、成本高早已被淘汰。频率域电磁法因其装置相对轻便，已于 20 世纪 70 年代引进到我国[如：频率域电磁测深法，瞬变电磁法(TEM)等]，这些方法也都因受复杂地形约束和工作效率低的关系，无法实现大面积勘查的任务。1986 年我国开始引进可控源音频大地电磁法(CSAMT)，由于其探测深度及范围较大、效率较高，很快在我国金属矿产勘查及基础地质调查中获得较广泛应用，并取得了良好的效果。CSAMT 的场源为变频法，即发送一种频率的电流后，接收机观测该频率的电磁场响应；然后再发送另一个频率，再测量这种频率的电磁场响应。因而，难以做到一机供电多机测量，影响了野外工作效率，因而使得该方法成本太高，无法在大面积三维金属矿勘查中得到应用。

鉴于上述情况，为满足我国金属矿产资源勘查的需要，特别是西部特殊地貌景观地区有色金属资源勘探的需要，有必要研制开发具有我国特色的、观测精度高、发送功率大、探测深度大、一次性布置场源就能在几十甚至数百平方公里范围内进行大面积三维勘探的快速电磁法勘查技术。该方法可实现一个发送机供电多台接收机同时进行测量，发送机一次可以发送探测 1 ~ 2 km 深度所需要的各种频率的电流，接收机可以同时接收这些经大地传导后多种频率电流的响应，经专用软件对所观测的数据进行处理和分析，可以很快获得勘探区一定深度范围内三维电性分布规律。该方法还应可直接寻找良导矿体和查明地质构造、成矿空间，达到矿产资源快速勘查目的，它与重磁法获得的资料一起可以反映一定深度范围内的三维地球物理规律，可完成快速矿产资源勘查的任务。为此中南大学地球物理勘察新技术研究所经过多年的研究，提出了可以满足上述要求的均匀广谱伪随机电磁测深技术。

2　方法技术

2.1　方法原理

(1)该方法采用特殊的 2^n 系列伪随机电流信号作为激励场源，其特点是发送机一次可发送有多个主频率的 2^n 进制的伪随机波形的电流，接收机同时一次接收并记录这些经过大地传导后的主频电流响应，并将这些主频率分离开来，为后期数据处理与分析提供数据基础。所产生的伪随机信号具有如下特点：

①波形所含的主频均按 2^n 步进，即 0.25，0.5，

1，2，4，8，…步进，因此主频点在对数坐标上呈均匀分布状态，这对电磁法勘探等工程是非常有用的。

②伪随机各主频点的振幅值相差不大，基本相等，因而使其电源利用率达到最高。

③各主频点起始相位相同，以便可以利用受地形影响相对较小的相位数据。

(2)发送机和接收机之间具有 GPS 卫星定位和同步功能，使研究系统可解决山区地形复杂、同步通讯不便的困难。

(3)仪器中采用复杂可编程逻辑器件 LC4256V－100T(包括 CPLD 和 FPGA)、VHDL 硬件描述语言、DSP 等现代电子技术和数字信号处理技术，增强仪器整体性能和可靠性，扩展频率范围，并进一步降低仪器的功耗、重量、体积，使之便于搬运和携带。

(4)发送电流可达 100 A，频率范围为 0.25～100 kHz，可以进行相位和幅频率频谱测量。

(5)系统的高精度 GPS 同步控制技术，使得相位测量精度满足异常源性质区分的可能。

(6)能区分异常源的性质。

2.2 技术特点

中南大学地球物理勘查新技术研究所自 20 世纪 70 年代开始，就一直对 2^n 系列的伪随机信号进行研究。2^n 系列信号随着 n 的不同，在时间域上具有不同的波形，其频谱也相应的不同。2^n 系列伪随机信号的 n 频波电流含有 n 个主频，它是一种组合波，所包含的 n 个主频的频比固定为 2，因此只要设计出一个 n 频波波形，以不同频率的时钟激励，便可得到频点不同的 n 频波伪随机信号，且频点可以任意加密。

把 2^n 系列伪随机信号作为周期信号分析，将伪随机 n 频波分解成若干分段连续函数的叠加。当 n 的取值不是无穷大时，可以对伪随机 n 频波进行傅立叶级数分解，得到 2^n 系列伪随机信号波形解析式：

用 $p(2, n, t)$ 表示伪随机 n 频波，在周期 $[0, T)$ 内可以表示为：

$$p(2, n, t)=\begin{cases} A & 0 \leqslant t<\dfrac{l_1 T}{2^n} \\ -A & \dfrac{l_1 T}{2^n} \leqslant t<\dfrac{l_2 T}{2^n} \\ \vdots & \vdots \\ A & \dfrac{l_{m-2} T}{2^n} \leqslant t<\dfrac{l_{m-1} T}{2^n} \\ -A & \dfrac{l_{m-1} T}{2^n} \leqslant t<\dfrac{l_m T}{2^n}=T \end{cases} \tag{1}$$

式中，m 表示区间数，$l_k(k=1, 2, \cdots, m-1, m)$ 为整数。式(1)表明，伪随机 n 频波振幅的绝对值不变，每个小区间的长度为 $T/2^n$ 的整数倍。伪随机三频波在周期 $[0, T)$ 内有 4 个区间，表达式为：

$$p(2, 3, t)=\begin{cases} A & 0 \leqslant t<\dfrac{3T}{8} \\ -A & \dfrac{3T}{8} \leqslant t<\dfrac{4T}{8} \\ A & \dfrac{4T}{8} \leqslant t<\dfrac{5T}{8} \\ -A & \dfrac{5T}{8} \leqslant t<\dfrac{8T}{8} \end{cases} \tag{2}$$

伪随机五频波在 $[0, T/2)$ 内的表达式为：

$$p(2, 5, t)=\begin{cases} A & 0 \leqslant t<\dfrac{7T}{32} \\ -A & \dfrac{7T}{32} \leqslant t<\dfrac{8T}{32} \\ A & \dfrac{8T}{32} \leqslant t<\dfrac{11T}{32} \\ -A & \dfrac{11T}{32} \leqslant t<\dfrac{12T}{32} \\ A & \dfrac{12T}{32} \leqslant t<\dfrac{13T}{32} \\ -A & \dfrac{13T}{32} \leqslant t<\dfrac{16T}{32} \end{cases} \tag{3}$$

伪随机 n 频波是奇函数，只要求出它在半个周期内的表达式，就可以知道它在整个周期上的表达式。在式(3)中，只给出伪随机五频波在 $[0, T/2)$ 内的表达式。对于伪随机 n 频波，n 的取值越大，波形中的间断点就越多。例如，伪随机三频波有 4 个间断点，伪随机五频波有 12 个间断点，伪随机七频波有 40 个间断点，伪随机九频波有 140 个间断点。

图 1 为伪随机双频波一个周期的时域波形及其频谱。图 2 至图 8 分别为周期为 1 s、振幅为 1 的伪随机三频波、伪随机五频波、伪随机四进制三频波、伪随机七频波、伪随机九频波、伪随机十一频波和伪随机十三频波的一个周期的波形及其频谱。从波形中可以看出，随着 n 的增大，波形越来越复杂，波形振幅的变化也越来越快，这意味信号的带宽也越来越大。

利用 2^n 系列信号波形电流作为频率域电磁法的激励场源，接收机接收经过大地介质响应后的多频电场信号和磁场信号，经处理、分析后提取地质信息可达到电法勘探的目的。因此 2^n 系列信号波形电流可以作为伪随机多频激电、CSAMT 或 CSEM 等方法的信号源。

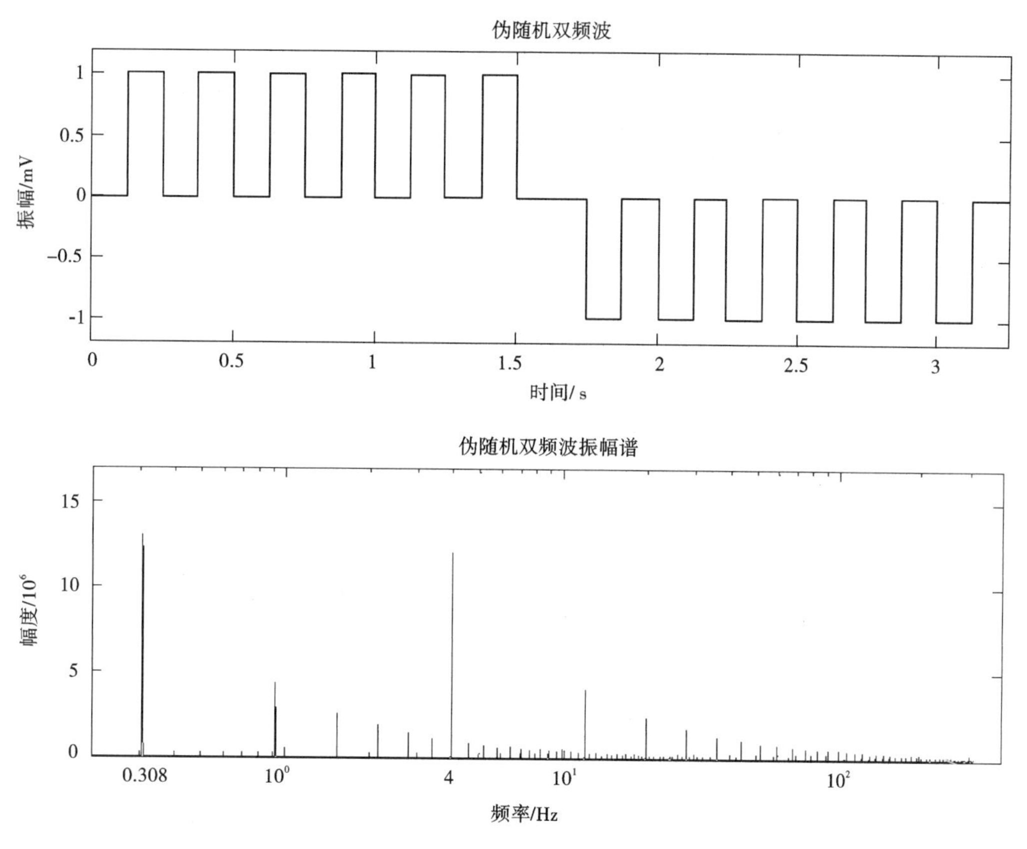

图1 伪随机双频波一个周期的时域波形及其频谱

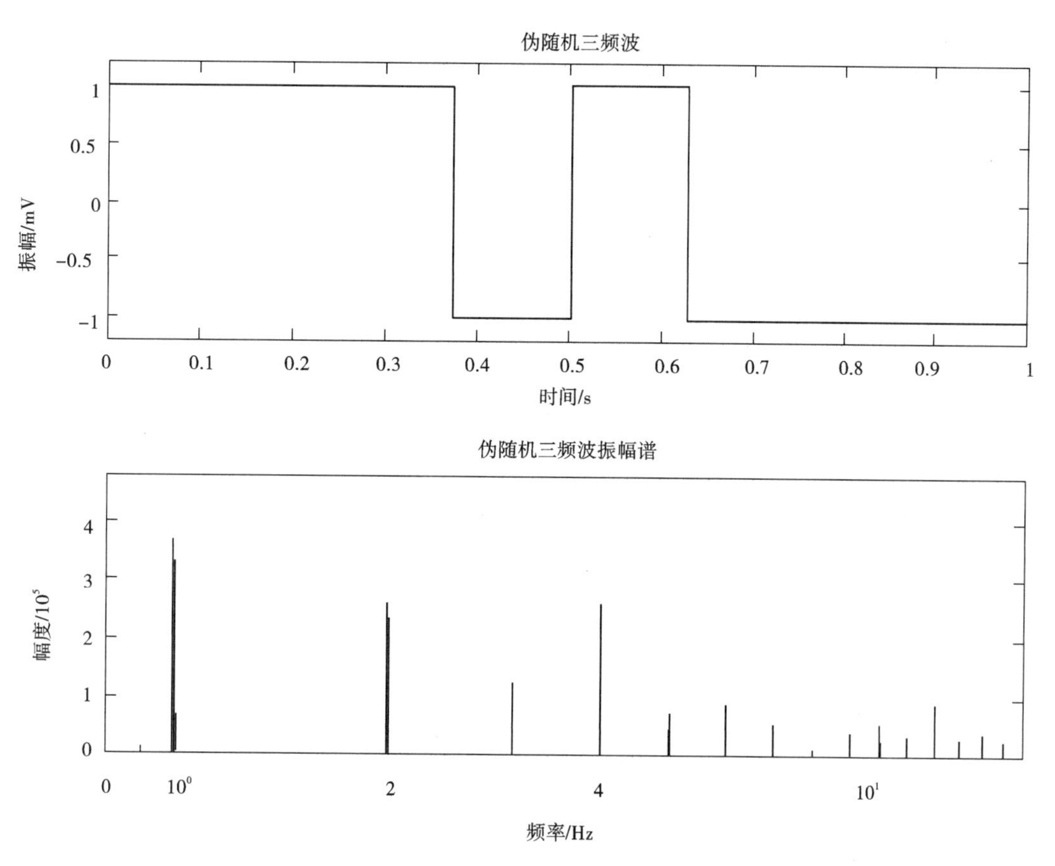

图2 伪随机三频波（$A=1$，$T=1$ s）时域波形及其频谱

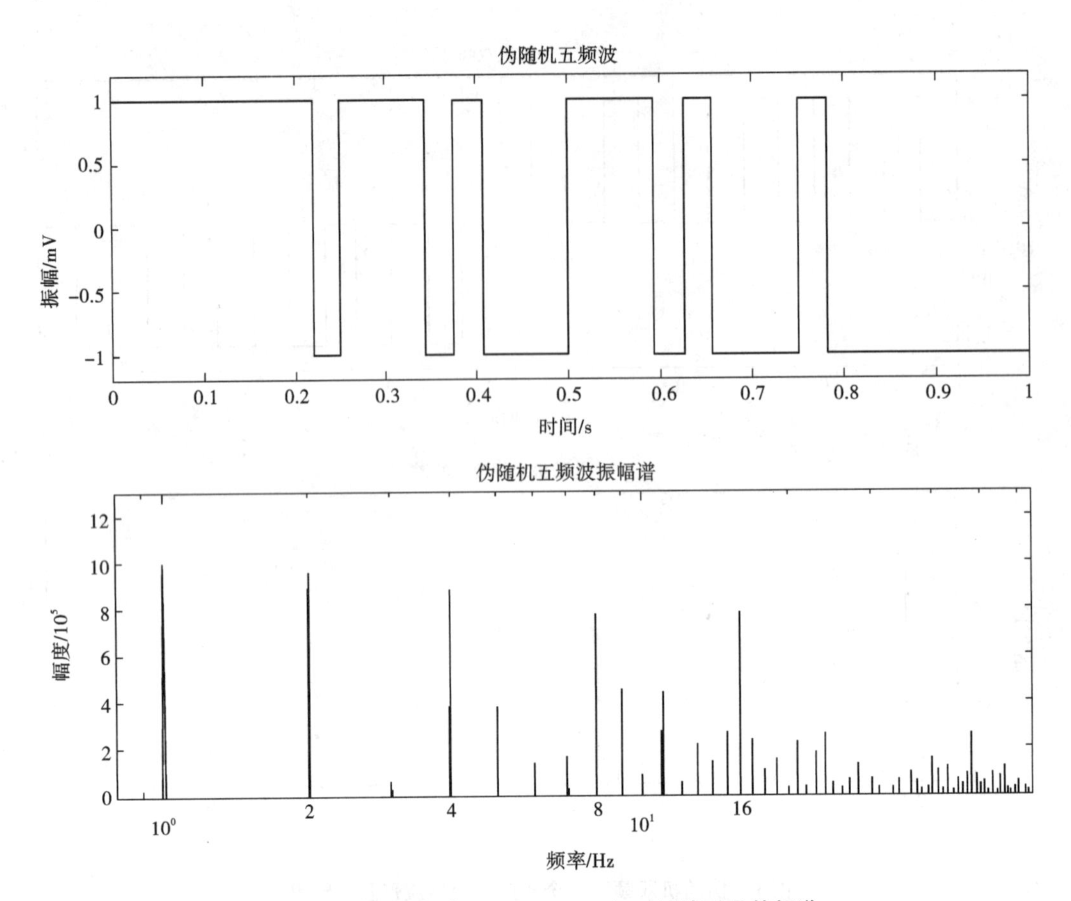

图3 伪随机五频波($A=1$, $T=1$ s) 时域波形及其频谱

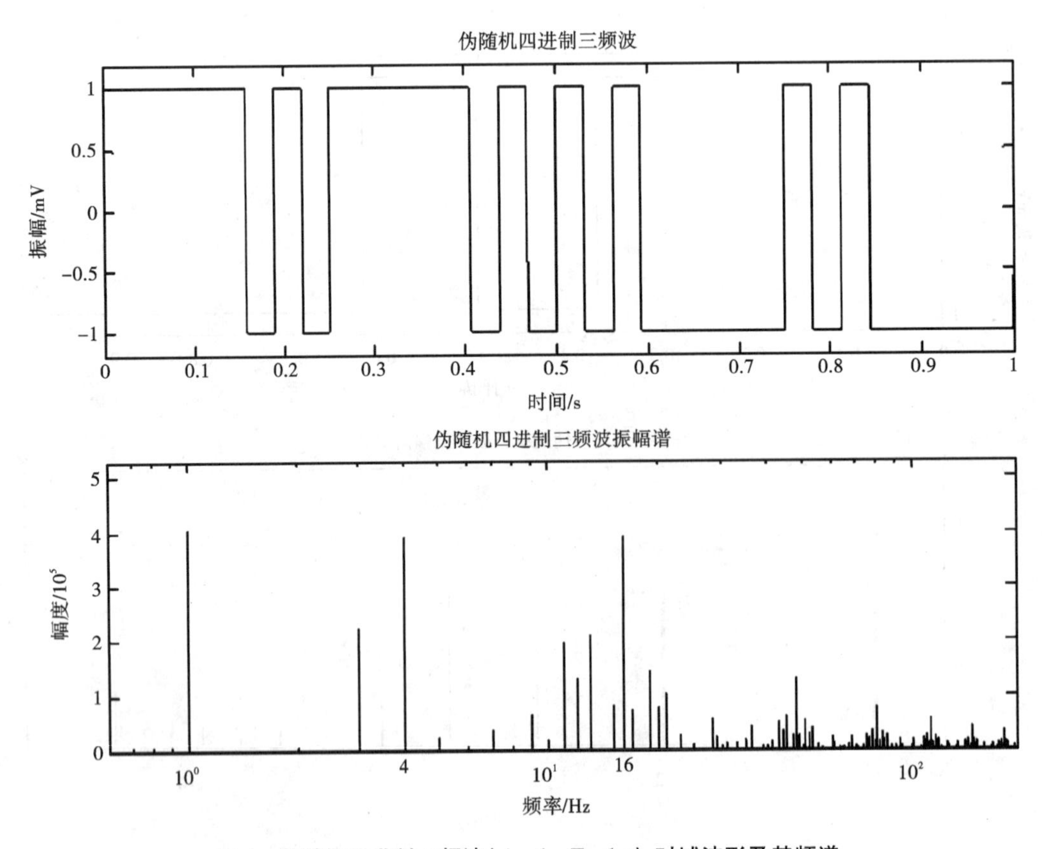

图4 伪随机四进制三频波($A=1$, $T=1$ s) 时域波形及其频谱

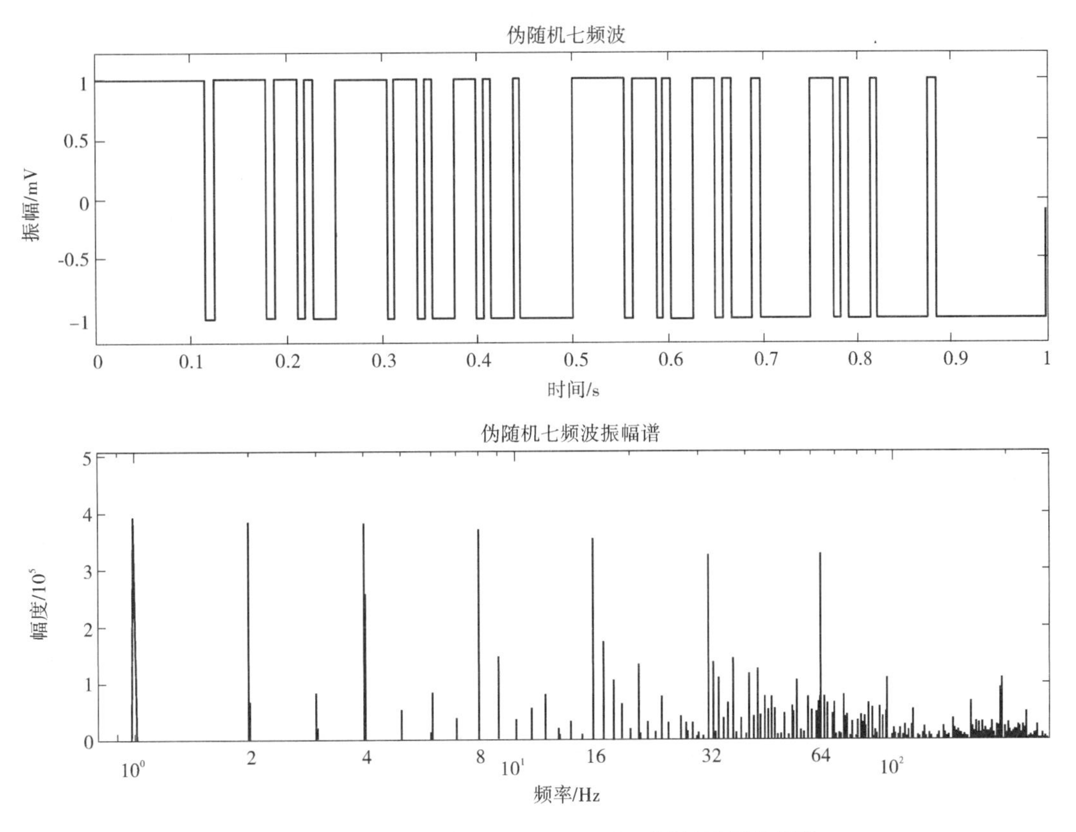

图5 伪随机七频波($A=1$, $T=1$ s) 时域波形及其频谱

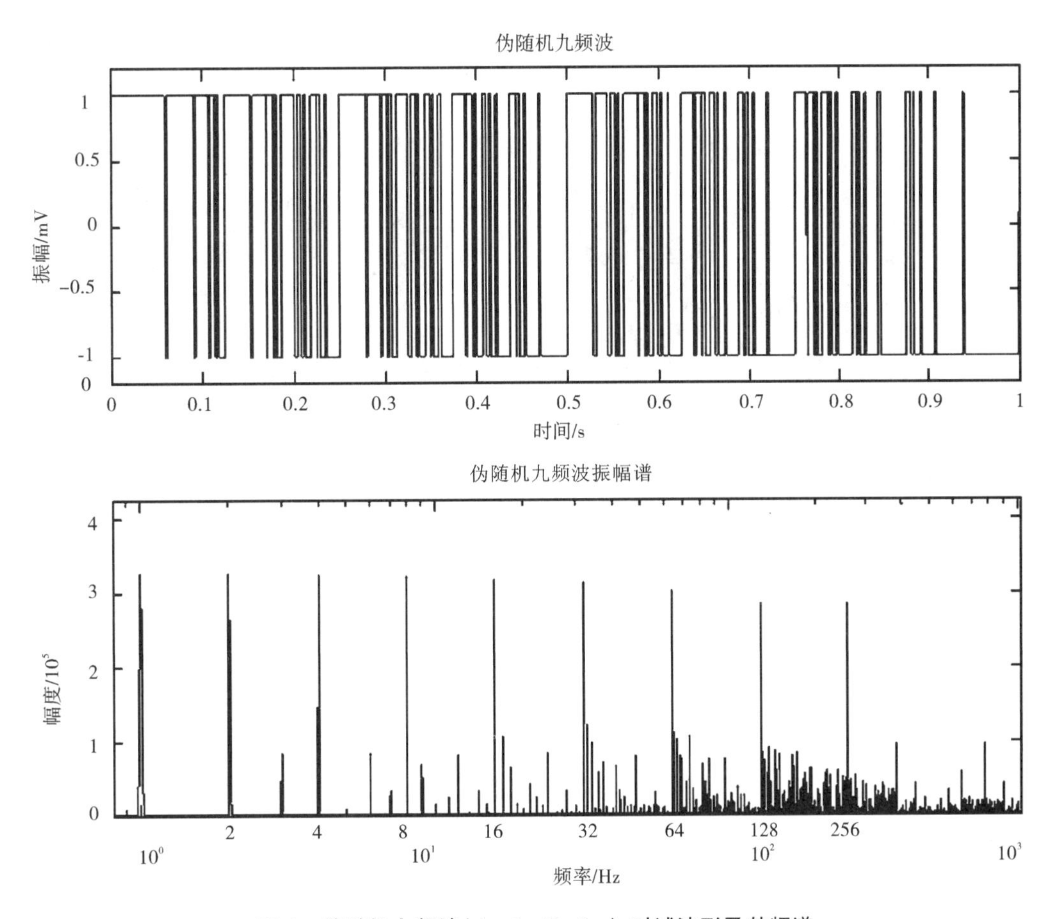

图6 伪随机九频波($A=1$, $T=1$ s) 时域波形及其频谱

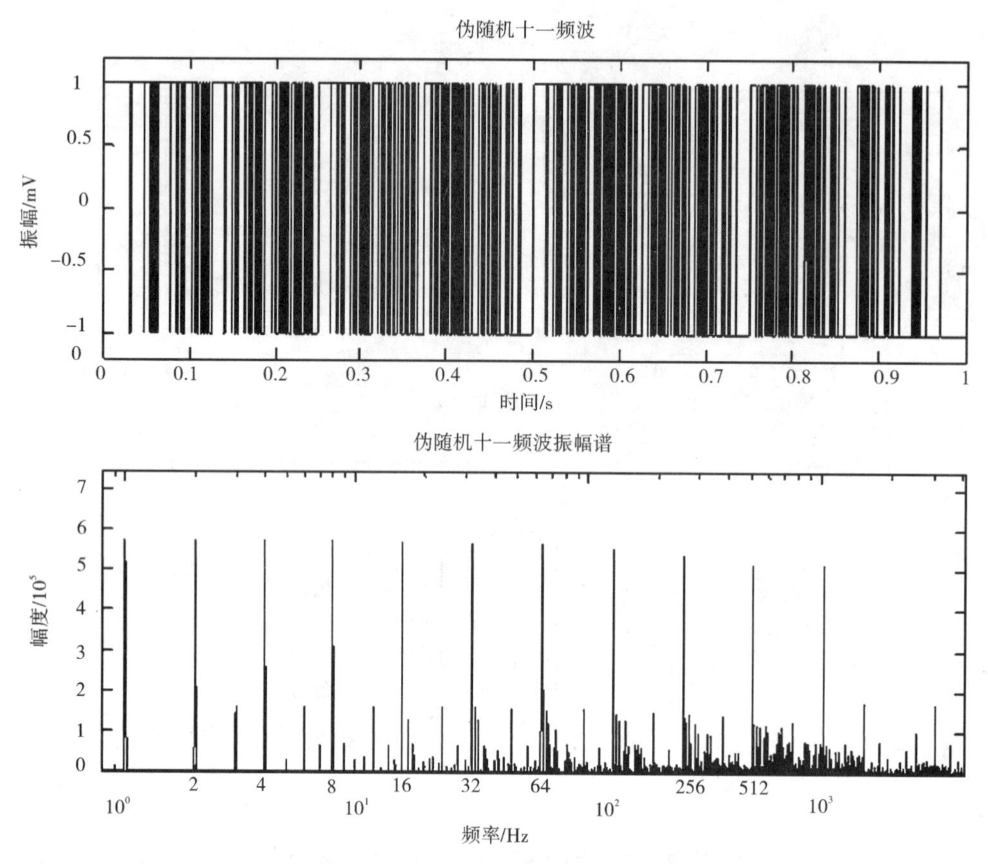

图 7　伪随机十一频波（$A=1$，$T=1$ s）时域波形及其频谱

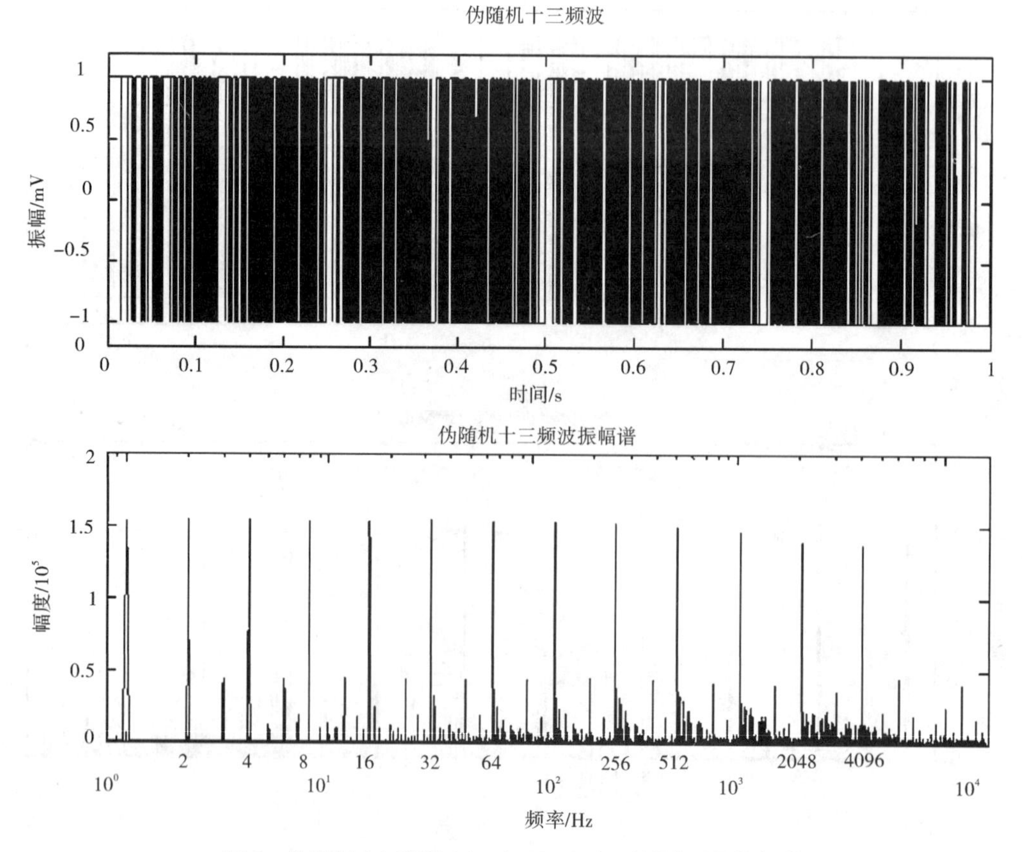

图 8　伪随机十三频波（$A=1$，$T=1$ s）时域波形及其频谱

电磁法的穿透深度主要取决于两个参数：大地电阻率ρ和所使用的交变电流频率f。随着电阻率的减小和频率的增高，穿透深度变浅；反之，穿透深度加深。当大地电阻率一定时，则随着频率降低，电磁波穿透深度加大，从而可得到卡尼亚视电阻率的测深曲线，以反映地下不同深度处的地质构造情况。如用2^n系列信号波形电流作为CSAMT法的激励场源，可以一次布置场源，工作中连续不断地进行供电，在场源的有效探测范围内可以采用多台接收机同时接收所有频率的信息，因此就可以在较短的时间内快速获得一定区域的三维地电信息，达到快速三维勘查的目的。

2.3 推广应用前景

在地球物理大面积调查中重磁方法由于前面所述的特殊性使用最多，因而完成的面积勘查量也最多，如重力勘探我国已完成1∶100万重力调查700余万km^2，(陆地)，1∶20万重力测量260万km^2，。油气勘查方面，东部大港、胜利、华北辽河油田和沿海滩涂已开展1∶2.5万～1∶1.5万高精度重力测量，西部克拉玛依、吐哈油田以及民乐盆地、准噶尔南沿、塔里木北缘、罗布泊油田均已开展1∶10万～1∶2.5万高精度重力测量。固体矿产方面，已开展1∶5万高精度重力测量，在安徽铜陵、湘南、浙东、桂北等地圈定找矿靶区取得较好效果。磁法勘探方面，航磁覆盖面积(陆地)已达850万km^2，占全国陆地面积90%，其中大比例尺(≥1∶5万)的面积为305万km^2，大面积大比例尺的地面工作，取得了很好的地质效果，大面积地球物理勘查已成为常规的方法。然而，我国航空电法的落后，地面电法笨重、高成本约束了大面积三维勘查的进展，影响了地质找矿效果。

鉴于以上情况，均匀广谱伪随机电磁测深技术在我国960万km^2的范围内具有非常好的推广应用前景。随着本方法技术的研制成功，定能推动国内外大面积三维电磁法勘查技术，一定能为我国寻找到大量的矿产资源，可以取得巨大的经济和社会效益。此外，“金属矿主动源频率域电磁法快速勘查系统”很快可实行产业化生产，可以填补我国和世界大面积地面三维电法勘查仪器的空白。

如果将本方法的高频设置到100 kHz，就能充分探测浅层的电性结构，因此，该方法还可以在工程勘察、环境监测等领域具有很好的推广应用前景。

参考文献

[1] 刘光鼎. 回顾与展望——21世纪的固体地球物理. 地球物理学进展，2002，17(2)：191－197
[2] P·基林. 2001年地球物理测量的趋势与进展. 国外金属矿山，2002，5：16－21
[3] 陈顒，李娟 .2001年地球物理学的一些进展. 地球物理学进展，2003，18(1)：1－4
[4] 孙建国. 勘探地球物理技术最新进展——2002年SEG年会综述Ⅰ：采集与处理. 勘探地球物理进展，2003，26(1)：66－78
[5] 谢学锦. 进入21世纪的勘查地球化学. 中国地质，2001，28(4)：11－18
[6] 管志宁. 我国磁法勘探的研究与进展. 地球物理学报，1997，40(Supp.)：299－307
[7] 管志宁，赫天珧，姚长利. 21世纪重力与磁法勘探的展望. 地球物理学进展，2002，17(2)：237－244
[8] 王懋基，蔡鑫，涂承林. 中国重力勘探的发展与展望. 地球物理学报，1997，40(Supp.)：292－298
[9] 夏国治，许宝文，陈云升等. 20世纪中国物探(1930—2000). 北京：地质出版社，2004
[10] 傅良魁. 复电阻率法异常的频谱及空间分布规律. 地质与勘探，1981(3)
[11] 何继善. 可控源音频大地电磁法. 长沙：中南工业大学出版社，1990
[12] 于昌明. CSAMT方法在寻找隐伏金矿中的应用. 地球物理学报，1998，41(1)：133－138
[13] 王若，王妙月. 可控源音频大地电磁数据的反演方法. 地球物理学进展，2003，18(2)：197－202
[14] 毛先进，鲍光淑. 2.5维问题电阻率正演的新方法. 中南工业大学学报，1997，28(4)：307－310
[15] 陈永清，夏庆霖. 金属矿产勘查技术发展现状与思考. 地球物理学进展，2002，17(3)：540－550

论循环经济与矿山地质学

彭 觥
（中国地质学会矿山地质专业委员会，北京，100037）

摘 要：介绍了循环经济的基本概念及发展历史以及我国矿业方面的现状，并指出了循环经济理论改造传统矿业经济的必要性，重点介绍了在矿业方面引入循环经济理论、指导生产经营活动取得的成效，最后简单地介绍了矿山生态地质学。

关键词：循环经济；矿山生态地质

1 概 述

近几年党中央提出树立科学发展观和积极倡导循环经济理念。2003年胡锦涛同志指示："要加快转变经济增长方式，将循环经济发展理念贯穿到区域经济发展、城乡建设和产品生产中，使资源得到最有效的利用，最大限度地减少废弃物的排放，逐步使生态步入良性循环。"

循环经济（Circular Economy）是建立在复合生态理论基础上的物质闭环流动型经济模式（见图1），其核心是工业物质的循环、再利用，是实现可持续发展的重要途径。陆钟武院士将工业经济系统中的物质循环分为三个层次。

小循环：指企业内部物质循环，如水在内部循环一样。

中循环：指企业（行业）之间的物质循环，如下游工业的废弃物返回上游工业作为原料再利用。

大循环：指工业产品使用报废后，其中一部分返回工业部门作为原料重新利用[1]。在国外尤其发达国家如日本、德国和美国等循环经济起步早的国家，十分重视大循环[2]。日本于2000年出台了《促进建设循环型社会基本法》及《促进资源有效利用法》等6部配套法规，并将2000年定为日本"循环型社会元年"；德国早在1996年就颁布实施《循环经济与垃圾处理法》，将垃圾处理提高到发展循环经济高度看待；还有95%的矿渣和70%以上粉尘及矿泥也被利用[2]。

美国是循环经济的发源地。早在20世纪60年代美国经济学家鲍尔丁提出的"宇宙飞船理论"，被公认是早期循环经济代表性理念。他认为，地球就像在太空中飞行的宇宙飞船，要靠不断消耗和再生自身有限的资源而生存，如果不合理开发利用资源，就会走向毁灭。美国1976年颁布《固体废弃物处置法》之后又制定多项法律，规定了政府、企业和民众必须履行的责任与义务。全美有物质循环利用企业5.6万家。

在全面建设小康社会的今天，我国对矿产品需求量连年增长，2002年采矿总量达50.2亿t，产值为5 085亿元。必须指出的是我国矿业的整体模式仍属粗放型传统经济模式，矿产资源总回收率仅为30%左右，大大低于国外平均50%的水平，全行业特点仍属资源高消耗、低利用、低回收、低效益、高污染、高排放水平，造成矿区环境日趋恶化，资源保证程度不断下降[6]。据报道，各类金属矿山尾矿等废弃物年排放量为3亿t，废液、废水排放量达14亿t，云南省2001年主要铜、铅、锌、锡等矿山企业的尾矿排放量有3 100万t，并以每年12%的速度递增[4]。

全国有许多大小矿区，不仅露天堆放了大量矿业废弃物，还分布着百孔千疮的地面坑和地下矿井。至今多数企业不管不用，隐患甚大，据报道全国发生采矿塌陷灾害的城市有40个，因采矿引起的塌陷区180余处，每年造成损失上亿元，采矿破坏了大面积森林、草原和农田，还诱发许多山体开裂、泥石流、滑坡和水土流失等灾害[5]。因采矿损坏土地也很严重，总数有300万公顷，每年以（2～3）万公顷的速度递增，而复垦率不足12%。按环保和复垦法规进行矿区环境治理和土地复垦任重道远。

针对矿业现状，国内许多专家学者指出，以循环经济理论改造传统矿业经济势在必行，其效益是多方面的。邱定蕃院士在《资源循环利用对有色金属工业发展具有深远意义》论文中列举了六点好处。

（1）资源循环利用可弥补矿产资源不足，缓解储量危机；

（2）改善环境，减少废弃物排放污染；

（3）减少能耗和用水，全国的循环利用节能达84%，铝高达96%；

（4）减少安全事故，加大废金属（再生）量，减少采矿量，直接减少矿山生产伤亡事故发生；

（5）降低成本，节约资金，扩大生产投资；

（6）扩大社会就业人数[3]。

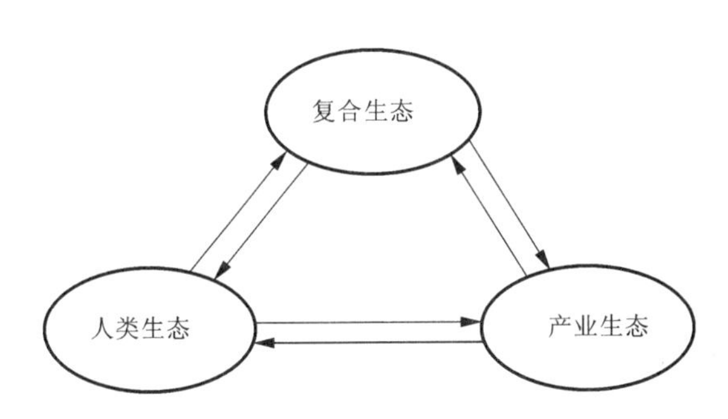

图1 循环经济的三大理论支柱

（据王如松，2003）

2 矿业循环经济的良好开端

在国家发改委和国家环保总局布置与指导下，我国循环经济有了良好开端，已编制规划进行理论研讨[1]，在辽宁省进行生态省试点，建立南海、贵港、石河子、包头铝厂等生态工业园（区）进展顺利。其目标（定义）是在区域内有计划地建立物料和能源交换的工业系统，寻求将能源和原料消耗减至最低限度，最大限度使资源回收、回用，多层次再循环；建立一种可持续发展的经济与环境和谐的社区（社会）。从一定意义上实现大、中、小闭路循环，起到示范作用（见图2）。

在矿业方面引入循环经济理论，指导生产经营活动也取得了一些成效，例如河南灵宝金矿回收Pb、Zn、Cu等大量伴生金属受到省长赞扬。

（1）矿山企业内部循环模式：在开采与选矿过程中的合理回收和多元多层次利用。如山东金岭铁矿、新汶煤矿等无废料矿山试验；安徽铜陵东瓜山铜矿、广东凡口铅锌矿尾矿废石回填井下采空区等。

（2）跨行业利用模式：如首钢迁安铁矿尾砂经旋流分选做成多种建筑材料，密云铁矿用尾砂细末和碎石制成混凝土空心砖；川南硫铁矿尾矿中回收$Al(OH)_3$和多孔SiO_2。

（3）矿业之间交叉利用模式：湖北黄石地区大冶铁矿向有色公司出售副产铜精矿，有色公司供应给武钢公司铁精矿。大冶铁矿从副产品铜、金、钴、硫中获得的价值占总产值的40%。

（4）资源枯竭矿区废弃矿产物料（补充资源）再利用模式：辽宁抚顺是著名煤都，优质煤炭已采尽，地方政府运用循环经济理念，开发二次资源，生产新产品，抚顺矿业集团发挥现有矿区设备，调配西露天矿技术装备到东露天矿恢复开采油页岩，扩建油页岩炼油厂和油页岩发电厂；利用煤矸石和电厂炉渣生产水泥及煤矸石烧结砖等，开发煤层气为当地提供清洁能源。

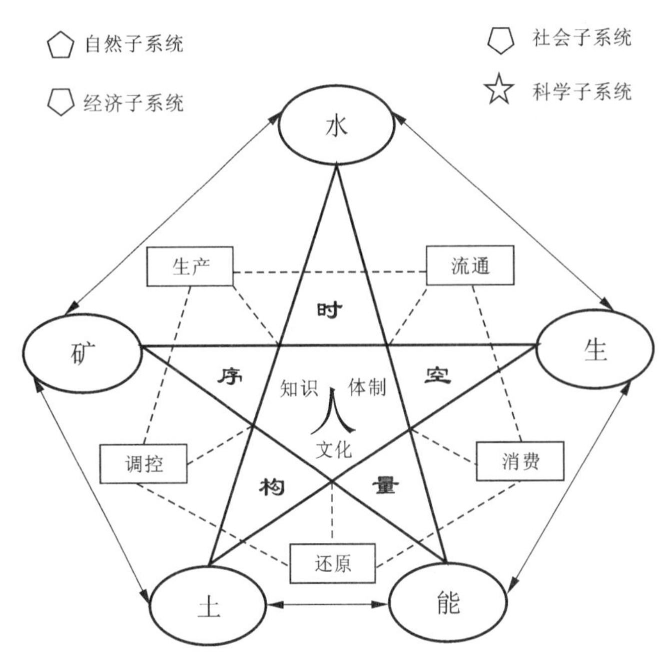

图2 生态工业园示意图

（据陆钊武，2003）

（5）宝玉石边角料的再利用实例：辽宁岫岩玉石矿区和周边玉雕厂积存大量下脚料和细碎玉料，侵占土地又污染环境，近年来当地能人张玉库等发明“玉石纳米体、晶体颗粒合成建筑装饰材料新方法”，并研制成功以玉石粉末烧成的玉质壁砖，对于保护生态环境，减少矿产开采量和提高经济效益均有现实意义（见2004年6月23日《财富珠宝周刊》）。

江苏东海盛产优质水晶，近年来其矿产资源下降，优势减弱，当地从业者除了挖掘现有地下资源进行二次开发外，同时扩大首饰工艺品加工，建立水晶大市场，每年举办水晶节（展销会）招引国内外客商，知名度正在张扬。打造中国施华洛世奇（SWAROVSKI）的步伐在加速。

[注：奥地利施华洛世奇公司成立于1895年。目前是全世界最大的人造水晶生产销售企业，主要商品是水晶及人造宝石（人造刚玉红宝石，立方氧化锆石）等高档首饰和高级水晶灯饰。年产达200亿件，营业额10亿美元以上。]

3 矿山生态地质

传统矿业是以资源高消耗和损害环境为代价。为了向可持续发展转变，推广矿业循环经济势在必行。

矿业循环经济是一个综合的系统工程，它包括矿山、地质、矿建、采矿、选矿、冶金、经营管理等环节以及相关行业。而贯穿生产建设、环保和矿山关闭全过程的是生态学，使矿业活动纳入自然生态系统的物质循环过程，达到最大限度的资源效益，环境效益和经济效益。广义生态学（生态全息论）是以高度信息化建立的一种生态整体观，它把所有生态层次统一起来（见图3）。

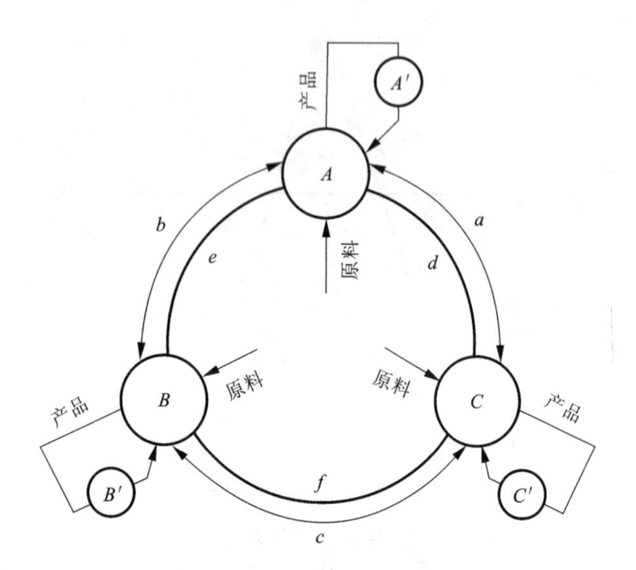

图3 社会－经济－自然复合生态系统关系研究示意图

（据王如松，2003）

矿山地质学是地质学的一支边缘性应用学科（宋叔和：《中国大百科全书》，地质卷第350页）。为了有效地为矿山企业服务，它已经交叉融合了矿冶工程以及物化探遥感信息和计算机等技术。当今矿业循环经济发展需要处于前端“工序”的矿山地质工作运用生态学观点，从整体思考矿区资源与环境等问题。这个“工序”从找矿、探矿、采矿、选矿直至闭矿都要先行，作用甚大，绝不可轻视。这里摘录美国 L. R. HOSSNER 博士主编的《露天矿土地复垦》（1991）第6章土地复垦的矿物学分析，评述矿山地质与生态研究的密切关系对复垦具有关键作用。“开采剥离的废弃物（岩石）破坏和覆盖原来的植被，开采后土地要重新恢复植被。其成功与否取决于岩石的物理、化学特性，而大部分特性与岩石矿物成分有直接关系。包括保水性，养分保持能力、抗侵蚀稳定性，以及释放某些离子的潜能（有的对植物有毒害）；铁的硫化物含量高使植被土壤和地下水酸化，因此要进行剥离岩石的分类和分区堆放。”在高硫区内填埋碳酸盐类岩石加以中和再覆盖表土，对所种植物提出相应建议。还应对于矿区水文和旧矿坑蓄水地面水体质量及养殖的可行性进行评估。做好矿农回归自然衔接工作，是经济与环境双赢理想的实现。总之矿山地质面临多项生态学课题。

建设矿业循环经济，振兴矿业城市和地质事业可持续发展，离不开生态化之路。一个生态地质学和生态矿山地质学的时代已经来临。

参考文献

[1] 张坤. 循环经济理论与实践[M]. 北京：中国环境科学出版社，2003：69－80

[2] 张坤. 循环经济理论与实践[M]. 北京：中国环境科学出版社，2003：225－265

[3] 邱定蕃. 缓解矿山资源危机（论文集）[R]. 北京：中国地质学会，2003：10－14

[4] 普传杰等. 矿业开发与生态环境问题思考[J]. 中国矿业第6期，2004，7：28

[5] 刘昌华等. 闭矿规划及其意义. 中国矿业第12期，2003

[6] 彭觥等. 中国矿业形势与矿山地质学新课题[A]，中国第4届矿山地质学术会议论文集[C]. 有色金属工业，第12期，2002

资源循环利用对有色金属工业发展具有深远意义

邱定蕃
（北京矿冶研究总院，北京，100044）

摘　要：中国有色金属资源难以满足国内日益增长的有色金属需求。资源循环利用是指以全社会已经使用过的物品、边角料、废弃物为一种资源，经过技术处理重新服务于人类以弥补矿石资源不足。资源循环利用对生产过程的环境污染、节约能源、降低成本等方面效果显著，对有色金属工业可持续发展意义重大，值得深入研究。

关键词：资源循环利用；有色金属；环境污染；能源；可持续发展

1　资源循环利用概念

经济学家在研究21世纪世界经济发展时提出了许多新的经济模型。循环经济（Circular Economy）是目前在许多文章中出现的新概念。循环经济是对物质闭环流动型（Closing Materials Cycle）经济的简称[1]，是按照自然生态系统物质循环和能量流动规律重构经济系统，使得经济系统和谐地纳入自然生态系统的物质循环过程中，建立起的一种新的经济形态[2]。曲格平先生把传统经济与循环经济进行了比较：传统经济是由“资源—产品—污染排放”所构成的物质单向流动的经济。在这种经济中，人们以越来越高的强度把地球上的物质和能源开采出来，在生产加销售过程中又把污染物和废弃物大量排放到环境中去。循环经济是一个“资源—产品—再生资源”的物质反复循环利用的经济系统，它使得整个经济系统以及在生产和消费的过程中基本上不产生或者只产生很少的废弃物，从而根本上消解长期以来环境与发展之间的尖锐冲突[3]。

循环经济的建立是个庞大的系统工程，它涉及从企业到社会结构的变化，人们消费观念的变化，法规制度的变化，国民经济核算体系的变化和与之相适应的科学技术的进步。

资源循环（Resources Circle）是指人类在利用自然资源的过程中或之后产生的产物，可以而且应该作为资源加以再利用。正如自然界存在许许多多大大小小的循环一样，资源循环是维持整个生态平衡的重要基础之一。如果这一平衡遭到破坏并长期不加以恢复，其后果是人类本身遭受灾难。

资源循环利用（Resources Recycling）是把全社会已经使用过的物品、边角料、废弃物作为一种资源，经过技术处理重新服务于人类。基于对资源循环这一规律的认识，人们有意识地去遵循这一规律，有意识地不去破坏这一平衡。

循环经济是一种与自然和谐共处的经济模型，它是经济学家研究的范畴。资源循环是循环经济的一部分，是建立在质量守恒定律基础之上的一条规律。只有遵从这一规律，才能维护生态平衡。资源循环利用是遵循资源循环这一规律将目前认为是废弃的产物作为一种资源加以利用，虽然我们不可能将这些产物全部作为资源，但随着科技进步，越来越多的产物将被利用，从而大大减少自然资源的消耗。因此，可以认为资源循环利用是循环经济的重要组成部分。

作为从事资源综合利用的科技人员，我们的任务是提高对资源循环这一规律的认识，研究如何将目前认为是废弃的产物作为一种资源，使其重新进入资源循环。在这一领域，有许多需要研究的课题，需要不同学科的通力合作。

2　资源循环利用对有色金属工业发展的影响

人类经过多年大规模开采，许多矿山资源枯竭；在金属开采、提取和分离过程中，对环境造成了严重污染；有色金属矿石品位低，生产过程需要大量的能源。相对于矿石开采—选矿—冶金这样一条有色金属工业传统的路线来说，资源循环利用对有色金属工业可持续发展具有十分重要的意义。

（1）资源循环可以弥补资源不足。就在资源越来越少的同时，社会积存的各种金属废品、边角料和含有色金属的各种溶液、渣、物料却越来越多。综合来看，处理这些物料不管是直接经济效益还是社会经济效益都比矿山开采矿石经选、冶加工要好得多。

众所周知，中国有色金属矿的特点是贫矿多，富矿少；共生矿多，单一矿少；中、小型矿床多，大型、超大型矿床少；小有色金属资源多，大有色金属（Cu、Al、Pb、Zn）资源少。

在近年来中国统计的十种有色金属产量中，Cu、Al、Pb、Zn 的产量超过 90%，分析这四种金属的资源和需求之间的矛盾，就可以了解中国有色金属工业的状况（见表 1）。

表 1　中国 Cu、Al、Pb、Zn 矿保有储量（A + B + C 级，1998）[4]

矿产	单位	中国储量（A + B + C）	世界基础储量	中国在世界上的位次
铝土矿（矿石）	亿 t	7.0	340	7
铜矿（Cu）	万 t	2 674.8	65 000	7
铅矿（Pb）	万 t	1 132.2	14 000	4
锌矿（Zn）	万 t	3 370.6	44 000	4

注：A + B + C 级储量与美国前矿业局定义的基础储量相比较，在勘探程度上大致相当。

中国有色金属矿石资源并非先天优越，特别是在有色金属工业中举足轻重的四大金属，资源状况不容乐观。

中国属于快速工业化国家，金属消费量增加一直伴随着工业化进程。中国 2000 至 2002 年有色金属消费总量从 136 万 t 增至 1 100 万 t，增长速度很快。当然，随着社会经济发展和科技进步，这种金属消费量增长速度可能变慢，但消费量的绝对值继续上升则是不可避免的。表 2 是对未来 30 年中国铜、铝、铅、锌的消费预测[5]。

表 2　未来 30 年中国铜、铝、铅、锌消费预测（2004）

w（消费量）/万 t

年	铜	铝	铜	锌	合计
2005	274	478	87	190	1029
2010	361	628	110	244	1342
2015	448	778	133	297	1656
2020	535	928	156	350	1969
2030	709	1228	201	456	2595

据中国有色金属报（2003. 6. 5）报道，初步估计 2002 年中国铜消费为 256 万 t，年比增长 17%。已公布 2003 年一季度年比增长达 22%。

王恭敏先生根据 2002 年中国有色金属产量和有色金属进出口量计算出当年铜、铝、铅、锌的国内消费量见表 3。

表 3　中国 2002 年铜、铝、铅、锌消费量

w（消费量）/万 t

铜	铝	铅	锌
355	490	93	174

比较表 2、表 3 不难发现，2002 年中国铜、铝、铅、锌消费量已经达到原来预测 2005 年的水平。而铜的消费量则已接近 2010 年预测值。对中国未来有色金属消费量的预测，表 2 可能偏于保守。

比较表 1、表 2 的结果可以看出，如果按 2010 年预测的消费量，中国铜、铅、锌的资源只能满足 10 ~ 15 年。除非在此期间我们在地质勘探上有重大进展，否则自然矿石资源不足与金属需求增长的矛盾会越来越尖锐。

（2）资源循环可以改善环境。目前，有色金属工业产生的三废大部分是矿石本身带来的。如果中国有色金属的总产量中有一半来自资源循环而不是来自矿石，废水、废气和废渣将大大减少。二氧化硫、砷、汞、镉、铅等有毒元素在三废中的排放量也将明显下降。以固体废弃物和废水为例，表 4 说明了资源循环与从矿石中提取金属相比改善的效果。

表 4　生产 1 t 再生金属可减少的耗水量和固体物料产出量[6]

矿　种	铁	铝	铜	铅	锌
矿石金属品位/%	52.8	17.5	0.6	9.3	6.2
耗水/t	79.3	10.5	605.6	122.5	36.0
固体物料产出/t	19.2	11.2	613.7	130.5	61.6

可以想象，如果大部分有色金属产量来自循环利用，有色金属工业对环境造成的污染将从根本上得以改善。

（3）资源循环可以节能。在能源变得越来越紧张的今天，资源循环可以大幅度节能，这是一般的工艺和装备所无法比拟的。因此，特别引人关注。

对于高能耗的有色金属工业来说，要走出产量增加，能耗跟着上升的状况，单靠小改小革的节能措施难以奏效。铜的循环利用节能可达 84%，而铝则高达 96%。资源循环的节能潜力非常明显。加大资源循环的力度，有色金属工业的单位产品能耗和总能耗就能大大降低。

（4）资源循环可以使生产更安全。许多有色金属矿山是地下开采。特别是一些中、小规模矿山，在矿山安全方面存在隐患。每年也发生不少安全事故，造成人员伤亡。加大有色金属循环量，减少矿山出矿量，关闭那些不安全的矿山，是利国利民的好事。

（5）资源循环可以使投资和生产成本下降。资源循环不需要建设矿山，生产工艺流程短。基建投资和生产成本下降。有人统计，再生有色金属的生产费用大约只有从矿石生产有色金属费用的一半。生产1 t再生铝比从矿石生1 t铝节约投资87.5%，生产费用降低40%～50%[7]。如此大幅度的降低，也绝不是一般变革所能比的。

（6）资源循环可以安排大量人员就业。有色金属资源循环需要收集、拆卸、分类和加工。在整个生产的前半段是劳动密集型，需要很多工人。即使在技术非常先进的发达国家，拆卸和分类的工作也是由熟练的手工完成的。对中国来说，这正好可以安排大量人员就业，对社会稳定有利。

资源循环对中国有色金属工业的可持续发展具有十分重要的意义。但要使资源循环所生产的金属在总产量中占有较大的比例，需要做很多工作，最终应建成一个资源循环社会。

3 如何加快有色金属资源循环

一个向自然界索取资源最少、环境污染最轻的有色金属可持续发展的资源循环型社会是我们为之奋斗的目标。但是，实现这样的循环是一个系统工程，它绝不仅仅是科学家、工程师和学者力所能及的。以下几点是建立资源循环型社会的必要条件。

（1）政府部门高度重视。从计划经济到市场经济，政府的功能有很大的改变。许多不该管的事，如今政府不管了。但恰恰像资源、环境这样的关系全社会的大事，政府应该管起来。任何一个企业或部门，不可能建成资源循环型社会。政府要统筹安排，制订规划、计划、制定法律，增加投入，责成专门机构负责该项工作。

（2）制定并实施一系列加快建立资源循环型社会的法律。一些发达国家针对资源循环建立了许多严格的法律。如日本在2001—2002年内，先后制定并生效了诸如《废物管理和公共清洁法》(Waste Management and Public Cleaning Law, 2002)，《容器和包装循环利用法》(Container and Packaging Recycling Law, 2000)，《家用电器循环利用法》(Electric Household Appliance Recycling Law, 2001)等[9]。

（3）增加研究与开发经费。政府有关部门应制订专项科研计划。必须研究适合各种“废物”的工艺技术。国际上通行的方法是政府对资源循环的研发予以有力支持，我国应该仿效一些先进国家的做法。

（4）教育是建立资源循环型社会的基础。必须从小学生的教育开始，不断强化社会对资源循环的认识。只有全社会认识到资源循环是关系每个人的事情，使社会成员有一种责任感，再加上法律的约束，才有可能建成资源循环型社会。

人类社会的发展，特别是近代工业化进程的加快，自然资源大量消耗，环境污染严重，能源短缺，使人们认识到传统的发展模式已经无法继续下去了。有色金属工业是建立在资源和能源的基础之上，而现代社会的进步，又不允许生态环境继续恶化。只有建立一个人类与自然和谐共处的资源循环型社会，才有可能持续向前发展。当然，在今后相当长的时间里，中国有色金属仍然主要来自矿石加工。资源循环利用还不可能取代矿石加工的位置。因此，加强地质工作，扩大有色金属资源，提高采、选、冶及加工过程中资源的综合利用率，采用清洁工艺和加大三废的治理力度都是十分重要的。但所有这一切，都不可能取代资源循环利用在有色金属工业可持续发展中的作用。

参考文献

[1] 诸大建. 从可持续发展到循环经济[J]. 世界环境, 2000: 6-12

[2] 余德辉, 王金南. 循环经济21世纪的战略选择[J]. 再生资源研究, 2001(5): 1-5

[3] 郭薇. 循环经济是解决污染的根本之路[J]. 再生资源研究, 2001(1): 2-3

[4] 沈旭光, 潘家柱主编. 21世纪中国有色金属工业可持续发展战略[M]. 北京: 冶金工业出版社, 2001(12): 23

[5] 王恭敏. 充分利用国内上再生资源加快有色金属工业区的发展[J]. 中国有色金属报, 2003(4)

[6] 杨遇春. 再生铝——适应可持续发展的绿色产业[J]. 中国工程科学, 2003, 5(1)

[7] 屠海令等编. 有色金属冶金、材料、再生与环保[M]. 北京: 化学工业出版社, 2003: 473

[8] Jong Kee Oh. Proposal for the Promotion of Materials Recycling Proceedings of the 6th international Symposium on East Asian Resource Recycling Technology, Gyeongiu, Korea, 2001: P24

[9] Kohmei Halada. How Does Japan Go To Recycling-based Dematerialized Society? First international Workshop on Recycling Program & Proceedings, Tsukuba, Japan, 2003: 99

为矿山排忧解难　老矿焕发了青春

黄永南[1]　龚　政[2]

（1. 湖南地勘局，长沙，410007；2. 湖南省地质学会，长沙，410007）

摘　要：20世纪80年代末，湖南省地质学会通过调研，发现湖南大多数有色金属矿山保有资源不足，面对这一情况，该会在科学技术是第一生产力的指导下，走矿－会相结合的道路，在矿山和矿山主管部门的大力支持下，在一些资源危机矿山的资源论证工作中取得了很好的成效，并在这一工作中得出了几点体会。

关键词：有色金属；资源危机矿山；地质找矿成效

科学技术是第一生产力。学会是科技人员之家、科学家之家。积极发挥科技专家的知识和技能为地矿事业和经济建设服务，这是我会始终坚持的核心工作。40多年来，特别是近10余年来，我会在各级领导的关心、挂靠单位的重视以及全省地矿行业各会员部门和单位的大力支持下，学会理事会团结一心，坚持四项基本原则，积极发挥群众团体的桥梁和纽带作用，积极发挥学会人才和技术优势，开展了一系列以学术活动为中心的各项科技活动。通过这些活动，为政府决策、为地质找矿、为企业生产、为社会稳定以及为提高我省地质科学水平做了一些工作，并取得了很好的社会效益和经济效益，受到中国科协、中国地质学会、湖南省人民政府、湖南省科协的多次表彰，在省内外树立了较好的形象。本文仅涉及我会在开展资源危机矿山工作中的一些做法、体会和成效。

1　为矿山企业排忧解难，延长了矿山寿命

湖南是著名的有色金属之乡，矿产资源十分丰富。但是，经过几十年的长期开采，不少有色金属矿山的保有储量非常紧张，有的甚至面临资源枯竭的局面。切实加强科学研究，寻找新的可接替资源，成为矿山发展的当务之急，也是广大地质科技工作者义不容辞的责任。因此，自20世纪80年代末开始，我会就把开展学术活动与为矿山企业服务紧密结合，每年组织专家和科技人员到矿山调查研究，协助工作，召开有关以地质找矿为中心内容的学术研讨会和资源论证会。先后对桃林铅锌矿、柏坊铜矿、香花岭新风铅锌矿、麻阳铜矿、清水塘铅锌矿、锡矿山锑矿、东安锑矿、湘西金矿、石门雄黄矿等10余个有色金属资源危机矿山开展了工作，组织了200多名地质科技专家对上述矿山近外围成矿地质条件和矿产远景进行了认真的研究和论证，对矿山今后的地质工作提出了具体意见、措施及建议，取得了很好的社会和经济效益。

常宁柏坊铜矿是国内著名的小而富铜矿，经过30多年的开采，矿山已形成了一个中小型规模的采、选、冶联合企业，经济效益很好。但矿山保有储量有限，到1990年时就只能维持6年生产。根据矿山实际情况，我会1999年5月与中国有色金属工业总公司长沙公司联合组织20余位专家到矿山实地考察研究，一致认为柏坊铜矿外围成矿地质条件较好，在柚子塘一带有较好的找矿前景，并把各位专家对矿区的看法印成《专家意见专辑》。后经过地质部门一年多的工作证实，在柚子塘地段找到了品位较高（矿段铜平均品位1.5%）的铜金属量1.5万t，延长了矿山寿命10余年。为此，该项活动被湖南省科协评为全省第一届最佳学术活动奖。

1992年学会面对香花岭新风铅锌矿资源枯竭问题，与中国有色金属工业总公司长沙公司合作，在现场召开了地质找矿研讨会。与会专家经地表、井下考察、研究和论证，在该矿区提出了三个找矿远景地段。后经矿山坑探验证，已在其中两个找矿远景地段找到了20余个小而富的锡铅锌矿体，共获锌铅金属储量2万余t，锡金属储量5000余t。在本区新发现的众多小而富的矿体，其产量和产值占整个香花岭矿山一半以上，成了整个矿山的“顶梁柱”。

1993年至1994年，学会先后两次组织省内外几十名地质科技专家到出现资源危机的麻阳铜矿开展找矿工作。专家们通过现场考察和研讨，发现麻阳铜矿的矿体走向并非与含矿地层的走向一致，提出“砂岩铜矿地下水成矿的后生成因理论”，引起本区找矿工作的重视。根据这一成矿理论并结合该区的成矿地质条件，在本地区直至整个沅麻盆地有较大的找矿前景。1994年，根据专家意见，由湖南冶金企业集团公

司出资，中南工业大学(现中南大学)、湖南省地质学会和麻阳铜矿三方共同开展了“湖南省麻阳铜矿矿化富集规律及生产区盲矿体预测研究”科研课题。该项目于1995年4月完成，5月进行了成果鉴定。专家鉴定认为，研究成果达国内领先水平。该项成果在总结麻阳铜矿矿化富集规律的基础上，对生产区进行了盲矿体预测，共预测了33个盲矿体，预测铜金属量数万吨。该项工作是在边研究、边验证中进行的，部分预测地段经工程验证，已找到了很好的盲矿体，获铜金属工业储量数千吨，大大地缓解了矿山资源危机。

东安县线江冲锑矿是个县办矿山，随着矿山生产的进行，锑矿保有工业储量只能维持两年；加之该矿区锑矿的成矿地质条件较复杂，致使矿山在生产中存在一些地质问题需要解决。为此，1995年12月，我会受湖南冶金企业集团总公司的委托，派出10余名从事锑矿地质工作的专家和教授到现场帮助工作。通过专家考察研究，认为线江冲锑矿区有很好的找矿前景：区域成矿环境有利；具有良好的地层岩性组合；矿床容矿构造具有多次活动；矿化具有多次叠加；因此推测在Ⅰ、Ⅱ号矿脉与F1断裂之间以及310 m中段以下地段可望找到新的成矿构造和新的矿体。后经矿山工程验证，在310 m中段3号脉见矿平均厚1.0 m，最大2.5 m，Sb平均品位4%；并在417 m中段3号脉的主脉和支脉相交处见富矿，Sb品位达10%，预测可获数千吨锑金属量。

湘西金矿是一座世界闻名的金锑钨共生的大型矿床，已开采130余年，现有职工12 000余人。但1995年其保有可利用储量只剩7年，矿山出现资源危机。为此，该矿多次邀请我会及我会会员单位原中南工业大学帮助找矿。1996年6月，我会在矿山现场召开了以何继善院士为首的12位地质、物化探专家参加的地质找矿研讨会，对湘西金矿找矿前景进行了“会诊”，并提出了找矿意见和预测。1997年，我会与湘西金矿正式开展了“矿－会协作”，派专家到湘西金矿开展找矿工作。以何继善为首的专家、教授多次奔赴现场，对矿区的成矿地质条件及找矿方向进行研讨和指导，并开展了“湘西金矿沃溪矿区深边部地质地球物理探矿研究”课题项目。在该项目研究中，专家们坚持地质、地球物理相结合和科研、生产相结合的原则，在研究区采用先进技术获取了大量资料，并运用先进的数据处理和分析方法，建立了沃溪矿区深部矿床地质地球物理模型，加深了对矿区控矿构造及成矿条件的认识，圈定出深边部矿体的埋深、产状、平面伸展形态和延伸情况及矿化富集中心，并突破以往找矿范围，在过去被圈为无矿的地段发现大型盲矿体，从而获得可利用储量黄金41 t、锑21 t、三氧化钨6 000t，按各金属平均价格计算，有60多亿元潜在效益，可延长矿山服务年限近30年。这项研究成果经矿山采用坑道验证，证实存在品位富、规模大的盲矿体，初步解决了矿山资源前景不明、储量危机的问题，使面临困境的百年老矿焕发了青春。

2 几点体会

省地勘局和地质学会通过近10年对我省近10个存在资源危机的矿山的工作，取得了较好的经济效益和社会效益。首先，矿山根据专家预测地段，经工程验证已获得的金属储量：铜3万t、铅锌3万t、锡5 000 t、金30 t、锑金属量10万t，其潜在经济价值折合人民币达数十亿元。第二，矿山根据专家的验证材料，向其上级主管部门申请验证工作资金4 000余万元。第三，由于矿山获得了新的接替资源，延长了矿山寿命使上述矿山近5万名职工的生活得到了稳定。

从上述开展资源危机矿山的资源论证工作中我们有以下几点体会：

(1)加强与矿山主管部门和矿山的合作是做好资源危机矿山资源论证工作的前提。

矿山和矿山主管部门对矿山的实际状况最了解，存在什么问题和最需要解决什么问题，也最清楚。学会派专家到矿山协助工作，如何进行，采取什么形式，做哪些工作以及做到什么程度，则必须要与矿山和矿山主管部门进行商讨，是其一；第二，学会派专家到矿山进行工作，有的专家不一定对矿山的地质状况熟悉，因此，专家在来到矿山前，矿山需准备一份矿山地质背景材料(含需要解决的地质问题)；第三，在经费上，学会是个知识性服务单位，不可能有更多的资金拿来投入这项工作，因此，开展这项活动的经费需要矿山负担。这些工作，都必须在专家进矿山现场之前协商好。通过实践，我会与各矿山主管部门和矿山协调较好，合作得愉快。

(2)开展现场地质找矿研讨会是做好资源危机矿山资源论证工作的关键。

专家到现场后，首先是参加由学会和矿山主管部门联合召开的地质找矿研讨会。听取矿山前阶段取得的地质成果资料和工作状况的汇报；考查矿山生产区和近围的地质状况；研讨矿山的资源前景和需要进一步开展的工作、工作方法及要采取的措施。在充分研讨的基础上，写出会议纪要。

会议纪要代表了会议的成果。它论述了矿区的找矿前景和找矿远景地段以及采取的手段和方法等。地质找矿研讨会是该项工作的核心工作，会议纪要是该项工作的核心成果。

(3)协助矿山做好“验证”工作，是落实资源危机矿山资源论证工作是否取得成效的重要步骤。

根据专家对远景地段进行的预测最终要进行验证，要验证则需要资金，有的矿山还需要找施工队伍。学会如何尽自己的力量协助矿山做好这方面的工作也是很重要的。如柏坊铜矿的验证工作，就是我会协助矿山找湖南省地矿局417地质队与矿山合作，各出50%的资金进行钻探验证的，取得了很好的效果。

参考文献(略)

矿产资源与可持续发展问题

李万亨
（中国地质大学，武汉，430074）

摘　要：简述我国矿产资源的现状及其与经济发展的关系，讨论了矿业可持续发展的特殊性，认为解决矿产资源枯竭和环境恶化两大难题是矿山地质人员的首要任务。

关键词：矿产资源；可持续发展；环境

在人类即将进入21世纪时，实现可持续发展已成为世界各国人民普遍关心的热点问题。作为矿产地质和矿山地质工作者，在解决矿产资源耗竭和保护生存环境两个方面，既要满足当代人的需要，又要为后代人的生存和发展创造有利条件。下面谈谈与此有关的问题。

1　矿产资源在人类社会经济发展中的基础作用

我国每年消费的能源量的94%以上和工业原料消费量的80%均来源于矿产资源；据经济学家预测，在未来世界经济发展所需90%的能源和80%以上的工业原料仍将取自矿产资源。可见，矿产资源已经成为整个世界经济发展的支柱。其次，在现代社会中许多矿产资源的一次性产品或深加工产品被广泛用于人们生活之中，涉及衣、食、住、行、通讯、娱乐等各个方面。其三，矿产资源的赋存数量和潜在价值体现了一个国家的经济实力，它与政治、社会和国际问题关系密切。总之，矿产资源在社会经济发展中占有举足轻重的地位，它对人类文明、社会的发展起着巨大的推动作用。

21世纪是知识经济时代，即依靠知识进行创造性思维和科学研究，从而创造财富的时代。于是有人认为，在知识和信息的作用被提升到至高无上的时代，矿产资源的地位和作用将会不断下降。众所周知，人类社会经济发展的根本动力，来源于人口不断增长和社会发展的需求，而满足这种需求的基础是物质资源生产，是资源的开发利用。也就是说，不管人类发展到什么时代和水平，资源都是社会经济发展的基础，所不同的仅仅在于人类对资源认识的深度和广度，开发利用的水平和层次，以及在不同时期发挥主导作用的资源种类而已。

2　我国矿产资源的基本特点和形势分析

2.1　我国矿产资源的基本特点

（1）矿产资源总量丰富，但人均占有量少。

在探明矿产储量中，我国有33种矿产居世界前5位，其中有12种居世界第1位。从45种主要矿产储量折值来看，我国占世界总折值的9.9%，占世界第三位。我国单位陆地面积矿产储量折值为全球陆地矿产储量折值平均水平的1.5倍，是世界上矿产资源丰度较高的国家之一。但由于我国人口众多，矿产资源的人均拥有量低，人均占有量折值不到世界平均量的一半，列世界第80位，所以又是资源小国。

（2）矿产资源品种齐全，但某些重要矿产却相对不足。

目前，世界上已发现的200种矿产中，截至1996年底，我国已找到168种，其中152种已有探明储量（包括能源矿产6种、金属矿产55种、非金属矿产88种及地下热水和矿泉水），占世界储量15%以上的有22种，所以我国是世界上矿产资源品种齐全、配套程度高的少数几个国家之一。但是某些大宗重要矿产却相对不足，如铁、锰、铜、铝、硫、磷等以贫矿为主，且含杂质多，这给开发利用带来不利影响。

（3）矿床数量多，但大型、特大型矿床少。

我国已发现的矿床中，大型矿床很少，约占总数的8%，中型矿床约占20%，小型矿床占70%以上。中小型矿床一般难以形成规模生产，且基建和生产成本高，从而影响资源开发的经济效益。目前，我国已建成的国有矿山不足1万个，而乡镇集体和个体采矿点就多达28万个。

（4）矿产资源分布广泛，但不均衡。

全国31个省、直辖市、自治区的近2 000个县（市）都有矿产资源，但由于不同地区成矿地质构造条件差异较大，以致矿产资源在区域上分布不均衡。比如，能源矿产资源的80%分布在北方，硫、磷等化工矿产资源的80%以上，则主要分布在南方诸省，黑色冶金矿产资源大部分蕴藏在北方和东部地区，有色金属矿产资源则集中在南方。这些分布特点为我国建立不同资源配置类型和经济区提供了条件。

(5)共伴生矿床多，难采选冶的矿石多。

据统计，我国大多数金属和非金属矿产中都伴生有益和有害组分，其中，尤其是有色金属矿产为最。如伴生金、铜、银等储量占该种金属总储量的25%～28%。共伴组分如果在技术上能被综合利用，可以提高经济效益，但同时，也会增加采选冶难度，致使生产成本上升，经济效益下降。

2.2 我国在21世纪前20～30年所面临的矿产资源形势

(1)许多矿产品的需求量将跃居世界首位。

我国今后20～30年中，伴随国民经济的继续增长，仍然需要矿产品的投入以支持基础工业与基础设施的发展，同时，人口也将进入高峰期。有关研究单位对45种重要矿产资源的供需研究后发现，目前石油、铜、钾盐、铁矿石等供需已有很大缺口，到2020年各类矿产品的需求量将增加1倍以上，届时许多矿产品的需求量将居世界首位。

(2)加速地勘和矿业体制改革，解决储量增长缓慢问题。

目前，我国矿产储量年增长率，除了石油、黄金和少数非金属矿产外，大多数增长缓慢，其原因虽然是多方面的，但最根本的原因是地勘有效投入不足，因此，加速地勘和矿业体制改革，开拓地勘投入的新渠道，大幅度增加有效投入是解决储量增长缓慢的根本途径。

(3)尽可能减少暂难利用储量和设计损失量，增加可利用储量。

经有关部门对我国45种主要矿产的已探明储量矿区进行的可供性分析，包括已利用(含在建的)矿区、可设计利用矿区和可规划利用矿区在内的三种可利用矿区储量，占探明总储量的30%～80%(暂难利用储量约占20%)，扣除设计开采境界外和设计损失量后的可采储量，一般只占可利用储量的40%～70%，这表明总体上只有约60%的现有储量可被开发利用，故实际可利用储量明显不足。

(4)抓住矿业全球化有利时机，加速勘查和开发国内外矿产资源。

自20世纪90年代以来，随着全球经济一体化的加速发展，矿业出现了全球化趋势，这有利于吸取国际资金，加速勘查和开发我国矿产资源，也可借机完成我国矿业资本积累与技术改造，提高国际竞争力，同时还可利用全球化机会进入矿产资源丰富、技术落后的国家，开发海外矿业基地。

(5)矿产资源对未来需求保证程度偏低，形势极为严峻。

根据45种主要矿产可利用矿区可采储量对2010年经济建设保证程度分析得出：可保证的矿产有23种，基本保证的有7种，不能保证的有10种，资源短缺主要靠进口解决的有5种。需要说明的是后三类共22种，占全部分析矿种的48.9%；在可保证的矿产中，有相当部分是市场容量不大的矿产，而不能保证和资源短缺的矿产中相当部分却是经济建设需求量大的支柱矿产，如在23种能源、金属、贵金属矿产中，不能保证和短缺的就有11种，占47.8%。总之，在45种矿产中，到2010年可以保证的只有23种，到2020年仅有6种。

3 可持续发展的概念

可持续发展是当今人类社会普遍关注的热点问题，它是人类在面临人口膨胀、资源短缺、环境恶化等几大全球问题时，为了摆脱发展困境，经过沉重的反思和积极的探索，寻找到的发展战略，也就是说今天的经济发展不能以大范围的环境恶化和资源枯竭为代价，让子孙后代的生活越来越坏。

有关可持续发展的定义，广泛得到认可的是1987年联合国世界环境与发展委员会，由布伦特兰夫人在其提交的报告——《我们共同的未来》(Our Common Future)中提出来的定义："可持续发展是指既满足当代人的需要，又不对后代人满足其自身需要的能力构成危害的发展"。可持续发展在1992年巴西里约热内卢召开的"环境与发展大会"上，得到广泛的认可和接受，并且作为人类共同选择的发展道路，在全球被付诸行动。但是，在这两次会议上，忽略了把可持续发展的概念与矿产资源联系起来，于是世界地球资源委员会在1994年11月召开了一次"矿产资源与可持续性"的专题讨论会。

在可持续发展的概念中，强调以下基本原则：

(1)公平性原则。"人类需求和欲望的满足是发展的主要目标"。然而，人类的需求存在着很多不公平因素。可持续发展强调要满足当代人的基本要求和较好生活的愿望，强调世世代代公平利用有限的、稀缺的自然资源的权利，强调在全世界范围内公平分配自然资源。总之，它强调当代人之间的公平、代际人之间的公平和世界范围内的公平分配。

(2)持续性原则。可持续发展在强调“需求”内涵的同时，还论述了“限制”因素，因为没有限制也就不能持续。“人类对自然资源耗竭的速率应该考虑其临界性”，“可持续发展不应损害支持地球生命的自然系统，大气、水、土壤、生物等”，“发展”一旦破坏了生存的物质基础，发展本身也应难以继续下去，发展也就失去了其根本意义。因此，持续性原则的核心，就是指人类的经济和社会发展不能超越资源与环境的承受能力。

(3)共同性原则。由于世界各国的历史、文化、经济和社会发展水平的差异，可持续发展的具体目标、政策和实施步骤不可能是唯一的，但是，可持续发展作为全球发展的总目标，和公平性、持续性原则的体现，则应该是共同的。为了实现这一总目标必须采取全球共同联合行动，实施共同性原则。

由上述可见，可持续发展的本质内涵概括起来就是强调必须处理好人类社会自身的生存发展和保护自然资源的关系，强调要合理利用和保护人类赖以生存的自然资源和环境。

根据1992年联合国环境与发展大会精神，我国政府在1994年制定了《中国21世纪议程——中国21世纪人口、环境与发展白皮书》。其中明确提出：“走可持续发展之路是中国未来和下世纪发展的自身需要和必然选择”，“必须毫不动摇地把发展国民经济放在第一位”，同时，要“保护自然资源和改善生态环境”，以便实现国家的长期稳定发展。白皮书的制定标志着我国正式确定把可持续发展作为自己的社会经济发展战略。我国的可持续发展战略主要包括十个方面的内容，与资源有关的部分，如“维护资源基础，不断提高资源利用率，发展资源产业，建立资源永续利用的体系”，“节约利用资源和能源，建立低能耗、低污染和高产出的可持续发展体系”等。

4 矿产资源与可持续发展的关系

可持续发展对于可再生资源，如林业、渔业、野生动物等，比较容易理解，即其使用速率只要不超过自然生长或再生速率就是可持续的。比如，只要森林的年生长速率不低于年砍伐量，就是可持续的。对于不可再生的矿产资源上述理解就不适用了。有人提出应从经济上来理解，即允许在矿产资源资本与人力资本(指教育、技术投资)、有形资本(指建筑物、机器、设备等)之间互相替代。比如，只要通过补偿性投资、增加人力资本和有形资本，使总资本不减少，那么就应当允许进行资源耗竭性活动。在这种情况下，耗竭矿产资源的活动(如采矿)，就认为符合可持续发展的精神。

可持续发展是个宏观经济问题，但是推动可持续发展必须是在微观经济水平上，通过合理开发利用矿产资源与寻找或研制再生资源，用以替代矿产资源等途径加以解决。我们知道降低矿产资源的消耗速度和消耗量并不能解决长远可持续发展问题，实际上，它是一种消极的做法，最多只能是推迟矿产资源耗竭发生的时间。因此，对某些矿产品最好还是采用新技术扩大矿产储量，提高其利用水平，并且从研制代用品加以解决，虽然后者成本较高，但可以通过技术进步和提高加工回收率办法来弥补。否则，这些可耗竭资源的耗尽最终必将导致全世界生产的停顿。

1993年经济学家把可持续发展从经济上定义为：“当代人留给下几代人的自然资源的资本价值，应该等于其继承来自上代人的自然资源的资本价值。”简单地说，就是各代人应维持其所继承的自然资源的资本价值。换句话说也就是通过保持自然资源的资本价值，就能保证下一代人能够得到这一代人从资源中获取的收入。那么如何确定和保持资源的资本价值呢？对于矿产资源(储量)资本价值的确定，通常是采用确定矿产资源(储量)耗竭价值的方法，即从生产各种矿产品的年收入中，扣除生产总成本(包括资本成本和劳动力成本)后的净收入(或其中的一部分)，再按照预期服务年限和年利率，用复利公式累积计算其现值总和，即为耗竭资本价值。

设某矿山企业，预计年净收入为R，服务年限为n，年利率为r，整个服务年限内的矿产储量耗竭资本价值为PV，则

$$PV = R\left[\frac{(1+r)^n - 1}{r(1+r)^n}\right]$$

可以将耗竭资本价值设立为耗竭基金，这样就会防止未来几代人由于矿产资源的耗竭而受到制约。耗竭基金可通过各种矿产品的年产量或年销售收入，按一定税率，以征收资源耗竭补偿税(费)的方式给予保证。税率的大小应与矿山服务年限成反比。

耗竭基金主要用来投资于代用品的研制和开发，以及提高矿产品和加工产品的提取率或扩大找矿。只有耗竭基金等于研制和开发代用品或其他用途所需的费用，才能将矿产资源的耗竭速度限制在研制和开发代用品等速度之内，也只有这样才能保证经济上可持续发展战略的实现。当然，这一设想还存在许多困难，比如，怎样确定研制和开发代用品等所需的费用？今后若干年矿产资源消耗速度如何准确预测？耗竭资本价值转移给下一代的机理，以及重置成本能否替代自然资源资本等，都还有争论，尚需进一步探讨和研究。

5 可持续发展对矿山地质人员提出挑战

对于可持续发展，到现在恐怕没有人再持反对意见了。然而，将可持续发展的概念应用于矿产资源时，在持续什么和如何持续等问题上，就众说纷纭，莫衷一是了。现在人们高度关注着矿产资源的枯竭和环境恶化，它们已经直接影响到可持续发展战略的实施。作为矿山地质人员应该清醒地认识到在这两个领域中，可持续发展已经提出了挑战，迫切要求我们及时调整工作和研究方向。

(1)关于矿产资源枯竭问题。从表面看，可持续发展与矿产资源开发是矛盾的，因为采矿就要消耗矿产资源，最终将耗竭可供利用的矿产资源，因此，有人把“采矿”称之为非可持续活动。然而，实际上并不是想象的那样。首先，通过地质勘查和开发，可以扩大矿产储量并发现新的非传统矿产资源；其次，由于采选技术的不断进步，可以降低生产成本，从而使原来暂不能经济利用的表外矿石，转变为可利用矿石。在过去几十年中，通过上述两个方面增加的矿产储量，已经超过生产矿山消耗的矿产储量；其三，利用回收废旧金属和寻找类似的替代金属(如以铝代铜)；其四，采用前述的经济方法，从矿产品收入中拿出适当部分作为耗竭价值，用于补偿投资于人力资本和有形资本，使总资本不变，那么被消耗的矿产资源价值就仍然会继续存在。

矿产资源枯竭方面向矿山地质人员提出的挑战，包括研究次经济矿产资源的利用、宣传矿产品供应及其动态变化特点、废旧金属的利用和重复使用问题以及将矿产储量耗竭和增减变化纳入国民经济总产值中等。

(2)环境恶化问题。众所周知，在矿产勘查和矿山开拓阶段，对环境的破坏，要比开采阶段低。在开采和选矿阶段主要是地表覆盖层和围岩被挖掘形成土壤和废石，选矿形成尾矿。这些固体废置物不但破坏地表景观，如果与地表水或地下水起化学反应，就会成为酸性排放水的来源，从而严重污染环境。当然，其严重程度和危害范围与矿床类型、矿石品位、选矿回收率、采选技术方法以及气候、地理位置、人口密度等因素有直接关系。因此，矿山应该采取有效措施，如在废石堆上植树种草，或者封闭起来加强环境管理。在闭坑阶段，主要是环境恢复，如回填采坑、恢复地表植被和加固边坡、控制酸性排放水以及废旧矿山的处理等。

目前，矿山地质人员至少有两件事要做：其一，在矿山经济利益和伴随的环境破坏之间应该坚持以生态系统能够得到保持为前提。其二，努力研制新的更好的采矿和选矿技术，以便降低生产成本和减轻环境破坏。

环境恶化方面向矿山地质人员提出的挑战，是促使矿山地质人员更深入地开展矿山、地质工作，包括估算由采矿造成人类环境和自然环境的危害值、并将其作为负值纳入国民经济总产值中，研制“矿床环境类型”，改善与采矿和选矿有关的环境管理和环境恢复工作，宣传矿业能够采取措施控制环境破坏，将环境恶化产生的负面影响降低到最低限度。

参考文献(略)

再论同位成矿与找矿

梅友松　汪东波　金　浚　刘国平　邵世才
（北京矿产地质研究所，北京，100012）

摘　要：论述了同位成矿的前提与大矿、富矿形成的关键，以及同位成矿的特征与类型；同时，论述了矿区（矿集区）的有关成矿规律和具体部位的有关找矿规律。

关键词：同位成矿；找矿规律

所谓同位成矿是指"在同一空间范围内，同时代与不同时代、同类型与不同类型、同矿种与不同矿种相对稳定的成矿作用及其成矿规律性的总称"。无论是内生成因、外生成因，还是多因复成成因的矿床，要形成大矿、富矿，特别是超大型矿，是要遵守"同位成矿"这个原则的。

1　"同位成矿"说概要

1.1　相对稳定的成矿热活动中心与成矿中心是"同位成矿"的前提

由于不同矿种和不同类型矿床，成矿条件的差异，有的矿种、类型如岩浆型铜镍矿床，伟晶岩型、斑岩型、云英岩型矿床等，成矿热活动中心与成矿中心基本是一致的，有的在成矿热活动中心附近地段为成矿中心部位，如吉林夹皮沟矿区，在该区主要成矿热活动周围产出有三道岔、夹皮沟矿区和二道沟金矿床。一些与含矿热卤水活动有关的矿床，有的在紧靠含矿热卤水活动中心旁侧的一定地段内为有关矿种类型的成矿中心（如广东凡口铅锌矿），有的在不同地段分别为不同矿种、类型的成矿中心，还有的矿种类型主要表现为成矿中心明显，如滇中大姚砂岩铜矿床等。无论上述何种情况，保持相对稳定的成矿热活动中心、成矿中心，才有可能产生同位成矿作用。不仅同一时期成矿是这样，而且在不同时期成矿中，相对成矿温度高的部位与相对成矿温度低的部位，其总体格局要保持相对稳定（在不同时期成矿中，成矿温度的高低可有一定变化）。使同矿种在不同时期、不同成矿作用中保持相对稳定的成矿中心，是形成大矿、富矿的前提条件。

无论在同一时期不同时间长短的成矿作用形成矿床，或不同时期的成矿作用形成矿床，特别是在大规模成矿作用中，形成超大型矿床，同位成矿均保持相对稳定的成矿热活动中心，成矿中心的现象是明显的。例如新疆阿尔泰3号伟晶岩超大型铍稀有金属矿床，由外向内可十分清楚地划分出9个相带，自海西中晚期开始形成伟晶岩边部相带到燕山中晚期形成伟晶岩内部相带，从该区年龄资料对比来看，矿床成矿时间约为170 Ma，这个稳定的成矿热活动中心，持续的时间是很长的。湖南柿竹园超大型钨多金属矿床，燕山中期成矿，矿床成矿时间为15～20 Ma，但不同期次成矿仍保持稳定的成矿热活动中心，基本是沿垂向形成了4个规模大的不同矿石类型矿带。再如广西大厂超大型锡多金属矿田，在泥盆纪中晚期有喷流沉积成矿，到燕山晚期[(99±6) Ma～(115±3) Ma]与龙箱盖花岗岩体有关的改造成矿，形成以龙箱盖为中心（主要是西侧）的分带清楚、规模巨大的铜－锌－锡多金属硫化物矿床的矿带。但只有两次成矿热活动中心基本保持一致（指温度高低的格局）才有利于出现这种情况。如岩体侵入到巴力、龙头山等区段，这里是因为含沥青质高，锡多金属硫化物才富集，否则不仅不能使矿石改造富集，而且会出相反的作用。陕西铜厂铜矿床内中元古代中基性火山岩发育，在面积约0.6 km^{2}的火山口中有次火山钠长岩（1300 Ma）等，该时期仅有铜矿化现象，而在加里东期石英闪长岩株侵入其中才形成富铜矿床。江西永平大型铜矿床，据张学书（1992）资料，该矿床初始为喷流沉积成矿，经改造富集，燕山早期花岗斑岩沿喷流口通道侵入，岩体叠加有钨、钼矿化，少量铜矿化，其外为条带状、块状、层纹状、柔皱状等富铜矿，再外为铅锌矿化至菱铁矿化等，这是前后不同期次的成矿作用，其成矿热活动中心稳定一致重叠的结果。前述的广西大厂成矿热活动中心的格局也是与此相似的。

1.2　成矿条件的最佳配置、协同作用，是"同位成矿"形成大矿、富矿的关键

在地壳演化运动中所形成的构造、建造等有利的成矿环境中，在局部稳定的应力场内，使成矿作用特

别是大规模成矿作用，能在相对稳定的成矿热活动中心、成矿中心内进行。这一方面要求具有高背景的地球化学场，成矿物质来源丰富，特别是上地幔、大陆地壳基底、洋壳基底、地壳上部相应的成矿元素丰度均高则更为有利。同时这些成矿元素要易于转移，并供给同一空间部位成矿，才能称成矿物质来源丰富。有的矿区不同时期成矿热活动中心是重叠稳定的，但成矿物质来源有限，仍只能形成小矿；成矿挥发组分丰富对形成规模大的矿床，特别是超大型矿床是十分重要的，许多超大型矿床，挥发组分富集程度远超过中大型矿床。如与柿竹园超大型矿床相关的花岗岩中F的含量超过地壳花岗岩平均值近10倍、Li为2倍、B为4倍(赵振华1996)。柿竹园矿床中，萤石矿也达到超大型矿床的规模。在同期和不同期构造运动中，有关局部地区出现相似应力场构造活动特点，这样就能保持具有稳定相近或一致的成岩成矿通道，这对同位成矿十分重要。例如凡口铅锌矿产出地区，早古生代与晚古生代之间虽为不整合接触，但均为负向构造沉积环境，加里东、印支运动形成共轴继承褶皱及相关断裂构造。保持着同一成矿通道，在同空间部位形成了超大型铅锌矿床；具有相对稳定有利的淀积环境，才能使成矿物质大量堆积形成矿床。因此有利的成矿建造、构造、封闭岩层和相关特征的水体等的存在，能产生多种地球物理、地球化学障，为成矿物质淀积提供稳定有利的环境。上述这些有利成矿条件，在同一空间部位具有最佳配置，协同作用就可产生最佳成矿效果，形成大矿、富矿。成矿后，具有良好的保存条件，使所形成的矿床得以存在。

1.3 同位成矿的特征

(1)成矿具有集中产出的特点。

同位成矿的成矿集中产出特点，在成矿区带中，在矿化集中区或矿区中，在矿田、矿床、矿体中均十分明显地展示出来，分别在一个小的空间范围内集中了大量的矿产。例如赣东北德兴矿化集中区(或称矿区)，面积约150 km^2，其中有铜厂超大型斑岩铜矿、金山超大型金矿，还有3个大型铜矿、铜多金属矿，以及中小型铜、金矿等，共计铜金属储量达1000万t。云南个旧矿区，累计探明金属储量逾千万t，其中锡储量近200万t，主要集中在矿区东部约100 km^{2}的老厂等5个矿田内。广西大厂矿区，该区西部近3 km^{2}范围内自铜坑、长坡至巴里、龙头山，矿区探明的锡、有色金属矿基本上或绝大部分集中在这个范围内。湖南柿竹园超大型钨多金属矿床，矿区面积约2 km^2，累计探明钨储量约70万t。甘肃金川白家嘴子超大型铜镍矿床，矿区含矿复式岩体面积仅1.34 km^2，累计探明镍储量约554万t、铜储量约350万t。在大矿特别是超大型矿床中，储量又主要集中在1个或少数几个主矿体中。例如江西金山超大型金矿床，1号主矿体占金矿储量的绝大部分。广西大厂长坡－铜坑超大型锡多金属矿床，其中92号矿体巨大，占该矿床锡储量的53%(占大厂矿区锡储量的30%)，91号矿体占该矿床的锡储量约27%，这个矿床的储量主要就集中在这两个矿体中。湖南柿竹园超大型钨矿床，其中92号主矿体，就占该矿床钨储量的24%，而且在靠近主矿体附近的其他矿体规模也较大。当矿床中矿体多但规模相差不大，主矿体不明显，或主矿体规模较小时，矿床规模多为中、小型，仅个别可达大型。因此要注意在大矿集中区、规模大的矿床、主矿体附近找矿。

(2)发育不同类型的规模大而明显的分带现象。

大型－超大型矿床(矿田)和有关矿化集中区(或矿区)，常存在不同种类的分带现象，通常分带越明显、规模越大，相关的矿产规模就越大。这些分带包括有关元素分带、成矿元素浓度分带、物性分带(含影像)，蚀变分带、矿化种类分带、矿石结构构造分带、矿床类型分带等。这方面的内容很多，现只能举个别情况做些说明。例如智利丘基卡马塔斑岩铜矿床，铜金属储量近7000万t，是世界第一大斑岩铜矿床。含矿石英二长斑岩岩株面积约3 km^2，为老第三纪(29 Ma)形成。岩体及围岩蚀变强烈，有关蚀变带规模巨大，分带清楚，剥蚀较浅，内部的钾化蚀变带出露不多，但石英绢云母化带、泥化带、青磐岩化带发育，白、暗分明，规模壮观，蚀变范围达32 km^2。其中石英绢云母化带及与泥化带的过渡部位是矿体主要产出地段。我国江西铜厂超大型斑岩铜矿床，铜金属储量524万t，发育上述有关蚀变带，分带清楚，其蚀变范围大于8 km^2。西藏察雅马拉松多斑岩铜矿床、铜金属储量101万t，岩体出露面积小，岩体及围岩蚀变强烈，由岩体向外依次出现与上述相似的蚀变带与矿体，蚀变带色彩分明，蚀变范围约6 km^2。由此可见在蚀变分带清楚的基础上，蚀变规模大有利于成矿。

在此还要指出的是，矿化集中区(或矿区)分带清楚，规模大的有利成矿带中，要注意在相应矿种或相应类型的矿床、矿点中找矿，如该矿点、矿床有关分带清楚，规模也大，则找矿前景大，有可能找到大矿。这一重要特征在许多大矿产出的矿区(或矿集区)均可见到，如广西大厂、辽宁青城子、湖南东坡、云南个旧矿区等。据此我们曾在20世纪70年代末预测大井锡多金属矿床可能是一个大型矿床，在90年代初预测铁炉坪可能是一个大型银多金属矿床。通过勘查工作已达到预期效果。

(3)成矿岩体(脉)具有充分演化、分异特点。

这是同位成矿形成大矿、富矿的又一重要特征。这类成矿岩体(脉)富含成矿物质，与其充分演化、分异、交代和相关地质体的成矿物质加入密切相关。例如富含挥发组分和碱金属的阿尔泰3号伟晶岩铍、钽、铌等稀有金属矿床，是在长期稳定的结晶分异、交代中，形成了规模大、分带清楚的相带，使各稀有金属成矿元素在有利的相带中产出，形成了超大型富含多种稀有金属的矿床。甘肃金川白家嘴子超大型铜镍矿床位于中朝地块西南阿拉善隆起边缘，在边缘深断裂变化部位沿次级断裂产出，形成于中元古代(1509 Ma，郭文魁1987)。富含成矿物质的岩浆，从上地幔侵入到地壳岩浆房，在稳定的岩浆房内经历了充分的熔融作用，分异出硅酸盐岩浆、含矿岩浆、富矿岩浆和矿浆。这4个部分均沿同一通道，分4期先后上侵贯入同一空间内，在此再进行充分演化、分异，形成中细粒、中粒、中粗粒和基性程度不同的岩相。第一期侵入的硅酸盐岩浆仅为矿化；第二期侵入的岩浆，就地分异形成熔离铜、镍矿体，但仅占全矿区储量的10%左右；第三期是富矿岩浆贯入后又稳定地进行分异，并在岩体下侧部位形成纯橄榄岩－硫化物富铜镍矿体，这期成矿占全矿区铜、镍储量的80%；第四期是矿浆贯入型矿体，贯入到海绵状矿体底部、岩体根部接触带，形成块状硫化物矿体，铜、镍约占全矿区的10%。此后，还有接触交代和热液叠加成矿。以上所述矿床，具有典型的同位成矿特点。

(4)常可出现相关的独立共生矿床。

由于同位成矿是具有稳定的热活动中心(含具体的成矿热活动中心、成矿中心)的成矿，这样相关成矿元素，便可按其地球化学性质、成矿物理化学条件，有序迁移，在一定的成矿作用下，于有利部位分别形成不同矿种或不同类型的独立矿床。前述矿化集中区(或矿区)矿化分带已反映出这点。如个旧锡矿区，有卡房大型富铜矿床；青城子矿化集中区铅锌矿床外围，有大型银矿床(高家堡子)、大型金矿床(小佟家堡子)；凤太矿化集中区有大型富铜锌矿床(如八方山等)、超大型金矿床(八卦庙)等。

1.4 同位成矿的类型

这里所讲的类型是指矿床、矿田内同位成矿的类型。首先是按时、空来划分类型，即同时期、同空间部位成矿类型，不同时期、同空间部位成矿类型，也就是所称的"同时同位成矿，异时同位成矿"(以下同)，在此基础上又可根据同位成矿的矿种、矿床类型等进一步划分同位成矿的不同类型。

在此主要是讲同时同位成矿、异时同位成矿这两个类型。其共同特点是：保持相对稳定的成矿热活动中心、成矿中心；在形成大矿、富矿，特别是形成超大型矿床中，从成矿的发生、发展到形成矿床和此后的改造等，在不同阶段及其总体上成矿条件具有最佳配置和协同作用的特点(包括形成一种矿，为形成另一种矿或类型矿床创造条件和其他重要成矿条件的协同作用等)。

(1)同时同位成矿类型及其特征。

同时同位成矿不能认为就是单纯的一次成矿，成矿常有先后不同阶段与不同期次，但其中可有一次是最主要的、起决定性作用的，也有是不同期的成矿作用，并在不同程度上具有较重要的意义而形成矿床的，这种情况还较多。不论前述何者，其成矿相互关系密切，成矿作用比较连续，或间断时间较短，均在同一个时期内成矿，这些统称为同时同位成矿，但就其产出特点来说是有差别的，而且与找矿勘查工作关系密切，现举例如下：

江西铜厂超大型铜矿床，成矿期可分为岩浆晚期气成热液成矿期，岩浆期后热液成矿期和次生氧化期，其中最主要的是岩浆期后热液成矿期，铜矿体主要沿岩体与围岩接触带两侧石英－绢云母化带分布，其内接触带矿体占1/3，外接触带矿体占2/3。虽然该矿床成矿作用进行时期较长(在100～172 Ma的燕山中晚期内进行)，但相互关系密切，而且最主要的成矿期(水白云母K-Ar法年龄值为112 Ma)控制着矿床的产出，因此不仅成矿中心稳定，而且矿床产出也较简单，易于指导找矿勘查。

湖南柿竹园超大型钨多金属矿床，该矿床产于千里山花岗岩体与泥盆系上统佘田桥组泥质灰岩接触带，东坡－月枚复式向斜北端昂起部位(柿竹园太平里向斜)控制矿床分布，有3个成矿期：第一期成矿与斑状黑云母花岗岩[(152±9)Ma，Rb-Sr法]有关，主要形成矽卡岩类型的钨、锡、铋、钼多金属矿化，也有云英岩型多金属矿化。第二期成矿与等粒状黑云母花岗岩[(137±7)Ma，Rb-Sr法]有关，主要形成云英岩类型的钨、锡、铋、钼多金属矿化，也有矽卡岩型矿化，这两期成矿相距较近(相差15～20 Ma)，成矿关系密切，成矿热活动中心完全一致。这两期成矿控制着本矿床的产出，但第二期成矿作用除上部完全叠加在第一期成矿部位外，在深部岩体略凹的接触带部位岩体中发育，伴随有规模较大的云英类型矿体产出。该矿带为似层状，长约400 m，宽150 m，厚10～

100 m，含 WO_3 0.276% ~0.353%。在前期找矿勘查中，将深部多处发现的不厚的云英岩化花岗岩型钨多金属矿归于上部矿带中而没有引起注意，后来在矿山采准坑道施工时，在490 m中段发现宽50 m的钨多金属新矿体，在385 m中段又发现富厚的矽卡岩－云英岩型钨多金属新矿体，此后才引起重视，进行深部找矿，才完全发现云英岩型大矿。由上说明成矿热活动中心完全一致，但成矿部位就不一定完全重合，后期成矿向深部发展的情况就值得注意。第三期成矿与花岗斑岩脉［(131 ±1) Ma］有关，主要形成铅锌等贱金属矿化。

俄罗斯滨海边疆区季戈林锡钨矿床，产于中生代陆相地层中，主要有两期成矿：早期与黑鳞云母花岗斑岩岩株［(73.2 ±2) Ma］有关，位于上部，在该岩株上部及靠接触带部位有含锡钨矿的块状云英岩，在岩株顶部围岩中，有含锡钨矿的石英－云母和石英－长石－黄玉细脉平行产出，其外侧则为绿泥石－硫化物和碳酸盐细脉，细脉切穿岩株与块状云英岩。晚期铁锂云母花岗斑岩岩株［(67 ±4) Ma］位于下部，该岩株在与早白垩世陆相沉积岩层接触处有硅化边，并与早期岩株边缘相接触，在晚期岩株凹部有含锡钨矿的块状云英岩，其上部与下部均有含锡钨细脉。下部岩株成矿规模比上部小，季戈林锡钨矿床热活动中心是一致的，为同位成矿，而矿体是分别产出的，没有重叠部位，在找矿中要予以注意。

(2)异时同位成矿类型及其特征。

异时同位成矿是指成矿时代不同，成矿地质条件有一定的差异，或成矿作用类型、矿种等有一定差别，而在同一空间部位成矿，则总称异时同位成矿。这一类型的情况前面已从不同方面谈到，下面再举例简要说明：

河北金厂峪超大型金矿床，最早矿化发生时期的地质环境是古陆核之间的核间带。在晚太古代时期(斜长角闪岩变质年龄为2 700 Ma)，核间带的含金绿岩建造的矿源层变质达到角闪岩相，有肠状褶曲的淡红色长石－石英含金脉体沿片理、片麻理产出，金矿化规模不大(矿化—小型)，矿物组合为黄铁矿、石英(胡达骧1995，以下同)*。早元古代时期，金厂峪近南北向的核间带再次出现强烈变形，形成韧性剪切带，伴随有绿片岩相退化变质作用，退变质岩石中绢云母 $^{40}Ar/^{39}Ar$ 年龄为 2 000Ma(林传勇 1994)石英 $^{40}Ar/^{39}Ar$ 年龄 2 200 Ma，在韧性剪切带出现新生石英－钠长石－黄铁矿组合及含金钠长石细脉带，金的富集规模较大(大－中型)。中生代，在金厂峪韧性剪切带上又叠加脆性变形，形成构造“破片岩”(杨连生，1979)，燕山期花岗岩侵位，又出现了石英－辉钼矿－(萤石)－黄铁矿更新的含金矿物组合和含金石英大脉，此次金进一步富集形成金厂峪超大型金矿床。

属异时同位成矿的大矿是比较多的，如广西大厂锡多金属矿田、江西永平铜矿床、城门山铜矿床、安徽新桥铜硫矿床、云南澜沧老厂铅锌多金属矿床等，在此就不详述了。关键之点是，原有成矿中心与其后的成矿作用中心及改造中心要保持一致，并在改造中不使矿化分散。因此，原有成矿热活动中心和后来的成矿热活动中心，要保持一致或相近，这样才有利于成矿，以至形成超大型矿床。

2 找矿规律概要

在成矿区带，矿集区(矿区)、矿田、矿床和矿体等不同级次上，成矿均具有集中产出的特征，因此在找矿勘查工作程度较高的地区，要选择已有大矿(特别是超大型矿床)或有一定规模的矿床和富矿产出，并且在找矿前景好的地区开展工作。在工作程度低的地区，要在预测矿产资源潜力大、找矿前景好的地区进行。现在我们重点研究矿区(矿集区)、矿田、矿床和矿体的找矿规律，以利于预测其找矿前景。

2.1 矿区级次的有关找矿规律

(1)在各有望成矿带内进行找矿工作。

研究矿区或矿集区的矿产、矿化、异常和矿床(化)类型的分带，这对部署找矿工作甚关重要。如广西大厂矿区(主要是西部)有铜－锌－锡石硫化物多金属的成矿分带，其中最主要的是锡矿带，在集中力量做好锡矿带的找矿勘查工作的同时，也进行铜、锌矿带的找矿勘查，结果取得了巨大的勘查成果。个旧矿区也有类似的情况。江西银山矿区，通过分带的研究，找到了银山大型铜、金矿床。青城子矿区已知有铅锌矿带、银矿带、金矿带，过去只在铅锌矿带上工作，后来有突破，取得了找金、银矿的重大成果。从同位成矿的观点来看，凡有大矿产出的矿区或矿集区常有矿种、矿床(化)类型、相关异常等的分带(这与影响全矿区相对稳定的热活动中心有关)，分带越清楚，有关矿带规模越大，一般说找矿前景就越好。我们要认真做好这项工作，按矿种、矿床(化)类型、异常和产出的地质构造特点划分好矿带，研究其发育情况。选准各有望成矿带，进行找矿勘查工作，就可能取得好的找矿效果，并在找共生矿产中取得突破。

---

* 《华北陆台北缘铁金矿成矿规律及成矿预测研究》报告，1995。

(2)在成矿热活动中心、成矿中心地区及附近找矿。

一方面要注意在影响全矿区的与成矿相关的热活动中心附近地区找矿，这对宏观部署找矿工作是重要的。例如甘肃李坝—金山矿区，要在距中川岩体一定距离内找金矿；湖南东坡矿区(矿集区)在千里山花岗岩周围不同矿带中分别找钨、锡、铅、锌等矿产。这些前面已原则上谈到。在此基础上，更主要的是要找直接控制矿化产出的成矿热活动中心、成矿中心，它与前者有联系，又有自己的特点，可在矿区各有关主要矿带中形成不同矿种、不同类型矿床的成矿中心(含成矿热活动中心)。这种中心表现特征有：一是以成矿小岩体和其他成矿热液活动为中心，矿化异常、蚀变等分带清楚，其规模大者可形成大型、超大型矿床(如湖南野鸡尾锡多金属矿床、江西铜厂铜矿床)，小者有的可形成一定规模的矿床。二是由成矿集中产出地区，构成一个具体的成矿热活动中心和成矿中心，有其特殊性，故从前类中单列出。例如吉林夹皮沟超大型金矿床，是通过晚太古代、元古代、古生代和中生代四个时期不同类型的金矿成矿作用形成的，在成矿具有3~4期叠加的三道岔—夹皮沟本区—二道沟矿床所构成的三角地带为夹皮沟矿区的成矿热活动中心。这个三角地带的成矿热活动中心，具有一个环形影像，有的认为是不同时代、不同方向断裂交汇叠加的结果，有的认为与加里东晚期隐伏花岗岩体有关，不论何种说法正确，但此处为一成矿热活动中心。该中心周围的上述金矿床，累计探明储量占矿区金总储量的70%左右，构成矿区金矿成矿中心。在成矿热活动中心北西侧的三道岔金矿床，为南北向脉状矿，矿体由北向南(南东)斜列，标高逐渐下降，趋向成矿热活动中心，而且金矿脉品位、厚度增加。位于中心东北侧的夹皮沟本区金矿床，晚太古代绿岩带剪切带型金矿，近东西向产出，西侧靠近中心，西侧金矿富集标高低，矿体富；东侧矿体贫，富集标高高，表明含金成矿热液由西向东迁移。该矿床还叠加有南北向陡倾斜的矿体，也主要产于西侧。位于中心南侧的二道沟金矿床，为南北产出的脉状矿，向北侧伏指向中心，并富集(董第光，1999)*。三是主矿体规模大的成矿中心，没有明显的成矿热活动中心，如云南六苴砂岩铜矿床。成矿中心(含成矿热活动中心)，是矿区(矿集区)矿产主要产出的地区，找矿中要十分重视研究、发现成矿中心，在此部位及附近地区找矿易于收到好的找矿效果。但矿区及其中的主要矿带，常有多处成矿中心，一定要注意找到最主要的成矿中心，取得找矿上的突破。同时，要在地质分析的基础上，运用针对性强的综合手段寻找隐伏的成矿中心。

2.2 具体部位的有关找矿规律

(1)沿着控制主矿体及有关部位的成矿地质条件追索。

在众多的矿体中，要下功夫找主要矿体，正确圈定主要矿体的自然形态，研究控制主要矿体产出的构造、建造等地质条件。沿着主要控矿条件追索就会取得好的效果，这一方面可扩展主要矿体的规模，如金山至朱林的1号金矿主矿体，已追索长达4 km以上；云南会泽七〇厂，沿着控制主要铅锌矿体的构造、岩层追索找到了大型特富的铅锌矿体，其深部还有找矿预测区有待验证。另一方面，主要矿体产出部位，是矿床中成矿条件配置最好部位，在其附近可出现较好的矿体，或平行矿体，而且研究主要矿体形态特征、产出条件、矿体排列规模和有关找矿信息(含地下物化探信息)，有助于发现新的重要矿体或新的矿化类型。

在主矿体或重要矿体中，存在着矿体的成矿中心或矿化最好部位。这些部位是成矿条件配置最佳的具有特色的部位(如控矿构造中心部位、断裂交叉、产状变化等)，或叠加成矿最集中的部位，如原有成矿中心与叠加成矿中心一致，则使矿化叠加富集，规模更大，在矿体中这种成矿中心，有最主要的，也有次级的。我们要研究矿体中成矿中心的产出规律，研究矿化、蚀变和相关元素分带规律，确定综合找矿标志，指导找矿。矿体中成矿中心产出情况，对安排勘查工作是十分重要的。

(2)寻找不同层位建造和多层矿化、矿床、矿体。

根据同位成矿的道理，在一个地区可能出现多个层位的成矿时，如果上部层位矿化好、规模大，就要在附近找下部层位的矿。例如东川落因矿带在落雪组中有规模大的富铜矿床，其下在因民组上部也找到了稀矿山式的大型富铜矿。凡口超大型铅锌矿床也是类似的情况。主要的矿化层位不是上部矿化层位，而是下部具有一定规律、品位高的矿化层位，这说明成矿条件好，其下部主要矿化层位的找矿就更值得注意。例如安徽狮子山矿田在东瓜山深部黄龙组地层中找到了近百万吨的富铜矿就说明了这点。

除上述层位相关的多层位同位成矿外，成矿岩体多期次同位侵入所形成的多层矿化也是十分重要的。例如美国克莱梅克斯斑岩钼矿床，其成矿与不同期次流纹斑岩同位侵入有关，产于前寒武纪围岩中。矿体

---

* 董第光. 吉林夹皮沟金矿地质[R], 1999。

位于侵入岩穹隆之上，呈倒碗状，3 个矿体每个矿体范围内部各自有分带，即在矿体上部和翼部以钨为主，而在下部以钼矿为主，在矿体之上紧接着是硅化和长石化带，有下部矿体矿化叠加在上部矿体的现象。早期侵入的岩株，其形成矿体规模最大（Ⅰ号），产于岩株顶部围岩中，晚期侵入的岩株，所形成矿体（Ⅱ号）比前述矿体（Ⅰ号）要小，产于靠近后期侵入岩株顶部的围岩以及早期岩株中。Ⅲ号矿体产于晚期侵入岩株顶部，其下为细晶斑岩体，Ⅲ号矿体规模最小。这 3 个矿体是相互隔开的，形成 3 个矿化层，最下部为花岗斑岩，无矿化。前述柿竹园成矿类似这种情况，还有广东银岩顶锡矿、万峰山铍矿、河南祈雨沟金矿等有类似情况，要注意深部多层矿化的找矿。

（3）寻找不同接触带部位的矿体（矿床）。

在超覆岩体的上接触带有较好的矿化时，就要注意寻找下接触带部位的矿体，以及可能多次出现的岩体凹部及其外接触带的矿体。如湖南水口山、云南卡房、湖北丰山洞等矿区在同一空间范围内，在不同深度的有关岩体的凹部形成了规模大的矿体，使卡房、丰山洞等矿区成为大型富铜矿床。

（4）寻找不同类型的和不同方向产出的矿床（矿体）。

由于规模大的矿床具有同位成矿的特点，因此在平面上和垂向上可出现不同类型矿床共同产出的情况，例如江西城门山大型铜矿床有喷流沉积改造型、矽卡岩型和斑岩型铜矿。广西古袍、桃花石英脉型金矿床，具有中型规模，金品位高，在其石英金矿脉旁侧和下部发现有破碎带蚀变岩型金矿，在深部可能还有斑岩型金矿。脉状黑钨矿 5 层楼成矿模式及栗木锡矿等均在同一空间范围内，沿垂向产出不同类型的矿化。也由于同位成矿这一特点，多个方向形成的矿床（矿体）可在同一矿区、矿段这个小的空间范围内伴随产出，因此要改变勘探线和方向才能收到好的找矿效果。例如吉林夹皮沟超大型金矿矿床就有这样的情况，其他有关矿区也要注意，在此就不详述了。

（5）寻找平行、侧列产出的矿带、矿床。

由于构造和其他控矿因素的作用，就会出现平行（侧列）的或不同的成矿中心。发现不同成矿中心对扩大矿区远景甚关重要。现知水口山矿区在同一赋矿层位形成了隔档式构造与成矿岩体构成的成矿热活动中心，在康家湾这个成矿热活动中心，已找到大型铅锌金矿床，比平行斜列产出的老区要大 3 倍。

（6）注意在有关岩层不整合面附近、推覆－滑覆断裂附近找矿。

在此部位，同时具备其他有利成矿条件时，可形成稳定的成矿中心，产出规模大的矿床。例如广东富湾大型银矿床，金银矿体赋存在下石炭统梓门桥组上段和上三叠统小坪组风岗段不整合面附近的硅化灰岩与灰岩互层部位。此不整合面也是长坑滑脱断裂（带）部位，发育角砾状硅化岩，破碎蚀变带长 21 km，宽数米至数十米，矿床上部即北西部为金矿体，下部为银矿体。1 号为主矿体，长 2380 m，平均宽 317.9 m，平均视厚度 4.84 m，银平均品位 213 g/t。陕西山阳银厂沟—古基沟铜银矿，产于志留系砂页岩层与下泥盆统西岔河组不整合面附近，铜矿远景较大。云南金顶铅锌矿产于 F_2 推覆断裂附近的下白垩统景星组与老第三系云龙组（含盐地层）上部碎屑岩中，盆地边缘近南北向的毗江同生断裂为重要的导矿构造。

（7）注意与不同建造相关的矿产、矿化、异常互相指示找矿。

我们可以运用产于一定岩层建造中的矿床、矿点、异常作指示，寻找相关的矿床，进而运用其矿化，蚀变分带规模找主要矿床。例如含火山岩物质浅变质细碎屑岩、细碎屑岩－碳酸盐岩、细碎屑岩－火山岩－碳酸盐岩等建造地区，产出有规模大的铅锌矿床，铜矿床等，在其附近地区要注意找金矿。浅变质含钙碎屑岩建造有利形成金、锑、钨矿，当钙质减少则主要形成金矿或锑金矿。含火山物质深度变质基底岩层出露地区，钼矿、铅锌银矿和金矿等在广义上说具有互为指示找矿的意义，其中钼、铅锌银矿更具有指示找金矿的意义。在碳质岩系中发育金矿，或有金、银、铀、铜、砷、锑、汞等异常，并在碳质板岩旁侧有硅质板岩，裂缝发育，有地开石化，硅化等低温褪色蚀变，有的还发育自然金、自然银、自然铁等自然矿物，在这样的地段要注意寻找铂族金属矿床。同样，在碳质岩系上部发育锰矿床（特别是含磷低的锰矿）的地段也要注意在碳质岩系中找铂族矿床。还要指出的是，在许多有色金属矿床及贵金属矿床发育地区，当矿化分带发育好时，其外侧有锰矿化或铁锰矿化或铁矿化，如其中含铅锌特别是含镉高时对指示找铅锌矿具有十分重要的意义，含铟高对指示找锡石硫化矿床具有重要意义。同时要注意利用有一定产出特征的锰矿，寻找铅锌矿及浅成低温热液金矿床。

本文就“同位成矿”及相关的找矿方面的认识，做了进一步总结，但由于篇幅所限，未能附图，可能给阅读者带来不便，在此深表歉意。同时，由于写得匆忙，不妥或错误之处，请批评指出，以便修改。

参考文献

[1] 梅友松，汪东波等. 同位成矿概论[J]. 地质与勘

探，1995(5).

[2] 汪东波，梅友松.论铜的“同位成矿”作用[M].第五层全国矿床会议论文集(2)，北京：地质出版社，1993.

[3] 吴健民等.扬子地台西缘大型铜矿区的深源—同位—多期复合成矿剖析[J].矿产与地质，1995(4).

[4] 梅友松等.有色地质矿产勘查、科技若干主要成果概论[J].有色金属矿产与勘查，1997(1).

[5] 陈毓川等.南岭地区与中生代花岗岩类有关的有色及稀有金属矿床地质[M].北京：地质出版社，1989.

[6] 朱训.中国矿情第二卷.金属矿产[M]，北京：科学出版社，1999.

[7] 黄崇轲，朱裕生等.南岭银矿[M].北京：地质出版社，1997.

[8] 毛景文等.湖南柿竹园钨锡钼铋金属矿床与地球化学[M].北京：地质出版社，1998.

[9] N·H·汤姆森.多时代矿床的深部多层矿化[J].国外地质科技，1996(4).

[10] Laznicka. P. Derivation of giant ore deposits. Abstrsacts. 28rh International Geological congress 1989.2.26.

新疆矿产资源开发与产业发展战略研究

汪贻水 *
（中国地质学会矿山地质专业委员会，北京，100024）

摘　要：在分析新疆矿业发展现状的基础上，论述新疆矿业发展战略与规划，并提出矿业可持续发展的新体制构想和具体工作建议。

关键词：矿业经济；矿产开发；体制改革；新疆

1　新疆矿业的现状分析

这篇论文全面反映了“九五”国家科技攻关项目“加速新疆优势金属矿产资源及大型矿床的综合研究”中的96－915－08－07专题，即“新疆矿产资源开发与产业发展战略研究”的内容。

1998年，新疆国民生产总值达到1 115亿元，其中农业总产值达到491.1亿元，工业增加值达到300亿元；全社会固定资产投资520亿元，全年全区财政总收入111.9亿元，财政支出完成144.5亿元；进出口贸易总额15.32亿美元，其中出口总额8.08亿美元；一、二、三产业的比重为26.0∶39.3∶34.7；棉花总产值137.5万t，增长19.16%。新疆矿业在新疆经济发展中占有特别重要的地位，1996年矿物原料产值达154.64亿元，占新疆工业产值的22.67%。

截至1996年底，新疆已发现矿产138种，占全国已发现矿种的82.14%，已探明储量的矿产有66种，矿区522个。其中，有5种矿产保有储量居全国首位，24种居全国前5位，43种居全国前10位。新疆矿产资源的主要特点是：矿种较为齐全、配套，探明储量丰富，矿石质量好，资源分布广泛，成矿条件很好。

新疆矿产开发进展较快，特别是党的十一届三中全会以来，新疆矿业取得了很大成就，为新疆经济建设和社会发展做出了重要贡献。1996年矿业总产值达239.36亿元，占同期工业总产值的21.65%。其中石油工业产值达209.25亿元，正在成为新疆重要的支柱产业。

新疆地质勘查和矿产开发存在的主要问题是：地勘投入严重不足，改革步伐不大，吸引外商投资机制不力，资源综合利用水平较低等。

根据新疆主要矿产资源在国内和区内的地位与作用不同，新疆在全国有优势的矿产有石油、天然气、钾盐、蛭石、铜、镍、金、稀有金属、铬矿等；区内优势矿产有煤、铁、膨润土、盐、石棉、宝玉石矿等。我们将新疆矿产资源经济区划分为能源和非能源矿产两大类，及六个矿产经济区。

虽然新疆一些矿产具有优势，但需求量也大。新疆主要矿产品需求预测如下：原煤产量：2000年为3420万t；原油产量2000年为1900万t，2010年为3500万t；钢材消费量2000年为167万t，2010年为295万t。到2010年，维持正常生产消费的C级以上探明储量短缺的矿产有石油、铜、铝土矿、金、硫铁矿、钾盐、石棉、蛭石等，因此新疆矿产资源形势不容乐观。

2　新疆矿业发展战略与规划思路

新疆区域经济发展战略是以“黑、黄、白”为重点的优势资源转换、科教兴新和可持续发展的三位一体互相紧密联系的发展战略。其中，“黑、黄、白”为重点的优势资源转换战略是经济发展的主体战略，也是奔小康、实现现代化的战略重点和突破口；科教兴新战略是实施主体战略的根本大计和实现发展目标的关键；可持续发展战略关系到区域的长远发展，是新疆经济建设与资源、环境协调并实现良性循环的必然选择。新疆矿业发展战略分别陈述于后。

新疆矿业开发是区域优势资源战略的重要支柱。“以黑（石油、天然气、煤、铁、铬、蛭石矿）、黄（铜、镍、金矿）、白（钾盐、钠盐、芒硝、石灰岩、膨润土矿）为重点的优势矿产资源综合开发战略”的完整表

---

* 本文据马映军、陈哲夫等20余位专家撰写的科研报告编写，经陈哲夫同意由汪贻水执笔撰写此稿，后经娄福昌、余大良、柬德安等同志讨论提交此文。

述是：以国家紧缺矿产(油气、铜、金、钾盐和优质非金属矿产)为重点，以资源科学技术进步为先导，以地质勘探为基础，以矿业体制改革为动力，以开放勘探市场为杠杆，加快矿业发展步伐；以形成结构优化的支柱产业群体为目标，培育矿业企业在开拓和竞争中成长，推动企业走勘探开发一体化、集团化、融合式、集约型的发展道路，不断提高开发实力和经济效益；以资源与环境的立法和执法为主要手段，协调矿业开发实力和经济效益；以资源引导、保证合理开发资源和提高利用效益，加强环境保护和治理，实现矿业可持续发展。

新疆矿业发展战略目标和步骤。从宏观上要瞄准四大战略目标，要基本上适应新疆矿业发展需要，保证储量供给。在2010年前，即在“十五”或“十一五”计划期间，尚有四分之一的空白区应安排区域地质调查，要扩大1∶1万区域地质调查、地球物理勘查、地球化学勘查面积，加快查明新疆有关成矿带和成矿构造机理，寻找区内大型金属矿床。加快查明尚未开展工作的20余处沉积盆地的基础石油地质勘查，寻找大型优质油田和天然气田。加速地质勘查，为新疆矿业开发提供充足资源储量保证。

要把新疆建成我国西部最主要的石油、天然气、煤炭、铜、镍、金、钾盐等矿产开发和生产基地。

要提高增长质量，重点在“增长方式转换”。在国家宏观调控下，大型矿业公司要成为我国矿业活动的主体，并与中小型矿山企业协调发展，合理勘查开发和利用国内外矿产资源；

到2010年，“黑、黄、白”矿产资源要有较大幅度增长。在“九五”期末新发现上亿t的大型油气田4～5个、新增探明石油储量9.5亿t，探明石油地质储量25亿t；天然气探明储量2050亿m^3，天然气控制储量4550亿m^3；原油产量2600万t，原油加工能力930万t，工业总产值80亿元，实现利税19亿元，生产天然气22亿m^3，确保成为我国油气资源接替区。“九五”末主要矿产资源新增探明储量：金90t、铜70万t、铅锌200万t，煤18亿t；2010年金铜储量有较大幅度增长。“九五”末产金20万两、铜3万t、镍0.5万t、煤3000万t；2010年产金35万两、铜6万t、镍0.8万t、煤4000万t。

要有合理的战略重点及合理的布局。根据“发挥优势、深化改革、内引外联，发展矿业”的指导思想和“抓住机遇，选准突破口，以效益为中心，以发展为目的”的布局思路，突出资源条件，全面考虑成矿地质背景，相应论证交通、能源等辅助条件，在“深化北疆、开拓南疆，突出重点，有序展开”的总体布局下，形成“深化阿尔泰、主攻天山、开拓昆仑和阿尔金”的勘查开发格局。具体地说，新疆矿产资源的勘查开发可划分为8个勘查开发区。

2.1 阿尔泰有色金属、稀有金属、贵金属、宝石等勘查开发区

该区包括阿尔泰山及其山前地带，行政区为阿勒泰地区的中北部，面积约7.54万km^2。区内有5个三级成矿带，其中包括哈龙成矿带的稀有金属、宝石等，克兰成矿带的铜、铅锌、稀有金属及宝石，萨吾尔－二台成矿带的铜镍等。尤其是可可托海、阿斯喀尔特等矿区的铍、钽、铌、锂矿的储量以及开采规模在全国都处于重要地位。喀拉通克铜镍矿、阿舍勒铜锌矿在全国也居重要位置。

该区探明保有储量总潜在价值为55.19亿元，金资源潜在价值3.24亿元，该区开发远景潜在价值为102.35亿元。

2.2 准噶尔能源及铬、金等矿产资源勘查开发区

该区包括准噶尔盆地西北和东北缘部分山区。行政区包括塔城地区，阿勒泰地区的一部分，石河子地区及昌吉回族自治州大部分，面积约19.463万km^2。

区内有三级成矿带5个，其中准噶尔盆地成矿区的克拉玛依、五彩湾油田、和丰盆地煤田、玛纳斯湖盐矿等，是自治区重要的矿产资源开发区之一。另外萨尔托海铬铁矿、哈图金矿均属重要矿床。经济区内资源潜在价值为6102.9亿元。

2.3 伊犁能源及金铁铜等矿产资源勘查开发区

该区包伊犁、博乐两个盆地及其间的博乐科努山，行政区包括伊犁地区和博尔塔拉蒙古自治州，面积约3.83万km^2。

区内煤资源丰富，控制储存量31.35亿t，预测资源量达4837.2亿t。博乐科努山及阿吾拉勒山有大型铜矿产出的有利地质环境，已控制铜储量为35.4万t。

2.4 乌鲁木齐能源及盐类、黑色金属、建材等矿产资源勘查开发区

该区包括乌鲁木齐市、昌吉回族自治州南部、巴州东北部及吐鲁番地区大部，面积7.143万km^2。

该区内的能源矿产，潜在价值达23024亿元。另外觉洛塔格成矿带的康古尔金矿、小热泉子铜矿、阿齐山地区的铁矿等均有非常好的远景。经济区内主要矿产资源潜在价值约为23905.9亿元。

2.5 东疆能源及黑色金属、化工、有色金属等矿产资源勘查开发区

该区范围与哈密行政区界线相一致，总面积为

12.48 万 km^2。

该区内共包括 7 个三级成矿带，除中部吐－哈盆地能源、盐类成矿带之外，其他成矿带产出的矿床有黄山、黄山东等 5 个大中型铜镍矿，雅满苏、天湖、磁海等 7 个大中型铁矿床。另外近年来在哈密西南发现的土屋铜矿和默钦等地发现很多有找矿意义的金矿点，预示较好的金矿成矿远景。该区主要矿产资源潜在价值为 20 116.4 亿元。

2.6 南天山能源及建材、盐类等矿产资源勘查开发区

该区位于巴音郭楞自治州和阿克苏专区北部地区，其西端跨入克孜勒苏自治州北部地区，呈一平行天山分布的东西向带状，面积约 14.8 万 km^2。区内包括 6 个三级成矿带，其中库车盆地的煤、盐类矿床，库鲁克塔格带内的蛭石、磷矿等资源均很丰富，在新疆矿业经济中占重要位置。区内主要矿产资源潜在价值 1274.5 亿元。

2.7 塔里木能源、盐类等矿产资源勘查开发区

该区东部包括巴音郭楞自治州大部地区，西部由和田地区大部分、阿克苏地区、克孜勒苏自治区州及喀什地区一部分组成，面积约 59.9 万 km^2。

区内三级成矿带以塔里木盆地油气、煤、盐类成矿区为主，东北部包括有库鲁克塔格多金属成矿带。该区内矿产资源主要是油气，目前的勘查资料证实该区成油条件好、厚度大，并且有成油时间长、层位多的特点，该区油气资源、矿产资源潜在价值为 673.9 亿元。

2.8 西昆仑－西天山金、铜、煤等矿产资源勘查开发区

该区包括和田地区南部和克孜勒苏自治州一部分，面积约 10 万 km^2。该区有 4 个三级成矿带，其中北区的布亚煤矿，目前规模不大，但解决了当地工业、民用煤急缺的部分困难。另外昆仑山南北坡的铜、金成矿具有较好的远景。该区资源潜在价值约为 11 亿元。

3 新疆矿业新体制的构想

（1）构建新疆矿业体制的指导思想是从国情、区情出发，从长远看有利于促进新疆矿业的长足发展，矿业体制改革应该在理论上有所突破，体制改革成功与否的标准应由矿业发展的实绩来衡量，体制模式也应由过渡模式与理想模式相结合。目前新疆参与矿业活动的主体分为三级，一级是矿业管理部门（即政府），另一级是矿业活动的直接参与者（即矿业企业），再一级是介于两者之间的中介组织（即矿业中介）。对矿业管理体制，可有两种模式。

（2）为确保新疆矿业发展战略的实现，和矿业新体制的建立，必须要有一个宽松的矿业投资环境、矿业政策和法规。自治区全面修正了《新疆维吾尔自治区矿产资源管理条例》等现有的法规，制定了《新疆维吾尔自治区实施〈矿产资源法〉条例》、《新疆维吾尔自治区外商投资勘查开发矿产资源条例》、《新疆维吾尔自治区矿业中介组织管理办法》以及《新疆维吾尔自治区矿产资源综合利用条例》等。

4 主要对策建议

（1）应充分看到实施新疆矿产资源开发与产业发展战略的许多有利条件。

（2）建议国家加大对新疆基础性、公益性、战略性地质勘查的投入力度，尽快提高区域地质矿产研究程度，继续把国家 305 地质科技攻关项目列入“十五”计划；

（3）新疆作为国家的一个单独经济区，在发展经济中，要实施以优势矿产资源转换为主体，结合科技兴矿和可持续发展的总体战略，发挥矿业在新疆、区域经济中的作用。

（4）新疆地域辽阔，地质构造复杂，矿产资源丰富，资源远景潜力大，各种地质现象丰富多彩，是研究大陆地质构造的理想场所，为中外地学界所瞩目。

（5）在加快油气资源勘探开发的同时，重视、促进和带动地方经济的发展。

要把油气资源开发与扶贫更好地结合起来。允许地方同石油天然气总公司、新星石油公司等共同投资开发境内小型边际油气田。

（6）加强同国外、国家有关部委、各省区的联系，开展对口支援和多种形式的联合与合作。

（7）建议由自治区计委牵头，组织地矿、矿业管理部门、国家 305 项目办公室等对新疆地质科研、矿产勘查和矿业开发进行全面调研。制订新疆中长期矿业发展战略规划及实施规划的政策、法规措施，以保障新疆矿业快速、持续、健康地发展。

参考文献（略）

大型、特大型金矿盲矿预测的原生叠加晕理想模型*

李　惠　张文华
（冶金部地球物理勘查院物化探研究所，河北保定，071051）

摘　要：论述了金矿多期多阶段叠加成矿成晕的地质地球化学特征。在研究大型金矿床原生叠加晕模型的基础上，建立了大型金矿床的原生叠加晕理想模型及盲矿预测准则。

关键词：大型金矿；原生叠加晕；理想模型；盲矿预测准则

根据金矿成矿具有多期多阶段叠加成矿成晕的观点，研究了大型、特大型金矿不同成矿阶段元素组合特征，不同阶段形成矿体（晕）的轴向分带规模及其在空间上的叠加结构，建立了13个典型大型、特大型金矿床的原生叠加晕模型及其盲矿预测标志，在总结其共性的基础上，建立了大型、特大型金矿床的原生叠加晕理想模型及其盲矿预测准则，为在矿区深部及其外围预测盲矿，使矿山增加储量提供了一种直接有效的方法和手段。

1　金矿多期多阶段叠加成矿成晕的基本特征

1.1　金矿床（体）原生叠加晕——原生叠加晕模型

（1）金矿成矿的脉动性和多期多阶段叠加成矿的特点，已被广大金矿专家所公认。金矿床（体）原生叠加晕是金矿多阶段脉动叠加成矿成晕的结果，金矿叠加成矿成晕包括了时间上多阶段成矿的脉动性、继承性和在空间上的叠加性，即金矿床（体）及其原生叠加晕是相同物质来源、含矿热液成分和形成条件都有继承性变化的多阶段脉动演化所形成的矿体（晕），在空间叠加或衔接。由于叠加形式或结构的多样性，所以叠加晕是一种非常复杂的原生晕。多建造晕系指成分与形成条件不同的成矿建造，在空间上重叠或衔接，在结构上非常复杂的原生异常（牟绪赞，1996）。由此可知，金矿原生叠加晕与多建造晕有共性也有较大差别。

（2）构造叠加晕法，是根据金矿叠加成矿（晕）严格受构造控制的特点，通过在构造蚀变带中取样、分析，发现（或抓住）叠加晕主体特征的一种快速、经济、有效的方法。

（3）金矿床（体）原生叠加晕模型，实际是一种找矿模式；是指特定类型的典型矿床（体）或一组相似类型矿床的地质－地球化学特征、原生叠加晕特征、找矿标志及找矿方法的基本概括与表达。

（4）热液金矿床原生叠加晕理想（概念）模型实际是对热液成因的典型金矿床原生叠加晕模型的高度抽象、概括与表达。

1.2　金矿成矿多阶段叠加的地质特征

（1）金矿成矿严格受构造控制，构造活动的长期性、间歇性或脉动性及继承性，导致了成矿作用脉动式多阶段性和叠加性。研究热液期成矿的脉动多阶段性和各阶段形成的矿体特征及其在空间上的叠加结构不仅是研究金矿原生叠加晕的基础，而且在金矿预测中具有重要的实用价值。

（2）根据多数研究者和作者的研究认为，胶东金矿成矿过程划分为四个阶段较符合实际，即Ⅰ.黄铁矿－石英阶段；Ⅱ.金－石英－黄铁矿阶段；Ⅲ.金－石英－多金属硫化物阶段；Ⅳ.石英－碳酸盐阶段。其中Ⅱ，Ⅲ阶段为主成矿阶段，Ⅰ，Ⅳ阶段一般形不成工业矿体。

（3）不同脉动阶段在构造空间上的叠加结构具有多种形式，或具有多样化的叠加结构，即由各阶段形成特有的矿物组合、蚀变组合、矿石结构、构造、不同矿化类型及其强度、范围等在空间上的叠加。不同阶段形成矿体在空间的叠加可分为同位叠加、部分同位叠加和异位叠加。在部分同位叠加中又分为顺序上叠式、下叠式及不规律式。下叠式即从Ⅰ→Ⅳ阶段形成矿体从上→下依次部分叠加。

（4）同一阶段矿化具有明显的沉淀分带性，以第Ⅲ阶段多金属硫化物形成的矿脉为例，从矿脉边部→

* 科技项目：国家攀登计划项目B－85－34－5B课题研究的主要成果之一。

中心，依次出现石英-黄铁矿-方铅矿-黄铜矿-磁黄铁矿或石英-黄铁矿-磁铁矿组合的水平对称分带，在垂向上从上→下，黄铁矿减少，磁黄铁矿增多，方铅矿减少，而闪锌矿增多。与水平分带有相似的变化规律(张均，1994)。

1.3 金矿多期多阶段叠加成矿成晕的基础地球化学特征

(1)金矿床不同成矿阶段元素沉淀理想模式。通过对胶东某些典型金矿成矿作用的四个阶段(Ⅰ.黄铁矿-石英阶段，Ⅱ.石英-黄铁矿阶段，Ⅲ.金-多金属硫化物阶段，Ⅳ.碳酸盐阶段)的地球化学取样和多元素分析，结合不同成矿阶段形成的矿物组合、各矿物占的比例、单矿物中微量元素含量以及不同成矿阶段中Au及其伴生元素含量比例关系的综合研究，总结出了不同成矿阶段成矿元素(Au)、伴生元素(Ag、Cu、Pb、Zn、As、Sb、Hg、Mo、Mn等)、控矿元素(K、Na、Si、Fe)及矿化剂元素(S、F、Cl)的沉淀理想模式。结果表明，第Ⅰ阶段(黄铁矿-石英阶段)和第Ⅳ阶段(碳酸盐阶段)带来或沉淀的元素很少。Au及Ag、Cu、Pb、Zn、As、Sb、Bi、Hg、Mo等主要是由第Ⅱ、Ⅲ阶段带来，其中Au、Bi、Co、Ni在两个主成矿阶段相近，而Cu、Pb、Zn等在金-多金属硫化物阶段(Ⅲ阶段)相对较多。由此可以认为金矿床(体)的原生叠加晕的特点及其分带结构主要决定于第Ⅱ、Ⅲ两个主成矿阶段。

(2)金矿成矿成晕的基本特点。含金成矿溶液在沿断裂构造带上升、充填、渗流、扩散过程中，随着物化环境和成矿溶液性质、成分的不断变化，由于各元素的迁移形式和沉淀条件的不同，导致了金及其伴生元素在时间上沉淀有先后和在空间上分布的分带性，这种分带在宏观上表现为矿物组合、蚀变特征等方面。在微观上表现在微量元素的组合、相关关系及包体和同位素地球化学上。研究和发现金矿床的地球化学垂直分带规律是解决找盲矿的技术关键。由于金矿及其原生晕是多期多阶段叠加的结果，因此应研究金矿单阶段成矿成晕的基本特点，在此基础上再研究叠加晕的特点。已有研究成果(李惠，1991，1993)表明，金矿成矿成晕有下面一些特点：

1)单阶段形成的单个矿体有明显的地球化学分带结构，即有自己的前缘晕和尾晕及正常的原生晕垂直分带序列。

金矿床原生地球化学垂直(轴向)正向分带序列的统计共性是：Hg、F、As、Sb、B等元素总是在轴向分带序列的上部，而Bi、Mo、Mn、Co、Ni等总是出现在下部。

金矿床地球化学异常综合模式特点是：

①前缘晕元素组合：Hg、As、Sb(F、I、B、Ba)中外带异常，Au、Cu(Ag、Pb、Zn)外带异常。

②矿体中部晕元素组合：Au、Ag、Cu、Zn(Bi、Mo)中内带异常，As、Sb(F、Ba、Hg、B、I)外带异常。

③尾晕元素组合：Mo、Bi、Mn、Co(Sn)中外带异常，Au、Ag、Zn、Cu外带异常。

上述模式中前、尾晕元素并不是在每个矿床都出现。

2)同一阶段在同一构造体系中形成的串珠状金矿体，能在总体上形成前缘晕和尾晕，同时串珠状矿体中每个矿体又有自己的前缘晕和尾晕，如串珠状矿有上、下两个矿体，上部矿体有自己的尾晕，下部矿体有自己的前缘晕，但其规模小于总体前、尾晕，上、下两个矿体相接近时二者往往叠加在一起。

3)不同成矿阶段形成的矿体，各有相似的地球化学分带结构，即有自己的前缘晕和尾晕。

4)先形成的金矿体及其原生晕，当有后期成矿热液叠加时，成矿元素和伴生素等往往会发生活化转移，对原来矿体(晕)的分带结构有一定影响，但实际资料表明，这种变化不会破坏原来的分带特点。叠加后的分带是两个阶段的叠加结果。

5)不同阶段形成的矿体(晕)在构造空间上有多种叠加形式，形成了金矿原生叠加晕的复杂叠加结构，在论述典型金矿床的原生叠加晕模型的基础上，总结出了热液金矿床的原生叠加晕理想模型，确定了盲矿预测准则和标志。

2 大型、特大型金矿的原生叠加晕理想模型及其用于盲矿的预测准则

作者研究和建立了包括胶东的新城、焦家、玲珑、东风(皁山)、大尹格庄、金青顶、望儿山、灵山沟、庄官、邓格庄、三甲及河南小秦岭、河北东坪等13个典型大型、特大型金矿床的原生叠加晕模型。这些矿床主要分布在华北地台东缘(山东)、北缘(东坪)和南缘(河南)，选择了有代表性的典型矿床。矿床类型既有石英脉型，又有蚀变岩型。在成因上主要是绿岩带型金矿，其中包括了与花岗质杂岩系有关的胶东金矿、与太古代绿岩有关的河南小秦岭金矿和与碱性杂岩有关的河北东坪金矿。典型金矿叠加晕模型的建立为各矿区深部及外围盲矿预测提供了一种有效方法和手段，具有重要实用价值。

在总结典型大型、特大型金矿原生叠加晕共性和特性的基础上，建立了大型热液金矿床的原生叠加晕理想模型及用于盲矿预测的五条通用准则。

2.1 大型、特大型热液型金矿床(体)原生叠加晕理想模型

金矿床(体)多期多阶段叠加成矿成晕在构造空间上的叠加形式或叠加结构比较复杂，有多种叠加形式，通过对典型金矿床叠加成矿成晕模型的综合对比，总结其共性，可概括出四种形式的叠加晕理想模型，其总体特征是：

(1)理想模型图以剖面表示，显示了金矿体在构造中赋存的有利部位，图中重点表示的是轴(垂)向叠加晕及地球化学参数的变化规律，突出了盲矿预测和不同截面判别金矿剥蚀程度的叠加晕标志，包括叠加晕、轴向分带序列、轴向地球化学参数及包裹体气晕、离子晕标志，理想模型2～4(见图2～至图4)中预测标志更明显些。

(2)金矿成矿一般分为四个成矿阶段，由于Ⅰ、Ⅳ阶段带来Au及其伴生元素很少，不能形成工业矿体，所以模型中突出了Ⅱ，Ⅲ两个主成矿阶段在成矿成晕过程中，在构造空间内的同位叠加、部分同位叠加或衔接结构的特点

(3)叠加晕的叠加结构有多种，所总结出的四种只是代表。

(4)Ⅱ、Ⅲ两个主成矿阶段的重要区别是第Ⅲ阶段(多金属硫化物阶段)富含Pb、Zn、Cu，第Ⅲ阶段叠加部位一般都具有Pb、Zn、Cu的强异常，而且Au较富。

(5)地球化学参数a＝前缘特征元素(含量、累加、累乘等)/尾晕指示元素(含量、累加、累乘等)，如Sb/Bi，As/Mo，(As＋Sb)/(Bi＋Mo)，As·Sb/(Bi·Mo)等。

(6)原生晕轴向分带序列的正常与不正常是与中国金矿床综合分带序列相比较而言的。

中国金矿床原生晕综合轴向分带序列从上→下是

$$\underset{\text{矿体前缘晕及上部}}{\underline{\text{B-As-Hg-F-Sb-Ba}}} \rightarrow \underset{\text{矿体中部}}{\underline{\text{Pb-Ag-Au-Zn-Cu}}}$$

$$\rightarrow \underset{\text{矿体下部及尾晕}}{\underline{\text{W-Bi-Mo-Mn-Ni-Cd-Co-V-Ti}}}$$

(7)中小型金矿床也具有大型、特大型金矿床的叠加成矿成晕特点和叠加结构，但大型、特大型金矿成矿有丰富的物质，即巨大的物质供应量，控矿构造和容矿构造规模大，叠加强度高、范围广，叠加形成的叠加晕更复杂。所建立的大型、特大型热液型金矿(体)原生叠加理想模型也适用于中小型金矿床的盲矿预测。

(8)模型1：单一主成矿阶段形成矿体(晕)(A)或两个主成矿阶段同位叠加晕(B)理想模型(见图1)，在构造蚀变带中只圈出一个矿体，如果金矿成矿成晕分成三个阶段，可理解为第Ⅱ主成矿阶段形成矿体(晕)叠加于第Ⅰ阶段形成的弱矿化晕之上(A)；如果分为四个成矿阶段，可理解第Ⅱ、Ⅲ两个主成矿阶段之一的成矿成晕叠加于第Ⅰ阶段弱矿化晕之上(A)，也可理解为两个主成矿阶段(Ⅱ、Ⅲ)在第Ⅰ阶段矿化晕的基础上同位叠加形成的矿体晕(B)。

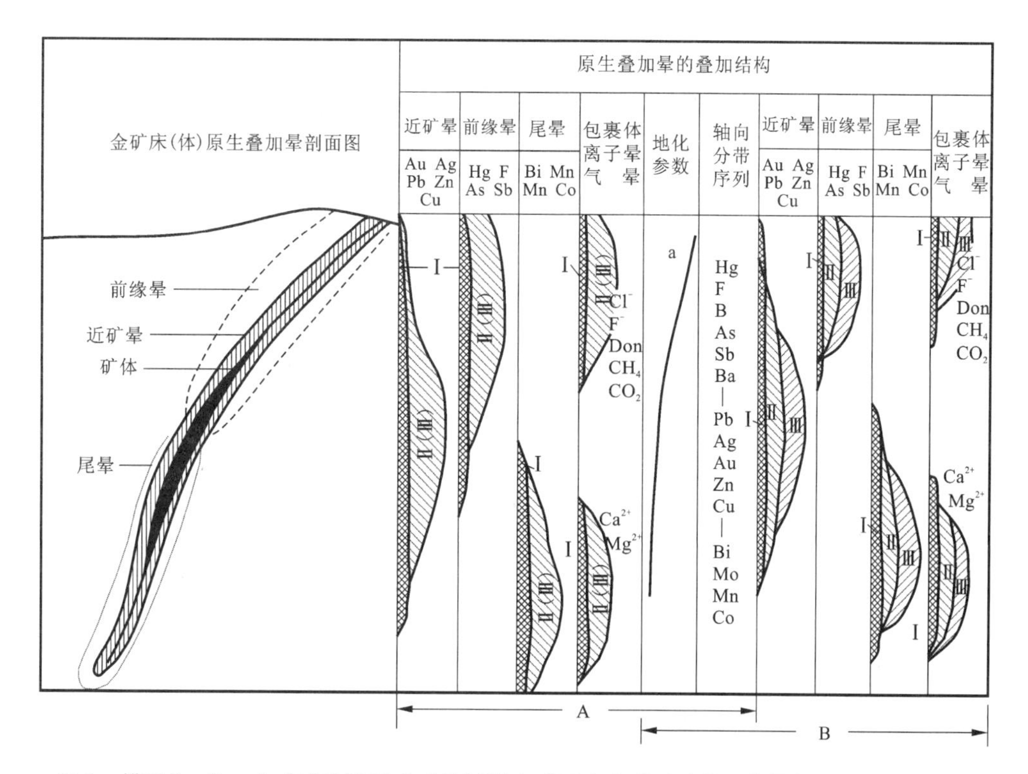

图1 模型1，单一主成矿阶段形成矿体(晕)A或两个主成矿阶段同位叠加晕(B)理想模型

地化参数a为前缘晕元素含量或前缘晕元素(含量、累加、累乘)/尾晕元素(含量、累加、累乘)

由于第一阶段形成矿化晕很弱，所以叠加晕的特点决定于Ⅱ，Ⅲ阶段叠加结果，上述几种叠加形成的叠加晕中，虽然晚阶段形成矿体(晕)对先形成矿体(晕)有一定影响，但整体看，原生异常分带、包体异常分带、轴向分带序列和轴向地球化学参数的变化都是有规律的，均为正常垂直分带，可总结出找盲矿和判别金矿剥蚀程度的地化定量预测指标和建立各种数学模型。

(9)模型2：串珠状金矿原生叠加晕理想模型(见图2)，串珠状或尖灭再现矿体，可能是同一主成矿阶段形成(叠加在Ⅰ阶段弱矿化晕之上)(A)，也可能是两个主成矿阶段形成，其中(B)是Ⅱ阶段在上，而Ⅲ阶段在下，且Ⅲ阶段头晕与Ⅱ阶段尾晕衔接，(C)是第Ⅱ阶段在下，Ⅲ阶段超越Ⅱ在上。其特点是上部矿体的前缘晕和下部矿体的尾晕基本上没有叠加，关键是上部矿体的尾晕与下部矿体的前缘晕叠加在一起。若工程只控制到上部矿体的根部，则上部矿体的原生晕出现反常，即矿体下部或尾部出现了Hg、Sb、I、B、As等前缘晕元素的强异常，计算垂直分带序列也出现反分带或不正常，即Hg、Sb、As、F等出现在分带序列的中部或下部，计算分带性指数或累乘比值在上部几个标高连续上升或下降，而到矿体下部则出现转折，突破下降或上升，这种现象是深部还有盲矿或第二个富集中段的标志。

如图2所示，与第Ⅲ阶段形成矿体为上①或为②相对应，Cu、Pb、Zn强异常也分别出现在上部(图中C)或下部(图中B)。

串珠状矿体深部盲矿的预测标志是在已知矿体尾部Au、Ag异常较低时，出现前、尾晕共存，地化参数轴向发生转折及轴向分带序列出现反常。

(10)模型3：两个主成矿阶段形成矿体(晕)部分叠加理想模型(深部盲矿预测标志)(见图3)。

1)不考虑深部有盲矿化情况下，两个主成矿阶段形成的两个矿体(晕)部分叠加的结果，加大了矿体的轴向(或垂向)的延深，所圈出的矿体延深较大。由于上、下两个矿体的两个前缘晕和两个尾晕分别叠加合成，也加大了矿体前缘晕和尾晕的长度和强度，同时也导致了前缘晕和尾晕重叠或共存部分的加大。这种叠加分带基本上属于正常分带，垂直分带序列也是正向分带。其找矿标志是：①当Au含量较低时，若前缘晕特征元素Hg、Sb、F、I、B、As异常强度大，则指示深部有盲矿，且富而大，若尾晕元素如Bi、Mo、Mn、Co、Ni等元素异常强度大，则指示深部无矿；②若已是Au矿体，其原生晕中前缘晕元素和尾晕元素都较发育，两者共存则指示矿体是两阶段叠加的结果，指示矿体延深较大，若前缘晕元素强度比尾晕元素强度高，则指示为叠加(矿体)的头部，指示矿体延深很大，若前缘晕元素强度比尾晕元素低，则指示矿体还有一定延深。

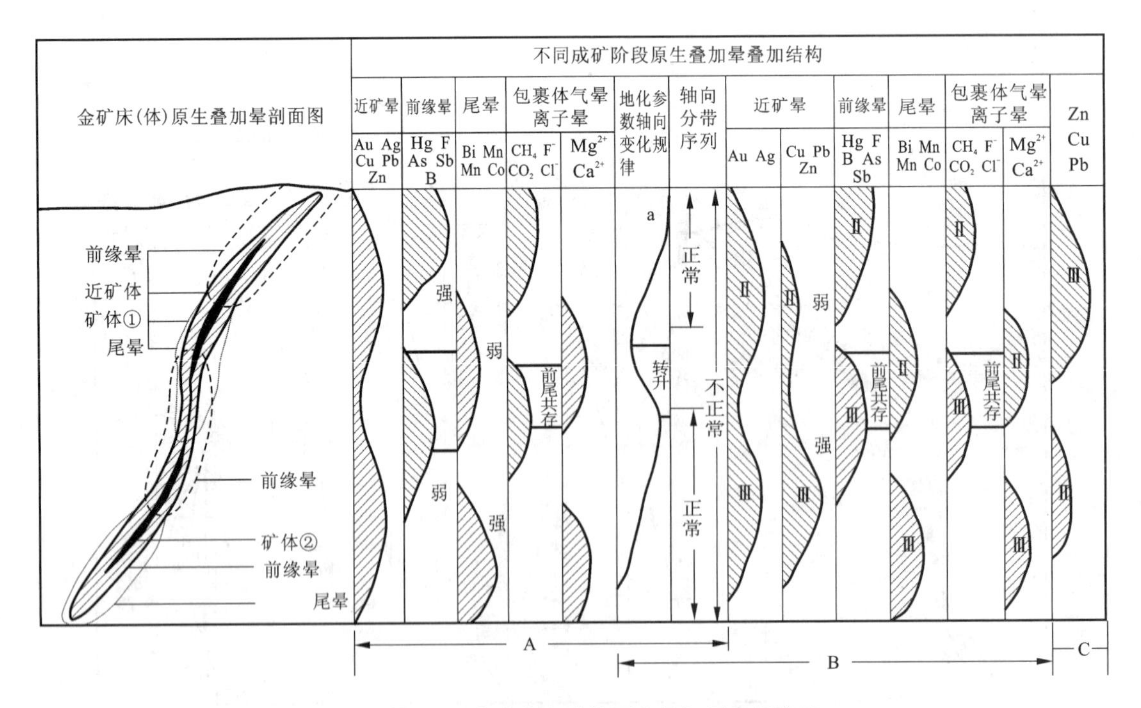

图2 模型2，串珠状金矿体原生叠加晕理想模型

A—单一主成矿阶段形成矿体(晕)或两个主成矿阶段同位叠加；B—Ⅱ主成矿阶段形成矿体(晕)①在上，Ⅲ阶段形成矿体(晕)②在下；C—Ⅱ阶段在下，Ⅲ阶段超越Ⅱ在上

地化参数a为前缘晕元素含量或前缘晕元素(含量、累加、累乘)/尾晕元素(含量、累加、累乘)

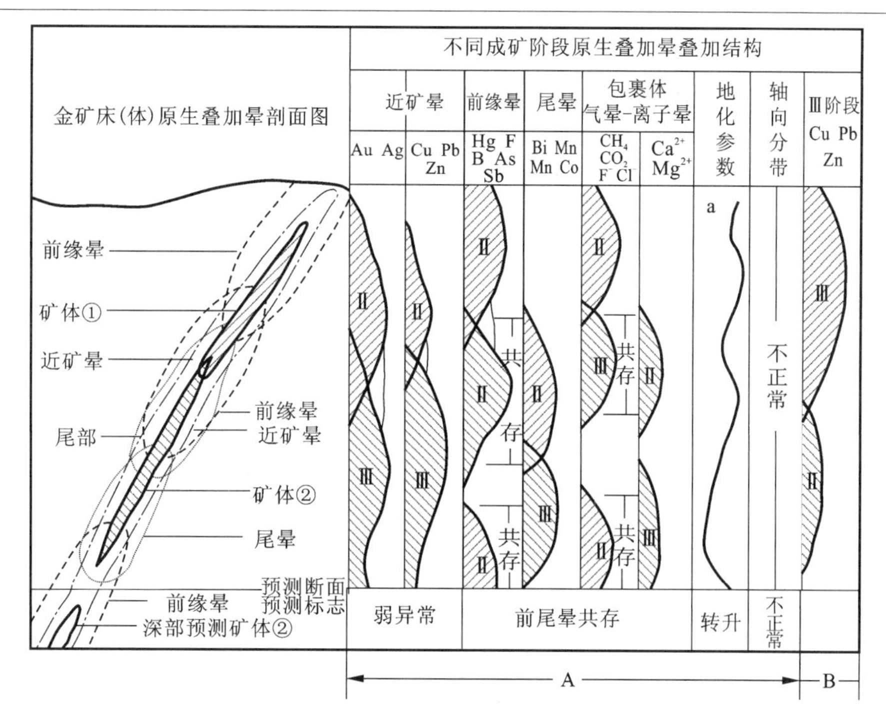

图3 模型3，两个主成矿阶段形成的矿体(晕)部分叠加理想模型(深部盲矿预测标志)

A—Ⅲ阶段形成矿体②叠加在Ⅱ阶段形成矿体①尾部；B—Ⅲ阶段形成矿体①超越Ⅱ阶段形成矿体②并叠加于②的头部和前缘，只有 Cu、Pb、Zn 异常，Ⅱ弱、Ⅲ强，分带不同，其余相似。地化参数 a 为前缘晕元素含量或前缘晕元素(含量、累加、累乘)/尾晕元素(含量、累加、累乘)

如图3所示，A为Ⅲ阶段形成矿体②叠加于Ⅱ阶段形成矿体①之下部，此时 Cu、Pb、Zn 异常下部强于上部，B则反映Ⅲ阶段成矿热液超越第Ⅱ阶段形成矿体②在其上部成矿成晕，此种情况 Cu、Pb、Zn 异常上部比下部强，而且先形成的下部矿体②的晕均可能有些元素活化向上有一定位移，但整体不会破坏其分带结构。

2)若深部还有串珠盲矿，则在矿体尾部出现前、尾晕共存、分带序列计算结果不正常，地化参数发生转折。

(11)模型4：金矿床(体)复杂叠加晕理想模型(矿体向下延伸大小的预测标志)(见图4)，该模型可理解为第Ⅱ主成矿阶段形成了两个尖灭再现矿体①、③，第Ⅲ主成矿阶段形成的矿体②、④叠加在其中间，也可能是三个阶段形成的三个矿体的叠加，这种情况金矿体延深相当大，也是金矿延深大于延长的一个重要因素。其叠加晕的特点是多个矿体的前缘晕和尾晕分别叠加合成后，大大加长了前缘晕和尾晕的延深(或长度)，同时也大大加大了前缘晕和尾晕的重叠共存部分，这种矿体的整体原生晕分带和分带序列基本是正常的，但当取矿体上部某一部分计算分带序列则会出现反常。叠加晕不同截面特点是：

1)当 Au 含量很低，前缘晕元素强度大，则指示深部有盲矿(地表截面)。

2)当金矿体的原生晕中前缘晕元素和尾晕元素共存时，指示有多期成矿叠加。若前缘晕元素强于尾晕元素时，指示矿体向深部延深相当大，若前缘与尾晕元素的强度相当则指示矿体还有很大延深，如截面 *AA′*、*BB′*。若尾晕元素强于前缘晕时，指示矿体还有一定延深，若无前缘晕只有尾晕则指示矿体已到根部。

2.2 金矿床包裹体叠加晕理想模型

根据金矿的成矿成晕多期多阶段叠加特点，已总结出了金矿床原生叠加晕理想模式，根据金矿成矿成晕多期叠加和包裹体气晕和离子晕的分带性总结出了金矿床多期多阶段包裹体气晕和离子晕的理想模型(见图5)，分为四种叠加晕模型。

(1)模型1是单阶段成矿或两个阶段成矿在空间上完全叠加的模型。前缘晕、尾晕分带清晰，即在每一个成矿阶段形成的矿体都有自己的前缘晕、尾晕，而且是正向分带。前缘中特征气晕有 CO_2、CH_4 及反映包裹体中 H_2O 和 CO_2 相对光密度的 D_{H_2O} 和 D_{CO_2}，前缘中特征离子晕有 F^-、Cl^-，特征尾晕有 Mg^{2+}、Ca^{2+} 离子晕。

(2)模型2是同一成矿阶段形成的串珠状矿体或两个主成矿阶段的两个矿体。叠加晕特点是上部矿体尾晕与下部矿体前缘晕叠加共存，即 CO_2、CH_4、F^-、Cl^- 晕与 Mg^{2+}、Ca^{2+} 晕共存。在含金石英脉圈不出工业矿体时，出现前尾晕共存则指示深部还有盲矿存在。

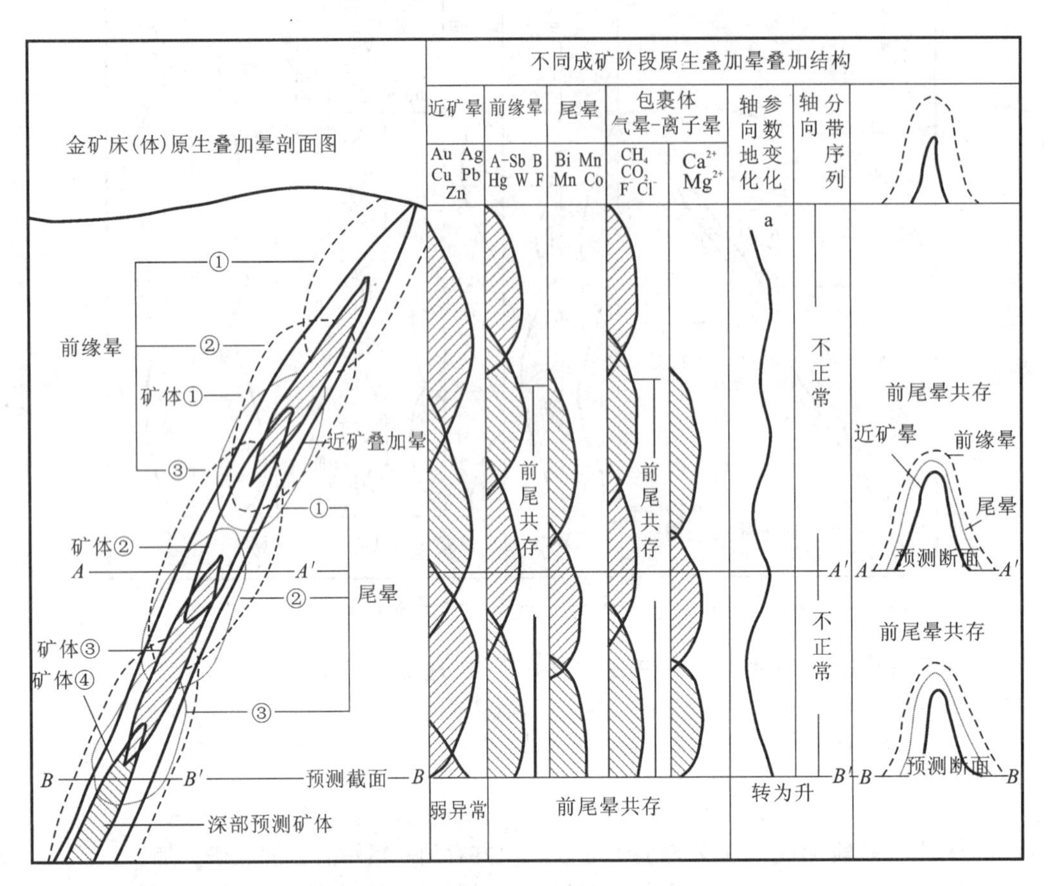

图4　模型4，金矿床(体)复杂叠加成矿成晕理想模型(矿体向下延伸大小的预测标志)

地化参数a为前缘晕元素含量或前缘晕元素(含量、累加、累乘)/尾晕元素(含量、累加、累乘)

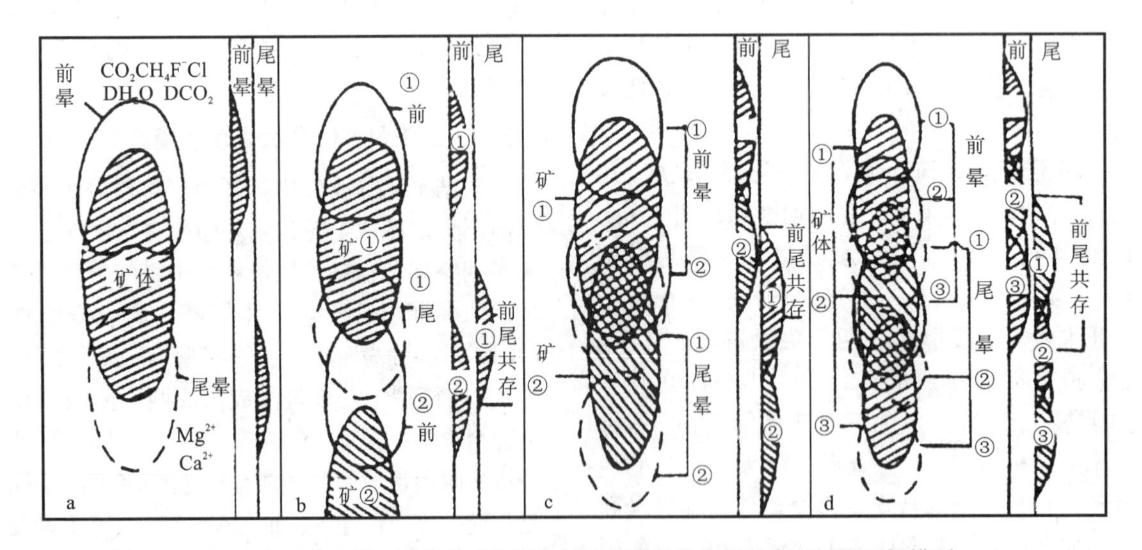

图5　金矿床多期多阶段成矿包裹体气体和离子叠加晕垂直纵投影理想模型

a—模型1. 单阶段或两个阶段形成的矿、晕全重叠；b—模型2. ①②矿、晕为一个阶段形成尖灭再现或两个阶段形成；c—模型3. 两个主要成矿阶段形成矿、晕部分叠加；d—模型4. 第一主成矿阶段形成①、③矿、晕，第二主成矿阶段形成②矿、晕叠加其间。

(3)模型3是两个阶段形成的两个矿体部分叠加，其特点是两个矿体的前、尾晕分别相接加长(延深)，并且在矿体中部有上部矿体尾晕与下部矿体前缘晕叠加共存，因此当金矿体中出现前、尾晕共存时指示该矿体是多阶段成矿叠加的结果，矿体向下延伸还很大。

(4)模型4是三个矿体部分叠加，可理解为三个阶段形成的三个矿体叠加，也可理解为第一主成矿阶段形成上、下二个串珠状矿体，第二主成矿阶段形成的矿体②叠加在其间，叠加晕特点是三个矿体的前、尾晕分别相接加长，且矿体中部前、尾晕共存部分加长。对找矿的指示作用是当矿体中出现前、尾晕叠加时，指示矿体是多期多阶段叠加的结果，并指示该矿体延深很大。

2.3 金矿叠加晕应用于找矿的五条准则

根据金矿不同情况叠加晕分解合成的特点，总结出了应用叠加晕找盲矿和判别金矿剥蚀程度的五条准则：

(1)当Au异常强度较低时，如果有Hg、As、Sb、B、I、F、Ba等特征前缘晕指示元素的强异常出现，或包体中CH_4、CO_2、F^-、Cl^-等特征前缘气晕、离子晕强异常出现，指示深部有盲矿存在。

(2)当Au含量很低(小于$0.n\times10^{-6}$)，若有Mo、Bi、Mn、Co、Ni、Sn等特征尾晕元素的强异常，或包体中Ca^{2+}、Mg^{2+}等尾晕特征离子晕强异常出现，则指示深部无矿。

(3)反分带准则。当计算金矿床原生晕的垂直分带序列出现“反分带”或反常时，即Hg、As、Sb、B、I、F、Ba等典型前缘晕元素出现在分带序列的下部，或包体地球化学轴向分带序列中F^-、Cl^-、CO_2、CH_4出现在下部，则指示深部还有盲矿或第二个富集中段。若矿体本身还未尖灭，则指示矿体向下延伸还很大。

(4)共存准则：即矿体及其原生晕中既有较强的Hg、As、Sb、F、B等前缘晕元素的强异常，又有Bi、Mo、M、Co、Ni等尾晕元素的强异常，或包体中F^-、Cl^-、CH_4、CO_2等前缘特征气晕、离子晕与Ca^{2+}、Mg^{2+}等尾晕特征离子晕共存，即前尾晕共存，若为矿体的指示矿体向下延伸还很大，若为矿化则指示深部有盲矿体。

(5)反转准则。计算矿体或晕的地球化学参数(比值或累乘比)时，若在几个标高有晕的地球化学参数连续上升或下降，突然反转，即由降转为升，或由升转为降，这种现象指示矿体向下延深很大或深部有盲矿体。

上述五条准则可单独使用，也可几条都用，原生叠加晕和包体气晕、离子晕可单独使用，也可同时都用，几条标志或准则共用更准确。

3 结束语

所建大型热液金矿床原生叠加晕理想模型和用于盲矿预测的五条准则，为在矿区深部及其外围盲矿定位预测提供了一种新的思路、方法和技术，具有普遍的重要指导作用，对某一矿区预测时，以此为指导，建立其特有的盲矿预测的叠加晕模型，定会取得更好效果。

参考文献

[1] 李惠.石英脉和蚀变岩型金矿床地球化学异常模式[M].北京：科学出版社，1991

[2] 李惠.热液金矿床原生叠加晕的理想模式[J].地质与勘探，1993，29(4)

[3] 牟绪赞.地球物理、地球化学勘查标准汇编(化探、遥感部分)[R].北京：地矿部地质调查局，1996

[4] 张均.现代成矿分析的思路、途径、方法[M].武汉：中国地质大学出版社，1994

有色地质部门找矿勘查与成矿研究的若干成果概论

梅友松　汪东波　金　浚　刘国平　邵世才
（北京矿产地质研究所，北京，100012）

摘　要：首先概述了有色地质部门50年来发现与探明了大量的有色金属矿产资源，对我国有色金属工业的发展做出了重大的贡献；其次重点论述了矿区成矿与找矿模式、成矿理论和区域成矿预测等方面具有创建性与新认识的有关成果。

关键词：有色地质部门；同位成矿；找矿勘查；成矿预测

1　有色地质部门发现与探明了大量的开发经济效益好的有色金属矿产资源

有色金属矿产地质勘查队伍是从冶金地质队伍中划分出的大部分力量构成的，始建于中华人民共和国成立前夕，到现在已有50余年的历史。50余年来，有色地质部门勘查过数以千计的矿区。很多老矿区找矿不断有新发现，储量大幅度增长。个旧这个百年老矿山，在20世纪50年代有色地质部门就探明了约40万t砂锡矿储量，现累计探明金属储量逾千万吨，其中锡储量近200万t，为世界第一大锡矿床。水口山这个重要铅锌矿山，20世纪50年代之初，矿山已面临资源危机，1955年铅锌矿探明金属储量仅为2.6万t，后经有色地质部门工作，不断有新发现，特别是在厚红层掩盖区找到了完全隐伏的康家湾大型铅锌金矿床，解决了资源危机，提高了矿山经济效益。现已探明的铅锌矿储量为当时储量的70多倍。吉林夹皮沟金矿，1960年就面临闭坑的状况，通过工作不仅解决了资源危机，而且使该矿区成为一个超大型的金矿资源基地。辽宁青城子铅锌矿矿山经济效益不佳，20世纪80年代后在青城子找到了大型金矿床、大型银矿床，使该区一跃成为找矿前景大、开发经济效益好的特大型金、银多金属矿区。湖南锡矿山锑矿区找矿不断有新发现，其中除锑的储量大幅度增长外；金的找矿还有重大突破，为矿山持续稳定生产做出了重大贡献。同样，在其他新区找矿勘查也取得了重大突破，不仅找到与探明了一大批大、中、小型矿床。而且还找到和探明了一定数量的超大型矿床。如广西大厂，这个世界级的锡多金属矿床，20世纪50年代中期仅有几条矿脉，经长期不懈地工作，现探明有色金属储量达900余万t，其中锡储量约150万t。在云南曼家寨也找到了超大型锡多金属矿床，在甘肃厂坝—李家沟找到了超大型铅锌矿床，在广西平果、靖西和河南支建找到了超大型铝土矿床，在江西金山、陕西八卦庙找到了超大型金矿床，甘肃小柳沟还找到了超大型白钨矿床等。据不完全统计，有色地质部门探获的锡、锑、铅锌、铝土矿、铜、汞、钨、金、银、铍等矿产的超大型矿床（田）共计16处之多，而且还发现了秦岭泥盆系这个世界级的铅锌矿带，铅锌矿远景可达2500万t以上，是我国西部矿产资源开发的重要基地之一。我国现已探明的锑矿、钨矿和锡矿储量居世界首位，其中绝大部分或半数以上是有色地质部门探明的。铅锌、铝、汞、铜、钼、镍等矿产探明的储量也占有相当大或较大的比例，还探明了大量的金、银、稀有稀土和稀散金属矿产等，为我国有色金属矿产探明储量进居世界前列做出了重大贡献。

有色地质部门为有色金属工业发展提供了大约1500处以上的矿产资源地，其中建设规模大型的矿产资源基地200多处，特别是50余处大型、超大型矿床的开发为我国有色金属工业的发展奠定了重要基础。个旧、大厂、锡矿山等超大型矿床和多处大型钨矿床的开发，奠定了中国钨、锑、锡业在世界上的垄断地位。有色地质部门所获得的矿产地质勘查成果，为发展我国有色金属工业做出了重大贡献。

2　成矿理论方面的若干创建与新认识

为有效地进行找矿勘查工作，野外地质队和有关科研部门、大专院校针对性强地进行了大量的矿产地质综合研究和专题研究工作，有效地指导了找矿勘查工作，现从以下两方面概述。

2.1　有关各矿区建立了数以百计的成矿与找矿模式，在找矿评价中发挥了重要作用

这方面的内容十分丰富，也是有色地质部门的强项，现主要从控矿构造、有利的成矿建造、层相位矿

化定位特征、分带规律和找矿评价标志等方面对这一问题概述如下。

(1)控矿构造方面。

研究导矿、配矿和容矿构造的类型特征及其组合样式等，对指导寻找矿化集中区、矿田、矿床是很重要的。例如在一定应力场条件下位于区域断裂上盘的横向构造，或与某些变质核杂岩带有关的横向构造控制矿床的产出与分布，如赣东北、熊耳山、满洲里等较多地区的重要矿集区、矿田、矿床的产出就属这种情况。在另一种情况下，与区域断裂平行或斜交的次级断裂构造等控制着重要矿集区、矿田、矿床的产出，如三江北段、东天山、云南武定—元江等地区就属这种情况。

在矿田、矿床内，要从矿床、矿体特别是主要矿体的自然形态、产状、分布特点和相关的容矿构造组合构式及其与其他构造关系等方面进行研究，这才易于收到好的找矿效果。这里先谈一些与断裂、褶皱及其组合的容矿构造研究所取得好的找矿效果的事例。如湖南锡矿山飞水岩锑矿床，在20世纪70年代通过对矿床构式、矿体形态、产状特征的深入研究，发现Ⅲ号矿体是受断裂与岩性控制的交错类型矿体，取得了找锑矿突破性的进展；湘西金矿，该矿床产于马底驿组紫红色板岩顺层剪切带中，矿脉呈向北东侧伏的雁列状产出，并有矿致异常，在V4号矿脉上盘找到了规模大的金锑矿；云南会泽七〇厂铅锌矿床，研究了逆断层上盘下石炭统摆佐组有利成矿岩层，控制矿体的容矿构造产出特点和相关矿化特征，在矿区深部找到了特富的大型铅锌矿床；吉林夹皮沟金矿区研究了不同性质、不同方向成矿构造叠加特点，特别是在成矿中心地段，这种成矿构造的叠加及其产出规律有效地指导了找矿，取得了很好的找矿效果；湖南水口山矿田研究了在同一容矿岩层中褶皱、断裂容矿构造样式及其产出规律，推测康家湾区红层覆盖下22号断层附近有隐伏背斜构造，结合在该断层两侧Ag、Pb、Hg、F具有高异常以及电测深红层厚200～300 m，据此进行预测找到了完全隐伏的康家湾大型铅锌金矿床。这些年还总结了迁移能力不同的成矿元素有利控矿构造类型样式，如万山汞矿是在具备遮挡层封闭的缓倾斜(倾角10°～15°)背斜中才有利成矿；锑的迁移能力比汞差一些，在中等倾角(20°～50°)的短轴背斜与成矿断裂组合最有利部位成矿(如锡矿山锑矿田)，但紧密倒转褶皱即使有遮挡层对形成规模大的锑矿床还是不利的。在这种构造样式中单独锑矿常为中、小型；然而在褶皱轴部有断裂交切的构造样式，也就是常称的“背斜加一刀”的构造样式，则是铅锌等矿床的重要控矿构造(如陕西风太、水口山等)。

再概述与中酸性侵入岩体及其接触带构造控制矿田、矿床产出的重要认识。20世纪50年代中后期在水口山老区首先取得了在超覆岩体下部接触带找到了规模大的铅锌矿的重大成果，改变了只能在围岩中下钻找接触带矿的观念，有力地推动了类似地区的找矿，如在60年代中期在个旧新山花岗岩体凹兜找到了规模大的富铜矿。长江中下游的一些矿区，在此相关部位也不断取得找矿的重大进展。还有，中酸性岩体流动前缘接触地带是大中型矽卡岩型铜矿(或铜铁金矿)主要产出部位，建立了野外判别岩体流动前缘的标志。同时，还总结了岩体形态与成矿的关系，岩体形态又与围岩中褶皱、断裂、有关界面等产出特点关系密切，这些均具有重要的指导找矿意义。此后，又认识到这些小岩体是否成矿和所形成矿床规模的大小，其中一个重要原因是这些小岩体之下是否有一个规模大的深部隐伏岩基(岩浆库)，而且小岩株至隐伏岩基的距离大小(即通道距离)还至关重要，距离大者有利成矿，但这种与成矿有关的小岩体，在地表可出露在有沉积建造岩系中，也可出现在有关岩基中，认识到这点可避免在找矿中漏矿。现在不仅注意找与有关小岩体相关的斑岩型、次火山岩型和矽卡岩型矿床，而且还注意在有利的成矿建造中，在与成矿有关的小岩体附近寻找规模大的似层状矿床，特别是富矿。

(2)有利成矿建造及层相位控矿方面。

建造与成矿关系十分密切，我们要在有利成矿的沉积岩建造、变质岩建造和岩浆岩建造中部署找矿工作。据研究海相火山岩由基性分异到中性，可出现大型的铜－铁矿床(如大红山)或铜－钴矿床(如铜厂峪)，由基性经中性到酸性连续分异完全的火山作用成矿最好，常见以铜锌或以铜为主的多金属矿床。双峰式海相火山岩主要形成铜矿、铜锌矿或多金属矿。矿床赋存在火山碎屑岩或火山碎屑沉积岩相中，特别是酸性火山碎屑岩岩相中。陆相火山－次火山岩，发育爆发相、灰流相、溢流相、次火山相多个相序组合，并多相序组合循环更替，特别是前4个相序组合循环更替、重复出现更有利成矿。矿床产出主要与次火山岩、隐爆角砾岩有关。发育铜、铅锌、金、银等不同矿种的矿产分别与中酸性、酸性等不同岩性的陆相火山－次火山岩岩性有关。概括来说在不同地质背景条件下，有利于形成铜、铅锌等矿产的含矿建造主要是：海相细碎屑岩建造(包括所含的热水岩、火山岩在内).碳酸盐岩建造，如西成—凤太铅锌矿床、长江中下游铜矿、玉龙铜矿和青城子地区金、银、铅锌等矿产均产于这种类型的含矿建造中；红层—海相或陆相浅色岩、膏盐岩、暗色岩建造，其中产出有波兰卢滨铜矿、滇中砂岩铜矿床等；海相火山岩—碳酸盐岩、细碎屑岩(含喷流沉积岩)建造，如东川铜矿、阿尔泰科克塔勒铅锌矿等。在此还要指出的是，在区域地层剖面中，首次出现的碳酸盐岩层常是金属矿床最集中的层位；还有铁质超基性岩浆岩建造及有关的铜、镍矿和前述海相、陆相火山－次火山岩建造及其有关的铜多金属矿床等。建造与成矿关系密切，这是由于建造中的有关岩层(含不整合面及有关地质体)能提供丰富的成矿物质，如有关火山岩、氧化界面有利于提供成矿物质来源。有的岩层、岩相的变化表明有同沉积断裂存在，有的表示曾存在高的地热流(如热水岩、火山岩等)，有的存在明显的氧化还原界面，使成矿物质迁移沉淀成矿，因此研究成矿建造至关重要。由上所述，在一定层位的有关岩相建造和成矿构造发育部位有利成矿，这就是层、相、位的定位成矿规律。例如凡口及粤北地区大型以上铅锌矿床受中泥盆统棋梓桥组和上泥盆统佘田桥组层位控制，矿床主要赋存在浅海相碎屑岩与碳酸盐岩的过渡部位，偏碳酸盐岩一侧，主要工业矿体定位于继承性同生断裂旁侧的有利岩相及有利次级构造中。又如个旧矿区，岩控、层(相)控、构控的最佳配置是其最基本的成矿特点。矿床、矿体定位在断层切割的不同岩性互层带，其矿化频率最高，比断层切过单一岩性的岩层要高数十倍，个旧的层间似层状矿体、脉状矿体、条状矿体70%产于断层切过的不同岩互层带组合中。

(3)分带特征方面。

分带特征是十分重要的成矿规律和找矿勘查规律。一般来说，剥蚀浅而与成矿密切相关的不同类别的分带清楚、规模大，矿床规模也大，品位也较高。这些分带包括成矿元素与相关元素分带，成矿元素的浓度分带、物性分带、构造裂隙发育特征分带、金属矿物分带、矿体产出形态分带、矿床类型和叠加矿床类型分带等。在此要指出的是，这些成矿元素、矿化种类的分带规律在不同时代，不同地质背景和不同矿床类型中常保持一致。因此我们可运用这种不因条件变化而变化的恒定分带规律及其分带程度与规模指导找矿评价。特别在矿区(矿化集中区)成矿元素、矿化类型分带清楚，而且其中有关成矿元素矿化带发育规模大，并在带中相应矿种的矿床分带也很好，矿化规模又较大，则可出现大型、超大型矿床。如河南铁炉坪银多金属矿床、大厂锡多金属矿田、柿竹园钨锡多金属矿床等。要指出的是，上述不同类别的分带及其发育特征，可分别构成相应的成矿模式或找矿模式(或为其中的重要组成部分)。如赣南粤北产于围岩中的脉状黑钨矿床，在剥蚀浅时地表出露的是石英云母线脉带，向下依序为石英细脉带、薄脉带(钨矿主要产于此带)、大脉带、消失带等。这就是20世纪60年代有色932队提出的脉状钨矿“五层楼”勘查模式。70年代中期有色地质304队提出陆相砂岩铜矿勘查模式，其中概括出自紫色层至浅色层中心可以划分为赤铁矿带、辉铜矿带、斑铜矿－黄铜矿带、黄铁矿带等4个带。江西银山矿床围绕西山火山口，以3号英安斑岩体为中心向两侧，出现由Cu、S、Au→Cu、Pb、Zn、Au、Ag→Ag、Pb(Zn)的分带。沿垂直方向和水平方向，自下而上和自内向外其他有关分带是：蚀变类型由中心式→接触式→裂隙式的演化，蚀变种类水平分带为石英→绢云母化带→石英→绢云母、绿泥石、碳酸盐化重叠带→碳酸盐→绿泥石化带→碳酸盐化带。矿床类型由斑岩型铜金矿床→火山、次火山岩铜多金属矿床→火山热液型银铜锌矿床演化；矿石由浸染型→细脉浸染型→小脉浸染型→大脉型演化。由此建立了该区具有特色的成矿模式和找矿模式。这些成矿模式和找矿模式曾有效地指导找矿，取得了突破性的进展。

(4)找矿评价标志方面。

这里主要是谈有关元素组合、蚀变、铁帽、矿化等找矿标志的指示意义及其规律性。

找矿勘查中在相应成矿元素高背景地球化学场中，找该成矿元素的局部异常易于取得成功，利用与形成该成矿元素矿床有成因联系的元素组合一起评价异常，有利于取得好的找矿效果。例如在新疆阿尔泰地区，在成矿地质背景有利地区，利用镉异常与铅锌异常结合评价有关矿化及铅锌异常，结果找到了科克塔勒大型铅锌矿床。如果在有关成矿元素低背景地球化学场中，特别是低于地壳平均含量的地球化学场中找矿，常不易收到好的找矿效果。

蚀变作用是有效的找矿评价标志。在本文的有关部分已谈到，在此再强调提出我们有独创性的认识是，早在1965年在甘肃白银厂找矿科研中就提出了无长石带(即低钠带)与成矿关系密切的新认识。该区所有的铜多金属矿体均产于无长石带中，在很多年后日本才提出低钠带与成矿关系密切的认识。

要注意矿床共生组合与矿化互为找矿标志。如细碎屑岩(常含热水沉积岩或火山岩)－碳酸盐岩建造发育地区铅锌矿床外围、含火山物质细碎屑岩建造浅变质发育地区，铜矿床外围，可出现独立的金矿床，有时规模还很大。

铁帽、矿化标志是最古老的找矿标志，在此要强调的是，要注意是否有块状矿石、条带块状矿石风化产生的铁帽，如有此种铁帽，并具一定规模，成矿地质条件有利，深部找矿就值得注意。如浅部有铅锌、镉异常深部可为铅锌矿床；浅部有铅、锌、砷、铜、金异常，深部可为铜矿或铜、金矿床；如浅部为铅、锌、铟、锡等异常，深部可为锡多金属矿床等。

2.2 成矿理论、成矿区带研究的若干新认识

(1)成矿理论方面研究的有关创建与认识。

1)创建了“渗流热液卤水”成矿理论。

渗流热液卤水成矿，与喷流沉积成矿，是在相近时期各自独立提出的一种新的成矿理论，两者内涵较为相似。都是在发现有独立于岩浆水之外的含矿热液成矿的基础上提出的。姜齐节等(1979)认为热液与深地层水和溶解蒸发盐岩水有关，成矿物质是从渗流过的围岩中渗滤萃取成矿物质，这种含矿“渗流热卤水可上升至水体底部沉积成矿(笔者注：相当喷流沉积成矿)，也可在地下以充填或交代方式成矿。因而热液成矿与沉积成矿并非水火不容”。

随后不久大量传入我国的哈钦森、拉奇等学者(2000)主张的喷流沉积成矿理论，认为是成矿理论上的重大突破，找到了解决数世纪水火争端的钥匙。国内有关矿床学者的这些评论当然是对的，但渗流热液卤水成矿不仅包含着喷流沉积成矿的内容，而且解决了这种含矿热液卤水在不能上升到地壳之上，而在水体底部沉积成矿，即可以在地下有利部位充填、交代、沉积成矿。这样就将这种含矿热液卤水在水体底部沉积成矿与地下成矿有机的结合起来了，形成一个系列的成矿作用。这对指导找矿和矿床研究是十分重要的，而且认为上升到水体底部沉积成矿首先是海底水体底部成矿，但也可在陆相水体底部成矿。根据渗流热液卤水成矿理论，估计我国主要的汞、锑、铅锌矿，相当多的一批重要金矿和部分重要铜矿及部分富铁矿等其成因与之相关。这比喷流沉积成矿所讲的矿种要广泛得多。刘东升(1985—1987)运用渗流热液卤水成矿理论研究了微细粒型金矿，预测在滇黔桂接壤地区、秦岭、川西地区等具有找这类型金矿床的前景。此后有关单位在这些地区找到了大型和超大型金矿。

2)总结了成矿系统分析的理论与实践(李人澍，1996)的创新成果。

该成果是在现代地学基础上，引入系统科学，挖掘成矿系统的固有规律以指导找矿勘查工作。认为一个地区的矿产总体上是一个具有时-空成因联系的四维成矿系统网络，并厘定了五类基本的成矿系统(堆积、近等化学改造、熔炼、动力改造、环流-热液等成矿系统)，研究了成矿系统的结构、聚矿功能、有序度、自组织性和对聚矿功能差异的影响。阐述了成矿系统信息的多层次性，强调在成矿类比中挖掘深层结构信息的重要性。提出了成矿系统动力学体系概念，并引入了成矿系统过程动力学中介层次。总结出一套严密合理，可操作的成矿系统分析的方法、步骤和工作程序等，由于成矿系统概念能将成矿的环境、条件、作用过程、产物、演化等多种要素统一在一起，是研究成矿规律的有效途径，因而得到相当高的重视，出现成矿系统的研究热。现在所总结出来的这一具有创新性的研究成果，在成矿系统研究中是走在前列的。

3)提出“金属域边缘线型构造成矿”说。

由于部署区域找矿工作的需要，姜齐节、梅友松等(1982)研究了我国大陆中东部陆壳基底地层成分分区与金属矿成矿分区(主要是指陆壳基底形成后所形成的矿产)，编制了相应的图件，将我国中东部基底地层成分划分为37区，阐明了不同类型基底成分分区的特征矿产(即可能出现的规模大的矿床)。例如在中基性火山变质岩、混合岩陆壳基底成分区，以发育金矿、钼矿、铅锌矿或银(铅锌)矿等为特征(如华北地台北缘东段等地区)。而砂质基底岩层成分区，以发育石英脉钨矿床为特征(如赣南等地区)。因此，这些老的大陆地壳基底地球化学块体的成分、变质程度、深部地球化学场的特征，岩浆岩含钾量的高低等与成矿关系及与金属矿成矿分区的关系甚为密切。而且认为，陆壳基底成矿元素丰度，在某种程度上常与上地幔具有一致性。在此基础上，研究了有色金属矿成矿分区(简称“金属域”，以下同)，厘定了划分“金属域”的边界地质条件，并将岩浆岩含钾性作为金属矿成矿分区的重要标志之一。进而研究了大矿在不同“金属域”的产出部位是受边缘线型构造控制的。例如扬子地块东、西缘的铜矿，约占我国已探明铜矿储量的一半。我国重要铜矿主要与10多条深断裂及与相关的断裂组合有关。主要金矿床约与40多条深断裂及其相关的断裂组合有关。在上述研究基础上，梅友松等提出了“金属域边缘线型构造成矿”说。据此厘定了区域矿产预测与编制“八五”有色地质勘查规划的基本科技原则：对比地质背景条件(其中包括金属矿成矿分区)，沿着有利成矿断裂追索；研究有望找矿信息，确定主攻矿种、类型；预测找矿靶区、靶位，部署有效找矿方法。通过找矿勘查实践证明，上述这些认识是比较符合实际的，在有关地区找矿部署等方面曾起到重要作用。

4）创立“同位成矿”说。

在研究大矿、富矿形成规律指导找矿中，我们发现这些大矿、富矿特别是超大型矿床，均具有相对稳定的成矿活动中心（含成矿热液活动中心、成矿中心）。在同时期成矿和不同时期成矿中，这个成矿活动中心基本保持不变，因而不论是同类成矿作用和不同类成矿作用均可在同一空间部位发生。在此基础上，其他必需的重要成矿条件和保存条件与此具有最佳配置和协同作用，便可形成大型－超大型矿床。因此所称的“同位成矿”就是指“在同一空间范围内，同时代与不同时代、同类型与不同类型、同矿种与不同矿种矿床相对稳定的成矿作用及其成矿规律的总称”。“同位成矿说，最早是在中国地质学会组织的“七五”成果交流会上提出，1991年梅友松在大会上介绍有色地质科技成果中重点谈了“同位成矿”研究成果。此后汪东波、梅友松（1993），在第五届全国矿床会议上，发表了《论铜的“同位成矿”作用》。1995年梅友松、汪东波等，发表了《同位成矿概论》，同年吴键民等发表了《扬子地台西缘大型铜矿区的深源－同位－多期复合成矿剖析》。1996年《中国有色金属学报》为30届地质大会出版的专集中发表了梅友松、汪东波等的 *On the isospatial metallogenesis with particular reference to copper deposits*。1998年汪东波在《金与铅锌矿化的关系》论文中创造性地指出，在喷流沉积成矿中，金与铅锌为“同位”分层产出。喷流沉积时形成了铅锌矿床，而金大多数转移到后期低温的热液中，并在沉积物中发生初始富集，在后期成矿作用中形成金矿床。说明铅锌、金虽不是同时期，同类成矿作用的产物，但在同一空间部位分层产出，这表明该区成矿活动中心始终是相对稳定的。而且从这一研究中使我们认识到，早期成矿作用，可为后期相关成矿创造有利条件，如后期成矿活动中心仍在此部位则可形成相关矿床。同时，刘国平也发表了青城子地区同位成矿的论文。王京彬、邓吉牛等也论述有关地区的同位成矿现象。关于同位成矿的具体内容将在另文中赘述。

（2）矿床类型方面研究的创建与认识。

早在1956年王述平先后就提出了基性超基性岩深部熔离贯入式类型的矿床，他的这一重要认识后来得到广泛应用，特别是评价硫化物铜镍矿床是其中主要的一个矿床类型，在指导找矿科研中取到了很好的作用。

著名地质学家陈国达院士在他创立的地洼理论指导下，突破了内生矿床、外生矿床的成因分类，首创性地提出了第三种成因类型矿床，即“多因复成矿床”（1979，1982），解决了既有内生特征又有外生特征矿床的成因问题。在该成因矿床类型中，又划分为叠加富化型、改造富化型和再造富化型。这一矿床成因类型得到广泛应用，在指导找矿科研中取到了重要的作用。

刘国平（1998）通过深入研究发现产于中级变质岩（低角闪岩相－高绿片岩相）中的辽宁小佟家堡子金矿床，金主要呈显微金，粒度小于1 μm。主要载金的黄铁矿、毒砂颗粒仅为0.01～1 mm，成矿温度为140°～240℃，成矿年龄为167 Ma，属微细粒浸染型金矿床（卡林型）。这是该类型金矿研究的一个重要突破。该矿床产于早元古代辽河群大石桥组碳酸盐岩建造中，容矿岩石主要是变粒岩、大理岩和片岩，而原岩则为钙质粉砂岩、白云质灰岩、泥质粉砂岩，这与卡林型金矿围岩是相似的，由于该类型矿床为热液作用成矿，对容矿岩石化学成分选择是强的，但在一定范围内变质程度并不影响这类型矿床的产出。从找矿角度来看，这类型矿床共同的是没有金的重砂异常，而与其他类型金矿床不同的是缺乏雄黄、雌黄等找矿标志矿物，也没有汞、锑异常，因而这一发现有力地扩大了我们的找矿思路。

还要提到的是，有色地质部门，其中包括北京矿产地质研究所，从20世纪60年代以来一直运用容矿围岩划分矿床类型，并不断完善和广为应用，对找矿勘查和科研工作起到了有益的作用。

（3）成矿区带、地质背景和成矿预测方面取得的重要成果。

有色地质部门先后主要在全国10多个重点成矿区带开展找矿勘查与科研工作，取得了重要成果。例如发现与查明了秦岭泥盆系铅锌矿带是世界级的巨型铅锌矿带之一。该矿带产于中秦岭断裂坳陷带南亚带中，成矿主要受沉积环境、生长断裂、“礁硅岩套”和后期改造等因素控制（王集磊、何伯墀等，1996），具有热水沉积型和热水沉积改造型矿床在同一成矿带产出的特点。同时，秦岭又是一个巨型金矿成矿带，发现和探明了一些超大型金矿床和很多大、中、小型金矿床。金矿成矿时代比铅锌矿晚，但产出常与相关建造有关。金矿成矿与该区地壳演化中多次有限开合运动有关，特别是中生代至新生代，秦岭非壳幔俯冲机制的造山带内形成大规模的叠瓦式逆冲推覆、边缘走滑、拆离断层和岩浆活动，控制了矿床的形成产出（王相、王志光等，1996）。上述铅锌矿、金矿成矿与找矿问题在前述作者专著中分别有详细论述。其他成矿区带和有关地区也取得了很多重要成果，并出版了多本专著。如《扬子地台西缘构造演化与成矿》（刘肇昌等著，1996）、《阿尔泰山南缘火山喷流沉积型铅锌矿床》（王京彬等著，1998）等。

王之田等（1994）在所著的《大型铜矿地质与找矿》专著中，根据容矿岩系将我国大型规模以上铜矿床划分为6大类型，按类型总结了我国大型铜矿成矿特点，并进行全球对比，讨论其异同，研究我国大型铜矿找矿方向，选出靶区并做出潜力预测。姜福芝等（1993）编制了中国海相火山建造及其铁铜矿产分布图，最先提出在三江、阿勒泰、秦岭等地区有找这类型矿床的前景。现已在这些地区找到了这类大型银铅锌矿床、铜矿床等。

有色地质部门，几十年来培养出一支事业心很强、具有献身精神、业务素质高和实践经验丰富的找矿勘查队伍。这支队伍为我国有色金属矿产资源探明储量进入世界前列、为我国矿产地质勘查科学技术的发展做出了重大的贡献。为发展我国有色金属工业、提供开发经济效益好的矿产资源、解决矿山资源危机方面做出了具有决定性意义的重大贡献。矿产地质勘查是实践性强、经验性强的科学，国内大量矿区特别是产出大型－超大型矿床的矿区，是有色地质部门长期工作的地区，这是其他地质部门不好比拟的，因而矿区（或矿集区）找矿勘查积累的实际经验最多，由此而产生的创新性认识也较多，这些又是最能解决找矿勘查工作中实际问题并产生新成果，是没有这样经历的人难于总结出来的。但由于种种原因，这些宝贵的成果被同行们所知的并得到重视不是很多，能继承研究者则更少。随着时间的过去，人员的变迁，有可能会被遗忘。为发挥这些成果在矿区找矿勘查工作中的作用，我们尽可能地将其相关方面论述得多一些，由于其内容丰富、具体，一篇文章中也只能概要提到，有兴趣者可以再具体研究。同时，要提出的是，文中可能有重要漏项、错误或不妥之处请指出，以便修改，敬致谢意。

最后，我们要感谢各有色地质勘查局、地质队、科研单位、院校和有关生产矿山的地质科技人员，长期以来先后给我们介绍了自己宝贵的工作经验和新认识，没有这些实际工作的成果我们是无法完成此文的。我们将牢记这些朋友与同事的帮助，努力宣传他们的成果，并再次向他们致以衷心的感谢，还要向那些长期坚持野外地质工作，精心做好找矿勘查与科研工作的同行们致以崇高的敬意。

参考文献

[1] 孙肇均，梅友松. Historical review and prospect of China's exploration of non-ferrous metals society of China. Jul. 1996, vol. 6, supp. 11－8

[2] 梅友松等. 有色地质矿产勘查、科研若干主要成果概论[J]. 有色金属矿产与勘查，1997(1)

[3] 姜齐节等. 论渗流热卤水成矿作用的意义与成因标志[J]. 地质与勘探，2000(1，2)

[4] 姜齐节，梅友松. 我国大陆中东部基底地层成分分区与金属成矿分区[J]. 地质与勘探，1982(1)

[5] 陈国达. 地洼演说的新进展[M]. 北京：科学出版社，1992

[6] 李人澍. 成矿系统分析的理论与实践[M]. 北京：地质出版社，1996

[7] 汪东波. 金与铅锌矿化的关系[C]. 第六届全国矿床会议论文集[A]，北京：地质出版社，1998

[8] 王集磊，何伯墀等. 中国秦岭型铅锌矿床[M]. 北京：地质出版社，1996

[9] 王京彬等. 阿尔泰山南缘火山喷流沉积型铅锌矿床[M]. 北京：地质出版社，1998

[10] 梅友松，汪东波等. 同位成矿概论[J]. 地质与勘探，1995(5)

[11] 刘国平等. 变质岩容矿的微细粒浸染型金矿床——以辽宁小佟家堡子金矿床为例[C]. 第六届全国矿床会议论文集[A]，北京：地质出版社，1998

[12] 王之田等. 大型铜矿地质与找矿[M]. 北京：冶金工业出版社，1994

[13] 刘肇昌等. 扬子地台西缘构造演化与成矿[M]. 成都：电子科技大学出版社，1996

湖南寻找大型超大型金矿床的探讨*

孙振家　彭恩生

（中南大学地质研究所，长沙，410083）

摘　要：分析了国内外寻找大型、超大型矿床的现状与问题，认为立足现行矿集区内的危机矿山是扩大远景储量乃至发现大型、超大型矿床的一条有效途径，列举了湖南主要矿集区内寻找大型、超大型矿床的有利条件，并以实例分析论证了立足危机矿山及已知矿点，运用成矿构造系列等理论及先进有效的物探高技术手段，从已知矿床深边部逐渐转到外围乃至区带的找矿技术思路。

关键词：矿集区；大型、超大型矿床；危机矿山；高技术手段；湖南

1　国内外寻找大型超大型矿床的现状与问题

大型、超大型矿床的寻找一直是地学领域的重大研究课题，发现大型、超大型矿床是一个国家有效解决矿产资源问题的最佳途径，大型、超大型矿床的多少及在全部矿产资源中的比重是衡量一个国家资源安全程度、经济效益与环境质量的重要标准。据有关资料估计，我国现有大型矿山到2010年将有50%以上要关闭，到2020年则仅有不足20%能维持。在大型和超大型矿床相对数量及资源人均占有量远远落后于世界平均水平的情况下，从现在起乃至今后相当长一段时间内，我国在寻找大型、超大型矿床方面显得尤为迫切。然而，寻找大型、超大型矿床必须基于成矿理论、技术方法的发展水平与创新。例如，在20世纪60年代末，对绿岩及其控矿规律的认识导致了澳大利亚西部卡里古利地区和加拿大阿比提比地区绿岩带内近10个超大型金矿的发现。我国70年代以来华北克拉通地区胶东、小秦岭、张宣等大型矿集区的形成，以及金川铜镍矿床的发现，也都得益于对绿岩带的认识及其控矿理论的发展。在70年代，斑岩铜矿和浅成低温热液矿床成矿理论的建立引起了环太平洋地区的找矿热潮，促进了环太平洋地区近百个超大型铜、金等矿床的发现和全球矿业经济的迅猛发展。我国的金瓜石金矿、紫金山铜金矿、德兴铜矿、玉龙铜矿等的发现与勘探也都得益于该理论指导。然而，理论的创新不是一朝一夕的，近20年来的找矿实践证明，国内外重大找矿突破主要集中在现有大型矿山的外围和深部以及相关的矿集区内。如著名的智利安第斯斑岩铜矿矿集区，80年代新发现扩大了储量的巨型铜矿床就有5个；在著名的潘古纳超大型斑岩金铜矿西部，新发现波尔盖拉铜金斑岩矿床，铜800万t，金120 t；澳大利亚东北部麦克阿瑟地槽带内，除原有的芒特艾萨超大型铜、铅锌矿床外，新发现隐伏的“世纪”铅锌矿床（储量 > 1600万t）和阿德米尔湾铜锌矿床（储量 > 1000万t）；我国在东川、青城子、铜陵、湘西等矿集区的找矿也取得重要进展。这表明现有大型矿山的外围和深部以及相关的矿集区内仍有巨大的找矿潜力。我国大多数大型金属矿山基地及相关矿集区的勘查和研究程度比国外低，找矿潜力应更大。然而，我国目前在已知矿集区的找矿成果远比国外逊色，其原因除了勘查投资严重不足外，另一个重要原因在于我国的大型矿山及相关矿集区的成矿规律、成矿预测理论以及隐伏矿床（体）的探查技术方面与国外先进水平存在相当大的差距。针对上述问题，中南大学（原中南工业大学）地质研究所与物探研究所近年来在何继善院士的指导下，在一些矿集区的危机矿山深边部开展成矿构造预测研究与物探新技术方法运用结合，已经取得了显著的经济效益和社会效益，特别是在湖南危机矿山的找矿实践中取得的经验对于指导湖南乃至全国矿集区挖掘矿产资源潜力有着重要的现实意义。

2　湖南重要矿集区寻找大型超大型金矿的成矿条件

湖南90%以上的岩金矿床都分布于湘西及湘西北，即通常所说的雪峰弧形隆起带，它是江南造山带元古宙浅变质地层中金矿最为密集的矿集区。已有岩

* 国家自然科学基金资助项目（4977215）

金矿床(点)100余处，其中，大、中、小型金矿十多处，矿点、矿化点近100处，历来是湖南金矿的最主要蕴藏区。

2.1 元古宙浅变质岩含金建造特征

(1)冷家溪群浊积岩含金建造。冷家溪群是江南造山带中段古老基底建造。原岩为含火山碎屑物质的浊流沉积建造。具典型的鲍马层序特征：①韵律层完整，岩性层序自下而上为杂砂岩、粉砂质板岩、泥质板岩，其中泥质板岩中普遍含有黄铁矿。②整个韵律层表现出从下至上的粒序性递变特征，并且在韵律单元中也有明显的粒度递变现象。③发育波痕纹层及包卷层理。④韵律层砂岩的底部可见沟模等构造。地层中富含金、砷、锑和钨等元素，从而构成Au－As－W组合浊积岩型含矿建造。

(2)板溪群陆源碎屑含金建造。板溪群不整合覆盖于冷家溪群之上，分为下部马底驿组和上部五强溪组两部分。马底驿组主要岩性为紫红色粉砂质绢云母板岩夹绿色板岩，上部为层凝灰岩夹砂质板岩及粉砂岩，中下部为钙质板岩和薄层碳酸盐岩，底部为不稳定砾岩；五强溪组为一套浅变质的海相火山碎屑岩系，主要岩性为凝灰质板岩、变余沉凝灰岩，条带状砂质板岩及变质长石石英砂岩等。Cr、Co、Au、W、Sb、As在大多数层位中呈现明显富集，显示出地层为Au－Sb－W综合性含矿建造的特点。

2.2 矿集区构造演化及对应的成矿构造类型

研究表明，雪峰弧形隆起带经历了雪峰期伸展运动、加里东期收缩褶皱运动及印支－燕山期不均匀的伸展隆升与沉降。其中，雪峰运动是一次重要的热－构造事件，不仅使板溪群、冷家溪群发生浅变质作用，而且形成许多盆－岭式构造，震旦系冰渍砾岩可能是这次构造持续作用的结果。此阶段，在浅变质岩基底中形成一系列顺层脆韧性滑脱拆离带，冷家溪群及板溪群中的层状矿脉受其控制。顺层剪切－液压致裂形成张性裂隙，周期性流体泵吸作用形成复脉矿体。加里东期产生收缩褶皱作用，在浅变质岩基底中，除形成开阔主干褶皱及其层间寄生褶皱外，还对早期形成的层脉施加动力变质变形作用。在上覆震旦系地层中，由于冰渍砾岩成层性差，故常形成高角度走滑式、走滑－斜冲式脆韧性剪切带，其中常形成高角度脉型金锑矿及蚀变岩型金锑矿。在古生代地层中，由于岩性成层性好及强弱差异明显，故在其中形成多层滑覆构造，形成蚀变岩型金矿。印支－燕山期，本区主要表现为浅层次脆性张性断裂活动，对上述成矿构造具有一定的破坏作用。

2.3 元古界地层是寻找大型超大型金矿的理想地层建造

涂光炽教授早就指出，国外许多超大型矿床都是产在元古界中，我国元古界地层、构造、成矿作用、岩浆活动等研究是一个非常薄弱的环节。为什么元古界浅变质地层是寻找大型超大型金矿床的理想含金建造呢？这是因为：①元古界地层是太古界绿岩地体的盖层，而绿岩地体是世界公认的绿岩型金矿赋存的含金地层，其源于绿岩地体的沉积物质必然富含金等稀贵金属。②元古界地层发生了浅变质作用，该温压条件适合于金从太古界地层地层迁出而在元古界有利构造环境中沉淀。③广泛的伸展作用使元古界地层发生了大面积层滑作用，在元古界浅变质岩中形成的脆韧性剪切带是浅部脆性剪切带及深部直达太古界基底的韧性剪切带的过渡地带，是深部含金热液与浅部含金热液汇合沉淀的场所。上述三个有利条件都是雪峰隆起矿集区所具备的。

3 雪峰隆起矿集区寻找大型矿床的实践及效果

前已述及，雪峰隆起矿集区板溪群地层中顺层下滑型动力变形变质带是寻找大型顺层脉型金矿的最佳成矿构造，其上覆震旦系地层中发育的走滑型或走滑－斜冲型脆韧性剪切带是寻找大型高角度脉型或蚀变岩型金矿的有利成矿构造，而覆于震旦系地层之上的古生界地层之间的层滑构造是寻找大型蚀变岩型金矿的有利成矿构造。

3.1 对湘西金矿的地质认识及找矿效果

湘西金矿位于雪峰弧形构造隆起带中段，是雪峰弧形构造隆起金矿成矿带中规模最大、最具代表性的金矿。自20世纪90年代中期以来，中南大学一直在湘西金矿开展深边部地质找矿，认为该矿受控于一条下滑型脆韧性剪切带，其顶部发育一条隐蔽的低角度拆离正断层。从下往上的V_6、V_5、V_2、V_1、V_3、V_4层脉受控于该脆韧性剪切带。由于滑脱带从下往上变质变形作用越来越强，以致越靠近拆离断层，顺层剪切－液压致裂作用越强，依此推测V_7层脉以上应会出现新的层脉，且规模会更大。通过采用伪随机多频激电法在预测区工作，发现大面积的东西向Ⅲ号激电异常。经矿山开拓验证发现V_7号层脉，获科研储量黄金41 t，锑12万t，可延长矿山寿命30年以上，有60亿元的潜在经济价值。而且通过研究进一步认为，V_7层脉至拆离断层之间尚有很大的找矿空间，极有可能找到新的平行层脉，后在原Ⅲ号异常的东北部又发现了Ⅰ、Ⅱ号带状激电异常，经分析认为，Ⅰ、Ⅱ号异常的西延部分可能是沃溪断层错失鱼儿山上部层脉引起的异常，东延异常可能是 V_7 号脉以上层脉引起的叠加异常。根据 V_7 号脉内出现大量蚀变岩型矿石推测，近隐蔽的拆离断层，会产出规模较大的蚀变岩型矿体。因此控制湘西金矿的滑脱拆离带往东的深部具有巨大的地质找矿潜力。

3.2 对新化古台山金矿的地质认识及找矿效果

该金矿位于雪峰弧形隆起转折带内侧、白马山穹隆东北部，距新化县城直距25 km。已知的Ⅰ、Ⅱ号含金锑石英脉发育于震旦系江口组含砾板岩中，Ⅰ号脉为主脉，走向310°左右，倾向南东，倾角约60°。Ⅲ号脉走向30°，倾向北西，倾角约80°，规模小于Ⅰ号脉。Ⅲ号脉大约有800 kg黄金，已采掘完毕。Ⅰ号脉北西端探矿又有新的突破，预测该脉规模会突破3000 kg。研究表明，此已知的二条高角度脉型金矿受控于一条北西向的走滑-斜冲型脆韧性剪切带。根据剪切带内面理分布，及一系列小含金石英脉群的产状及Ⅰ、Ⅱ号脉的关系认为，Ⅰ号脉相当于剪切带内的D型张剪脉，Ⅲ号脉相当于R型张脉，具有“断层桥”的特征。故依据动力学分析在Ⅰ号脉的南西侧预测了Ⅳ号D型脉，在北东侧预测了Ⅴ号D型脉，并在Ⅰ、Ⅳ号脉之间预测了Ⅵ号R型脉。由于该脆韧性剪切带表现为左旋斜冲，斜冲角约30°，故成矿流体的流向是从北西端的深部向南东端的浅部运动，以致北西端矿脉出露深，南东端矿脉出露浅。地质预测此三条矿脉远景储量可达10 t。此外，在震旦系地层下伏的板溪群地层中，首次确定了一条顺层含金石英脉，根据以前钻孔资料及目前顺脉走向掘进的200多米坑道揭露的情况认为，该脉发育于顺层脆韧性剪切带中，脉厚度1~2 m，含单一金矿种，品位大于5 g/t，初步估算此条层脉远景储量大于5 t，而且下部还可能发现新的层脉。因此，新化古台山金矿完全具备大型金矿的找矿潜力。

3.3 对安化芙蓉金矿的地质认识及找矿效果

芙蓉金矿处于雪峰隆起带中段南缘与湘中凹陷连接处的伪山花岗岩体西外带，安化-浏阳东西向构造带与城步-桃江深大断裂的复合部位。主要赋矿层位为奥陶系，其次为志留系。含矿断裂主要发育于奥陶系顶部的含碳硅质岩层中，矿床类型为破碎带蚀变岩型金矿。区内已大致控制了10条矿脉带，初步圈定了39个工业矿体，C+D+E级金属量24913 kg，其中C级2426 kg，D级6084 kg，平均金品位6.16 g/t。初步分析认为，上述成矿构造是加里东期褶皱作用过程中层间滑动形成的，矿体赋存于含碳硅质岩层中是因为硅质岩层相对于周围含碳泥质岩为弱变形域，是含矿流体汇聚沉淀的场所。根据顺层剪切过程中，非共轴剪切变形分解构造模型，矿体深部可能在一定距离内会再出现一系列薄扁透镜状矿体。综合上述勘探成果及分析，芙蓉金矿在现已探明大型金矿的基础上，尚有扩大地质储量的潜力。

4 立足危机矿山采用高技术手段是寻找大型超大型金矿的有效途径

近年来，中南大学地质研究所与物探研究所，在开展危机矿山二轮找矿过程中，运用成矿构造系列等理论与多种先进物探方法如伪随机多频激电法、电磁波CT成像技术等高技术手段紧密结合，相继在湖南湘西金矿、江永铅锌矿、新化古台山金矿、广西泗顶铅锌矿、安徽铜陵铜铁矿等十多个危机矿山深边部找矿过程中，取得了显著的成果。具体办法是：先期在矿山范围内开展大比例尺已知成矿构造解析，按照成矿构造系列研究思路，首先确定已知成矿构造类型，然后根据动力学分析，建立包括已知成矿构造在内的成矿构造系列结构，再根据成矿构造预测模型选取若干有望区段实验有效物探方法，最后提交综合预测结果供生产部门验证。上述危机矿山成矿预测的成功经验表明，预测成败的关键包括两方面，一方面是能否在构造解析的基础上，正确鉴别已知成矿构造归属哪一种成矿构造系列，另一方面选择的物探技术手段是否奏效。一旦在已知矿体的深边部取得突破后，就可以逐渐将工作重点向外围乃至区带转移，根据已知的勘查模式去评价类似的矿床或矿点。湘西金矿等危机矿山的找矿实践证明，立足危机矿山采用高技术物探手段扩大矿产资源，比从一个非矿集区发现新的矿产资源相对要容易得多，而且，无论从经济的，环保的和社会的角度看，都是值得今后大力提倡与深入研究的地质找矿思路。

参考文献

[1] 涂光炽.关于大型矿床的寻找和理论研究[J].地球科学进步，1989(6)

[2] 孙振家，彭恩生.生产矿山深、边部地质找矿研究[J].有色金属矿产与勘查，2000，9(1，2)

[3] 孙振家，彭恩生.湘西金矿沃溪矿区深边部找矿新进展[J].'99湖南矿物岩石地球化学论丛，1999

[4] 汪劲草，彭恩生，孙振家.初论成矿构造系列[J].桂林工学院学报，2000，20(2)

中南大学地质地球物理研究20年回顾

（1984—2003年）

孙振家　汤井田　温佩琳

（中南大学地球科学与信息物理学院，长沙，410083）

摘　要：回顾了20年来中南大学地质地球物理研究方面在各个阶段所做的工作以及取得的成果，重点介绍了地洼成矿理论和双频激电理论在生产领域的应用，并介绍了危机矿山地质地球物理研究中急需解决的问题，最后简略地介绍了中南大学在地质地球物理研究上所产生的经济效益和社会效益。

关键词：地洼成矿理论；双频激电理论；成矿区带找矿理论；矿山地质地球物理

20年来我校地质地球物理研究在陈国达院士、何继善院士领导下，经历了成矿区带普查找矿、矿山寻找接替资源两个阶段的深入研究，取得了显著成绩。1998年已形成稳定的矿山地质地球物理研究方向。

1　成矿区带普查找矿阶段

在陈国达院士地洼成矿理论和何继善院士双频激电理论的指导下，进行了如下研究：我国东部隐伏矿研究；大型铜矿国内外对比研究；重点成矿区带找矿信息综合处理方法和应用研究；内生金属矿床的构造应力应变场研究及其与成矿的关系；辽吉一带元古界典型铅锌矿床的形成条件和找矿远景研究；湘南构造演化；双频道激电仪在隐伏矿床预测中的应用；位场波数域滤波随机干扰传递函数的研究；频谱激电法在黄山铜镍矿区寻找盲矿体及评价岩体含矿性研究；综合物化探方法在萨尔托海金矿区找矿及预测研究；重磁异常变换中截断误差研究；电流场与金属矿晕；双频激电法研究等一批国家、省部级的科学研究项目以及研究成果的推广应用工作。研究成果中的地质新理论、找矿新理论、新方法和新技术为成矿区带普查找矿奠定了基础。取得的显著成就有：共获国家、省部级奖16项(其中国家科技进步二等奖1项、国家发明三等奖1项、省部级科技进步一等奖2项)；并找到了一批矿产资源：以“我国双频激电研究及应用”为例，该项目在全国29个省市广泛应用(包括原有色总公司、冶金部、地矿部、核工业总公司、黄金部队、化工部等部门)。仅新疆、黑龙江、云南、湖南、甘肃、青海、河北七个省的初步统计，共找到铅锌金属量190万t、银1 617 t、铜30万t、金15 t、萤石矿1 200万t，锡6.3万t，新增产值1.5亿元，创社会经济效益165亿元。该项目1995年获国家科技进步二等奖。

2　矿山地质地球物理研究—矿山寻找接替资源阶段

1985年原冶金部有色局指出，“中央直属的有色金属矿山147座，其中有色直属的69个独立矿山中就有56个已被国家确认为必须转产的矿山”，反映了生产矿山资源枯竭的严峻形势。一旦矿山丧失生产能力，将造成大量职工失业和形成社会不稳定因素。1988年在我校制定重点学科发展计划中将矿山寻找接替资源的项目定位为“矿山地质地球物理研究”的重点研究方向，在成矿区带普查找矿的同时将重点逐步向这个方向转移。在全国众多矿山进行地质地球物理研究：湖南湘东钨矿、内蒙霍各乞铜矿、湖南桃林铅锌矿、湖南东坡铅锌矿、云南老厂多金属矿、湖南安化渣滓锑矿、湖南柏坊铜矿、湖南龙山锑金矿、广西粟木矿、广西水岩坝锡矿、湖南康家湾铅锌金矿、湖南麻阳铜矿、甘肃礼县金山寺金矿、陕西勉略宁多金属矿、广西云开金银多金属矿、广西平桂珊瑚钨矿、湖南清水塘铅锌矿、湖南桃江板溪锑矿、甘肃白银石青垌银矿、湖南汝城钨矿、江西东北区铜多金属矿、东川楚雄铜矿、青海阿尼玛卿山铜矿、陕西商洛南部金铜矿、云南兰坪思茅铜矿等矿山进行了寻找接替资源的矿山地质地球物理研究。取得了寻找接替资源的显著成果。本项目共获国家、省部级奖21项(其中国家科技进步三等奖1项、省部级一等奖2项)。主要研究成果：

（1）建立生产矿山地质地球物理系统探测方法、获取矿区新的三维地质矿产信息，通过发现异常并区分出矿致异常、圈定矿体、预测科研储量。

（2）研究了正交电磁法、大深度激电法、高密度电法、近矿激电法、伪随机三频电法和变频研究电法，通过研制相应的仪器和建立资料处理解释系统、提高了探测深度、观测精度和抗干扰能力，加强识别矿致异常能力。

(3) 应用现代地质理论，在建立矿液致裂成矿、雏形断裂成矿和伸展造山成矿等理论的基础上，重新认识控矿地质特征，进一步查明矿体形态及空间分布规律、配合物探异常预测深边部矿体。

本项研究在20多个生产矿山得到推广应用，所找到的深边部矿产资源延长了矿山的寿命，创产值9 084万元，找到的金属量创社会效益93.08亿元，1999年获国家科技进步二等奖。

3 稳定的矿山地质、地球物理研究

通过上述两个阶段的研究将成矿区带找矿理论与方法和矿山寻找接替资源理论与方法综合，形成我校稳定的面向生产矿山的“矿山地质地球物理研究”的研究方向，为我校向全国矿山寻找接替资源提供了扎实的平台。

3.1 资源勘查的发展趋势

资源勘查的发展趋势有如下几个方面：

(1) 区域成矿和找矿模式带动矿集区和超大型矿的发现是当前国内外找矿勘查的主要趋势，每一次地质理论和成矿理论的突破都带动了一批世界级大型、超大型矿床的发现。

(2) 已知矿集区综合研究和隐伏矿床定位预测，成为找矿突破的重要途径。国内外矿集区数量不到探明矿产地的10%，但所探明的资源储量却占总储量的80%以上。近20年来的找矿实践证明，国内外新增的80%的资源储量主要集中在现有矿山的外围和深边部以及相关的矿集区内。

(3) 适合于复杂地质条件下较大探测深度、高分辨率的面积性地球物理三维探测新方法、新技术，是实现隐伏矿床定位预测和大面积覆盖区勘查评价的关键技术手段，勘探地球物理是“攻深找盲，预测大矿富矿”主要手段。

(4) 多学科联合攻关和结合技术的研究应用是资源勘查学科新的必然趋势。

目前选择“危机矿山地质地球物理研究”来解决我国资源短缺和危机矿山的困境是重要研究领域。温家宝曾经强调指出：“在有市场需求和资源潜力的老矿山周边或深部，努力探寻新的接替资源，具有经济、社会双重效益，是当前的一项极为紧迫的任务。”

危机生产矿山地质地球物理研究是在资源潜力评价的基础上，对存在资源潜力的老矿山在探矿理论、方法和技术等方面进行研究，扩大接替资源，延长矿山寿命。

矿山资源枯竭有两种原因：① 资源确已殆尽；② 勘探储量已开采殆尽，但受勘探时期科学技术水平和其他因素限制，其深边部尚有相当规模的未被发现和探明的资源，对于这一类矿山(即具找矿地质条件和潜力的危机矿山)，当前具有较好的找矿前景。

3.2 矿山地质地球物理研究要解决的两个问题

(1) 重新对每座矿山，用现代的地质理论重新认识、分析，要形成适合于该矿山的探矿地质理论，进一步查明矿体形态及空间分布规律，进行矿体定位预测。

(2) 针对每座危机矿山，研究相应的地球物理探测理论、方法和技术，以及相应的仪器和解释方法。要形成一套复杂地质条件下，大探测深度、高分辨率的面积性地球物理三维探测新方法、新技术和新仪器，这是实现危机矿山隐伏矿床定位和大面积覆盖区勘查评价的关键问题。

本项目成果继续在生产矿山推广应用后，安徽凤凰山铜矿(寻找到深边部金、铜富矿)广西泗顶铅锌矿(探明一个中小型矿)、湖南江永铅锌矿(找到7万t铅锌金属量)都寻找到新的接替资源。湘西金矿深边部地质地球物理探矿研究取得了突破性进展，发现了沃溪矿区深部矿石储量360万t，金属量：金41 t，锑15万t、WO_3 6 000 t，创经济效益61.68亿元人民币。可延长矿山寿命20年以上，保证了矿山生产持续和稳定发展。“湘西金矿沃溪矿区深边部地质地球物理研究”项目2000年获国家经贸委科技进步一等奖。

参考文献

[1] 刘光鼎. 回顾与展望——21世纪的固体地球物理[J]. 地球物理学进展, 2002, 17(2): 191 - 197
[2] 夏国治, 许宝文, 陈云升等. 20世纪中国物探(1930—2000)[M]. 北京: 地质出版社, 2004
[3] 汤井田, 何继善. 静效应校正的波数域方法[J]. 物探与化探, 1993, 17(3): 209 - 216
[4] 屠雯. 有色地质勘查工作中存在的突出问题[J]. 有色金属工业, 2004 (4)
[5] 刘光鼎. 论综合地球物理解释——原则与实例. 见: 中国地球物理学进展[M]. 北京: 学术书刊出版社, 1984: 231 - 242

中国有色金属矿山新一轮找矿思路及方法

贾国相　黄永平　韦龙明　徐振超　陈远荣　徐文忻　郑跃鹏
（桂林矿产地质研究院，广西桂林，541004）

摘　要：桂林矿产地质研究院长期坚持在有色金属矿山深边部开展找矿工作，通过多年研究，总结出了一套适合于生产矿山深边部找矿的综合找矿新技术、新方法组合，即以最新地质找矿理论为基础，进行坑井物探和化探（包括原岩有机烃、吸附相态汞、电吸附、坑道原生晕、构造地球化学等）及铅同位素找矿、遥感矿化蚀变信息提取等新老方法的综合技术，对矿体深边部及近外围进行找矿评价。这些方法自“六五”规划以来，在全国众多有色金属矿山的综合找矿研究方面取得了丰硕的成果。

关键词：找矿思路及方法；新一轮找矿；有色金属矿山

1　有色金属矿产资源形势分析

我国主要有色金属的人均占有储量明显低于世界人均水平，其中，大宗矿产铝的人均拥有储量相当低，只有世界平均值的9%，铜、镍和铅、锌分别为40%和90%左右，锡略高于世界平均值；虽说锑、钼和钨是我国的优势矿种，但由于长期过度、无序开采，采富弃贫，乱采乱挖，目前的保有储量可利用率低，资源已出现严重危机。比如，目前钨矿保有储量的绝大部分是难以利用的白锡矿，铜矿也多是低品位难利用的储量。据权威部门预测，我国有色金属储量的保证年限大多只有几年到十几年；预计到2010年县级以上矿山约有一半要关闭，10种有色金属矿山的生产能力消失量占实际总生产能力的13%～72%，平均达40%左右。到2020年仅有不足20%的矿山能够维持生产。专家呼吁尽快开展有色金属危机矿山新一轮找矿工作，这些建议已引起国家的高度重视。

2　找矿思路

桂林矿产地质研究院长期坚持在有色金属矿山深边部开展找矿工作，通过多年研究，总结出了一套适合于生产矿山深边部找矿的综合找矿新技术、新方法组合，即以最新地质找矿理论为基础，进行坑（井）物探和化探（包括原岩有机烃、吸附相态汞、电吸附、坑道原生晕、构造地球化学等）及铅同位素找矿、遥感矿化蚀变信息提取等新老方法的综合技术，对矿体深边部及近外围进行找矿评价，这些方法自“六五”规划以来，在全国众多有色金属矿山的综合找矿研究中取得了丰硕的成果。

我院提出的开展找矿的总体思路是：

（1）矿山深边部找矿：成矿地质条件分析→地下物探（地面物探配合）→化探方法组合（电吸附、有机气体集成、吸附相态汞、坑道原生晕、构造地球化学等）→工程验证。

（2）矿山近外围找矿：成矿地质条件分析→遥感蚀变矿化信息提取→地质勘查及剖面性化探（原生晕或次生晕）→地面物探→化探新方法（电吸附、有机气体集成、吸附相态汞等）→工程验证。

3　找矿方法

（1）地质条件分析。在区域成矿地质背景、矿化富集规律、矿床类型、成矿系列、控矿构造条件及成矿动力学综合研究基础上，开展成矿预测，提出找矿有利地段。

（2）坑井物探方法。将地面电法引入坑道或钻孔中，就形成了金属矿电法勘探的一个重要分支即地下物探方法。现在地下物探方法应用得较多的有：坑内激发极化法、大功率充电法；地－井（坑）激发极化法、大功率充电法、瞬变电磁法。

坑井物探方法，在生产矿区的深边部找矿中具有其他方法所无法比拟的优越性，因此能在新一轮找矿中发挥重要作用：由于观测装置是放在坑道可以避免地面物探的低阻盖层的影响，提高了物探的探测深度和精度；将场源置于坑井周围不同的方位，在坑井中测量，可以确定坑井周边盲矿体，扩大钻孔反映地质信息的立体空间范围；将场源置于坑井中已知矿体上测量，可追踪矿体平面展布范围和空间立体产状；在多个钻孔中相互对测，达到发现钻孔间盲矿的目的。笔者先后在青海锡铁山、甘肃金川、安徽铜陵、湖南水口山、广西大厂、云南东川、个旧、易门等全国中大型有色金属矿山作过坑井物探工作，积累了丰富的实践经验和工作成果。

（3）有机烃、电吸附、吸附相态汞化探方法。运用这些方法寻找隐伏有色金属矿体是我院十多年来研究应用的新方法。与传统化探方法相比，该方法能捕捉盖层厚、矿化信息弱的隐伏矿体的异常。有色金属矿体中的成矿元素、伴生元素在后生地球化学作用下可部分转化成可溶性离子，并且这些可溶性离子更易于向上运移，富集于岩石土壤中，常规方法难以捕捉到这些信息。电吸附是用化学试剂和通电对样品进行特殊处理，能提取与矿体关系密切的化探信息；有机烃法原理相似，金属矿及包体中富含很高的有机质、干络根、沥青质等，矿体中的硫化物氧化使大量的有机烃类气体垂直向上运移形成空间上与矿体密切相关的烃类异常，有机烃化探新方法就是运用特殊的热释方法和测试技术提取这些信息。通过多年的总结，这些方法技术已成熟，在多个矿山如中条山铜矿、黄沙坪铅锌矿、马鞍桥金矿、大厂锡多金属矿等矿山找矿中均取得明显的找矿效果。

（4）坑道原生晕。主要根据金属矿床成矿过程中元素的成矿成晕原理，详细研究不同成矿期次的元素轴向分带特征和元素组合、比值特点，在实际工作中，有效地分辨不同成矿期次的矿前晕、矿头晕、矿中晕、矿尾晕，并把不同成矿期次的元素轴向分带进行组合、反演、模拟，建立不同类型矿床的空间地球化学分带模型，并据此与未知地段进行对比、判断和推测。我院利用坑道原生晕方法先后在长江中下游的铁铜矿、江西斑岩铜矿、湘南粤北铅锌矿、新疆金窝子金矿等做了大量的工作，取得了较好的找矿效果。

（5）铅同位素找矿方法。其基本原理是：在地球化学过程中，铅同位素演化和增长取决于地质体中的铅同位素初始比值和铀、钍同位素衰变积累，一般条件下，矿床或矿化点常常成群出现于同一地质构造单元，它们具有相同或相近的成矿物质来源及成矿背景，理应具有相近的铅同位素初始比值，铀铅比值，钍铅比值，并且是在相同的地质事件中同时形成的，经历了相同的成矿演化历史。通常条件下，成矿流体中铀/铅、钍/铅比值及铅同位素初始比值与围岩不相一致，矿体或异常体中的铅同位素与围岩存在一定的差别，这样有可能区分出矿体、异常体和围岩。因此，一组样品的铅同位素组成数据，可以反映矿床的物质来源特征，形成条件以及矿床的规模，在一定的成矿条件下，通过已知矿床确定铅同位素靶标值，经过适当的变差椭圆处理，将R判别模式与靶标值进行比较，可以对未知点进行评价并得到远景点的评价值，从而达到指导找矿勘探的目的。我院已在新疆（泥盆系铅锌矿）、河南（洛宁金矿）、贵州（半坡锑矿）、安徽（铜陵金矿）、海南（抢板金矿）和陕西（煎茶岭金矿）等地进行过铅锌矿、金矿和锑矿的铅同位素打靶研究，取得了较好的打靶效果。

（6）构造地球化学。成矿热液都会通过不同类型的构造裂隙向周边运移，因此在运移通道、成矿裂隙上都会留下元素痕迹，并且不同成矿热液的物质组成不同，元素组合也不一样，且有一定的元素分带性，通过坑道中不同裂隙的地球化学工作，可以有效地区分不同成矿期次的元素组合特征，根据元素组合，结合矿前晕，矿头晕的组合比值特征，可以有效地预测深部构造的含矿性。在实际工作中，对不同类型的矿体，采集不同深度矿体及周边裂隙中的样品，研究矿体的构造地球化学成矿特征、元素组合及比值特点，并对各种构造地球化学特征进行对比，总结出各种构造地球化学的找矿标志、评价方法，应用到矿区深边部找矿中。

重点区段1∶25 000～1∶50 000遥感地质勘查，采用高分辨率的遥感数据，如俄罗斯的SPIN－2（2 m分辨率）、美国的IKNOS（1 m分辨率）、法国的SPOT－5（多光谱，5 m分辨率）以及国内的航空彩红外扫描摄影资料等编制重点区段专题图像和综合分析图件，着重解译那些与矿化有关的蚀变信息，如泥化、铁化、硅化等，反映铜（铁）矿的地表特征，结合已有的地物化资料，筛选可供下一步新方法试验的工作靶位。遥感矿化蚀变信息提取，已先后在新疆乌拉根制矿、青海柴周边铜金矿、水口山铅锌矿、大厂锡多金属矿、桂北龙胜金矿的找矿过程中发挥了重要的作用。

4 结　论

桂林矿产地质研究院从建院起一直从事地质科学研究，从20世纪纪80年代开始，就开始探索有色金属矿山新一轮找矿的技术方法和仪器改良，至今已经形成了地质、物探、化探、遥感等专业配套、技术方法手段齐全的综合优势。本文介绍的坑井物探、有机烃和电吸附为主的新方法组合已经在我国多个有色金属矿山进行过找矿试验和应用，效果明显。如新疆乌拉根铅锌矿、青海锡铁山铅锌矿、马鞍桥金矿、中条山篦子沟铜矿、大厂锡多金属矿及云南水泄铜矿、大红山铜（铁）矿等多个矿山的应用或试验，表明已知矿上异常反映良好，未知地区找矿效果明显，提交的异常经验证见矿率较高。

参考文献（略）

中国钨矿资源开发利用现状与矿山地质工作成就

孔昭庆
（中国钨业协会，南昌，330046）

摘　要：文章论述了我国钨矿资源开发利用的现状，回顾了钨业矿山地质工作取得的主要成就，提出了当代矿山地质工作必须赶上时代快速发展的对策，指出了当代矿山地质工作的历史责任及其面临的重要任务。

关键词：钨矿资源；矿山地质；现状；成就；资源挖潜

人类已进入21世纪，研究当代矿山地质学之发展具有特别重要的现实意义。矿山地质学和矿业开发紧密相关，矿山地质工作保证矿山生产建设的正常进行，保证矿山生产过程中资源的合理开发利用。当代矿山地质工作任重而道远，矿山地质学面临一系列新的领域和课题。总结和回顾矿山地质工作取得的经验和成就，研究当前矿山地质工作的现状和存在的问题，从理论和实践上探讨当代矿山地质学的新发展，是十分必要的。本文通过研究和总结我国钨矿资源开发利用的现状和矿山地质工作所取得的主要成就，对我国钨业矿山地质工作提出了几点粗浅的体会和认识。

1　资源开发利用现状

1.1　储量分布

据我国矿产资源部门统计资料，2002年我国钨(WO_3)探明储量144.9万t，基础储量292.5万t；资源量286.2万t，资源储量578.6万t。据2001年美国矿务局公布的数字，我国钨储量占世界的41%，基础储量占世界的37.5%，我国钨资源在世界上仍保持优势地位。

钨的资源储量分布于21个省区，储量和基础储量分布于16个省区。其中基础储量在10万t以上的有湖南、江西、河南、福建、广东五省（见表1），这五省的基础储量占全国的89.6%，而湖南、江西两省占全国的66.5%，虽然经过了近百年的开采，但仍然是我国的主要产钨省区（见图1）。

1.2　黑钨储量及利用

我国从发现钨开始，主要以黑钨矿为开采对象，而且钨冶炼工艺基本上也是以黑钨为原料的。我国黑钨储量为41.9万t，基础储量为84.9万t（占全国钨基础储量的29%）；资源量为57.6万t，资源量为142.5万t。168个黑钨矿区中，有143个资源储量小于1万t，资源储量在5万t以上的矿区只有8个（见表2）。

表1　我国钨储量分布　$m(WO_3)/t$

省区	储量	基础储量	基础储量所占比例/%
湖南	556 862	1 313 647	44.9
江西	425 167	630 405	21.6
河南	165 890	296 219	10.1
福建	146 368	245 489	8.4
广东	12 060	133 419	4.6
广西	5 610	79 056	2.7
黑龙江	35 910	48 830	1.7
云南	21 912	48 748	1.7
湖北	34 917	48 530	1.7
内蒙古	21 865	32 101	1.1
甘肃	3 881	21 444	0.7
安徽	7 854	12 071	0.4
浙江	6 099	7 068	0.2
吉林	3 653	5 490	0.2
青海	1 356	1 924	0.07
山东	0	334	0.01
全国合计	1 449 404	2 924 811	100

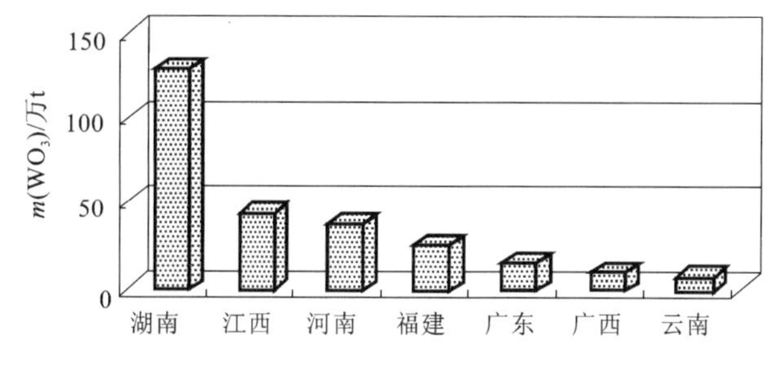

图1　我国主要产钨省储量对比

表2　十二大黑钨矿区保有储量

$m(WO_3)/t$

矿区	储量	基础储量	资源量	资源储量	资源储量所占比例/%
广西大明山	0	0	152 187	152 187	10.7
福建行洛坑	71 606	119 344	24 509	143 853	10.1
甘肃塔儿沟	2 392	5 436	123 639	129 075	9.1
江西下桐岭	42 616	63 369	56 432	119 801	8.4
广东锯板坑	0	93 514	1 725	95 239	6.7
江西漂塘	64 473	81 026	0	81 026	5.7
广西珊瑚	0	66 703	0	66 703	4.7
江西大吉山	36 731	42 409	8 702	50 481	3.5
江西大湖塘	0	39 354	0	38 354	2.8
湖南瑶岗仙	16 152	23 074	12 505	35 579	2.5
江西新安子	25 492	30 169	0	30 169	2.1
江西石雷	1 597	8 259	19 954	28 213	2.0
合　计	261 554	572 657	399 023	971 680	68.2

经过近百年的开采，我国黑钨资源已近枯竭，黑钨资源的接替和黑钨矿山的二次找矿迫在眉睫。

1.3　白钨储量及利用

我国白钨储量为102.2万t，基础储量为205.8万t(占全国钨基础储量的70.4%)；资源量为207.4万t，资源储量为413.2万t。96个白钨矿区中资源储量在10万t以上的矿区有12个(见表3)。目前正在生产的白钨矿区34个，资源储量为187.4万t，占全部资源储量的45.36%。可见我国白钨资源的利用率还是较低的。我国白钨资源总的特点是大(储量大)、贫(品位低)、细(嵌布粒度细)、杂(矿物组分复杂)、难(矿物选别难)。随着黑钨资源的逐步枯竭，白钨资源的加大开发利用势在必行。

表3　十二大白钨矿区保有储量

$m(WO_3)/t$

矿区	储量	基础储量	资源量	资源储量	资源储量所占比例/%
郴州柿竹园	423 056	560 272	155 374	715 646	17.32
栾川三道庄	156 397	284 358	138 493	422 851	10.23
郴州新田岭	0	303 073	17 404	320 477	7.76
川口杨林坳	75 280	98 864	193 803	292 667	7.08
瑶岗仙白钨	0	204 446	19 610	224 056	5.42
修水香炉山	128 640	169 291	32 164	201 455	4.88
清流行洛坑	74 570	124 284	27 496	151 780	3.67
栾川南泥湖	0	0	141 820	141 820	3.43
逊克翠宏山	13 354	17 793	104 820	122 186	2.96
曲江大宝山	0	0	106 181	106 181	2.57
桂阳黄沙坪	0	0	103 000	103 000	2.49
永平天排山	0	0	102 712	102 712	2.49
合　计	871 288	1 722 381	1 142 450	2 904 831	70.30

1.4 黑白钨混合矿储量及利用

黑白钨混合矿区共有 23 个，资源储量为 22.9 万 t，基础储量 1.7 万 t，只有三个矿区在生产。黑钨矿、白钨矿及黑白钨混合矿三种钨矿储量比例参见图 2、图 3。

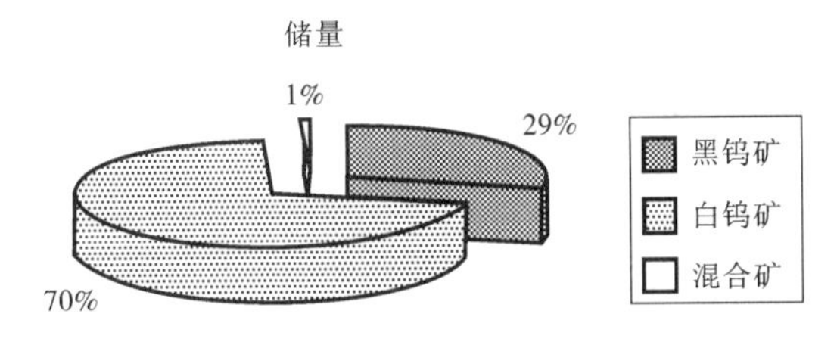

图 2 我国三种钨矿储量比例

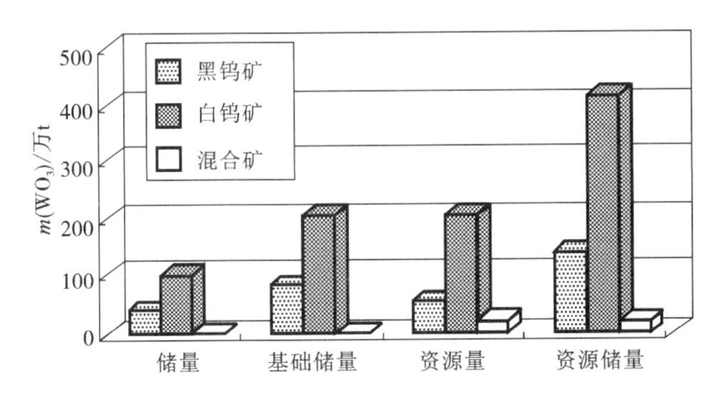

图 3 我国三种钨矿储量、基础储量、资源量、资源储量对比

1.5 钨矿山生产现状

我国目前有钨矿山企业 118 家，原属中央的统配矿山 21 家已全部下放地方，目前大部分正逐步通过关闭破产进行资产重组。其余的地方矿山，大部分通过承包、租赁、拍卖等形式转为私营或以个人资本为主的股份制企业。2003 年官方统计全国钨精矿产量为 67 326 t，但实际产量在 8 万 t 以上。2000 年中国钨业协会对全国 60 个钨矿山进行了现场调查，通过调查及研究分析表明，整体开发利用水平很低，全国钨矿企业平均采选综合回收率只有50.7%。特别是部分中、小型钨矿企业，采富弃贫、采易弃难现象特别严重，采选总回收率只有 30.8%，造成钨矿资源的极大浪费。

据美国矿务局公布的世界钨储量变化资料，1985—1994 年 9 年间世界钨金属储量减少 50 万 t，其中中国减少 18 万 t，占 36%；1994—1999 年 5 年间世界钨金属储量减少 30 万 t，其中中国减少 17 万 t，占 57%。据统计分析，近 10 年我国钨金属减少量占世界钨金属总减少量的比例已达到 80% 以上，中国钨金属储量占世界的比例已显著下降。

我国钨的生产总量过大，我国钨精矿目前实际产量超出合理的需求量，达 2 万 t/a 以上，每年消耗 10 万 t 以上的 WO_3 储量。同时，由于种种原因，钨矿地质探矿工作停滞不前甚至出现倒退，保有储量有减无增。如此继续十多年后，我国可利用的钨矿储量将面临严重危机。

2 矿山地质工作主要成就

2.1 研究成矿规律，探边、摸底、找盲

回顾矿山地质工作，在研究成矿规律、进行科学找矿方面取得了丰硕成果，例如：

（1）荡坪钨矿宝山矿区矿山地质综合研究发现，绝大部分矿体产于花岗岩与碳酸盐岩接触带的花岗岩内凹槽部位，在含矿石英脉叠加、萤石含量较多部位易形成富矿体。根据此规律进行找矿预测，取得了显著的探矿效果，矿山服务年限延长近 20 年。

（2）漂塘钨矿、梅子窝钨矿通过研究建立"五层楼"成矿模型，不仅使漂塘成为特大型黑钨矿床，而且，在南岭找到一批隐伏、半隐伏钨矿床（见图 4）。

（3）铁山垅钨矿运用细脉带型矿床成矿规律，使黄沙矿区由一个单一的小型钨矿床成为特大型的钨多金属矿床，在矿区边部找到数万吨钨储量。

（4）盘古山钨矿矿山地质人员通过对矿区构造控矿和矿床地质特征的观察分析，对矿区的深部和边部进行找矿预测，经坑道揭露，发现了盲矿 3# 脉带，取得了良好的找矿效果。

（5）西华山、黄沙、瑶岗仙等钨矿在总结出成矿花岗岩的"两次成岩、两次成矿"规律的基础上，开展花岗岩体内部找盲矿脉，找到了具工业价值的含矿石英脉，西华山钨储量因此而成倍增加。

2.2 查定伴生有益组分，发现新矿种、新类型矿床

（1）伴生有益组分的综合查定和回收：除锡、钼、铋、铜、铅锌作为伴生有益组分已被钨矿山回收外，通过矿山地质工作，许多钨矿山发现了可供回收的金、银矿物。如铁山垅钨矿芭蕉坑银的含量可达到中型矿床规模，其产值可占金属总产值的 15%。小龙钨矿和岿美山钨矿的铜精矿含金量分别达到 0.673 g/t 和 0.923 g/t。

据 1999 年调查统计，被调查钨矿的锡、钼、铋、铜、铅、锌、银等伴生有价金属矿物回收产品的产值占钨矿山企业总产值的 30.1%，其中柿竹园铋、钼的回收产值占该矿总产值的 65.4%，相当于钨精矿产值的 1.8 倍，汝城钨矿钼、铋、锡、铜、银综合回收产值也占全矿总产值的 45.5%。

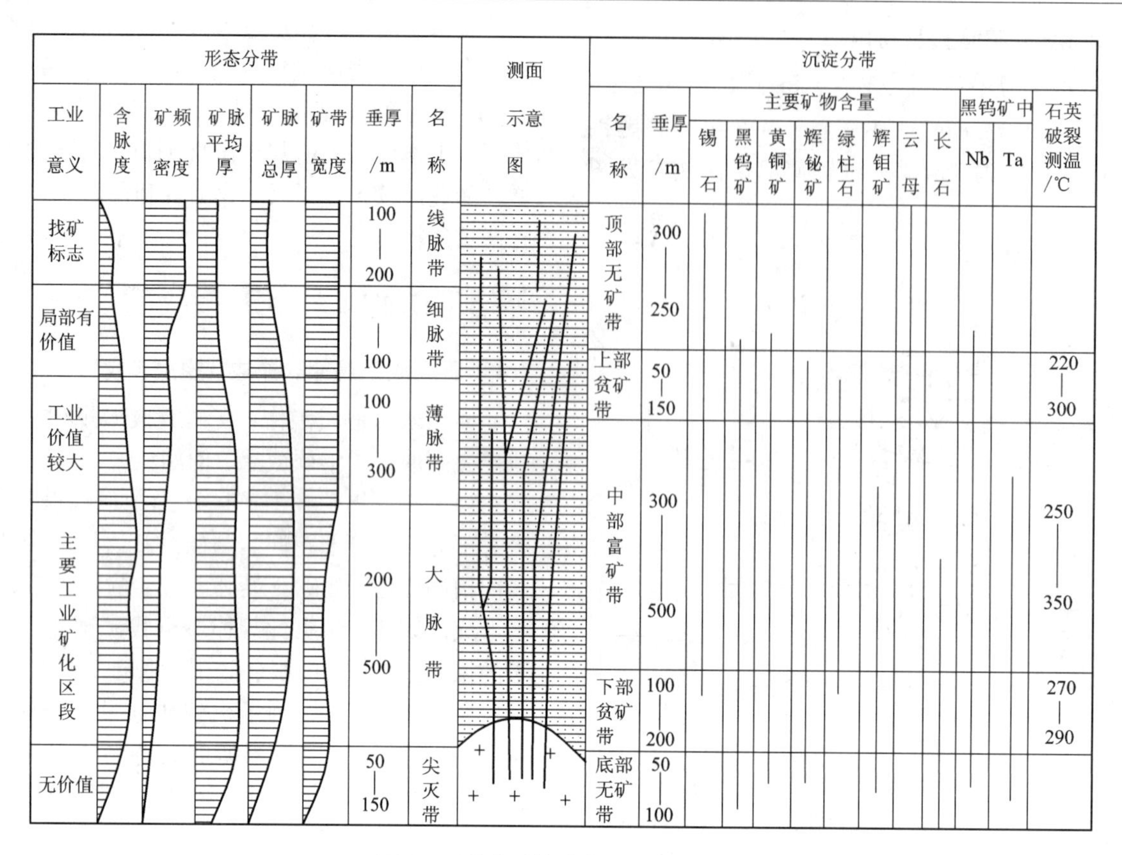

图4 石英脉型钨矿床垂直分带模式

（2）新矿种、新类型矿床的发现：继栗木锡矿床发现隐伏的花岗岩钽铌矿床之后，先后在大吉山、邓阜仙、柿竹园和葛园等钨矿床的深部找到隐伏的花岗岩钽铌矿床。又如，江西朱溪是一处铜钨共生矿床，并伴生银矿，近年发现矿区大面积出露的大理岩具有开发价值，而大理岩石材之间有卡林型金矿产出。再如，在岿美山钨矿矿脉南东延长段钨矿化带渐变为金矿体，具中型以上远景规模。钨矿山的找矿实践证明，一个成矿热液体系往往形成矿化系列，与此相关的矿床在空间上形成一个系列产出。从钨矿中心向外，出现钽铌矿体→钨矿体→钨铋矿体→铅锌银（钨）矿化→金矿化分带，即出现钨矿床之“金银镶边”（见图5）。

2.3 残矿资源的回收，二次资源的利用

（1）残矿资源的回收是充分利用矿山资源、延长矿山寿命的重要途径之一。例如大吉山钨矿和漂塘钨矿均为地下采矿，采矿方法主要是阶段矿房和浅孔留矿法，在历年的采矿过程中形成了大量的残矿，主要有三种：挂壁矿、矿柱矿（顶底柱、间柱和含脉夹墙）和存窿矿。开采利用这部分残矿，对充分回收资源，提高矿山经济效益，延长矿山服务年限，具有特别重要的意义。据不完全统计大吉山钨矿回收残矿量达300万t以上，钨金属量达万吨以上。漂塘钨矿也回收残矿量30多万t，钨锡金属量达千吨。其他各钨矿在生产经营异常困难的情况下，残矿回收对维持矿山生存均起到了重要作用。在回收残矿的同时，也有效地处理了上部中段的地压，保证了矿山安全，取得了良好的经济效益和社会效益。

（2）二次资源的利用：在保有储量逐步枯竭的情况下，废石和尾砂的利用在钨矿山逐步引起重视，许多钨矿山进一步查清废石和尾砂物质组成及赋存状态，对其利用可行性进行综合评价，研究经济实用的选别、加工工艺，为其有用组分再回收、矿物原料整体利用的工业设计提供可靠依据。应用新工艺新方法从废石中回收有用组分和矿物原料，将废石和尾砂用于制作玻璃、建筑陶瓷、轻型砖等新型建筑材料，变废为宝；同时，达到治理环境污染、提高矿山社会经济效益的目的。例如西华山钨矿尾砂中SiO_2含量达71.16%，适宜生产钙化砖，1987年建成一座年产1000万块的钙化砖厂，年消耗细粒级尾砂4万t。荡坪钨矿实验在尾砂中回收萤石，浒坑钨矿实验利用尾砂生产微晶玻璃；在兴修京九铁路期间，小龙钨矿、岿美山钨矿、下垄等钨矿加工选矿废石出售做路基等。

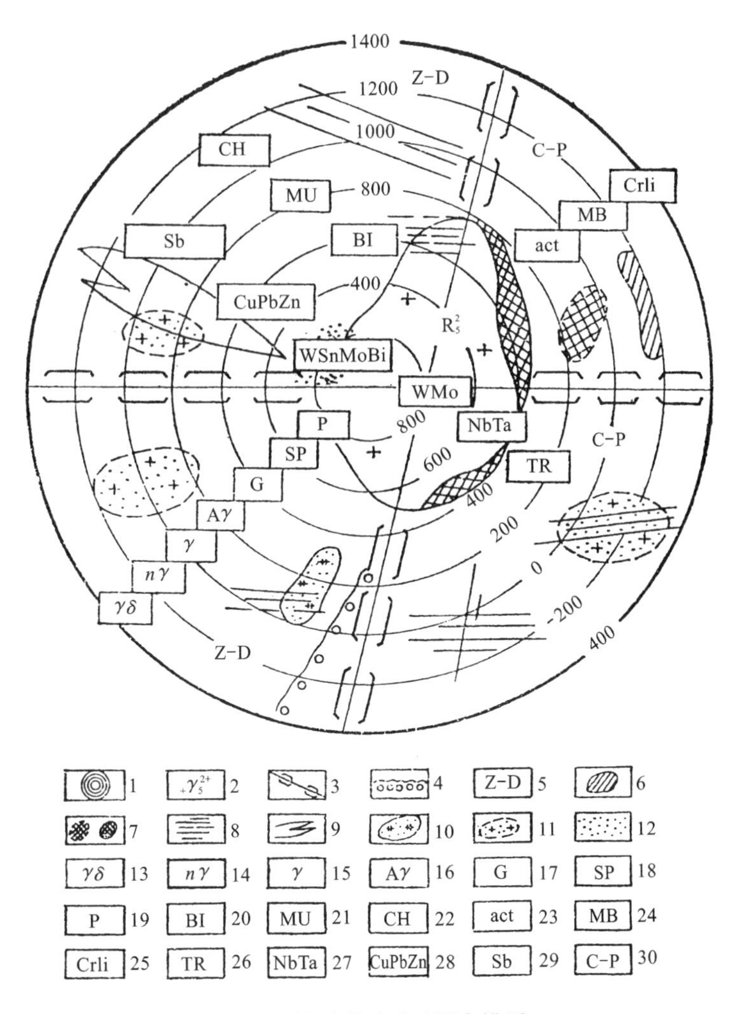

图5 钨矿成矿系列概念模型

1—等高线;2—燕山早期花岗岩;3—区域性控矿构造;4—不整合;5—下古生代浅变质碎屑岩夹碳酸盐;
6—具有标志带的脉带型钨矿床;7—单脉型表露或隐伏钨矿床;8—矽卡岩型表露或隐伏钨矿床;9—层控(状)钨矿床;
10—斑岩型钨矿床;11—隐伏云英岩型或花岗岩型钨矿床;12—砂钨矿床;13—花岗闪长岩;14—二长花岗岩;
15—花岗岩;16—钠长石花岗岩;17—云英岩;18—似伟晶岩;19—伟晶岩;20—黑云母角岩带;
21—白云母角岩化带;22—绿泥石化斑点板岩带;23—透闪石—阳起石角岩带;24—大理岩带;25—结晶灰岩带;
26—稀土矿床;27—铌钽矿床;28—多金属矿床;29—锑矿床;30—上古生代沉积碎屑夹碳酸岩

2.4 依靠选冶技术进步，白钨资源利用取得突破

(1)柿竹园多金属矿：柿竹园多金属矿床以其储量大、品种多、潜在价值高而享誉地矿界。但其地质品位低，成分复杂，颗粒嵌布不均，粒度细，致使选矿回收工艺成为公认的世界性难题。在1998年以前，柿竹园的多金属选厂，选出的精矿品位低，回收率不高，浪费了大量的资源，效益也差。据测算，每年流入尾砂中的金属与萤石的价值至少在1.5亿元以上。针对这种情况，矿山会同10余家高等院校、研究院所，经过反复实验，研究出一种新的选矿工艺——“柿竹园法”，即硫化矿等可浮新工艺和CF-GY联合法浮钨新工艺相结合的方法，使钨精矿回收率由原来的54.1%提升到现在的67.4%，钼精矿回收率由83.71%提高到86.02%，铋精矿回收率由60.32%提高到72.96%。每年可多产钨精矿1 077.44 t，钼金属15.68 t，铋金属120.4 t，年增产值和节约成本共计2 668.23万元。该项成果已获国家科技进步二等奖。

(2)栾川钼钨矿：栾川钼矿田是世界六大巨型钼矿之一，其中钼金属量206万t，平均品位0.123%，居世界第一位；伴生白钨62万t，平均品位0.124%，相当于于一个特大型白钨矿床。但由于技术原因，以前仅对钼进行了单一选别和利用，白钨没能得到回收。每年大约有近万吨白钨经采矿、破碎、磨矿、浮钼后送入尾矿库堆存，未能达到资源效益最佳化的效果。经洛钼集团与俄罗斯国家技术中心有色金属研究院的专家合作，通过工业实验，利用浮钼尾矿，采用常温浮选、精选加温的工艺流程，取得原矿含 WO_3

0.143%，精矿含 WO_3 53.566%，回收率71.82%的理想指标，某些厂家已用该类的白钨精矿代替黑钨精矿生产 APT，产品达到 APT 特级品的水平。

(3)钨冶炼离子交换工艺的重大技术进步：20 世纪 90 年代中期以来，中压或低压加添加剂碱分解白钨矿新技术，使以白钨为原料采用离子交换法生产 APT 成为现实。也使白钨矿制取 APT 的成本大幅度降低，生产环境根本改善；选择性沉淀法从钨酸铵溶液中除钼新技术克服了离子交换法不能处理含钼高的钨矿的缺点，使钨钼分离的成本大大降低，为我国高钼矿的开发应用开创了新的途径。

3 认识与体会

3.1 矿山地质工作必须跟上时代快速发展的步伐

在回顾我国钨业所取得的巨大成就时，我们绝不能忘记一代又一代矿山地质工作者。他们无私奉献，通过艰苦细致、科学严谨的工作，创造了丰硕的物质财富，留下了宝贵的精神财富。实践证明，矿业的建设和发展，一时一刻也离不开矿山地质工作。当代我国钨工业飞速发展，但钨矿矿山地质工作由于种种原因，停滞不前甚至出现倒退。钨矿矿山地质工作必须立足当前，面向未来，恢复、巩固、加强和创新，努力摆脱困境，跟上时代步伐，开创新局面，做出新贡献。

3.2 奋力保护资源是当代矿山地质工作的历史责任

钨矿资源开采中沉痛的历史教训千万不要忘记，对我国钨矿资源储量保有的现状不可盲目乐观，对钨矿开采的现状要有全面清醒的认识，对保护不可再生的战略资源的重要性要深刻地加以理解。在我国钨工业的发展中，钨矿资源真正实现有序开采难度还很大，全社会保护资源的意识还比较淡薄；滥采乱挖屡禁不止，开采总量过大，资源消耗过快、浪费严重；破坏生态、污染环境的现象时有发生。实践证明：党中央提出的以人为本，全面、协调、可持续的科学发展观是无比英明正确的，是我们党对社会主义现代化建设指导思想的新发展。贯彻科学发展观，落实“在保护中开发，在开发中保护”的方针，努力保护资源，是当代矿山地质工作的历史责任。

3.3 “资源挖潜”是当代矿山地质工作的重要任务

我国经济的快速发展与资源供应短缺的矛盾将会愈来愈突出。资源短缺对经济发展的制约，以及资源对经济发展承受能力的严重不足，成为摆在我们面前必须严肃对待的有关国家经济安全和持续发展的重大问题。实践证明，最大限度地、经济合理地回收一切可以回收的矿产资源，尽可能地延长矿山寿命，具有巨大的经济效益和社会效益。所以，“资源挖潜”成为当代矿山地质工作的一项重要任务。研究成矿规律，探边、摸底、找盲；查定伴生有益组分，发现新矿种、新类型矿床；残矿资源的回收，二次资源的利用；依靠技术进步，突破资源利用的难点。这些都是“资源挖潜”的重要内容。如果从广义上来讲，当然还包括信息资源、人力资源的挖潜等。

参考文献

[1] 祝修盛. 我国钨资源与钨工业[J]. 中国钨业，2003(5)：24~27

[2] 谭运金. 加强矿山地质工作，为振兴钨业作贡献[J]. 中国钨业，2002(3)：11

[3] 高德福，孔昭庆等. 矿山地质制图[M]. 北京：冶金工业出版社，1986

[4] 韦星林. 钨矿新一轮地质勘查之管见[J]. 中国钨业，2000(5)：24

[5] 林海清. 合理开发利用钨资源，促进钨业可持续发展[J]. 中国钨业，2000(6)：29

[6] 刘学军. 我国钨矿资源开发利用现状及对策[J]. 中国钨业，2003(2)：16

[7] 宋永国. 漂塘矿区残矿回采技术探讨[J]. 中国钨业，2003(4)：21

[8] 柿竹园有色金属有限责任公司. 加强技术创新，促进企业发展[J]. 中国钨业，2001(5~6)：26

[9] 张燕红. 栾川钼矿白钨综合回收产业化前景[J]. 中国钨业，2002(3)：27

[10] 易先奎，韩静. 江西尾矿资源利用现状及对策[J]. 中国钨业，2003(4)：6

[11] 万林生等. 我国钨冶炼离子交换工艺技术发展与工艺评价[J]. 中国钨业，2003(6)：29

[12] 孔昭庆. 钨矿矿山地质与钨矿业可持续发展[C]. 中国矿山地质与西部矿山资源开发研讨会论文专集[A]. 有色金属工业，2002(6)：42

展望我国社会主义市场经济体制下矿山地质工作的任务

李万亨[1] 潘 才[2]

（1. 中国地质大学，北京，100083；2. 承钢集团公司，河北承德，067000）

摘 要：本文主要介绍了我国矿山经济的转变过程，并且展望了我国在社会主义市场经济体制下地质工作的任务。

关键词：地质工作；矿山经济；采矿权

1 传统矿山地质工作的任务

所谓传统矿山地质工作是泛指在计划经济时期的矿山地质工作，是指矿床经过地质勘查之后，从矿山基本建设、矿山生产直到开采结束，所进行的全部地质工作。它的基本任务可概括为：

（1）进行生产勘探和生产地质工作，提高矿体的控制和研究程度，为矿区开采设计、采掘（剥）计划及时提供地质资料。

（2）开采矿区深部、边部或外围的地质勘查工作，以扩大矿区远景，增加储量，延长矿山企业生产年限或扩大生产能力。

（3）开展专门性地质工作，如有关矿山水文或工程地质工作、矿山环境地质工作、成矿地质构造研究等，为保障矿山正常生产和长远发展积累可靠的实际资料。

（4）根据国家有关部门颁发的方针政策、技术规程，为了促进矿山采掘工作的正常进行和矿产资源的合理开发利用，要进行矿产储量计算和矿石贫化损失统计等矿山地质管理工作。

在实行计划经济体制时期，国家通过统一的国民经济计划，由各有关工业部门负责组织实施和管理国有经济成分的矿山企业及矿产资源的开采活动。此时总是把矿山地质工作看作是依附于国有矿山企业，为矿山企业服务的地质技术工作。

2 我国矿山经济体制转变过程（1982—1998）的回顾

我国从计划经济体制向社会主义市场经济体制转变，大致经历了以下过程：

在1982年以前计划经济时期，国家对矿业的管理是以国民经济计划手段为主，由各工业生产部门分别负责进行产业管理。这种管理方式的缺点是主要考虑各部门本身的经济利益，难以合理配置国家的矿产资源。为了合理解决矿产资源统一管理问题，国家于1982年5月经第五届全国人大常委会第23次会议决定将地质部改为地质矿产部，统一管理全国矿产资源储量，并且增加了对矿产资源合理开发利用进行监督的职能。

1986年3月16日第六届全国人大常委会第15次会议通过了新中国第一部《矿产资源法》，随后国务院又相继发布了一系列有关行政法规。这标志着我国矿产资源走上了法制化轨道，确立了矿产资源的综合统一管理，矿产资源合理开发利用的监督管理，以及地质环境的监测评价和监督管理等制度。

1994年国务院决定对采矿权人征收矿产资源补偿费，从而结束了我国无偿开采矿产资源的历史。

为了促进矿业秩序的治理整顿，1995年国务院下发了《关于整理矿业秩序，维护国家对矿产资源所有权的通知》后，在全国范围内开展了大规模的矿业秩序治理整顿工作，取得了显著成效。但是由于导致矿业秩序问题的深层次的问题尚未完全消除，巩固和维护正常的矿业秩序的任务，仍然相当艰巨。

1996年8月29日第八届全国人大常委会第21次会议通过并公布了修改后的《矿产资源法》，紧接着于1998年2月国务院又相继发布了有关三个配套法规，从而建立了采矿权有偿取得和依法转让的法律制度。这对维护国家矿产资源的所有权，促进矿业的持续、快速、健康发展，发挥矿业对国民经济可持续发展的支持作用，产生了深远影响。

1998年国务院根据九届全国人大一次会议关于国务院机构改革方案，在原地质矿产部，国家土地管理局，国家海洋局，国家测绘局的基础上组建了国土资源部。与此同时矿业体制发生了重大改革，初步实现了政企分开，政府不再直接组织或干预矿业企业的生产经营活动。煤炭、冶金、有色、化工等矿业企业大部分实现属地化。按照建立社会主义市场经济体制要求，国家通过政策引导和扶持，鼓励社会投资，开展适应市场需要的商业性地质勘查工作，原来各工业部门所属的地质勘探队伍实施了属地化，进行企业化改革。

综上所述，中华人民共和国成立50多年来，特别是改革开放20多年来，我国矿业经济体制改革取得了令人瞩目的成绩。主要表现在矿产资源管理体制，从各工业部门的多头管理转向集中统一管理；从政企合一转为政企分开：矿产资源的开采权从无偿取得到有偿取得，其开采使用权从无偿开采转变为有偿开采；矿产资源的管理方式，从以行政手段为主，逐步转变为以法律、经济、行政手段并用等等。总之，矿产资源开发利用和环境保护监督管理工作逐步走上了规范化、制度化道路。

影响矿山地质工作任务最直接，最深刻的因素是矿业经济体制的改革，在我国从计划经济体制转变为社会主义市场经济体制的过程中，传统的矿山地质工作任务，难以满足新形势下的要求，势必要进行调整和补充。

3 今后亟待开展和加强的若干矿山地质工作任务

矿山地质工作是以矿产资源合理开发利用和地质环境保护为最终目标，根据国家有关法律、法规和经济技术政策，在企业赋予的职责范围内进行监督管理工作，为矿山企业生产经营和满足国民经济可持续发展做出贡献。

（1）采矿权是生产矿山监督管理的核心问题。

采矿权是指依法取得的采矿许可证规定的范围和期限内，开采矿产资源和获得所开采的矿产品的权利，包括矿山建设权、矿产资源开采权和矿产品生产经营权等。取得采矿许可证的单位和个人称为采矿权人。

采矿权申请人申请的采矿项目一旦获得国家的批准，取得采矿权后即成为采矿权人，采矿权人在享有法律规定的矿产资源开采权利并得到经济利益的同时，应承担相应的法律义务。

我国宪法和矿法明确规定矿产资源属国家所有，国家通过法定的程序，授予符合特定资格和条件的法人或公民（即采矿权人）具体实施矿产资源开采活动，使矿产资源所有权与采矿权相分离。

国家凭借对采矿权人征收矿产资源补偿费实现矿产资源所有权的经济效益；这是因为采矿人开采了矿产资源以后，这部分矿产资源的价值就转移到矿产品中去了，所以采矿权人要对矿产资源所有权人进行补偿，以实现矿产资源的保值。但是，它与矿产资源税不同，矿产资源税是国家凭借其管理者的身份，向使用者取得的超额利润所征收的一种税赋，它体现的是国家对矿产资源进行管理的行政权益。因此，它们之间的关系一定要搞清楚。

采矿权市场运行机制的核心是在不同持有者之间按照市场经济规律进行流转，从而达到优化配置资源的目的。国家投资形成矿产地采矿权属一级市场，由国家垄断，多采用行政授予、协议、委托、拍卖等形式出让。二级市场是在转让人和受让人之间通过出售、作价出资、股权转让、出租抵押、继承等方式转让。

作为矿山地质工作者，我们应当认真学习国家有关采矿权的法规和方针政策才能推进矿业市场发展，更好地完成自己担负的职责和任务。

（2）加强矿产资源合理开发利用和地质环境保护的监督管理工作。

矿山地质人员，以矿产资源使用者的身份，对矿产资源合理开发利用活动和地质环境保护进行监督管理，目的是保证有关法律法规在矿业活动中得到遵守，最大限度地发挥矿产资源的潜在价值，维护企业法人依法办矿，保护企业实现合法经营的最大经济效益。

矿山日常生产监督管理的主要内容包括：

① 依法缴纳税费；

② 保障矿山安全与职工身体健康；

③ 在采矿权赋予的权利范围内，按批准的采矿方案进行矿业活动，以保证矿产资源得到科学合理的开发利用；

④ 执行经批准的矿地复垦计划；

⑤ 进行矿产储量登记、统计与动态分析，如论证工业指标制定的合理性等；

⑥ 确定矿床规模，划分不同级别储量分布，满足不同用户的要求；

⑦ 根据宪法、矿法、水法、环境保护法等法律法规，防止、控制和减轻地质环境对人类生存、生产和生活的危害和破坏，实现既能促进经济发展满足人类需要、又不超出地质环境允许的极限目标。

除去以上与矿山日常生产有关的内容外，还要负责监督企业法人，贯彻执行国家矿政管理机关运用法律和税收、金融、信贷、价格等经济手段进行的宏观调控政策。如实施全球矿产资源供应体系战略、可持续发展战略、合理开发利用与矿山生态环境保护规划、战略性矿产储备政策、矿产品进出口政策、矿山生态环境政策、矿产资源保护政策等。

地质环境调查评估与监测。综合运用多种技术手段和方法，查明地质灾害可能发生的地点、影响范围、产生的原因，评估地质灾害可能产生的危害和损失程度，为发布地质灾害预警、预报信息、组织开展地质灾害防治工作提供依据。监测生产矿山可能产生的缓变形地质灾害，及对邻近地区生态环境的不利影响。为合理开采地下水资源，防治缓变形地质灾害、保护生态环境提供科学依据。监测崩塌、泥石流、滑坡等突变形地质灾害，为地质灾害预警、预报和防治提供科学依据等。

(3) 处理好国家宏观经济调控手段与企业经济效益的关系。

综合运用各种宏观经济调控手段，不但可以调控资源利用总量，优化资源利用布局和结构，促进资源利用方式，不断提高合理利用矿产资源的水平；而且可以改善矿业投资环境，培育和规范矿业生产要素市场，促进矿业竞争力的提高。

矿山地质工作是根据国家有关法律法规和经济技术政策，以合理开发利用矿产资源和保护矿山地质环境为目标所进行的工作。由于矿产资源的特殊性和社会经济发展形势和水平的不同，矿山企业只追求微观的企业最大限度的利润是不够的，还要关注国民收入变动、经济周期波动、通货膨胀、劳动就业等宏观经济调控因素，处理好两者关系，标本兼治，才能适应社会主义市场经济形势的健康发展。

譬如，我国自2002年年底以来，由于食品和能源价格连续上涨，导致通货膨胀，经济运行当中的过热问题，已经引起经济监控部门、企业家和有关专家及全世界的关注。造成能源消费迅速增长的原因是多方面的，城市化进度的加快，汽车、住房和公共设施消费等都开始进入终端消费，除此以外，固定资产投资规模过大，也是重要原因之一。据统计，2003年12月份，固定资产投资增长率为26.3%，而2004年第一季度却猛增到43%（其中耗能大的第二产业固定资产投资增长了70%，第一产业仅增长了4%）。固定资产投资规模过大，不仅将会引发货币与信贷发行规模加大、金融风险增加，而且还会导致电、煤炭、石油能源及运输全面紧张，以及上游原材料价格全面上涨。如第二产业中的钢铁行业，从2002年4月正始，产量一直上升，到2003年9月钢铁预警指数已闯入“红灯区”（即警戒线）。由此可见，固定资产投资过热发展过快已经干扰了我国经济的发展。为了抑制经济运行中投资过热问题，国家及时出台了宏观经济调控手段，硬性限制钢铁年产量不得超过2.1亿t，到2020年以前第二产业固定资产增长速度，都应保持在48%以下。作为矿山地质工作者应从大局出发，全面理解和执行国家宏观经济调控政策，处理好与企业经济效益的关系，只有这样才能做好本职工作。

(4) 开展乡镇集体矿山企业和个体采矿的矿山地质工作

改革开放以来，乡镇集体矿山企业（通称为小型矿山）和个体采矿（统称为小矿）等非国有经济成分矿业蓬勃发展，为我国矿业经济注入了新的活力。据2001年统计资料（不包括石油和天然气）：小型矿山和小矿总数至1994年达到最高峰，约28万多个，随后经治理整顿逐年减少，至1998年回落到18.5万个，2001年继续下降到14.6万个；2001年矿石年总产量约为32亿t，大约是国有矿山的两倍多；2001年矿石年总产值约2 229.84亿元，占全部矿山的48.5%；2001年从业人数为425万人，占全部矿山的54.2%。由此可见，小型矿山和小矿在我国矿业经济发展中占有重要的地位和作用。

我国小型矿山和小矿是在一定历史背景条件下出现的，在“有水快流”方针的误导下，一哄而上，每年以上万数目增加，低水平无序发展，造成采矿点多、分散、粗放。生产规模小，设备简陋，开采方法落后，劳动效率极低；多数矿山产权不清，多采用家族式的经营管理方式，或形成层层甩手承包、转包、出租。从业人员多数是农工文盲或半文盲，或雇用外流的临时工，技术人员奇缺，管理力量薄弱，短期行为严重，在执法不严的情况下，只顾眼前利益，对国家的矿产资源往往是掠夺式乱采滥挖，致使资源遭到严重破坏。针对以上问题，国家经过多年治理整顿，采矿秩序虽有明显好转，但距离依法办矿、科学采矿、安全生产和市场经济法制要求还有很大差距。

1987年4月29日国务院发布的《矿产资源监督管理暂行办法》中第六条明确规定“矿山企业的地质测量机构是本企业矿产资源开发利用与保护工作的监督管理机构”并进一步明确了其四项职责。国家虽有以上明文规定，但实际情况姑且不论个体采矿（小矿），即使乡镇集体矿山企业有地质测量机构的恐怕也是凤毛麟角，既然没有地质测量机构，矿山地质监督管理工作根本无从谈起。

为了适应社会主义市场经济法制以及加强矿产资源开发利用和保护工作的监督管理，对开展各乡镇集体矿山和个体采矿的矿山地质工作，提出以下建议：

① 按照矿产资源有关法律法规要求，可通过换证等工作在促进乡镇集体矿山企业通过联合、兼并等形式，进行改革、改组、改造、推进集约化经营的基

础上，对有条件的矿山企业可单独设置地质测量机构，或在其他职能部门中有专人负责矿山地质工作，以提高资源利用水平和企业经济效益。

② 建议成立“矿山地质咨询公司”，对于无条件设置地质测量机构或专门人员的乡镇集体矿山企业或个体采矿者，可以采取合同方式或定期、不定期聘请矿山地质咨询公司为其解决有关矿产资源合理开发利用和地质环境保护等问题。成立“矿山地质咨询公司”的资质条件，应由国家采矿登记管理机关审查批准。

③ 从长远考虑，建议在高等院校和中等技术学校中设置矿山地质专业，培养适应社会主义市场经济体制需要的矿山地质人才。

参考文献（略）

中国矿产资源法规与矿业发展

曹树培
（国土资源部咨询研究中心，北京，100037）

摘　要：本文首先回顾了新中国矿产资源法制建设的历史，接着提出了矿产资源立法既要遵循客观自然规律，也要遵循社会经济发展规律的观点，并详细分析了其必要性和合理性，最后，通过对福建、江西的三个矿业企业的考察，呼吁各矿业企业加快矿产资源勘查开采的改革开放步伐，促进我国矿业经济健康持续发展。

关键词：矿产资源；法律规定；法律制度

21 世纪头 20 年，是我国全面建设小康社会的发展机遇期。我国经济社会将持续高速发展，对矿物能源和原材料的需求将持续增长，矿产资源的保障问题引起国家领导人的高度重视，各方面的专家也十分关注。为了发展矿业，加强矿产资源的勘查、开发利用和保护工作，保障社会主义现代化建设的当前和长远的需要，适时建立健全矿产资源法制是一项紧迫的重要工作。

1　新中国矿产资源立法的简要回顾

用历史发展的观点回顾新中国矿产资源法制建设的历史，可见其是随着我国经济体制改革和管理体制改革的发展而不断完善的。“文化大革命”以前，我国是依靠行政的、计划的手段管理矿产资源的勘查和开发。党的十一届三中全会确定把工作重点转移到社会主义现代化建设上来的战略决策，经济建设全面恢复和迅速发展带动了矿产资源勘查、开发工作的发展，并按要求走上法制化轨道。矿产资源法的起草工作从 1979 年开始，总结了我国矿产资源勘查、开采的实践，借鉴国外的经验，曾意图作出较广泛的规定。但是，鉴于当时我国的经济体制是计划经济模式，同时管理体制分散，法制意识滞后，国家对矿产资源立法进程的要求达不到上述设想，主要规定了矿产资源勘查、开采两个环节的权属管理制度，只对一些必要的法律制度作了原则规定，还带有较多的计划管理和行政管理的色彩。1986 年公布的第一部《矿产资源法》，标志着我国矿产资源勘查、开采工作进入了有法可依的新阶段。1987 年以后，国务院相继发布了矿产资源勘查登记、采矿登记、监督管理暂行办法和地质资料汇交管理办法等行政法规；地质矿产部等部门制定了若干部门规章，各省（区、市）人大常委会或人民政府制定了地方法规或地方规章；1994 年，国务院相继发布了《矿产资源补偿费征收管理规定》和《矿产资源法实施细则》。至此，初步形成了矿产资源法规体系，《矿产资源法》规定的主要法律制度开始全面实施。

随着我国经济体制改革的不断深入，社会主义市场经济体制逐步建立，矿产资源勘查、开采过程中遇到了许多新情况和新问题，矿业投资主体多元化，探矿权、采矿权转让的行为累累出现，勘查、开采秩序仍未得到根本好转。针对这些情况，1996 年全国人大常委会对《矿产资源法》作了部分修改，进一步明确矿产资源国家所有权的管理，主要建立了探矿权、采矿权有偿取得和依法转让的法律制度，增加了强化执法力度的条款。国务院及时修改制定了配套法规，《矿产资源勘查区块登记管理办法》、《矿产资源开采登记管理办法》、《探矿权、采矿权转让管理办法》及《地质资料管理条例》。7 年多的实践，表明《矿产资源法》一方面适应了社会主义市场经济体制，改革了探矿权、采矿权管理制度，促进了矿业的改革和发展，同时在治理整顿矿业秩序上取得了成效；另一方面，在我国提出全面建设小康社会和经济持续发展目标，我国加入世贸组织，面临经济全球化、资源全球配置的新形势下，反映出现行矿产资源法律许多方面不适应经济社会发展和改革开放的需要，有的规定仍带有计划经济的痕迹；一些重要法律制度未作规定，有些规定过于原则缺乏可操作性，有些规则与国际通行规则不衔接。因此，全面修改《矿产资源法》十分必要和紧迫，已经列入国土资源部工作议事日程。

2　矿产资源立法既要遵循客观自然规律，也要遵循社会经济发展规律

党的十六大以来，中央提出了树立以人为本，全面、协调、可持续的科学发展观，确定了 2020 年全面建设小康社会的宏伟目标，对矿产资源的保障能力提

出了更高的要求。这就要求矿产资源法的修改要更好地把握规律，确保制度规范的科学性、合理性和可操作性，更好地遵循自然规律和经济社会发展规律。

早在1979年10月，当时参与起草《矿产资源法》的张炳熹院士在《关于起草<矿产资源法>若干问题的意见》一文中写道“由于矿产资源在自然界和人类社会中所具有的特殊情况和地位，为了快速而又稳妥，照顾到人民的长远和当前利益而制定的《矿产资源法》，内容应较为广泛。它应能以矿产资源存在的客观自然规律和社会主义客观经济规律为基础，包括地质、勘探、矿山建设、矿山开采、选冶、资源保护、环境保护（及复原）等方面；矿产品的运、销，以及引进外资开发、出口等方面的政策问题也将不可避免地有所涉及。除了以上各个工作环节中所必须遵守的法制规定外，在我国社会主义制度下，为了加强法制，明确职责，也还应对各工作环节的主要分工部门的职责范围，必要的监察部门的设立，以及与地方各级政府的关系等，都应有所规定。”（张炳熹院士文选第4页15～22行）

对照中央提出的发展目标、科学发展观和张炳熹院士的意见，现行《矿产资源法》的修改工作，主要应研究以下几方面问题。

（1）必须把可持续发展的科学发展观作为立法的指导思想。党的十六大把可持续发展能力的不断增强、生态环境得到改善、资源利用效率显著提高、促进人和自然的和谐作为全面建设小康社会的发展目标之一。党的十六届三中全会进一步提出了树立以人为本，全面协调和可持续的发展观。中央的这一战略思想，对矿产资源保护和合理开发利用具有重要的意义。矿产资源如何保障经济社会的可持续发展；矿产资源勘查、开采活动必然对生态环境和其他自然资源产生负面影响，如何加强矿山生态环境保护；如何在矿产资源勘查、开采和加工利用过程中，贯彻在保护中开发、在开发中保护的基本方针，提高资源的综合回收利用率；如何鼓励矿山企业在开采已探明矿产资源的同时，寻找新的资源后备基地，特别是资源危机矿山在矿区深部和周边探寻新的资源，或者加强科学研究，提高资源综合回收利用水平，延长矿山寿命；如何在矿产资源勘查、开发利用的各个环节保护矿产资源、节约利用资源，使其发挥最大的经济效益、社会效益和资源效益、生态环境效益等，这些要贯彻到修改矿产资源法的全过程中。要发挥公民、法人和其他组织的积极性、主动性和创造性，为促进经济社会和生态环境的协调发展提供法律保障。

（2）对矿产资源保护和勘查开发利用进行宏观调控应有明确的法律规定。矿产资源勘查开发利用对于整个国民经济来说具有战略地位，甚至涉及国家经济安全，它应具有前瞻性和长周期效应，要处理好当前利益与长远利益，局部利益与整体利益、不同地区利益、开发国内资源与国外资源等利益关系。法律要明确矿产资源开发利用的战略思想和方针。矿产资源规划管理是宏观调控的重要手段。但是，现行法律中只有一条反映统一规划的方针原则，缺乏规划应有的法律地位和内涵，应规定规划的编制、审批、实施和监督管理等内容。

（3）健全对各类矿产资源实行分类分级管理的法律制度。现行矿产资源法对全部矿产资源基本采用统一的管理模式，实行统一的勘查登记、采矿登记制度，招标拍卖挂牌出让制度、资源补偿费征收制度等，这是我国矿产资源管理效力不够的重要原因之一。石油、天然气及其他重要战略资源、一般金属与非金属矿产资源和普通建筑材料用砂、石、黏土等不同类型的矿产资源，其赋存特点不同，勘查、开采的难易程度和要求不同，各类矿产品在国民经济中利用的价值和需求数量不同，相应地对其管理的法律制度和管理方式也有差异。对矿产资源实行分类分级管理，才符合矿产资源的自然规律和经济规律。世界上大多数矿业大国的矿产资源法或矿业法都是将矿产资源进行分类并分别规定管理制度。因此，应吸取国际上通行的做法，实行矿产资源分类，对其管理制度和管理方法分别作出规定。这是修改矿产资源法首要研究的课题。

（4）对矿产资源产权制度，探矿权、采矿权有偿出让和依法转让制度应做深入研究并作出明确的法律规定。如保护矿产资源所有权，探矿权、采矿权出让和转让的形式、内涵、条件、运作程序，政府和行政管理机关的权利和义务，探矿权人、采矿权人的权利和义务及如何保护其合法权益，探矿权、采矿权出让收益的合理处置等问题都是研究的重要内容。

（5）在市场经济条件下，对公益性地质调查、商业性矿产勘查，矿产资源储量管理，地质资料管理，吸引外商投资勘查、开采矿产资源和到国外去进行矿产资源勘查开采所遵循的原则、国家的鼓励政策等方面的内容都要研究并作出规定。

（6）理顺税、费关系。应总结矿产资源法实施以来国家对矿产资源勘查、开发征收税费的情况和问题，借鉴国际上的通行作法，合理调整、确定税费种类和征收办法。矿产资源补偿费的征收既要保证国家对矿产资源所有权的经济收益，也要根据矿产资源的赋存特点，开采的难易程度，合理调整费率。

（7）现行法律第五章“集体矿山企业和个体采矿”应改为“小矿山开采”。我国存在大量小矿山，这是客观现实。对小矿山合理开发利用，有利于充分利用矿产资源，促进地区经济发展等。应加强规划，规定鼓励、允许和禁止开发的矿种和范围，处理好总量调控与结构调整的关系，规定矿山企业的准许条件、最小开采规模、生态环境保护标准和承诺，安全生产条件等。应给予小矿山的投资者和申请人平等的法律权利，对依法取得合法采矿权的采矿权人给予平等的法律地位，并保护其合法的采矿权。政府应搞好服务，引导其健康发展，并规范中介机构的行为。

（8）加强矿山生态环境保护与治理的法律规定。这是合理开发利用资源，治理整顿矿业秩序和保护生态环境的重要措施，是促进经济社会可持续发展的重要内容。要与环境影响评价法相衔接，规定矿山环境保护与防治的方针，矿山环境影响评价制度，矿山环境恢复治理保证金制度，矿山环境准入条件和矿山环境监测、监督管理制度等。

（9）理顺管理体制，处理好资源统一管理与协同管理的关系，应按照行政许可法规定的原则，规定主管部门与相关资源管理部门、协同管理部门的职责和管理程序，各负其责。要明确各级政府及其主管部门在矿产资源管理方面的事权关系，职责范围，尤其是市、县级管理机构应保证其与执法任务相适应的管理能力，包括监察管理机构和职责。

（10）完善法律责任的规定，强化执法力度。

3 加快改革开放步伐，促进矿业经济发展

国民经济的快速发展，反映了矿物能源和原材料供应的紧缺，也刺激了矿产资源勘查、开发工作的发展。近年来，各地的矿业投资增加，勘查登记项目增多，采矿升温。地勘单位属地化管理后，积极探索矿产资源勘查、开发的新体制和新机制，国有大中型矿山企业逐步进行重组、改制，组建集团公司、股份制公司，把企业做强做大。在市场经济条件下，也涌现了一批有生机的集团公司和民营矿山企业；他们打破了一企一矿的格局，实现了投资多元化。他们以人为本，依靠科技，合理利用 资源，取得明显效益；他们在法律允许的范围内运作矿业权，增加勘查投资，扩大资源储量，发展深加工，提高资源利用率，增强了企业的经济实力和后劲。2004 年 5—6 月间，我们考察了福建、江西的三个矿业企业，深受启发。现简要介绍如下：

（1）福建紫金矿业股份有限公司。公司前身为上杭县国有矿产公司，1994 年更名为福建省闽西紫金矿业集团有限公司，1998 年改制为有限责任公司，2000 年 9 月经省人民政府批准由 8 个法人组成股份有限公司，2003 年 12 月在香港 H 股成功上市，被誉为当年香港股市最受欢迎和最具有投资价值的股票之一。

紫金山金矿，原提交地质储量 5.45 t，平均品位 4.24 g/t。公司通过技术创新和管理创新，运用先进的成矿地质理论和经济地质理论，自筹资金投入打了 3 万余米坑道，进行大规模生产补充勘探，2001 年 7 月，国土资源部确认探明储量 138.13 t，平均品位 1.20 g/t。按企业目前技术经济水平，0.2 g/t 以上的资源可以利用，则该矿可利用的储量达 200 t，极大地提高了资源利用效率，使原认为品位低，开发价值不大的中小型金矿，一跃成为国际级超大型金矿。1993 年至 2003 年，公司累计生产金 32.89 t，2003 年产金 10.754 t，在全球黄金企业中排名第 25 位。

该公司取得好的经济效益后，资金日渐雄厚，除在本矿区深部加快铜矿开发步伐，申请在矿区外围找矿外，他们还在法律规定的范围内，采用 7 种形式运作矿业权，并获得控股权。7 种形式是：一次买断探矿权、收购企业股份、企业兼并、合作勘探和开发、竞标探矿权、自行申请勘查区块登记和合作风险勘查等。公司至今在安徽、四川、吉林、新疆、贵州、青海等省区已获得 1000 多平方公里的探矿权、采矿权，控制矿产储量金 300 t，铜 300 万 t，有的矿区开发后已取得明显经济效益。2004 年，公司投资 5 000 万元用于矿产勘查，为企业发展增强后劲。

公司坚持科技创新，在岗人员 1 134 人中，专业技术人员占 70% 以上。2001 年经国家人事部批准成立中国黄金行业首家博士后工作站，现进站博士 7 人，成立了紫金矿冶设计研究院，自行研制成功化学预氧化技术处理难选冶金矿，已在贵州贞丰水银硐金矿进行工业化生产，取得好的效益，专家们评述这是金矿开发的一次革命。

公司环保目标是建成全国模范环保矿山，到 2003 年累计投入 9 000 余万元用于矿区环保设施建设。2004 年 3 月已通过国家旅游局组织的“国家级工业旅游示范点”现场验收。

公司的发展目标是实现“以人为本”的经营管理理念，“企业、员工、社会协调发展”的价值观，把紫金矿业建设成为高技术效益型的国际著名矿业集团。

（2）江西崇义章源钨制品有限公司。公司是在原县办国有三矿一厂基础上改制的集团性民营企业。公司以“利用资源、依靠科技、以人为本、诚信至上”的经营理念，积极应对市场、调整战略、整合资源，进

行了钨的深加工技术改造，利用国内外先进的工艺技术与装备，新建了粉末厂、硬质合金厂和钨材厂，同时还建立了与之相配套的高水平分析检测系统和高精度的模具生产线，延长了钨的产业链，实现了由资源型企业向深加工型企业的快速转变，现已成为国内集钨的采矿、选矿、冶炼、制粉、硬质合金和钨材生产及深加工、贸易为一体的，并拥有自营进出口权，规模较大的民营企业，实现了将资源优势转化为产业优势进而取得效益优势的战略目标。

该公司开采矿种以钨为主，此外还有钼、锡、铜等；拥有三个矿区的采矿权，均是通过政府拍卖中标合法取得的，包括崇义县淘锡坑钨矿、新安子钨矿、大余县石雷钨矿。公司为了充分利用资源，采取三条措施保证资源供应。一是实行保护性开采，重视矿山“三率”管理，目前，开采回采率平均为89.2%，采矿贫化率平均为10.2%，选矿回收率平均为84.4%。二是开展矿区生产勘探。公司认为要降低采矿风险，必须增加勘探投入，才能把企业做强做大。3年来自筹资金678万元进行矿区深部和外围勘查，仅淘锡坑钨矿聘请赣南地调大队探矿，已新增钨矿储量4万t，使该矿延长服务年限20年。三是合理开发，有效利用资源，严格控制开采总量，发展矿产品深加工，提高资源利用率。

公司依靠科技创新，建设深度加工钨制品产业基地；大力引进科技人才和国内外先进技术设备，走产、学、研相结合的路子，形成了自己独具特色的新工艺、新产品研发模式，研制了一系列在国内外市场上具有竞争力的深加工系列产品。自2002年以来，年销售收入超亿元，产品远销美、日、欧、东南亚和中东等地，享有盛誉。原来销售初级产品仲钨酸铵获4万元/t，现在销售硬质合金达130余万元/t，深加工、高技术含量、高附加值的产品占公司销售总量的90%，实现了资源效益的优化。

（3）福建天宝股份有限公司。该公司原经营房地产，积累了大量资金后投资矿产开发，目前已拥有2个子公司、2个分公司、1个参股公司，是具有一定规模的民营矿业开发公司。该公司在福建已有3个采矿权，古田县西朝钼矿、三宝（东煌）钼矿均为小型矿床；漳平马坑铁矿是大型矿床，投资参股开发；武夷山市一个钼矿、顺昌一个铅锌矿正在详查。另外，对四川一个中型铅锌矿、辽宁的钼矿和金矿正在寻找新的矿业权，经营范围不断扩大。其中，西朝钼矿，1974年区调时发现异常，以后普查工作几进几出。2000年，公司投资100多万元委托宁德四队普查，2002年投资500多万元，委托龙岩八队详查，打钻孔3个，以50 m×50 m间距打平硐3000 m，探明资源储量60多万t，可采储量37万t，钼品位0.61%，2003年提交详查报告，获得0.96 km^2 采矿权。设计年产矿石6万t，服务年限6年；建矿投资300万元，1年半建成，生产钼精矿，年产值1 000万元，两年半可收回成本。公司正对采矿区外围12 km^2 进行勘查。公司拟用利润的50%投入新的勘查工作，扩大新的资源。公司现有中、高级职称的技术人员44人，是从全国招聘来的；同时与省地勘局、地调院等单位密切合作，不断取得新成果。地勘单位已有的地质资料成果按50%转让给公司，新的勘查工作各投入50%，利益按50%分成。

总之，加快矿产资源法修改完善的步伐，建立适应市场经济的矿产资源法律体系；改革政府管理方式，依法行政，提高服务管理水平；加快矿产资源勘查开采的改革开放步伐，我国的矿业经济必将健康持续发展，为我国现代化建设提供更多的资源保障。

参考文献（略）

中国有色金属矿山增长矿量的途径

郑之英 娄富昌
（原中国有色金属工业总公司，北京，100814）

摘 要：介绍了发展矿山地质的必要性，重点介绍了有色金属矿业发展情况及发展途径，简单地介绍了有色金属矿山在增产方面所必备的条件。

关键词：矿山地质；有色金属矿业

1 加强矿山地质工作是一项长期的战略任务

矿业是国民经济的支柱产业，矿产资源是开发矿业的基础和保证。在我国全面建设小康社会和现代化国家的进程中，矿产资源后备的严重不足已经成为令人关注的瓶颈问题。去年我国首次发表的《中国的矿产资源政策》白皮书中，明确提出了中国将主要依靠开发本国的矿产资源来保障现代化建设的需要。这就是说我国还要长期走开发矿业发展国民经济之路。因此矿产资源后备严重不足与长期需要之间的矛盾非常突出。就有色金属而言，温家宝就曾在原国家经贸委报送的“有色金属面临资源危机加强矿山地质工作任务紧迫”的专题报告上批示“加强有色金属矿山地质探矿延长矿山寿命，既是当前一项紧迫工作，也是一项长期的战略任务”。这就对中国有色金属矿山增加矿量指出了明确方向。

去年厦门会议上郑之英宣读的“有色金属生产矿山的找矿经验与理论指导作用”的文章，在谈到缓解资源危机走有色金属工业可持续发展之路时，曾提出过三条途径：①在“两个市场两种资源”的政策下继续大量进口国内奇缺而又急需的矿产品。②开发一批已经探获矿产储量的新矿山，当然也还要加强勘查新的有色金属矿床的地质工作。③为现有有色生产矿山寻找后续资源以缓解其资源危机和过早闭坑的局面。这三条途径可能是既有经济效益又有社会效益，还能充分利用潜在的不可再生的矿产资源，发挥其资源效益的途径。

2 有色金属矿业也要走全面协调可持续的发展之路

我国目前之所以矿量资源后备严重不足，原因是过去长时间内走的是资源消耗型发展国民经济之路，一段时间内地质勘查工作又投入不够。加之，“大矿大开，小矿放开，有水快流”的误导，致使矿产资源乱采滥挖、采富弃贫、浪费严重、后果失调。这是不符合全面协调可持续发展的科学发展观的。就有色金属矿业而言尤其如此。按客观生产规律和既存事实。有色金属矿业的组成其广义内涵应包括：为矿山建设服务的地质勘查业，为矿山或有色冶金联合企业服务的设计研究业，为冶炼提供原料的采、选业和为加工业提供原料的冶炼业。进一步而言之，有色金属矿业的全面内涵，除地质、采矿、选矿、冶炼（个别情况下包括加工）外，还应考虑到综合勘探，综合利用，降低能耗、环境保护、暂不利用的“废弃”资源的二次回收和土地恢复等。况且采、选、冶生产在其各自的生产工序上还各成系统。所谓协调则是这些生产环节间要依次环环相扣，供需协作、避免失调、各尽（先进技术）所能、相互促进。只有全面考虑协调安排，搞资源节约型生产延长企业寿命，才能“可持续发展”。

但是要真正实现有色金属矿业的可持续发展，归根结底最基本的还是要解决矿山的矿量增长问题，即通过不断地探查和开发生产矿山深部矿体和周边外围的新矿床，获得新增矿量。当然采用高新技术有针对性地回收保安矿柱、采场残柱，选矿尾砂和冶炼炉渣等也是充分利用矿产资源延长矿业寿命的举措。可见，无论是搞整个有色金属矿业发展规划，还是搞地区性的矿业发展规划，乃至局部的矿业集团公司或单个矿山企业的生产建设和经营计划，都应开阔思路，按科学发展观搞好全面协调，可持续地发展生产，高度重视资源、能源环境的协调，切勿急功近利再搞盲目建设和简单的重复建设，以致尾大不掉制造瓶颈，陷于无米之炊的境地。无米之炊或等米下锅是谈不上可持续发展的。

3 有色金属矿山增加矿量延长服务年限的途径

既然“加强有色金属矿山地质探矿延长矿山寿命，既是当前一项紧迫工作，也是一项长期的战略任务”，那么我们如何实践之，其途径又如何？现根据个人所认识到的和从报纸杂志上了解到的一些情况，提出如下看法。

3.1 有色矿山就矿找矿的可能性、可行性和时效性

按矿床的成矿规律：矿床的形成是成群成带的，矿床与矿床之间有着时空联系，互相组成一个完整的成矿系列和成矿组合等，一个已开采矿床的深部、边部及其外围应该有探获新矿床和增加新矿量的可能性。何况从过去的勘查工作成果和近年来科研工作和资源远景预测来看，我国有色金属矿产资源的勘查工作程度还是偏低的，勘探深度不够深，勘探地域也不够广，就是同一成矿带中已开发的矿床之间还留有很多空白地段。而且对难采、难选和低品位矿床(体)也没有充分开发利用。采、选、冶技术又落后于国际先进水平。但从另一角度也反映出我国还应有较大的资源潜力。通过进一步工作，无论在生产矿山还是其外围的有希望地段增加矿产储量的可能性还是很大的。而且，勘探和开发老矿山深部及外围的延续矿体或新矿床，在技术经济和社会效益方面的可行性和时效性也是显而易见的。既可发挥众多地勘人员的积极性，又能就近利用和发挥矿山既有的技术力量和技术装备的作用。

3.2 加强地质工作是有色矿山增加矿量的主要途径

古老矿区通过地质科研、理论指导和新技术方法进行深部和外围探矿，增加矿量的途径中外皆知。大家知道建国以来建设了一批矿山企业。然而，20 世纪 70 年代中期一批生产矿山资源出现危机，生产能力下降。此时国家狠抓了有色金属矿山地质工作，依靠矿山企业自身的地质力量，进一步深入开展老矿山新一轮找矿工作。经过近十年的努力，一批矿山摆脱了资源不足的被动局面，储量大幅度增长，资源远景进一步扩大。例如：易门、华铜、中条山、铜官山、泗顶、宝山、八家子、小铁山、河三、潘家冲、金子窝、瑶岗仙、荡萍、杨家仗子、栗木、瑶岭、木梓园等矿山都取得了可喜的找矿成绩。再举最近几个国内外矿山例子。

(1) 捷克班斯卡—斯蒂阿弗尼察矿区，是一个火山成因的深成中温－浅成低温热液矿床，矿体空间分带明确，下铜上铅锌再上为金银，20 世纪中期已开采完毕，后来通过综合使用现代地球物理和地球化学方法查明了这个古老矿区周边和外围的有望矿区，并对老矿区地表以下 1 000 m 以内的可能储量进行了计算，不但重新认识了该古老矿区的经济意义，还对原筒状矿体中采窗矿留下来的贫矿和窗矿手选后淘汰掉的用作充填材料的低品位矿石进行了综合评价，增加了储量。

(2) 辽宁桓仁和红透山两个老矿山具有 50 年开采历史，资源已陷入危机，但通过坚持不懈地对成矿地质条件和岩体控矿规律的综合研究，在二轮找矿中投入了必要的实物工作量，采用物化探等综合方法及深部验证工作，均已发现了深部和外围有利的新工业矿体的赋存地段。

(3) 凡口铅锌矿近四年来通过深部和外围探矿，共增加资源 600 多万 t，其中的 400 万 t 已经开采，时效性很好。多年来该矿走的是继续找矿和合理开发的可持续发展之路。在 －650 m 标高之下和矿区周边发现了以前地质资料未显示的可开发资源，目前又在 －650 m处向下钻进 375 m，找到了凡口矿新的成矿构造层位，为该矿今后进行深部开拓提供了科学依据。

(4) 东川铜矿这个知名度很高的老矿区，在地质工作者总结出的“裂－火－构－盆－层－相”的东川式裂谷型铜矿的总体成矿模式的基础上，逐步把找矿目标向边(部)、深(部)、新(区)的方向发展，通过适当的勘查工作，在现有诸矿区的深部和外围提出了甚多的可寻找因民组地层中火山喷流相的稀矿山式铜矿、落雪组底部过渡层中的潮坪藻席相的东川式铜矿、黑山组底部与落雪组的过渡层中的海湾滞流相的桃园式铜矿、古剥蚀面洼地堆积相的滥泥坪式铜矿地段。可以认为这对于提供矿山生产的后备资源，延长矿山服务年限具有较好的现实意义和社会意义。

以上例证足以说明在老矿区增加矿量，延长矿山服务年限是可能的、可行的，但关键是要加强地质工作，投入实物工作量。

3.3 采用高新技术开发“技术成因矿产资源”是另一途径

众所周知，矿山地质工作的核心是紧紧围绕一个“矿”字。就是找矿、保矿、用矿。也就是要以最大的精力去深入、细致地找寻矿区深部、周边、外围的地质队尚未掌握和查明的地质资源，增加储量，延长矿山服务年限；要以高度的责任感去监督、管理矿山开采的合理有秩，指导矿山开采的开拓、采准、备采、回采等每一个环节，以保护每一吨不可再生的矿产资源得到充分回收而不被浪费；还要以最大的注意力去探索、研究、实践，使矿产资源中一切可能利用的伴

生、共生有益组分，得到最充分的利用。矿山地质工作者除了做好上述重点工作外，这里我们还要强调提出要注重“技术成因矿产资源”的开发利用。

这里可以把“技术成因矿产资源”解释为，按开发矿业的设计方案，从当时的技术经济角度出发，在实施生产的过程中，人为地形成的非天然型(非成矿地质作用形成的)暂不利用的矿产资源。如矿山企业设计中预留的保护地表河道及其他地面建、构筑物的安全矿柱，采场预留的顶底间矿柱，作为废石排放的不够工业品位的含矿岩石堆场，以及选矿尾砂和冶炼炉渣等。这些人为的技术成因矿产资源都可以在经济可行的条件下采用高新技术二次回收。譬如：

(1) 据报波兰鲁宾铜业联合公司莱格尼查－格沃古夫铜矿区各矿竖井等地面设施、鲁宾和波尔科维采镇选厂尾砂坝等的保安矿柱、以及现有采矿巷道的隔离矿柱等，大约保留有35%的储量。这些储量在采矿安全作业和矿床合理管理的条件下，最后可采用最合适的方法回收这部分“技术成因矿产资源”。

(2) 金川公司在加速二矿区矿山建设的同时，坚决贯彻“采富保贫、贫富兼采”的开发策略以保护贫矿资源，同时还不断加强科技攻关提高有用矿物的综合利用，使之一矿变多矿。选矿方面最近通过镍矿石选矿降镁的技术攻关，使镍精矿中的氧化镁降低到7%以下，以便为闪速熔炼提供合格原料。

(3) 红透山铜矿根据深部矿体向“远、窄、贫、缓”方向变化的特点采取了窄矿脉矿体分层采矿技术方法，做到了上盘不破下盘不丢，实现了宽窄脉兼采，富矿贫矿并出，不但确保窄矿脉开采的矿量和质量，而且使矿产资源得到充分利用。

(4) 据广西有关部门2002年8月统计，南丹县境内共有选矿企业69家，年处理量730多万t，由于选矿回收率不高，综合利用率低，资源浪费严重，尾矿中多种有价元素的含量较高。经调查估算全县61座尾矿库共存有尾砂储量2 000万t以上，既适合露天开采又可采用浮－重选联合流程回收。综合回收尾矿中Sn、Pb、Zn、Sb、Au、Ag、S、As、In、Cd等有用元素，按现产品价计算其资源价值可达20亿元人民币。因此作为后备资源依法、依规、有序开发是现实可行的。

(5) 八家子铅锌矿不仅从铅精矿中回收白银，而且在尾矿中也回收白银。

4 促成有色金属矿山增加矿量的几个条件

(1) 要正视当前资源危机的严重局面，树立思想认识上的迫切感，树立老矿山深部、边部及外围找矿的可能性、可行性和时效性的信念。

(2) 要有优惠政策的扶植。据有关报道青海省出台的勘查开发优惠政策中包括：大中型矿山企业为寻找接替资源申请勘查的免缴探矿权使用费3年；在已开采矿区进行深部探矿，在闭坑或停采区勘查免缴探矿权价款；矿山闭坑后申请开采残余矿产资源免缴采矿权价款；在已开采过的区域中申请勘查或开采残余的矿产资源免缴探、采矿权价款；运用新技术新方法开采低品位和难选冶矿产资源及开采利用尾矿资源的免缴采矿权使用费3年，等等。

(3) 要有足够的资金投入，增加勘查作业的实物工作量，才能达到增加矿山矿量的目的。据报，云南铜业(集团)有限公司计划到2010年共投资30亿元勘查铜矿资源。其措施之一就是立足现有矿山鼓励周边深部找矿。西部矿业公司为勘探锡铁山铅锌矿深部矿体，计划投入勘探资金4 700万元。每年出资100余万元作为找矿科研经费。

(4) 要有先进的地质成矿理论指导，开阔思路，勇于探索，不能固守传统经验做简单低水平的重复劳动。

(5) 要有针对性地采用新技术和综合方法找矿，也要因地制宜地使用先进技术装备。

(6) 要重视矿山地质工作，加强矿山地质队伍建设，重视矿山地质工作者在矿山企业中的地位和作用。培养和依靠具有现代地质科学技术水平和素质的矿山地质人才，才能胜任和开创矿山地质领域的新局面。此外，建立鼓励、表彰和奖励的激励机制，也是十分必要的。

(7) 吸取教训，严格限制乱采滥挖破坏资源的非法行为，整顿采矿秩序。

关于加强地质勘查工作，增加有色金属矿山矿量，延长矿山服务年限方面的文章和论述已经很多了，本篇充其量不过是选取有关报纸杂志的一些记载，并杂以一些个人综合性推导而已。为能有利于此次会议的宗旨，不辱学会命题之使命则幸甚!

参考文献(略)

SURPAC 软件在金川镍矿的应用与数字矿山

韩永军

（金川集团有限公司二矿区，甘肃金昌，737100）

摘　要：数字矿山是目前矿业领域的前沿技术。本文介绍了应用SURPAC建立矿山真实三维模型的实例，分析了SURPAC模型在地质找矿、储量管理等领域的应用，为建立数字矿山提供了一个成功的典范。

关键词：SURPAC；数字矿山；三维模型

金川镍矿是世界著名的多金属共生大型硫化铜镍矿床之一，发现于1958年，集中分布在龙首山下长6.5 km、宽500 m的范围内，已探明的矿石储量为5.2亿t，镍金属储量550万t，列世界同类矿床第三位，铜金属储量343万t，居中国第二位。

2002年，金川集团引进国际著名矿业软件SURPAC，在二矿区、龙首矿、三矿区三个矿山进行应用研究，并与SURPAC北京办事处签订了开发中文版的协议（目前中文版已经开发完成，并在SURPAC 5.0版本中正式发布）。应用SURPAC，金川集团成功建立了矿山地质数据库、测量导线数据库、平面图和剖面图的矢量图库、真实三维矿体模型、矿块模型和井巷工程模型，矿山技术工作进入了数字化模式，走出了数字矿山的第一步。

1　数字矿山及其战略意义

人类生存空间是有限的，如何合理开发与利用有限空间中的有限矿山资源来满足人类社会可持续发展需求，已成为当今的共同主题。在以知识经济为特征的信息社会中，信息作为一种重要的经济资源，成为人类生存与发展的基础，并规范人类开发、加工和利用各类自然资源的方式和方法。

采矿业是以自然资源为生产对象的古老产业，绝大多数矿山企业还处在劳动密集型阶段，信息化程度很低。如今，数字地球（Digital Earth）、数字中国（Digital China）和数字矿山（Digital Mine）技术的提出与快速发展，已经引起国内矿业界众多人士的重视与探讨。

1.1　国际动态

加拿大在2050年的远景规划中计划在其北部边远地区某矿山实现无人矿井，从萨得伯里通过卫星操纵矿山的所有设备实现机械自动破碎和自动切割采矿。芬兰采矿工业于1992年宣布了自己的智能采矿技术方案，涉及采矿实时过程控制、资源实时管理、矿山信息网建设、新机械应用和自动控制等28个专题；瑞典也制定了向矿山自动化进军的“Grountecknik 2000”战略计划。

1.2　中国矿山面临的挑战

建国以来，中国矿业经过半个世纪的快速发展，已建成国有矿山近万座，集体矿山和其他非国有矿山20多万座，年开采矿石量超过50亿t，从业人员2100万人，带动了300座以采矿和矿产品加工为支柱产业的矿业城市的兴起。中国已由一个矿业弱国跃入世界矿业大国的行列。

近年来，中国矿山行业的信息化建设有了较大发展，但在矿山勘察、规划、设计、生产、管理、全过程监控等信息化领域，与发达采矿国家相比仍有很大差距。中国矿山应把信息资源当作矿山的重要战略资源之一加以统筹开发和综合利用，形成系统性能稳定、信息资源充足的矿山信息基础设施（Mine Infrastructure），加快中国数字矿山与矿山信息化建设进程，才能逐步缩小与国际发达矿山的差距，增强参与资源战略的国际竞争力。

1.3　中国数字矿山的实现背景

我们可以从两个层次上来理解数字矿山。一个层次是将数字矿山中的固有信息（如地表地形、井下地质构造与矿体、测量控制系统、已完成的井巷工程等）数字化，按三维坐标组织起来一个数字矿山，全面、详尽地刻画矿山及矿体；另一个层次是在此基础上再嵌入所有相关信息（如储量管理、机电管理、人事管理、生产管理、技术管理等），组成一个意义更加广泛的多维的数字矿山。

扫描设备、矢量化设备、宽幅真彩色大型绘图仪等硬件设备的成熟，使得矿山数据库的建立和数字化成图显得更方便、更精确；高速发展的互联网技术，使网络条件下的数据传输、共享与网上协作成为可能。

1.4 SURPAC 技术研究与应用动态

SURPAC 软件 1996 年开始进入中国矿业界，2002 年在中国全面推进应用。为了适应中国市场的需要，SURAPC 公司总部将汉化版的开发列为公司研发部的重要任务并提出“用 SURPAC 打造数字化矿山”的理念。四月份的中国用户研讨会上，已有数十家矿山、国内知名设计院所和勘查单位在应用 SURPAC 软件。SURPAC 北京办事处与中南大学、北京科技大学合作正在分别建设高起点、高水平的数字矿山试验室。SURPAC 是国际著名的矿业软件之一，通过该软件的支持，可以把几十年来积累的地质成果、矿山开采资料数字化，建立起矿山数据库，结合数码航测、多维数字勘探、虚拟现实等技术可形成可靠的数字矿山解决方案，对矿山空间位置、地表建筑、矿体、工程进行精确描述和刻画，轻松实现真三维的专业操作环境与立体模式管理矿山。目前，金川集团有限公司应用 SURPAC 已建成整个矿区的数字模型并进入应用阶段。

2 金川镍矿应用 SURPAC 的研究成果

2.1 用 SURPAC 建立三维模型的过程

使用 SURPAC 建立矿山三维模型十分简单，这要归功于该软件开放的数据库接口与广泛的兼容性。来自于其他数据库的文件可轻松转换、快速形成三维模型。地质原始数据（钻孔数据、样品化验数据等）只要形成 EXCEL 表格，便可导入软件中建起地质数据库；来自 CAD 的图件可直接在 SURPAC 中打开并存储为 SURPAC 的格式，实现高精度无损转换。一般来说，用 SURPAC 建立一个矿山的全部模型分为以下几个过程：

（1）地表模型：用地表等高线形成。

（2）矿体模型：先建立地质数据库，用数据库形成。

（3）矿块模型：在矿体模型上加入限定条件后形成，用以分析和精确报告矿块品位、体积、重量等。

（4）工程模型：可用三种方式形成——①工程图纸数字化后形成；②使用 CAD 文件转换形成；③使用全站仪测图导入 SURPAC 中形成。

（5）采空区模型：根据矿山需要选择是否建立。

（6）测量导线数据库：可生成 EXCEL 表格后导入或用全站仪导入。

金川镍矿是采用下向充填法采矿的大型地下开采金属矿山，从 1958 年建矿已经开采了 40 多年，除近几年建立的数字图纸资料（主要为 CAD 图件）外，绝大部分资料为手工图纸，人工录入和处理的信息量很大。尽管如此，借助于 SURPAC，我们的建模工作进展十分顺利，目前已建成三个矿区的全部模型（见图 1～图 5）。

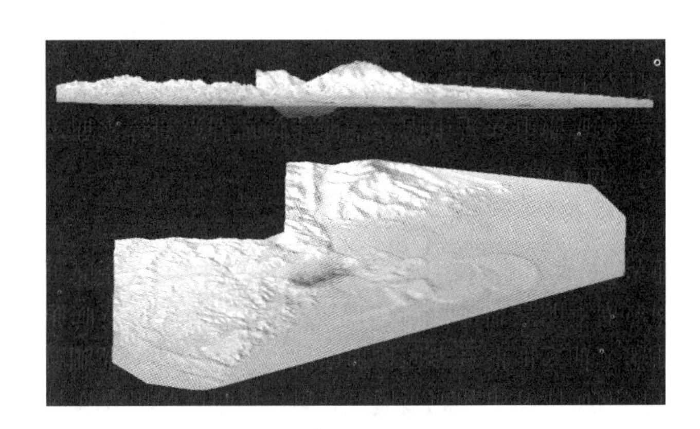

图 1　地表模型

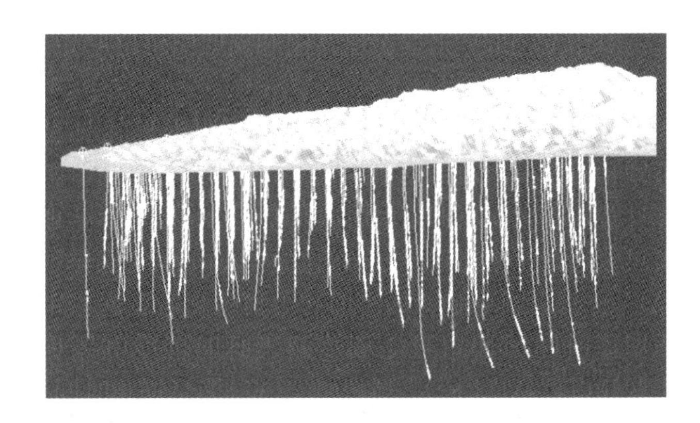

图 2　钻孔模型

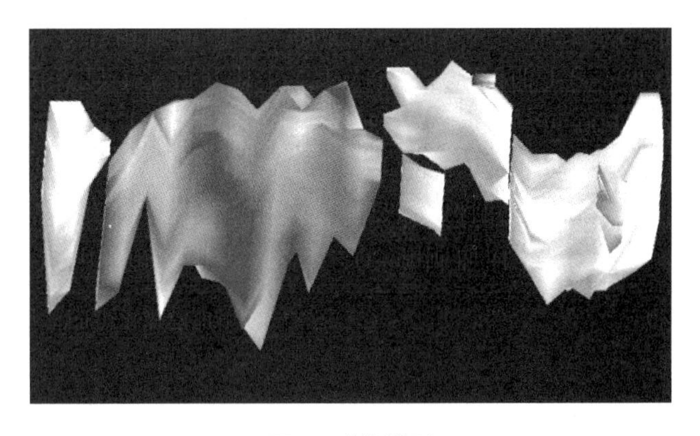

图 3　矿体模型

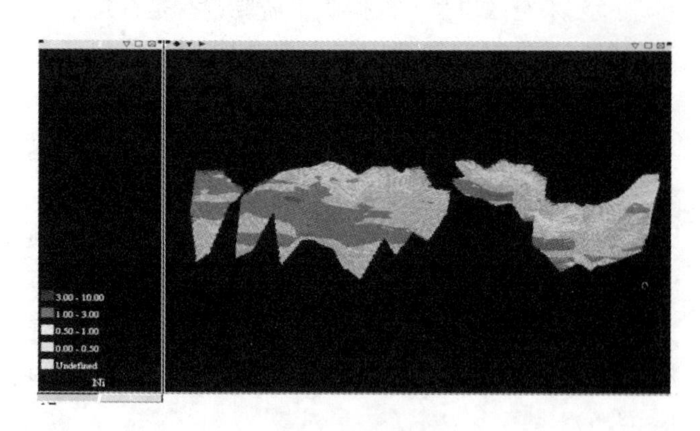

图4　矿块模型

图5　工程模型

2.2　SURPAC 模型在地质找矿与储量管理中的应用

我们用 SURPAC 建立矿体模型的过程中，发现了过去使用传统方法圈定矿体和地质构造的一些错误和偏差。因为这些错误在平面图上或为剖面图上不易发现，而在真实的三维空间里，就很容易被识别。可喜的是，我们用 SURPAC 模型在地质构造方面有了新的发现，这在地质找矿中具有重要的意义。

矿体模型建成后，我们报告了体积，和原勘探报告的储量相比，误差在 1% 以内；用生产勘探资料修正矿体模型后，矿体模型和实际生产探明的矿体完全吻合。

我们认为，用 SURPAC 模型进行储量管理和指导探矿设计是十分有效的，既可以精确地进行储量管理，又可以减少探矿工程布设的盲目性。近年来的地质勘探成果表明，在金川镍矿的矿体边部、深部具有良好的找矿前景。

2.3　SURPAC 模型在测量和采矿设计中的应用

SURPAC 和全站仪设备的配合，为矿山数据采集、导线点的精确控制、采掘工程的精确报量提供了高效、高精度的解决方案。

全站仪采集的数据可以用 SURPAC 直接读取，在软件中快速生成线文件（巷道底板文件，生成平面图）和实体文件（三维模型），可报告实际工程量、供采矿设计直接使用；配合矿块模型的分析结果，可用来进行品位控制、平衡矿量以及调整生产计划。

在 SURPAC 模型上做采矿设计，非常直接、便捷和高效（尤其是做系统方案的设计），可以很容易地确定工程的开口位置和方向，因为在真实三维空间里可以获得更多的信息、更容易看清各种复杂工程间的相互关系。

3　SURPAC 建模实现数字矿山的解决方案

如果建立本文 1.3 中所述的第一层次的数字矿山，SURPAC 无疑是最佳的选择，以 SURPAC 为主体可搭建以下开发平台。

3.1　软件

SURPAC（根据矿山规模和类型选择软件数量和相应模块）。

AutoCAD（配合扫描仪、矢量化软件处理平面图）。

Photoshop（扫描图的优化处理）。

VP HybridCAD（德国矢量化软件，中文版，功能强大）。

3.2　硬件

硬件包括用图形图像处理的计算机；A0 宽幅扫描仪、数字化仪；A3 幅面打印机；A0 宽幅彩色绘图仪（彩喷价格低，但墨水成本高；激光彩打价格较高，但精度高、速度快）；工程复印机；晒图机。

3.3　其他设施和附件

办公网络、刻录机和移动存储设备。

此方案可满足数字矿山建设的正常需要，如仍需优化，可不选 Photoshop、VP HybridCAD、数字化仪、工程复印机，绘图设备选用 A0 宽幅激光单色绘图仪。

使用 SURPAC 建模组建数字矿山的优势在于：

（1）SURPAC 已实现本地化，汉化非常彻底，这是同类软件无法比拟的；

（2）SURPAC 功能全面，可实现矿山地质、测量和采矿专业的协同工作；

（3）SURPAC 在国内提供强大的技术支持与服务；

（4）SURPAC 的性价比高，配合它建立的全套软硬件平台成本较低；

（5）SURPAC 在国内的高校、企业有成功应用的范例和经验可供借鉴。

4 结束语

全球信息化战略的发展带动了国内众多高校和矿山企业纷纷投入数字矿山技术和信息化进程的研究中，金川集团有限公司引进 SURPAC 并搭建数字平台，在向数字矿山的研究进程中迈出了坚实的一步，提升了企业的技术水平和参与国际竞争的能力，为我国矿山发展与矿山技术进步做出了积极贡献。

参考文献

[1] 朱训. 世纪之交的中国矿业[A]. 第六届全国采矿学术会议论文集[C]. 中国矿业专集(1999)：3 -6
[2] 吴立新等. 数字矿山构想与关键技术[A]. 首届中国矿山联合会年会特邀报告[C]. 2001. 厦门
[3] 刘明举等. 数字矿井及其相关技术分析[J]. 焦作工学院学报，2001，20(6)：416 -418

水文地质数据库管理系统的开发及应用

吴立坚　熊万胜　容玲聪
（凡口铅锌矿生产地质科，广东凡口，512000）

摘　要：凡口矿水文地质数据库管理系统建立在VFP6.0平台上，建立了地下水位等8个原始资料数据表，对我矿建矿以来的各种水文地质原始资料进行了计算机管理。同时配合使用VB6.0和AutoCAD将数据库里的数据转换成所需图形，并将各种水文地质资料和信息叠加到各种地质平、剖面图上，进行动态的显示和查询，能及时发现水文地质异常，对水文地质治理工作上具有指导作用。

关键词：水文地质数据库系统；数据预处理；数据转换模块

矿山水文地质工作是一项长期而艰巨的工作，一般是人工测定矿坑涌水量、地下水位、坑道涌水点、裂隙和天然降水量，然后进行各种水文地质资料的计算、整理、图件绘制和报表输出，工作繁重而且容易带来各种各样的人为误差。凡口铅锌矿矿床水文地质条件属隐伏岩溶复杂型，自20世纪50年代以来，矿山花费大量的人力物力专门进行地下水的疏干和地表塌陷的治理工作。积累了大量的水文地质资料。为了对水文地质资料进行现代化的管理，提高矿山的管理水平和工作效率，便于管理人员对水文地质资料进行系统分析研究，随时掌握矿区水文地质动态，为矿山的安全生产提供及时准确的水文地质资料，为此我矿与长沙矿山研究院合作开发了水文地质数据库管理系统。

1　水文地质数据库管理系统管理的资料及其特点

1.1　水文地质数据库管理系统管理的资料

凡口矿水文地质资料主要有：建矿以来的矿坑各中段排水时间、排水量、矿区降雨量、钻孔水位、条更冲坝体渗漏量、含砂率、地表塌陷及溶洞治理，矿坑各中段裂隙、出水点记载以及长期观测的钻孔资料。为此我们建立了8个原始资料数据表，它们分别是排水量(fkpsl. dbf)、降雨量(fkjyl, dbf)、地下水位(fkzksw. dbf)、含砂率(fkhsl. dbf)、条更冲坝体渗漏量(fkkdfs. dbf)、地表塌陷(fktx. . dbf)、裂隙出水点(fklxdjb. dbf)及长期观测孔资料(fkzkkkzb. dbf)等数据库。

2.2　水文地质数据库管理系统的主要特点

（1）具有很强的窗口命令及菜单功能，所有操作均可用鼠标人机对话。

（2）可以对各类数据进行管理和查询，快速地创建表单，输出报表。

（3）具有各类复杂表头，数据库表格自动生成功能。

（4）对各类数据进行各种统计工作。

（5）数据库数据自动转换成AutoCAD系统识别的图形。

（6）数据库转换成图形后，具有追踪、变焦、审视、编辑、修改等功能。

（7）可将水文地质信息加载到原有的平、剖面图上。

（8）绘制任何时期的各类水文地质图件，经转换的图形具有分幅、运算、叠加、拼接、重印等功能，各种报表、图件均可直接输出。

（9）具有显示图形功能的同时，动态地显示图形中对应的水文地质内部信息，并对其内部信息进行查询。

（10）能在原有综合水文地质图上叠加等水位线图和塌陷等密线图。

2　水文地质数据库管理系统开发平台和基本结构

2.1　水文地质数据库管理系统开发平台

根据我矿开发需求，水文地质数据库管理系统建立在VFP6.0平台上，对凡口矿建矿以来的各种水文地质原始资料进行计算机管理，同时配合使用VB6.0和AutoCAD将数据库里的数据转换成AutoCAD状态下的各种所需图形，并将各种水文地质资料和信息叠加到各种地质平、剖面图上，进行动态的显示和查询。

2.2 水文地质数据库管理系统基本结构

凡口铅锌矿水文地质管理系统由水文地质数据库系统(凡口矿水文地质管理系统.exe)，数据转换(凡口水文库.exe)，等值线生成程序及内部信息动态显示等4个主要部分组成，其中第一部分水文地质管理系统采用 Visual Foxpro6.0 编程(见图1)；第二部分，数据转换采用 Visual Basic6.0 编程，各子模块结构见图2，既可挂于应用程序中，也可独立运行。

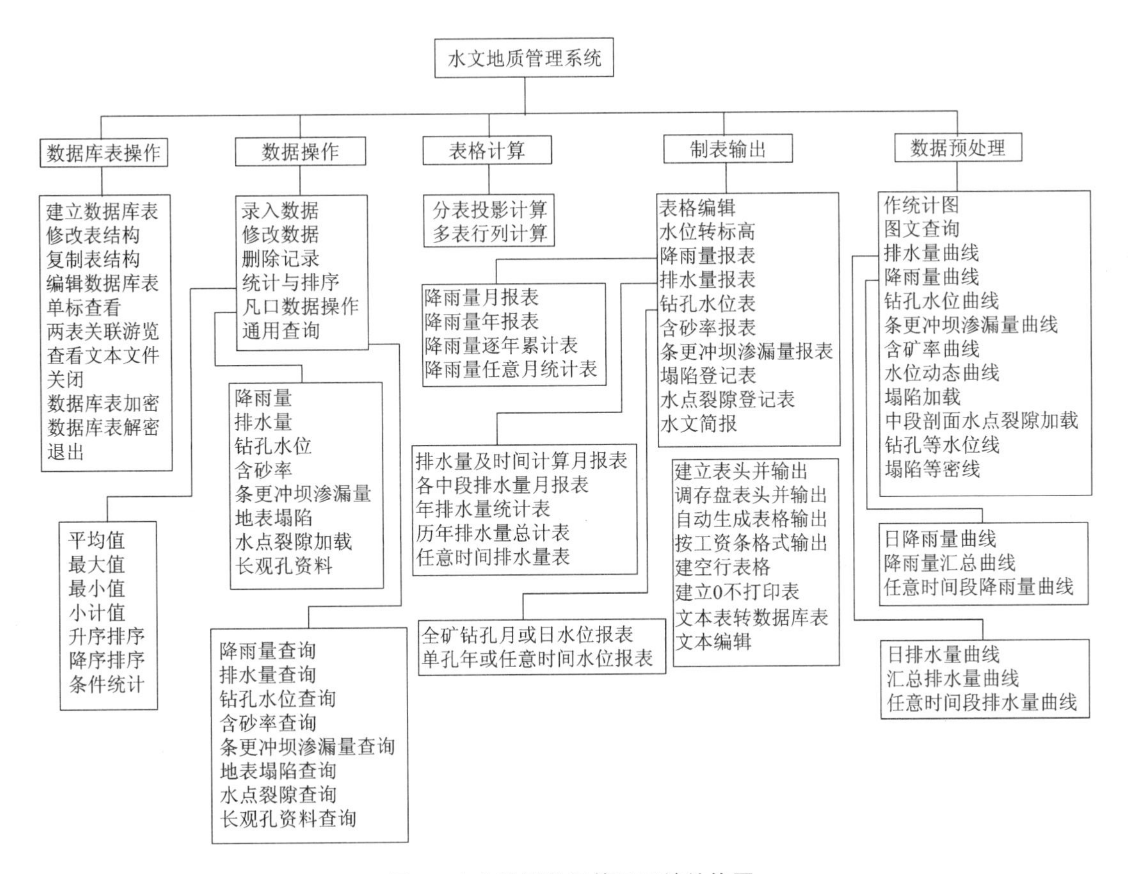

图1 水文地质数据管理系统结构图

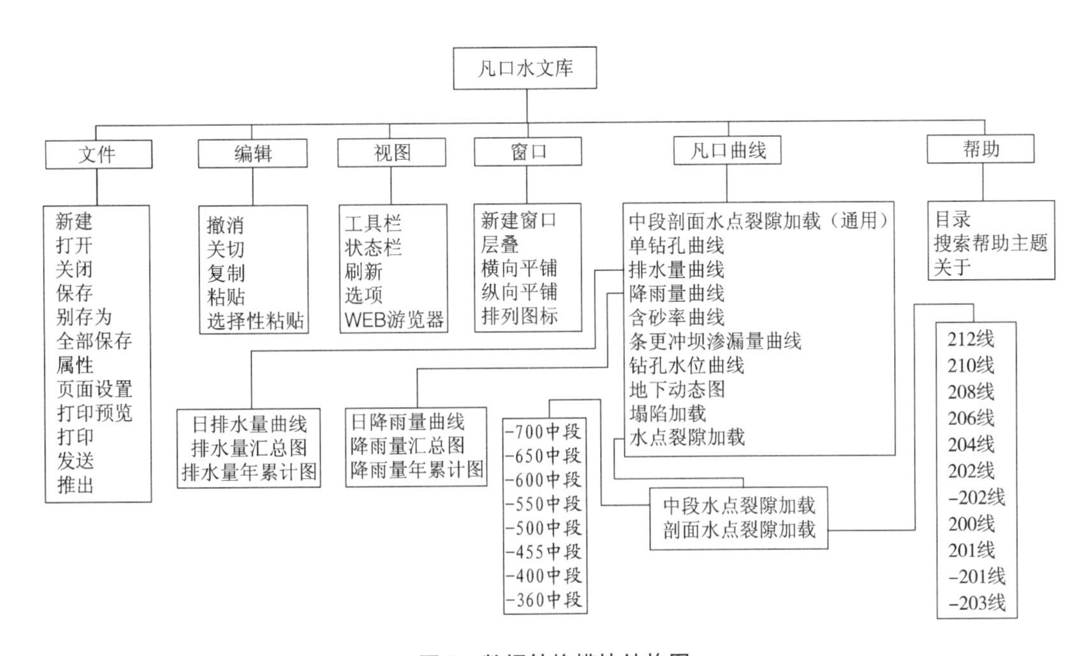

图2 数据转换模块结构图

水文地质数据库系统主程序由数据库表管理、数据操作、表格计算、制表输出、数据预处理等几部分组成，每部分完成相应的功能。

（1）数据预处理：矿山水文地质资料的分析、研究不仅需要许多的水文地质报表，而且必须将这些资料绘制成图才能深入地进行水文地质研究。找出它们的发展规律及水力联系。此模块就是为了完成这一功能而设立的，它将数据库表里的数据进行预处理，经转换后由系统出图。为方便操作，根据不同的水文地质参数设置了不同的数据预处理分模块。

（2）数据转换：利用强大的数据访问功能，绘制了转换程序，经此程序转换后生成的文件在 AutoCAD 状态下可直接出图。该软件包含有文件、编辑、视图、窗口、帮助、凡口曲线等6个菜单，前5个菜单与其他语言系统的功能和操作相同，凡口曲线特为我矿的系统建立的。

（3）动态显示：在矿山的中段平、剖面图及综合水文地质平面图上，为了图件的美观、清晰、往往不能把所有的资料都添加到图上，许多信息只能储存在数据表中，这样在查看图形时，就无从查看这些内部信息，而动态显示这一功能将储存有内部信息的数据表和图形连接起来。这样在打开图形后，只需用鼠标点击图形对象，就可在弹出的数据视窗中显示对应的内部信息记录，相反点击数据视图窗口的某一内部信息记录，对应的图形对象就自动平移到目视区内，并使该对象成为选中对象。

3 水文地质数据库管理系统的成效

（1）利用水文地质数据库管理系统能够完成几乎所有的水文地质资料的处理、报表输出及各种图件的绘制，不仅图件、报表正确规范，美观，易修改，而且克服了人为误差，提高了工作效率和管理水平。

（2）能够随时提供各种水文地质信息，及时发现水文地质异常，从而指导溶洞治理和地下水治理工作。例如某天排水量、含砂率增大，而降雨量没变，那么在钻孔水位上升的地方可能发生塌陷。因而我们就可以有针对性地对疏干区进行调查，及时发现溶洞，尽快组织回填。我们利用水文地质数据管理系统在一个月内发现九莲塘溶洞三处，老气象站溶洞五处，水草坪溶洞一处，及时地阻止了地表水下灌。

（3）溶洞治理是一项复杂而艰巨的工作，关系复杂，以前资料相对比较零散。而单位又避免不了人事变动，当溶洞管理的领导或技术人员发生人事变动时，容易产生溶洞管理工作的脱节。而利用水文地质数据库管理系统的动态显示功能，只需打开图形，用鼠标点击图形对象，就可在弹出的数据视窗中显示该区域内历史上溶洞发生的个数，处理意见、回填情况以及需要注意的遗留问题，有利于领导决策，既利于理顺工农关系，又避免了矿方不必要的费用开支。

参考文献

[1] 中金岭南凡口铅锌矿、长沙矿山研究院. 凡口矿水文地质管理系统研究开发报告[R], 2000 年 11 月

[2] 史济民主编. Foxpro 及其应用系统开发[M]. 北京：清华大学出版社, 2003

二、矿山外围及深边部找矿的新理论、新成果

江永银铅锌矿矿区及外围地球物理找矿研究

柳建新[1] 何继善[1] 严家斌[2] 沈华勇[2]
(1. 中南大学, 长沙, 410083; 2. 马鞍山钢铁技校, 安徽, 马鞍山, 243000)

摘 要: 详细介绍了在江永银铅锌矿区开展地球物理勘探的方法和应用效果, 着重介绍了中南大学提出的近矿激电法的工作方法和资料处理解释方法。

关键词: 中间梯度; 视幅频率; 近矿激电; 盲矿体

1 概述

江永银铅锌矿产于下石炭统石磴子组中的岩溶之中, 通常矿体呈陡倾斜哑铃状, 从目前正在开采的Ⅱ、Ⅲ号矿体来看, 矿体呈致密块状产出, 矿体下部有一层厚度近10 m的缓倾斜黄铁矿化地层。根据湖南有色地勘局206队以前在铜山岭铜矿区和本矿区所作的物探成果可知, 矿体与围岩具有明显的电性差异, 致密块状铅锌矿通常有20%左右的激化效应, 这为在本区开展电法、电化学方法提供了较好的地球物理前提。工作的不足之处是本区地形起伏很大(见图1), 给电阻率法测量带来了极大的不便, 此外, 深部大面积存在的黄铁矿化地层, 也是在本区开展物探工作不能不考虑的又一个干扰因素。

中南大学地球物理勘察新技术研究所受江永银铅锌矿邀请, 为缓解该矿的资源危机, 于1999年8—9月在矿区前期地质工作所选择的靶区开展了矿区深边部找矿工作, 工作区面积0.6 km^2。投入的工作方法有地面双频激电和近矿激电, 工作中使用的仪器是中南大学地球物理勘察新技术研究所研制的大功率伪随机多频激电仪。

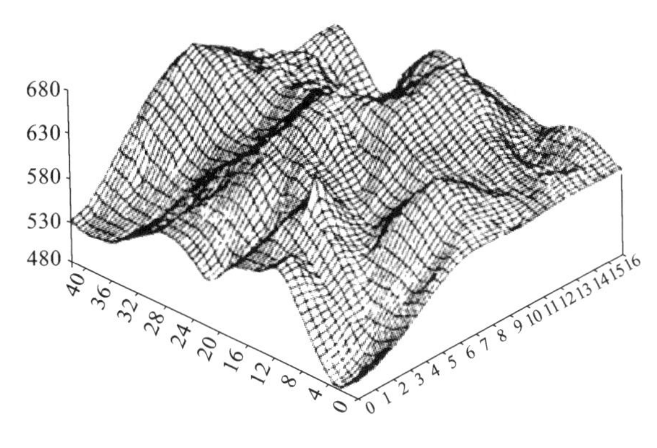

图1 工作区地形起伏图

2 工作方法及成果

2.1 测区布置

根据本勘探区的工作范围, 考虑到构造走向、矿体的产出状态和矿体的规模, 本次物探工作采用50 m×20 m的大比例尺网度进行工作, 即按50 m的线距布置测线、20 m的点距布置测点。全区共布置15条测线, 测线方位为正SN向, 自西向东编号为1~15。测点自南往北编号为1~41(见图1)。

2.2 地面激电及成果

地面激电工作采用的仪器是中南大学地球物理勘

察新技术研究所研制的 SQ－2 型数字化双频激电仪，工作中采用中间梯度装置，供电电极采用深埋多张铝箔并联而成，供电偶极子长度为1200 m，供电电流最大为600 mA，最小为430 mA。接收偶极子长度为40 m。为了加快工作速度，本次工作共投入1台发送机、2台接收机，采取一发两收、主傍观测相结合的工作方式。野外工作时，发送机每2～3 min记录一次供电电流值(I')，接收机在每个测点重复记录3～5个高频电位数据(V_G)、视幅频率(F_S)的数据和时间。室内按时间内插出每个测点测量时的供电电流值(I)，从每个测点野外记录的几个视幅频率数据取出最可靠的极化率数据(一般取其算术平均值)F_S，按公式计算出每个测点的视电阻率数值ρ_s，然后按实际地形高程对视电阻率进行地形改正得出改正后的视电阻率值ρ_s，最后绘制视幅频率F_S和视电阻率ρ_s平面等值线图和剖面图(略)。

对比F_S和ρ_s平面等值线图和剖面图可以看出，图中仅在9、10线中部有一个较为明显的激电异常，该激电异常区的视电阻率没有任何对应关系，结合工作区的矿体分布和地质构造分析，我们认为由于矿体埋深大加之地形复杂使得地面激电工作方式所观测到的数据不能客观地反映地下矿体的存在，只能反映近地表的浅部极化体的存在，因此我们认为有必要改变工作方式，采取近矿激电工作方式。

2.3　近矿激电工作方法及成果

近矿激电法是中南大学地球物理勘察新技术研究所针对有色金属生产矿山的特殊情况提出的一种物探方法。

传统的电法工作中，供电和测量都是在地面进行的，一般的坑道或井中电法则是将供电电极和接收电极都置于坑道或井中，因此其理论基础是全空间电场分布。近矿激电法是将一个供电电极置于坑道或井中揭露的矿体附近，以增加对矿体的有效激发电流，并减弱一次电场的影响，另一个供电电极则置于地表合适的位置，以增加对矿体激发的有效体积范围。测量电极则在地表沿着剖面测量，从而避免了坑道的束缚。需要说明的是对于体极化矿体可以将坑道中的电极直接布置于矿体上，而对于良导的面极化矿体则应将坑道中的电极离开矿体一段距离。利用这种方法可以发现深部矿体的延伸方向和边部盲矿体。江永银铅锌矿属于体极化矿体，深部有一层将各个矿体连接的近良导的黄铁矿化地层，因此该矿区具有开展近矿激电的地球物理前提。

此次近矿激电工作使用的仪器也是中南大学地球物理勘察新技术研究所研制的，其发送机采用的是大功率伪随机多频激电发送机；接收机及工作方法与地面激电基本相同，接收机采用的是 SQ－2 型数字化双频激电仪，接收偶极子长度为40 m。一个供电电极位于280 m中段Ⅲ号矿体的新鲜开拓面附近，另一个电极(俗称“无穷远极”)则布置在矿区西南边靠近尾砂坝的地方，两极距约1500 m，供电电流一般保证在800 mA左右，最大为1100 mA，最小为740 mA。

近矿激电的资料整理工作比较简单，从每个测点野外记录的几个极化率数据取出最可靠的数据(一般取其算术平均值)，然后进行漂移总校正(主要是温漂)，最后按测线绘制极化率剖面图和等值线平面图(见图2)。

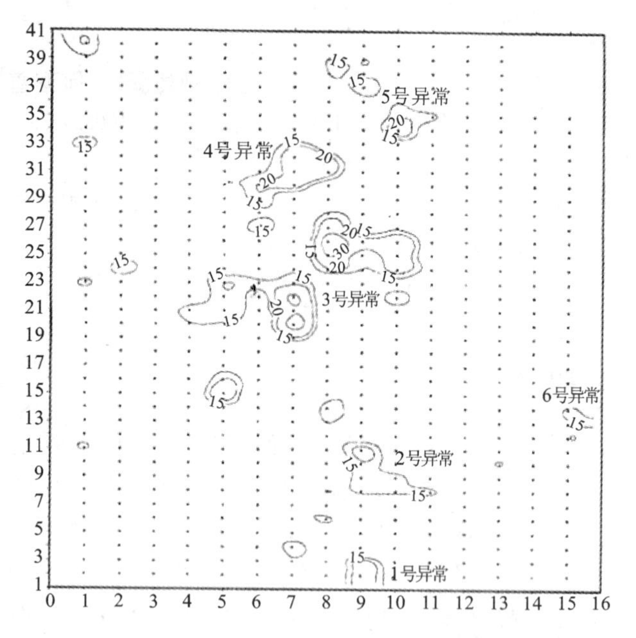

图2　近矿激电视幅频率F_S平面等值线图

从剖面图上可以清楚地看到极化率沿剖面的变化情况。从平面等值线图上可以看到图中明显的存在多个异常，考虑到单点异常的不可靠性，我们按极化率大于15%的等值线圈共出了6个异常(见图2，编号为1～6号异常)。

3　地质解释

结合近矿激电观测成果(见图3)和矿区地质情况，对比已知矿体的分布可以清楚地看到：其中2、3号异常与正在开采的已知矿体对应很好，(2号矿体的东北部采空区也十分清楚)。1、4、5、6号异常推断为矿区内新发现的盲矿体，是本次工作的最新成果。根据现场踏勘我们认为6号异常处是一个大的落水洞，对比2、3号已知矿体的异常我们推思1、4、5号异常是位于300～500 m深处的矿体所引起的，最终的推断解释成果详见图3。

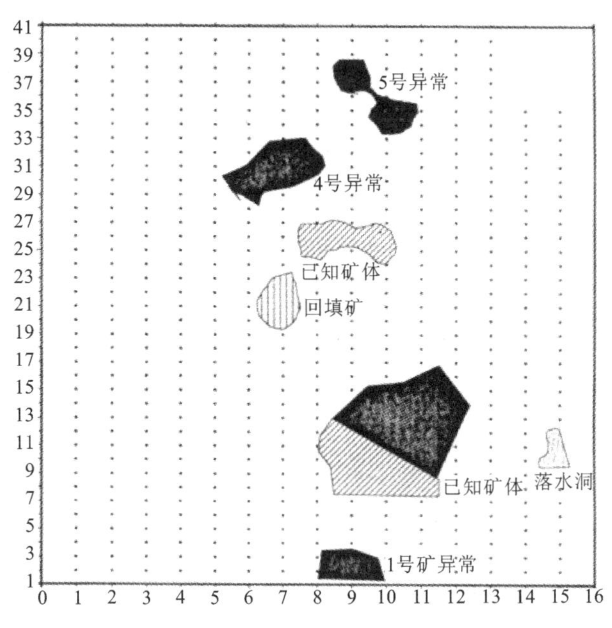

图3 近矿激电视幅频率 F_S 平面等值线图

4 验证结果

根据部分坑道验证和同等规模的异常对比，对1、4、5号探矿异常远景储量进行估量，高品位铅锌矿石储量在70万t左右，矿石铅锌含量>15%，矿体埋深300~500 m。因此可延长矿山寿命12~15年。

5 认识与体会

此次工作的成果告诉我们：在矿区深边部开展地球物理探矿工作，往往由于人文干扰严重，要求的勘探深度大，因此应用常规物探方法很难获得好的勘探效果，而大功率伪随机多频激电仪的研究成功，一定程度上解决了这个问题，特别是在生产矿山寻找硫化矿体，开展伪随机近矿激电工作可取得很好的效果。

此次近矿激电工作之所以能取得较好的效果还有另外两个值得提出的有利因素：一是该矿区的矿体是哑铃型桶状矿体，矿体上下延伸300~500 m不等，加之其底部有一层分布范围较大的厚达近10 m的黄铁矿化地层，该黄铁矿化地层将各个矿体连接在一起，从而使得在一个矿体附近充电其他矿体也能产生激电效应；二是280 m中段矿体附近有一个好的新鲜面，解决了接地点的问题，加之工作期间矿山采取了停工、停电等措施，减小了工业干扰，使得观测的结果真实可靠。

参考文献(略)

危机矿山矿体定位预测探讨

王国富　孙振家
（中南大学地质研究所，长沙，410083）

摘　要：本文简要介绍了危机矿山的特点和危机矿山矿体定位预测理论，着重讨论了解决危机矿山矿体定位预测的途径，即分析基础资料—构造解析—总结成矿规律—选好靶区—确定地物化矿体定位技术方法—定位预测。

关键词：危机矿山；矿体；定位预测

我国的许多矿山始建于20世纪50—60年代，其中相当部分是开采地表矿和浅部矿。随着我国对矿产资源的需求量的增大，许多矿山保有储量严重不足，已现危机矿山之端倪。虽然这些矿山一直坚持探采结合的道路，但由于缺乏系统的研究工作，加上地表出露的矿体越来越少，尽管找矿技术和手段不断提高，找矿难度仍很大，找矿的主体对象也由地表矿、浅部矿、易识别矿向隐伏矿、深部矿、难识别矿方向转变。如何对这些危机矿山进行新一轮找矿，如何在其深边部发现新的矿床(体)，如何进行矿体定位预测，并使找到的矿在现有技术经济条件下被矿山所利用，使老矿山重现青春，这是摆在广大地质工作者面前的一项迫切而艰巨的任务和新的挑战。下面，本文就危机矿山的特点，初步探讨一下矿体定位预测的理论基础和实现途径。

1　危机矿山矿体定位预测的内涵

危机矿山[1]一般指保有工业储量加远景储量不能保证5年正常生产的矿山。这是一个动态概念，危机矿山有真假危机之分，它们之间可通过矿产储量的增减而相互转换。真危机矿山指在现有的技术经济条件下，矿山附近立体空间范围内，确实没有可供近期利用的矿产资源，而不得不考虑闭坑的矿山；假危机矿山指在矿山附近立体空间范围内，尚有某种或某几种可供近期利用的矿产资源，通过进一步的地质勘查，能够提供新增储量的矿山，这是我们要预测的对象。

危机矿山的矿体定位预测，指在一定的成矿理论和找矿理论指导下，研究和分析矿床(体)的时空分布规律，通过一定手段确定靶区，选择合适的地物化手段和勘探技术、信息处理技术，在危机矿山的深部、边部、空间区(段)及被否定的矿化点等处开展矿体分布的三维空间定位预测的工作。其特点是科研与生产、勘探相结合，科研指导生产与勘探，生产、勘探反过来又为科研提供更多信息，促进科研的顺利进行。其宗旨是为矿山提供准确的矿体存在的空间特征，包括埋深、产状、形态和规模，为布置验证工程提供依据，其预测层次是1∶1000～1∶10000预测层次[2]。

2　危机矿山矿体定位预测的理论基础

成矿预测离不开现代和过去成矿理论和预测理论，这些理论运用的恰当与否，直接关系到预测的成败。

地质异常理论[3]描述的地质异常是指与周围背景存在明显差异的地质现象，是地质体在连续的时间进程中所形成的具有稳定物质成分、结构构造和成因序次的地质作用产物，各种标志与周围环境具有明显的空间范围和时间界限，可以用“求异”法进行圈定，地质异常是定位预测的根据之一。

综合信息预测理论[4]以矿床成矿系列为指导，运用系统的科学分析方法，将地、物、化信息与地质演化规律和矿床生成规律相联系；通过对典型矿床(体)进行综合调查，建立矿床(体)综合找矿模型；以数学地质与计算机技术为手段，通过信息综合、转换、分析、处理和解释工作，将预测区与典型矿床(体)相类比，最终达到预测靶区或发现新矿床(体)的目的。

地质综合场理论[5]是场论、耗散结构理论、协同论等学科在地质领域的拓展，通过分析地质综合背景之上的地质有序结构和高级序地质异常场的成矿分离效应，逐步缩小找矿靶区，利用不同期次或不同性质的物质场和能量场在空间叠加所形成各种类型的点源套合区，预测不同类型矿床(体)产出部位，可用定性、定量方法来确定，如组合求异法、结构分析法等。

此外还有地质综合场成矿理论[6]，构造几何法[7]，灰色关联分析法[8]等。

3 实现危机矿山矿体定位预测的途径

危机矿山矿体定位预测工作是一项跨学科的综合性研究工作，它涉及到地学诸学科。其中分析成矿构造、找出成矿规律是选好靶区和进行预测的关键。具体预测的途径如下(见图1)。

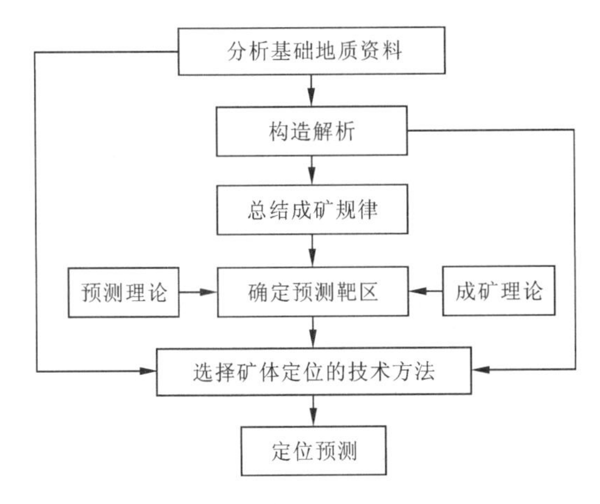

图1 危机矿山矿体定位预测流程简图

3.1 抛开思维定势

思维定势包括惯性定势和权威定势。惯性定势指对某一事物形成一个固定认识模式，难以改正和接受其他认识，经验主义和教条主义是其代表；权威定势即过分迷信专家说的话和下的结论。在这种思维定势指导下，找矿难以取得突破。要打破思维定势，就要求“不按拳谱进招”。对于前者，可用反向思维来解决；对于后者，要勇于大胆怀疑，给自己出难题。一位地质学家说过，对别人的认识，可用三步来消化吸收：第一步，假设其认识全部正确，全面提受；第二步，即认为其认识全部错误，全面否定；第三步，批判吸收，即接受那些不能证明为错误的认识。这样，才能走出思维的误区，将找矿思维扩展到寻找新类型矿、新区段上来，这一点要贯穿找矿过程的始终。如夹皮沟地区找矿工作，最初在北东方向上发现三道岔大型金矿，认为矿带是北东向的，结果在此方向上找矿无突破，后来转变认识，开始沿北西向找矿，结果发现了板庙子、三道沟等一系列矿床。

3.2 加强基础地质工作。深入分析资料是预测的基础

由于各个矿山研究程度不一，资料丰富程度也不一样，有的甚至缺少必要的基础地质资料，尤其是矿山外围、周边，资料就更少，这就要求我们加强基础地质工作，如立体填图、构造填图等，以获取第一手资料。此外，还需深入研究前人的认识成果，不管这种认识在当时是如何先进、深刻，都会或多或少地带有研究者的观点，有时甚至是片面的，由于受当时理论水平的限制，这些认识很可能忽视了当时看来是一些次要的信息，这些次要信息对于今日解决危机矿山的资源问题，也许会发挥更大的作用。因此，挖掘出本质资料，是预测的基础。如对老矿区的早期化探资料，我们不能因其分析精度低而忽视对其研究，其中未被当时划为异常的弱异常仍是今天找矿的良好线索；相反，现在许多异常反而因受污染而不可靠。再如钻孔资料，当时某些地段因其品位低而被忽视，今天看来可能已构成工业矿体。

3.3 注意构造解析和新理论的应用

构造作用对成矿影响极大，因此定位预测一方面要研究控矿区域构造，一方面又要研究矿田、矿床内的中小构造，将二者有机结合起来，既要把握构造的尺度、层次，又要把握其时间、空间特性，更要加强构造解析[9~11]，分析其几何特性、力学性质、变形环境、受力状况、变形过程等，将其与沉积、变质、岩浆、成矿相联系。同时还要加强构造地球化学、流体动力学、成矿动力学[12]等新理论的运用。新理论有其产生的特定环境，因而也有其特定的运用范围，理论再新，再正确，若不与特定的找矿环境、成矿规律、控矿因素有机结合，也不会获好的结果。如江永庵堂铅锌银矿，按构造解析理论，认为岩溶控矿而非断裂控矿，从而实现了找矿上的重大突破[13]。

3.4 加强对成矿规律的总结

规律的总结依赖于对矿床的认识程度，总结正确的成矿规律，可以快速、准确、高效地指导勘探、预测靶区，因为矿床(体)的分布是与某些特定的地质异常相伴，因而有随机性又有其确定性的特点。

3.5 利用适当的预测方法，选好靶区

对于资料丰富的危机矿山，建立典型矿床(体)综合找矿信息模型，在相似类比、组合控矿理论指导下，将其与预测区相对比，获得找矿靶区。也可用地质综合场理论中的结构分析法确定靶区；对于资料不甚丰富的危机矿山，则需补测一些地质资料，用综合信息组合求异法进行靶区选择，无需建立综合找矿模型。

3.6 选择合适的地、物、化方法和信息处理方法，进行矿体定位预测

确定靶区后，首先还要进行矿田构造解析，因为矿体的产出从广义上讲都受构造控制，通过对其分析，可初步获得矿体就位机理和定位规律；其次在上述认识指导下选择合适的物、化探方法，确定矿体的

具体埋深产状，新老方法均可。但方法不当，即使有矿也找不到。如江永庵堂铅锌银矿，在地质确定靶区后，开始用激电工作，结果无异常显示，后在已知矿体上充电，结果获与预测结果一致的异常，找到了富矿体；再如白银小铁山深部找矿，由于干扰大等因素，常规物探方法一度受阻，后用大功率充电、高精度重力、大功率激电、大地音频电磁测深等方法，结果发现异常，经验证为矿体引起[14, 15]；新疆哈密研究区用灰色关联滤波法，结果找到了隐伏铜镍矿床[8]。

4 讨论

危机矿山矿体定位预测是一项复杂的系统工程，它需要较全面的知识结构和最基础地质成矿理论支持。因其要在三维空间厘定矿体空间位置和就位机制，因此对信息的提取和优化要求很高，原则上讲，信息也是一种有源的矢量场，可以像重磁场一样“延拓”、“反演”，然而目前信息尚不能以该种形式描述出来，有时仅仅是定性的。其次在确定靶区条件下，有时需要投入的物化探方法具有更高的灵敏度和精度，但目前这种要求与实际情况尚有差距。因此，矿体定位预测将会随着新技术、新理论的产生而具有更大的成效性和准确性，预测结果与实际情况的误差将会更小。

参考文献

[1] 王世称，裴效渤，王应太. 关于资源危机矿山预测问题的探讨[J]. 中国地质，1992，(6).
[2] A・H・希尔德. 建立预测普查模式的方法论基础. 国外地质科技，1991，(2).
[3] 赵鹏大，池顺都. 初论地质异常[J]. 地球科学，1991，(3).
[4] 王世称. 综合信息矿产预测理论与方法要点[C]. 成矿预测论文集[A]，北京：地质出版社，1991.
[5] 刘石年，段嘉瑞，毛先成. 地质综合场论理论、方法、应用[M]. 长沙：中南工业大学出版社，1996.
[6] 张均. 现代成矿分析的思路、途径、方法[M]. 武汉：中国地质大学出版社，1994.
[7] 吴树仁. 控矿断层几何和运动学及其控矿规律研究[J]. 地质与勘探，1993，(3).
[8] 徐忠祥，吴国平，陈守余. 隐伏铜镍矿异常灰色关联滤波圈定法[J]. 地球科学，1997，(6).
[9] 马杏垣. 解析构造学刍议[J]. 地球科学，1983，8(3).
[10] 单文琅，宋鸿林，傅昭仁等. 构造变形分析的理论、方法和实践[M]. 武汉：中国地质大学出版社，1991.
[11] 傅昭仁，李德威，李先福等. 变质核杂岩及剥离断层的控矿构造解析[M]. 武汉：中国地质大学出版社，1992.
[12] 於崇文. 岑况，鲍征宇等. 成矿作用动力学[M]. 北京：地质出版社，1998.
[13] 汪劲草，彭恩生，孙振家. 江永庵堂铅锌银矿床岩溶成矿构造预测[J]. 湖南地质，2000，(2).
[14] 胡达骧，徐叶兵，陈群. 明科矿业及金属公司在白银厂地区找矿进展[J]. 地质与勘探，1999，(2).
[15] 贺庆. 甘肃白银厂小铁山矿床深部找矿进展[J]. 有色金属矿产与勘查，1999，(6).

河南西部产于近SN向断裂构造中的金矿
——小南沟金矿发现的意义兼论金矿密集区金的找矿

王书来[1] 祝新友[1] 樊 江[2]
(1.北京矿产地质研究所，北京，100012；2.河南省洛阳市黄金管理局，河南洛阳，450003)

摘 要：成矿过程是一个组合控制过程，矿床的形成是各控矿因素组合控制的结果，在金矿密集地区，用系统论分析控矿因素在成矿过程中的“贡献”，对找到新类型矿床及新控矿构造是十分必要的。河南店房金矿外围发现产于近南北向构造带内的小南沟金矿，开拓了该区金矿的找矿新思路。可为金矿密集区内找矿提供点借鉴作用。

关键词：金矿床；控矿特征；找矿方向

从国内外大型、超大型矿床的发现史可以知道，小矿变大矿，几个矿床扩大到矿田，都经历了几个轮回的外围和深部的找矿突破[1]，很多国内黄金和有色金属矿山企业，随着勘探储量的不断减少，经济效益下滑，亏损矿山企业不断增加。因此有必要对其矿山的外围及深部加大找矿勘查研究力度。特别是金矿较密集地区，如何加大矿山外围找矿工作，或许从店房金矿外围小南沟金矿找矿的突破能得到一点启示。

1 引言

金矿床的出现具有趋群性，国内比较典型的金矿密集地区有冀北、胶东、小秦岭、豫西等地区[2]，其产量占全国金产量的三分之一以上。密集区的金矿床往往受区域成矿背景、成矿时空制约，因此形成有相同的成矿期、相同的成矿物质来源的矿床系列。河南西部地区主要有三个金矿带，熊耳山—外方山金矿带是比较重要的金矿成矿带，是金矿分布较密集地区，其内产有大小金矿数十座，主要金矿类型有构造蚀变岩型和隐爆角砾岩型。在矿带内，由于祁雨沟斑岩-隐爆角砾岩型金矿的发现，导致蒲塘金矿、毛堂金矿、店房金矿的发现。而在小南沟金矿发现前，本区的构造蚀变岩型金矿的控矿构造均为东西向或北东向(见表1)，如前河金矿产于东西向马超营断裂带内次级断裂中，上宫金矿矿体赋存在北东向金硐沟构造蚀变带中。在近南北向构造带内尚未发现金矿床。小南沟金矿的发现带动了该区近南北向构造蚀变岩型金矿的大批发现，打破了该区近南北向构造破碎带无金矿的历史，开阔了该区金矿的找矿思路，大大提高了该区找矿潜力。因此，总结该区内金矿控矿规律，可为区域内金矿找矿起借鉴作用。

表1 豫西熊耳山—外方山地区金矿控矿构造对比表

矿床名称	上宫金矿	康山金矿	前河金矿	北岭金矿	瑶沟金矿	祁雨沟金矿	毛堂金矿	蒲塘金矿	店房金矿	小南沟金矿
围岩建造	熊耳群玄武安山岩	熊耳群玄武安山岩及太华群	熊耳群安山岩流纹岩	熊耳群安山岩流纹岩	熊耳群安山岩英安岩流纹岩	太古界太华群角闪斜长片麻岩	毛堂群石英绢云母片岩、千枚岩	元古宇陡岭群黑云斜长片麻岩	熊耳群安山岩流纹岩	熊耳群安山岩流纹岩
控矿构造	NE向金硐沟构造蚀变带	NE、NNE向断裂构造蚀变带	EW向断裂构造蚀变带	NW向断裂构造蚀变带	NE向和近EW向断裂构造带	角砾岩筒及NW、NE向断裂构造	角砾岩筒	角砾岩筒及NE、NW向断裂构造	角砾岩筒及NE向断裂构造	近SN向断裂构造带
矿床类型	构造蚀变岩型	构造蚀变岩型	构造蚀变岩型	构造蚀变岩型	构造蚀变岩型	隐爆角砾岩型	隐爆角砾岩型	隐爆角砾岩型	隐爆角砾岩型	构造蚀变岩型
矿床规模	大(中)	中	中(小)	大	大	大	小	小	小	大

2 店房金矿控矿特征

豫西地区自20世纪80年代以来，已经发现多处隐爆角砾岩型金矿，它们都与燕山期的隐爆角砾岩筒有关。店房金矿是1988年发现并勘探开发的，1990年建成日处理100 t矿石的矿山企业，它位于河南嵩县境内熊耳山南麓，大地构造位于华北地台南缘华熊地块中，赋矿地层为元古界熊耳群火山岩（流纹岩、英安岩）。马超营区域大断裂带穿过矿区，矿床受燕山期隐爆角砾岩筒控制，隐爆角砾岩筒产于古火山口旁侧，矿体主要产在隐爆角砾岩筒东南边缘接触带中。该区隐爆角砾岩型金矿找矿预测准则综合为：有隐爆角砾岩筒或中酸性浅成侵入岩体；矿床形成主要与燕山期岩浆岩有关；角砾岩筒及其相关的构造裂隙控制矿体产出；矿化富集部位有角砾岩筒与围岩接触带、角砾岩内接触带、环状构造和放射状裂隙带[3]。由于矿石的品位变化大，金的保有储量下降快，矿山的效益一直不好，因此矿山的外围找矿工作非常重要。针对店房金矿受隐爆角砾岩筒及东西向断裂综合控制，结合以往区域内金矿找矿，外围金矿找矿一直注重东西向和北东东向断裂构造（以前认为近南北向构造为成矿后构造），突破不大。

3 小南沟金矿控矿特征

小南沟金矿位于店房金矿的北侧，1994年，在店房金矿外围找矿中，发现并开发的。赋矿地层为元古界熊耳群焦园组流纹岩夹安山岩，矿床受近南北向断裂构造控制。这是该区第一个产于近南北向构造断裂中的蚀变岩型金矿。研究总结区域内金矿的控矿构造，认为东西向构造是区域内的基底构造，为主要的导矿构造，应该注意次级构造的赋矿。店房金矿的北部发育比较大的近南北向构造带，这种近南北向构造断裂带是NNW向断裂与NE向断裂组成的复合断裂，是有利的容矿构造。断裂构造带内有构造蚀变，小南沟金矿床产于近南北向构造带内的NNW向与NE向断裂交汇部位，这种成矿前在马超营大断裂带内，受南北向挤压，形成共轭次级断裂，成矿时大断裂两盘拉张，形成近南北向构造作为富矿构造控矿。它与店房隐爆角砾岩型金矿、东西向构造蚀变岩型金矿是同期次、同物质来源，受不同的容矿构造控制[5]。自发现小南沟金矿后在近南北向的构造带中已经发现多处矿床（点），如白鹿沟、大南沟等构造带，同时在小南沟构造带内每400～500 m就有矿的富集区，如凤凰山、庙岭等金矿床。小南沟金矿的发现带动了该区近南北向构造蚀变岩型金矿的大批发现。

4 两矿关系及意义

小南沟金矿产于店房金矿外围，它们是两种不同类型的金矿，一种是隐爆角砾岩型金矿（店房金矿），另一种是构造蚀变岩型金矿（小南沟金矿）。并且小南沟金矿产于近南北向构造中，与该区内其他构造蚀变岩型金矿控矿构造差别较大。求异理论、组合控制理论要求在考虑成矿过程的时候，找到不同于其他地区的特征，找各特征的组合控制机制，系统了解成矿过程[6]。任何矿床的形成都有其必要的条件，只有具备特定的条件，才能形成特定的矿床。该区内控制金矿形成的主因是什么？分析隐爆角砾岩型金矿与构造蚀变岩型金矿（包括近南北向和近东西向及北东向构造控矿）在成矿时间、成矿物质来源及流体（成矿热液）来源有无关系，是否存在一个成矿系列，对于区内两类金矿类型的找矿具有十分重要的意义。研究表明[3～5]它们均受近东西向基底深大断裂（马超营断裂带）控制，成矿热液与燕山期岩浆期后热液有关，金主要来源基底围岩（火山岩）。隐爆角砾岩筒、近东西向断裂构造、近南北向断裂构造作为容矿构造，基底的近东西向深大断裂（马超营断裂）是导矿构造。赋存于近EW向断裂中的金矿床与赋存于近SN向断裂中的矿床成矿具有密切的联系，它们的成矿物质来源、成矿时代相同，成矿特点相似。近SN向的控矿断裂为NNW向与NE向两组共轭断裂的复合断裂，是在EW向基底断裂的基础上发育形成的，成矿作用与区域成矿具有一致性[5]。NNW向、NE向与NWW向断裂交汇部位有利成矿，小南沟主矿体存在向北的迅速侧伏，侧伏原因与EW向断裂北倾以及NNW向与NE向断裂交汇线的向北侧伏有关。金矿成矿具有等距性，多组断裂交汇部位矿体膨大。按照上述认识，我们发现在小南沟金矿北部土地怀、南部庙岭等地都具有较好找矿前景，现在矿山的外围找矿工程已经验证这种认识。因此小南沟金矿的发现开发对区内金矿找矿工作有重要意义。在小南沟附近的九杖沟、土地怀、白鹿沟、大东沟等地近SN向构造中已经发现了矿化线索。

5 金矿密集区找矿应该注意的几个问题

小南沟金矿发现的意义在于，金矿密集区内各矿床与可能的新类型金矿之间存在互为找矿标志，找矿研究工作应该注意对比分析研究。

5.1 注意寻找相关不同类型、同类型不同控矿构造的矿床

由于金矿床往往具有趋群性，受时间和空间制

约。在金矿成矿区带、金矿密集地区的已知金矿山外围及深部找矿应该注意对矿床成矿系列研究，系统分析矿田内主要的控矿要素，注意矿带内各控矿因素（成矿背景、成矿构造、岩石建造）的组合控制，用相似类比、共性与个性分析已知矿床与外围异常点，找出主要的控矿要素。寻找相关不同类型矿床、同类型不同控矿构造的矿床。如日本及印度尼西亚有在浅成热液型金矿下部找到斑岩型铜矿的实例。隐爆角砾岩筒的下部注意找岩浆热液型硅化脉状金矿、网脉状金铜矿等。石英脉型金矿的下部注意细脉浸染型及韧性剪切型金矿的找矿。

5.2 注意同类矿床的蚀变分带及剖面元素分带对比研究

金的迁移沉淀富集，与成矿流体温度、压力能量固有特征和作用场的相对强度及它们的空间分布叠加作用有关。造成主要成矿物质淀积的过程，是一种非平衡作用过程，成矿物质的分离效应表现在矿体横剖面和纵剖面都存在明显的元素分带及蚀变分带，因此同类矿床的蚀变分带及剖面元素分带对比研究是十分重要的，应对比已知矿床与外围异常点元素分带的差异，了解矿化类型差异及矿体的剥蚀深度。

5.3 注意控矿构造分析、明确区内大中型金矿的主要找矿勘查标志

由于地质应力释放效应作用，同类型的成矿往往具有等距性，并且矿床密集区内存在不同时期的构造，而矿化常只与其中某一期或几期构造活动有关，不同时期的构造对成矿的作用不同。因此分析各构造的性质、明确区内已知大中型金矿的主要找矿勘查标志，对区内金矿找矿非常必要，用新的成矿预测理论去分析矿带内已知矿床，找到不同于其他地区的特征及其各特征的组合控制机制，系统了解区内成矿演化过程，认识和发现新的类型金矿。已知矿床外围及深部仍然有巨大的找矿潜力，需要进一步进行找矿研究。

参考文献

[1] 罗铭玖. 中国矿床发现史（河南卷）[M]. 北京：地质出版社，1996.

[2] 陆松年. 金矿密集区的基底特征与成矿作用研究[M]. 北京：地质出版社，1997.

[3] 王书来，樊江，祝新友等. 豫西隐爆角砾岩型金矿特征及形成条件[J]. 有色金属矿产与勘查，1998(4).

[4] 冯建中，王书来，艾霞等. 河南毛堂—蒲塘金矿流体包裹体地球化学特征[J]. 地质找矿论丛，1996(6).

[5] 祝新友，樊江，王书来等. 小南沟金矿构造控矿特征及成矿预测[J]. 贵金属地质，1998(3).

[6] 刘石年. 成矿预测学[M]. 长沙：中南大学出版社，1993.

地电化学法寻找隐伏铀矿床的研究及找矿预测

罗先熔　惠　娟

（桂林工学院隐伏矿床研究所，广西桂林，541004）

摘　要：通过在铀矿区进行以地球电化学测量为主，以土壤离子电导率及土壤吸附相态汞测量为辅的多种新理论新方法找矿试验研究，总结出了一套在厚层覆盖区寻找隐伏铀矿床的有效组合方法。利用这套组合方法，在江西盆地开展找矿预测工作，取得了良好的效果。

关键词：地电化学法；隐伏矿；找矿研究；江西盛源

以地球电化学测量为主，以土壤离子电导率法及土壤吸附相态汞测量为辅的多种新方法用于寻找铀矿床还是第一次，因此，本次工作选择了已知矿和未知矿各一条剖面进行对比研究。已知矿剖面长度为500 m，未知矿剖面长度为1000 m，共计1.5 km，采集土壤离子电导率及土壤吸附相态汞测量样品各87个，采集地球化学测量样品137个。

1　矿区地质概况

盛源盆地位于江西省溪县县城以南，面积约300 km^2，形态似桃形，根据物探资料，盆地基底由东部、南部及西部自盆地中心逐渐加深。

盛源盆地的性质为火山沉陷盆地，它的基底主要为震旦系的片麻岩、千枚岩、变质砂岩等，局部为上三叠统的砾岩。盖层为上侏罗统的流纹质熔结凝灰岩、凝灰岩、粉砂岩、页岩夹煤系地层，其次为加里东期与燕山早期的花岗岩。盖层为上侏罗统的流纹质熔结凝灰岩、凝灰岩、粉砂岩与页岩互层、砂岩和砂砾岩等，安山岩和安山－玄武岩较少，盖层沿盆地边缘分布，产状倾向盆地中心。盆地中心及其北部主要出露白垩系红色砂岩。

盛源盆地的构造主要表现为几组长断裂，其中盆地东部有一条NE向断裂，贯穿盆地基底与盖层，在盆地西部边缘，有一组NNE向断裂，以致震旦系变质岩逆冲隆起并逆掩于J_3-K_1地层之上。盆地北部为近东西向的信江断陷带，其次为北西向的断裂。盆地未见环状和放射状构造，也未见晚期侵入体。

盆地内目前已发现60、65、70号共三个铀矿床，十几个铀矿化点，并有众多矿化线索。60矿床位于盆地东部，含矿地层为上侏罗统鹅湖岭组第二段(J_{3e}^2)凝灰质砂岩、粉砂岩、砂页岩、沉凝灰岩等，上覆地层为上侏罗统鹅湖岭组第三段(J_{3e}^3)砂质岩，下伏地层为上侏罗统打鼓顶组第三段(J_{3d}^4)粉砂岩。65、70号矿床位于盆地的西部，矿床受65号、70号推覆体控制，该推覆体面积约3～4 km^2，由上侏罗统火山碎屑沉积岩系组成，主要岩性为流纹质熔结凝灰岩、凝灰岩及与其互层的粉砂岩、砂岩和砂砾岩。推覆体的下部为震旦系石英云母片岩。铀矿化发生于上侏罗统打鼓顶组第二段(J_{3d}^2)的球泡熔结凝灰岩、凝灰岩顺层挤压破碎带或断层内，含矿层的上下部层位为紫红色砂岩。

矿体形态为似层状、透镜状，或成群出现，呈边幕式排列，矿体产状与岩层产状一致。矿床矿石矿物中铀矿物有沥青铀矿、铀石和钛铀矿、铜铀云母、钙铀云母等，金属硫化物有胶状硫钼矿、辉钼矿、黄铁矿等；脉石矿物有石英、黄玉、水铝氟石、萤石、磷灰石等。

2　找矿方法可行性试验

本次工作使用的研究方法包括地电化学提取测量、土壤离子电导率测量法、吸附相态汞测量法。为了检验这些方法对于寻找隐伏铀矿床的有效性，特选择已有工程控制的70号矿床$I-I'$剖面进行试验。

2.1　地电化学提取法

地电化学提取法是以地下岩石中的离子动态平衡状态为基础的地球电化学方法。其原理是在人工电场的作用下，地下岩石中的离子动态平衡被破坏，促使离子向离子收集器中迁移。经过一定时间后，离子收集器收集到的离子达到一定浓度，收集器收集到的样品经测试即得到收集所在点上的异常值。在同一剖面上，分别用硝酸提取液、王水提取液和双组合电极方法（以硝酸为提取液）进行成矿离子提取。采用民用电作供电电源，供电电压220 V，供电电流1 A，供电时间48 h，提取样品送江西核工业地质局测试研究中心分析U、Mo两个元素。其中又包括三种方法。

（1）硝酸提取液。

如图1所示，在2～12号点之间具有明显的U和Mo异常，U的异常强度为$(12\sim49)\times10^{-6}$，异常高出背景值(5×10^{-6})2～9倍，异常宽180余米。Mo的异常强度为$(15\sim49)\times10^{-6}$，异常高出背景(5×10^{-6})3～9倍，异常宽达40余米。从图上可看出，U与Mo异常同步出现在$I-I'$剖面的0～12点之间，两者的最高异常均位于11号测点，两者的吻合程度十分完好，异常较清晰地指示了隐伏矿体的赋存部位。而且从异常的分布特征来看，异常在矿体的上盘更为发育，因此推测该已知矿体应该继续向深部延伸，只是尚未被工程所控制。

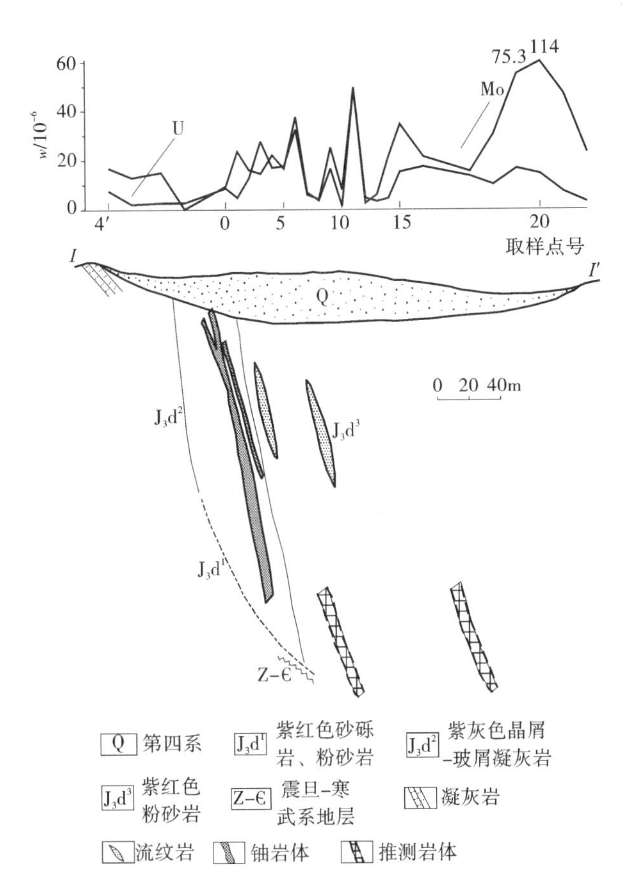

图1 江西盛源盆地艾门村已知剖面（$I-I'$）硝酸提取液地电异常剖面

另在剖面的14～22号点之间，测出强度为$(20\sim114)\times10^{-6}$的Mo异常，异常高出背景4～22倍，异常宽约160 m，在该区段同样测出10×10^{-6}的低缓U异常，根据异常形态及走向，并考虑到已知矿体的产出形态，推测在Mo高异常区深部，有可能存在已知侧向雁行排列式铀矿体的隐伏铀矿体。值得引起注意。

（2）王水提取液。

如图2所示，在0～8号点之间测出了3个明显的峰值Mo异常，峰值分别为94×10^{-6}、30×10^{-6}、和80×10^{-6}，另外15～16、19～20号点之间测出两个明显的Mo异常，与硝酸提取液中的Mo异常出现的位置相吻合，全线U含量都较低，最大值为7.1×10^{-6}。

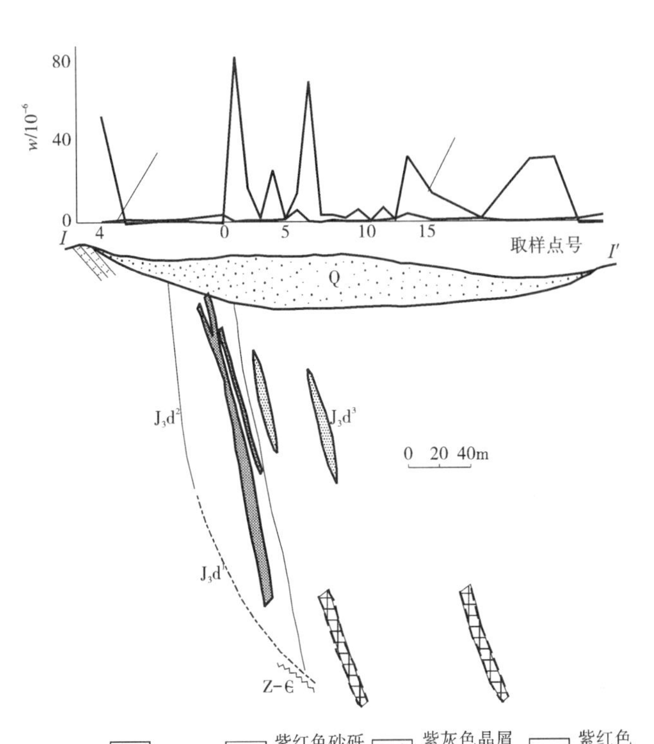

图2 江西盛源盆地艾门村已知剖面（$I-I'$）王水提取液地电异常剖面

（3）双组合电极方法（以硝酸为提取液）。

图3中，在0～13号点之间U和Mo都出现幅度不大的异常：14～22号点之间Mo出现多处高异常，U也出现明显的高异常（该点Mo异常为最大值）。

综上所述，在已知矿体上方，以上三种地电提取方法都表现出明显的示矿异常，而在已知的矿体上盘无矿体地段，采取的三种提取办法都测不出明显异常，因此，推测在该地段的深部存在与已知的矿体呈雁形排列的隐伏矿体是有一定根据的。

2.2 土壤离子电导率法

此方法的实质是通过测定样品中的多种成晕离子的电导率来达到寻找隐伏矿床的目的。如图4中土壤离子电导率曲线图所示，整条剖面测出的异常不太明显，仅在剖面的3号点测出4 μS/cm的单点高值异常，该位置正是已知矿体头部投影位置。

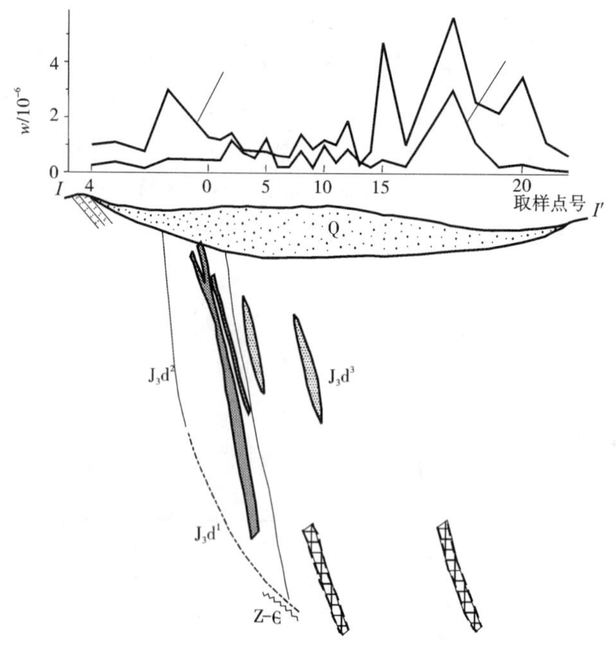

图3　江西盛源盆地艾门村已知剖面（$I-I'$）硝酸提取液地电多组合电极异常

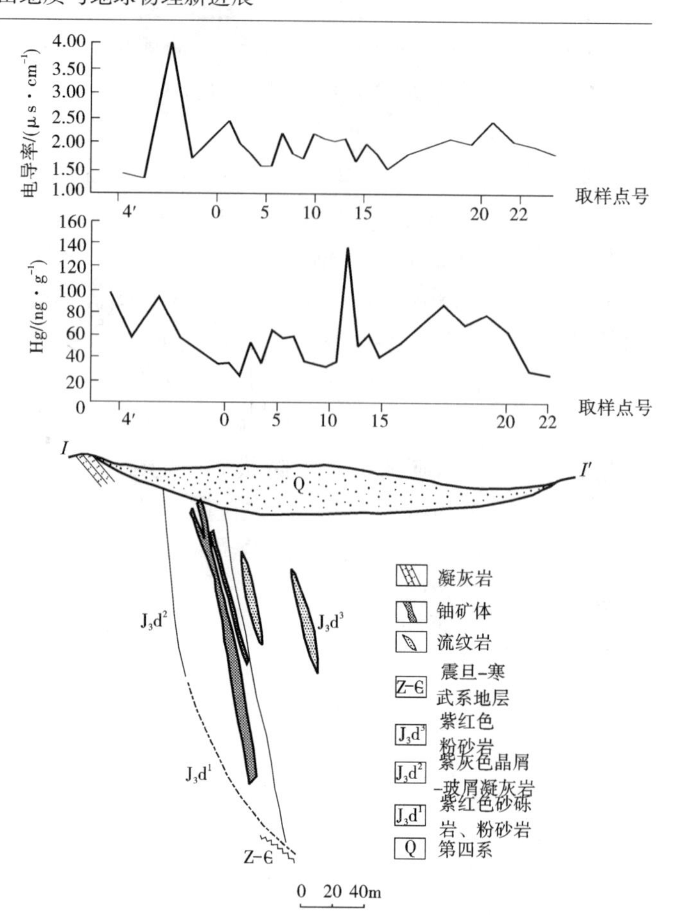

图4　江西盛源盆地艾门村已知剖面（$I-I'$）土壤离子电导率及土壤吸附相态汞异常剖面图

2.3　土壤吸附相态汞测量法

如图4中土壤吸附相态汞异常曲线所示，在剖面的1－4、5－7、11－12、16－20等地段均出现强度不等的Hg量异常，1－4号点测出的Hg量异常与土壤离子电导率异常相吻合，其他地段出现的异常与地电提取U、Mo异常位置相吻合。

2.4　找矿方法的可行性结论

从以上对已知矿床的多种方法试验研究可知，地电化学提取效果相同，而对U来说，硝酸的提取效果比王水好得多，且硝酸提取液地电法所反映的异常明显、清晰。因此，可用此方法进行隐伏铀矿床的找矿预测研究。

土壤离子电导率法和土壤吸附相态汞测量法，对已知矿体都有不同程度的反映，可作为地电提取的辅助方法综合用于找矿预测。

3　未知区找矿预测

按照270研究所项目组的安排，在江西盛源盆地石岭—崔家选定一条1000 m的剖面（$P-P'$剖面），开展地球电化学提取、土壤离子电导率及土壤吸附相态汞找矿预测研究。

（1）地电提取异常分布及特征。

在长达1 000 m的未知剖面上，测出了两个明显的地电提取U和Mo综合异常（见图5）。第一个综合异常位于剖面的1～5号测点之间，U的异常强度为$(15\sim47)\times10^{-6}$，异常高出背景3～9倍，最高异常值47.7×10^{-6}，出现在剖面的3号测点。Mo的异常强度为$(39\sim201)\times10^{-6}$，异常高出背景3～20倍，最高异常值201.1×10^{-6}出现在剖面的3号测点，综合异常宽度100 m。第二个综合异常位于剖面的9～18测点之间，U的异常强度为$(43\sim94)\times10^{-6}$，异常高出背景8～18倍，最高异常值94.48×10^{-6}，出现在剖面的17号测点。Mo的异常强度为$(20\sim508)\times10^{-6}$，异常高出背景2～50倍，异常宽度为40 m，Mo的异常宽为180 m，综合异常的浓集区在剖面的17～18号测点。

（2）土壤离子电导率。

土壤离子电导率（见图6）没有明显的异常，整条剖面上，电导率呈波状起伏，没有众数很大的背景。

（3）土壤吸附相态汞异常分布及特征。

在长达1 000 m的未知剖面上，测出了两个明显的土壤吸附相态汞异常（见图6）。

第一个Hg量异常位于剖面的1～5号测点，异常强度为23～1 472 ng/g，异常高出背景2～8倍，最高

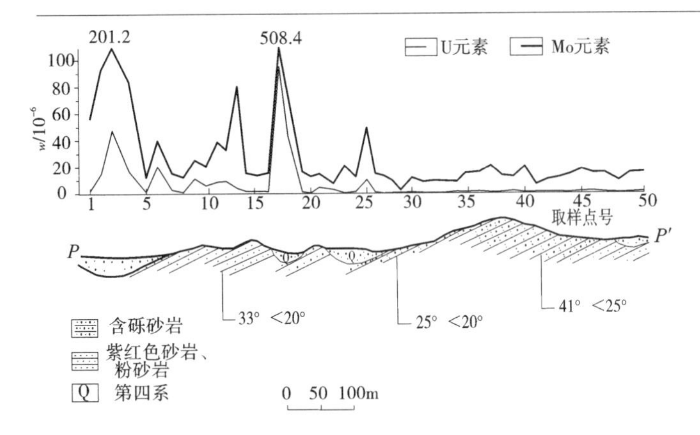

图5 江西盛源盆地未知剖面(石岭—崔家)硝酸提取液地电异常图

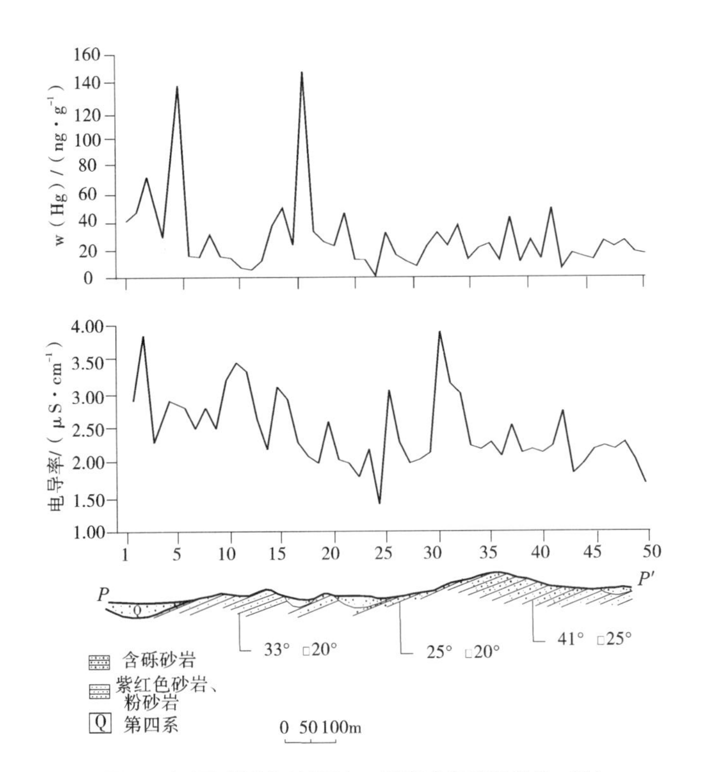

图6 江西盛源盆地石岭-崔家未知剖面($P-P'$)土壤离子电导率及土壤吸附相态汞异常剖面图

异常值137.49位于剖面的5号测点，次高异常值72.5位于剖面的17号测点。

第二个Hg量异常位于剖面的14~21号测点，异常强度为23~1 472 ng/g，异常高出背景值98倍，位于剖面的17号测点。

3.2 异常评价与找矿预测

根据测出的异常强度、规模、吻合程度可将石岭—崔家未知剖面的异常，划分为两个异常靶区。

第一个异常靶区：位于剖面的1~5号测点之间，在该靶区内同时用地电法提取U、Mo异常、土壤吸附相态汞异常。三种异常都具有以下共同点：①异常强度均高出背景8倍以上，最大Mo异常(201.2×10^{-6})高出背景达20倍。②异常均有一定规模，综合异常宽度达100余米。③高异常区高度集中，最高异常均出现在剖面的3号测点。

第二个异常靶区：位于剖面的9~18测点之间，在该靶区内也同样出现地电提取U、Mo异常、土壤吸附相态汞异常。三种异常有以下共同点：①异常强度大，异常均高出背景18倍以上，最大Mo异常(508.4×10^{-6})高出背景达50倍。最大Hg异常(1472 ng/g)高出背景达98倍。②异常均有一定规模，其中Mo异常宽度达180余米。③高异常区高度集中，最高异常值均出现在剖面的17~18号测点。

综上所述我们认为在上述两个异常靶区都是寻找隐伏铀矿的有利部位，特别是在一号异常的3号测点、二号异常的17~18号测点地段是最佳的找矿部位，值得引起高度的重视。

4 结 论

(1) 通过在江西盛源盆地铀矿区开展地电化学提取法为主的找矿试验研究，表明利用以地电提取法为主、以土壤离子电导率、土壤吸附相态汞测量为辅的多种方法相结合，在江西盛源盆地厚层覆盖区寻找隐伏铀矿方法是可行的，效果是明显的，值得推广应用。

(2) 在技术条件选择性研究中，利用稀硝酸作为提取液比用稀王水作为提取液提取的效果好。

(3) 在找矿预测中发现了两处具有找矿前景的多方法组合异常，即已知矿床(70号矿床$I-I'$剖面)深部可能存在隐伏铀矿体；未知区($P-P'$剖面)也可能有埋藏深度不大的隐伏铀矿体，值得引起高度重视。

本次试验研究工作，得到了中国核工业局总工程师张金带教授的大力支持，在野外工作期间得到中国核工业局270研究所有关技术人员的帮助，在此一并致谢。

参考文献

[1] 罗先熔. 地球化学勘查及深部找矿[M]. 北京：冶金工业出版社，1996：134-147

[2] 费锡铨. 地电提取离子法[M]. 北京：地质出版社，1992：1-53

青海锡铁山铅锌矿床地层、构造和火山作用控矿的一致性

汤静如[1] 奚小双[1] 张代斌[2]
（1. 中南大学地质研究所，长沙，410083；2. 西部矿业公司，西宁，810001）

摘 要：锡铁山铅锌矿床明显受地层、构造和海底火山作用一致性控制。生长断层对控制矿床的形成起了决定性的作用。生长断层作为构造通道，控制了含矿地层的岩石组合和分布、沉积盆地形态以及海底火山喷流中心位置。含矿喷流物质的沉积受沉积盆地的控制，盆地沉积中心为成矿最有利部位。构造后期的改造对矿体有一定的影响，但并没有改变矿体的总体格局。

关键词：地层；构造；火山作用；控矿；一致性；锡铁山

锡铁山铅锌矿床位于柴达木北缘残山断褶带，上奥陶统滩间山群三级盆地内。矿区地层、构造特征极为复杂，正常沉积岩与火山岩混杂、火山岩与侵入体交错、构造变形强烈、变质作用叠加。多年来对矿床的构造特征认识和对矿床的成因众说纷纭（袁奎荣，1996；邬介人，1994；夏林圻，1998）。通过对前人地质资料的二次开发，结合笔者系统的野外调查，认为锡铁山铅锌矿床是在地层、构造和海底火山喷流沉积作用的控制下形成的。

1 地层与成矿的关系

1.1 矿区构造层划分

矿区构造层可以划分为以下三套：早元古代旋回形成的基底构造层——下元古界达肯大坂群；加里东旋回形成的裂谷构造层——上奥陶统滩间山群；华力西旋回形成的裂谷盖层构造层——上泥盆统阿木尼克组和下石炭统城墙沟组。矿体产于上奥陶统滩间山群地层中。

1.2 矿体的层位控制特征

矿体以似层状、透镜状、条带状、脉状等形状产出于滩间山群a岩组和b岩组中，明显地受地层控制。

含矿层为一套类复理石建造，主要由大理岩，钙质片岩和由正常沉积变质而成的绿泥石石英片岩，绢云石英片岩等组成。

矿带具有成层性。西部层数多，东部的层数少，在多层矿体出现处，大理岩与矿体具有大理岩与片岩相似的韵律性。

矿体分布不能离开大理岩层，矿体大部分产于大理岩中或在其边缘带，部分矿体产于周围绿片岩中，一般规模小，而且均靠近大理岩层。大理岩层厚度一般大于矿层厚度。锡铁山铅锌矿属海底喷流成因，具有层控岩控的特征，含矿大理岩是成矿条件之一，也是间接找矿标志，所以裂谷期控岩作用的研究非常重要。

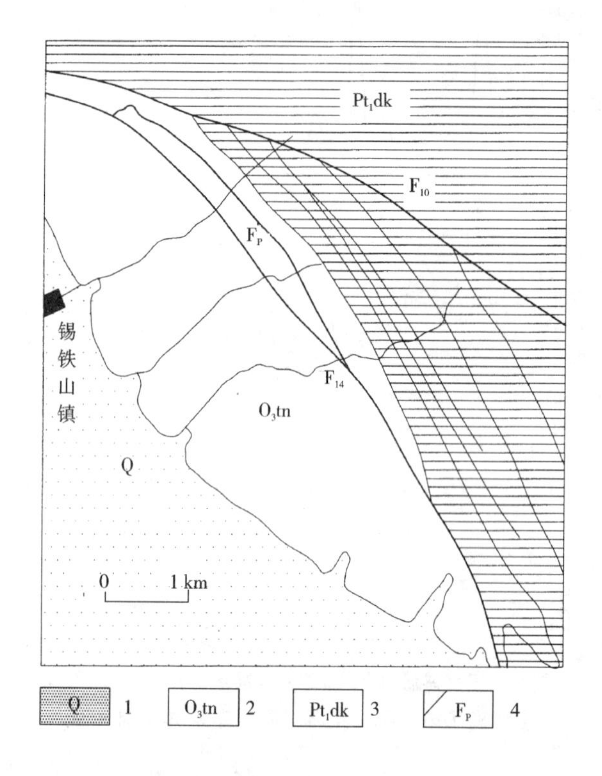

图1 锡铁山矿区地质略图

1—第四系洪积扇冲积物；2—上奥陶系滩间山群；3—太古界达克大坂群；4—断层

2 构造与成矿的关系

2.1 成岩期构造——生长断层控矿

锡铁山铅锌矿产于裂谷带中，其成矿作用受裂谷

构造控制，矿床矿带的分布受裂谷形式决定。沿生长断层分布的火山活动中心和抬斜沉积盆地是裂谷期成岩成矿的基本单元。

生长断层是成矿带中主要的成岩成矿构造，是火山喷发和热液喷流的直接通道，同时也控制着地层沉积盆地的环境。生长断层下降盘形成抬斜盆地，创造了良好的稳定沉积条件，是热液喷流成矿的理想场所。稳定的低洼地势是喷流热液能集中成矿的必要条件。生长断层的作用有双重性，一方面它控制火山喷发的通道，决定火山机构形态和火山建造分布，另一方面它的长期活动又不断改造火山机构和火山建造，生长断层不断切割已经形成的火山穹隆，新发育的抬斜盆地又影响后来的沉积环境，但生长断层在火山活动中多被充填，不容易观察，研究中常常被忽略。

锡铁山铅锌矿床形成于锡铁山—赛什腾山裂谷带的一个三级盆地中。锡铁山矿区生长断层走向北西，锡铁山铅锌矿位于生长断层南西侧，这是含矿层的特定的构造位置。锡铁山矿体的 CO_2 流体包体测压资料，显示了较高的压力，代表矿床形成于水深较大的环境（邬介人，1994），可作为稳定沉积环境证据。当时，盆地下部形成了一个或多个含矿热液的喷流中心，含矿热液在特定的构造条件下发生喷气喷流作用，并沿生长断层上升，喷出的成矿物质经海水的搬运迁移、富集，在还原的滞水海盆中心沉积成矿；与此同时，生长断层的不断活动也保持了盆地的深度，使得大理岩在生长断层抬斜盆地中沉积，形成锡铁山矿区的大理岩含矿层。因此，通过岩相变化来识别生长断层的活动，定位含矿热液喷流中心和盆地沉积中心，是锡铁山找矿的重中之重。

2.2 后期构造作用控矿

锡铁山铅锌矿在裂谷期的抬斜盆地中通过热液喷流作用形成的原始矿体是层状的，矿体经过多期构造改造形成了现在的形态，所以后期构造对矿体起到了破坏或富集作用。

（1）区域挤压作用对矿体的改造。矿区地层的构造解析发现含矿地层发生明显的构造置换作用，说明锡铁山矿区发生了大规模的区域挤压构造运动。研究表明，构造、流体和成矿的关系是密不可分的。后期构造作用引起的热液流体大规模运移。以下的几种构造运动会引起含矿流体对矿体的交代改造：一是在褶皱的过程中由于顺层滑动使得能干性岩层——大理岩的上部与非能干性岩层——片岩发生剪切作用，这个时候极容易发生扩容，使得含矿流体沿早期沉积矿层进行交代改造；二是在区域应力挤压过程之后岩层陡立，会有垂直挤压方向的张节理发育，顺节理脉热液充填交代；三是在北部滩间山群和达克大板群逆冲断层发育期，在含矿层位有含矿热液进行交代改造。

矿体受到改造主要体现在以下的几个方面：

① 矿石具花斑状块状构造，说明矿体遭受了含矿热液流体的交代。在局部地段见到方铅矿的巨型晶体，这么巨大的晶体是不可能沉积形成的，而且方铅矿的晶体的大小变化可以指示交代改造的中心所在。

② 同一矿石中矿物结晶程度差异性是本矿床矿体受到改造的重要特征。它具体表现在中、细颗粒状黄铁矿集合体中有粗、巨颗粒状黄铁矿集合体呈斑状、斑块状分布；还可见少量中、细颗粒状闪锌矿、石英、呈细脉浸染状或沿小晶洞产出；在黄铁矿集合体背景上可见中细颗粒闪锌矿集合体呈细脉、斑杂状分布其中。这些现象都说明有多期的构造改造作用，由于不同构造作用下流体的运移行为和流体成分的差异，使得金属矿物的结晶动力学行为存在差异，从而导致矿物的结晶程度的差异。

③ 矿体附近的围岩遭受了强烈的围岩蚀变——碳酸盐化。这种围岩蚀变在一般情况下很容易被忽视，碳酸盐化的普遍存在表明后期的构造热液的交代改造是普遍的。

④ 据袁奎荣（1996）所做的黄铁矿的标型特征研究，黄铁矿的爆裂温度为双峰式，起爆温度分别为115℃ ~150℃和225℃ ~305℃，说明黄铁矿形成至少有两个阶段，分别为喷流沉积阶段和后期改造阶段形成的产物。

⑤ 矿体与围岩的边界清楚，呈凹凸不平的港湾状，矿体中的残留碳酸盐矿物的普遍存在也是交代的证据之一。

（2）后期断裂活动对矿体的破坏。矿区断裂构造非常发育，具长期多次活动并互为影响的特点，而且随深度的增加，更趋复杂化。矿区发育多组断裂构造，主要有以下几组：

① 北西向组：其走向为300° ~350°，倾向不定，倾角一般较大。这组断裂与绿片岩带延伸方向基本一致，属多期活动的纵向断裂，其规模大，性质复杂，为矿区的主要断裂，对成矿有重要的控制作用。断裂带中既有破碎带型的条带状，似层状，透镜状矿体，也有角砾状片理化矿化。这些断裂既是矿体与围岩的接触带，也是大的岩性单元的接触带，如绿片岩与片麻岩，绿片岩与沉积岩的接触均以这种纵向大型压扭性断层为界。

② 北东向组：走向40° ~60°，倾向以南东为主，倾角陡直，多为张性，规模一般不大，与构造线垂直，为横向断层，属后期的断裂构造，在矿区内以200° ~

250°间距平行产出。该组断裂对矿体有明显的改造和破坏作用，尤其在横断层与挠曲复合部位破坏矿体更为明显，使矿体形态复杂化，将矿体错断或错失。受其影响，矿区矿体平面上从北西至南东向北东以雁形斜列式产出，平均错距30~50 m，增加了矿体形态的复杂性。

③ 近东西向组：走向70°~100°，倾向变化不定，倾角一般较陡，规模较大，断裂性质以扭张为主，常错断矿体，但错距一般不大。

④ 近南北向组：走向0°~30°，规模较小，为扭张性，产状较陡，也使矿体发生错动。

3　火山喷流沉积作用控矿分析

锡铁山铅锌矿属火山喷流沉积矿床，火山作用和喷流沉积作用与成矿有密切的关系。从赋矿岩系形成的环境、特征和标志来看，赋矿岩系属裂谷体系中的火山沉积建造，该建造中的含矿层由火山物质，灰岩，硅质岩，碳酸盐岩，硫化物及不同氧化-还原相的铁矿物组成，并显示具同生特征的条纹状，条带状矿石存在，充分显示了喷流沉积的特点。

前已述及，沿生长断层分布的火山活动中心和抬斜沉积盆地是裂谷期成岩成矿的基本单元。每个构造单元中会形成一个从火山岩到沉积岩的沉积总旋回，沉积岩覆盖于火山岩之上，表示火山活动发展停息的过程。矿区中大理岩的分布层位可能接在一次主要的火山活动产物之后，代表较大规模火山喷发后的火山间歇沉积作用。火山活动间歇期是可能发生热液成矿活动的时期，大理岩沉积正是对应火山活动期后的热液成矿作用，使大理岩成为含矿层，火山期的岩浆活动为成矿准备了物质来源，所以火山活动和其后热液喷流成矿是有密切成因联系的。

研究发现矿区中大理岩带与火山岩带有不对称组合关系，大理岩带及沉积岩带与火山岩带或火山熔岩带常常有突变的接触关系，为单侧发育。火山岩与大理岩的组合代表一个相对独立的火山中心，火山物质围绕中心的沉积有一定的对称性，而不对称性则反映某种构造作用。关于矿区火山岩构造方面的特征包含两个部分，一部分是裂谷阶段由地堑系生长断层控制的火山喷发产生的火山穹隆和火山洼地构造，是火山建造阶段产物；另一部分是裂谷封闭期及造山期的挤压变形构造，是火山改造阶段产物。对火山机构的讨论不能离开对变形改造的认识，因为要恢复变形改造部分才能描述火山机构，而某些变形构造可作为辨认火山机构的证据。在裂谷火山活动中，火山穹隆和生长断层是表现火山机构和火山建造的主要部分。

4　构造、地层和火山作用控矿的一致性

锡铁山铅锌矿床明显受地层、构造和海底火山作用一致性控制。

（1）矿床中铅锌矿体基本上产于大理岩中，而且位于大理岩的一定层位，因而其层控性是显而易见的。矿床这种既受层位控制又受构造控制的现象正是海底热液喷流矿床的一般特征。因为这里的沉积作用不同于陆缘区的沉积作用，而类似于火山岩的沉积，即成矿物质是从深部通过构造通道上升后喷流于海底的，沉积物来源依赖于构造通道，并围绕构造通道周围有利地形分布，而不会太广泛超出构造活动区的分布。

（2）火山喷气喷流作用过程中，大理岩为喷流间歇层，片岩为喷流沉积层。热液喷流活动有一定的时限，决定了矿床沉积限于一定层位中，矿床的层控程度反映了喷流成矿活动的时限和期次。所以大理岩层受控于喷流构造的区域，其分布有局限性，与矿区中大理岩层断续分布、矿体赋存于大理岩层位等现象是一致的。

（3）锡铁山矿区的后期变形构造对裂谷火山活动期构造具有一定的继承性，所以含矿层没有改变其构造位置，后期的构造改造使含矿层在它原来位置基础上形成新的变形形态。

矿床受构造、地层和火山作用控制的一致性，可以表示其成因类型的特征，也可以在成矿预测中能恰当的理解和应用构造、层位和火山活动控矿的条件，这实际上增加了限定条件，有利于缩小预测范围。

在野外工作中彭恩生教授给予了很大的启发，在这里表示感谢！

参考文献

[1] 袁奎荣等. 青海锡铁山隐伏铅锌矿床预测[M]. 长沙：中南工业大学出版社，1996

[2] 邬介人等. 西北海相火山岩地区块状硫化物矿床[M]. 武汉：中国地质大学出版社，1994

[3] 夏林圻等. 祁连山及邻区火山作用与成矿[M]. 北京：地质出版社，1998

银山矿床成因的再研究与找矿靶区的预测

周 冰

（江西铜业公司银山矿，江西上饶，334201）

摘 要：在前人研究的基础上，简述了对银山矿床成因的认识和在找矿工作中的应用，对今后银山矿田区域内寻找深部铜金资源、边缘铅锌资源有着重要的指导意义。

关键词：矿床成因；铅锌矿床；预测靶区

对于银山矿床的成因众说纷纭，多种观点归纳起来有以下几点：一种认为是由斑岩铜矿模式深化发展形成的多种矿床类型组合的模式；一种是火山－次火山作用成矿模式；还有一种认为韧性变形带是成矿的主导因素。本文在总结和继承前人认识的基础上，对银山矿床的成因问题提出了与之相关的观点。并认为银山矿田包括铜厂、金山金矿、富家坞铜矿的成因，应同属深源混熔岩浆沿赣东北深大断裂上侵时分异、重熔，在火山作用的驱动下，多组分、多过程(包括岩柱、岩墙、岩枝、岩舌等)之间相互作用下，多次叠加形成的一定形态、不同规模、不同矿物组合的矿床。这些矿床的形成都有其共同特点，即基底地层都为双桥山群变质岩系，只是赋存部位深浅、矿源物质成分、形成的矿床类型不同而已。

1 地层的含矿性与岩浆关系

银山矿田位于双桥山群变质岩系上亚群第二组。由于矿区的英安斑岩和英安质熔岩含 Cu、Pb、Zn 丰度较高(见表1)，说明成矿与英安斑岩侵入有关。围岩中的成矿元素也随岩浆上升的作用不断地渗入、迁移、富集、沉淀成矿。

其主要依据有：

(1)铜铅锌矿体空间分布与火山口、次火山岩体密切伴生，矿体与岩体产状基本一致，并以脉状充填为主，倾角陡，切割围岩片理和层理，不受层位控制。

(2)围岩蚀变以中低温类型出现，从岩体由内向外、从深部到浅部与铜铅锌矿化从高温到低温的分布规律一致。

(3)矿物组合以中低温为主，测温结果：黄铁矿，180～260℃；闪锌矿，215～295℃；硫砷铜矿，215～240℃；黄铜矿，235～240℃。

(4)铅同位素以正常铅为主，硫同位素组成说明了成矿物质来源于地壳深部(见表2、表3)。

表1 主要岩石成矿元素含量表($w/10^{-6}$)

区段	岩体编号	样品个数	光谱分析结果				备 注
			Cu	As	Pb	Zn	
北山	5#石英斑岩	12	54	25	41	40	都是无矿体地段的样品
西山	2#英安斑岩	12	66	275	140	133	
西山	1#英安斑岩	90	30	<300	286	372	
西山西部	千枚岩	36	63	<100	40	80	
北山	千枚岩	25	49	<100	30	74	
外围	千枚岩	173	47		17	99	

表2 铅同位素组成表

矿物	$^{206}Pb/^{204}Pb$	$^{207}Pb/^{204}Pb$	$^{208}Pb/^{204}Pb$
黄铁矿	17.9～17.994	15.482～15.532	37.805～37.980
黄铜矿	17.969	15.528	37.926
方铅矿	17.618～18.085	15.196～15.669	37.003～38.39

表3 硫同位素组成表

矿物	$^{32}S/^{34}S$	$\delta^{34}S‰$
硫砷铜矿黄铜矿	21.148 ~ 22.129	+0.1 ~ +3.3
黄铁矿	22.163 ~ 22.211	+0.4 ~ +2.6
闪锌矿	22.152 ~ 22.199	+1 ~ +3.1
方铅矿	21.144 ~ 22.254	-0.8 ~ +3.4

(5)英安斑岩同位素测定年龄为138 Ma，强矿化英安斑岩铅同位素年龄为129.5 Ma，说明矿床形成于燕山早期第三段。

(6)随着火山喷发与其后的次火山岩体侵入、岩浆结晶固化而逐渐从岩体中分馏出富含挥发组分和金属组分的岩浆水，形成含矿气水热液流体。而后通过对流循环，从围岩中萃取部分成矿物质形成富含Cu^{2+}、Pb^{2+}、Zn^{2+}等的成矿溶液，为矿床的形成提供了物质来源。

2 矿床成因与矿化分带关系

深源混熔岩浆中所含物质的比例不同、成分不同、侵位不同以及温度、应力等因素，形成蚀变分带、矿化分带。

银山矿田明显存在三个火山旋回期，第二旋回后期是矿床重要成矿时期，其原生矿化与围岩蚀变有明显的空间分带规律，以3#、8#、1#岩体为中心依次由接触带向外形成四个分带：即黄铁绢英岩化－黄铁绢英绿泥石矿化－绿泥石化－碳酸盐化。在剖面上，从深部到浅部也有上述分带规律。随着混染岩浆的侵位增高，混染源的物质比例增大，岩浆由浅成、超浅成岩体逐步形成中酸性、酸性两个系列岩浆岩，产生不同类型的矿化带。经微量元素分析及深孔钻表明，随着成矿岩体由中深成型－浅成型－超浅成型－火山岩体侵入－喷发的演变，形成目前银山矿床的分带格局，即(MoCu)→Cu(MoAu)→CuPbZn→PbZnAg→PbAg的矿化分带。

3 矿田成因与成矿构造关系

由于火山－次火山作用下，形成了以银山背斜轴部构造为主，派生了一系列容矿构造，为银山矿床物质来源提供了必要的通道和容矿空间，造就了银山矿田的成矿构造特点：即多期次、多阶段和继承性，以及力学性质上的分带性、构造形迹的组合性、复合叠加性等。这些容矿构造在走向上可分为四组。

(1)北东东组：走向60°~85°，倾向北北西，倾角75°~85°，属压扭性断裂。是北山区、九区铅锌矿带、九区铜硫矿带和银山西区部分矿体的容矿构造。

(2)北北东组：走向5°~15°，倾向南东东，倾角75°~80°，属扭压性断裂，是银山区5－3、5－6等矿体的容矿构造。

(3)北北西组：走向335°~345°，倾向南西西，倾角70°~85°，属张性断裂。是银山区规模较大的2－1、4－1、5－2、5－10等矿体和银山西区矿体的容矿构造。

(4)北西组：走向315°~325°，倾向南西，倾角65°~80°，属张性断裂。是银山区众多的小矿体和银山西区部分矿体的容矿构造。

综上所述，银山矿田在斑岩体的侵入－火山喷发－潜火山再侵入－岩浆隐蔽爆破的整个成岩成矿过程中，形成上部大脉型、小脉型、浸染状的铅锌矿体。如南山铅银矿体、银山桶状铅锌矿体(5－17矿体)、北山铅锌矿脉等。中部为铜铅锌过渡带，下部深孔验证(如西山12线、17线、九区9线等)，为斑岩型铜金矿床，组成完整的火山斑岩型铜金多金属矿床。而从区域成矿条件来看，银山矿田、铜厂、金山金矿、富家坞铜矿都处在大茅山岩体的北西侧。因此，可以认定，银山矿田英安斑岩、铜厂花岗闪长斑岩均为大茅山花岗岩体分异系列的浅成－超浅成部分。而各类矿床均赋存在大茅山花岗岩体与变质岩系的混染边缘中，是由于温度、应力、物质成分所形成的矿物组合不同，类型不同的矿床。

4 银山矿床成因在找矿工作中的应用

银山矿田由于近40年的开采，上部铅锌资源接近枯竭，寻找新的矿产资源已迫在眉睫。通过银山矿床成因的重新认识，将对该区域内深部和边部的再找矿有重要的指导意义。如1994年银山矿地测科提交的《北山铅锌矿床中深部中间性勘探地质报告》和有色勘探一队在1990年3月份提交的《九区铜硫矿带勘探地质报告》中，共获得D级铅锌储量373.2万t。其中，主元素铅62 245 t，锌93 399 t，伴生金9.82 kg，银390 t，硫2 600 385 t。D级以上储量金属铜66.2万t，金73 t，银940 t，硫1161万t。边部找矿也取得了突破性进展，1998年银山矿地质工作加强了边部找矿的研究。通过对银山矿床航磁化极局部场异常资料的研究和野外普查勘探工作，在南山南西角发现一处走向北西向，倾向南西，倾角40°～45°、宽度为20 m、深15 m左右的地表矿体，延长100多m，Pb+Zn品位达4.0%以上。矿体结构主要以角砾胶结、细脉浸染状为主，总计提交地表储量15万t。该矿体还有迹象往南西延伸。

5 找矿靶区的预测

通过以银山矿床的成因认识及多年的找矿经验，笔者认为银山矿田的边部找矿、深部找矿应从以下几个方面考虑：

（1）必须遵循三个前提条件：岩体、蚀变、构造。任何一个成形的矿床都离不开这三个要素。北山2线的5#石英斑岩体的北东端，构造以EW向转SE向的韧性剪切压扭性构造带是寻找新的矿体、矿脉的主攻方向。

（2）北山5#石英斑岩体的本身含有浸染状黄铁矿、闪锌矿网脉状的小脉矿体，因此，对该岩体含矿性有必要进行再研究。

（3）“测盲探体”：探明隐伏岩体的位置，进而找出控矿构造、蚀变带，以达到在同区内寻找性质相同、类型相同或同岩分异、同种分异、同构分异的类似矿床的目的。

从银山矿田航磁化极局部场异常资料上，可看出在银山矿田的南西面，磁异常较高，磁异常面分异较大，而银山背斜轴部断裂构造向南西面侧状，矿区南西深部钛、钨、锇矿化度明显增高。矿液上升与火成岩时空活动规律的一致性均受轴部构造严格控制，由深部从南西往北东向浅部上升、运移、扩散与聚集。加上已探明的以南山SW向矿体及银山背斜构造的侧伏方向证实，银山矿田的南西是寻找铅锌工业矿体的有望地段。

对九区东六18线以东，即北山矿带与银山区5号矿带之间空白地段进行了综合研究。认为该区域有可能存在隐伏岩体，加上复合断层发育，片理褶皱相当强烈，断层与断层之间普遍见不规则细脉状零星浸染状黄铁矿化、黄铜矿化及砷黝铜矿细脉，因此有找矿前景。以－105 m中段九区东六9－25矿体为例。往上部中段该矿体总长度120 m左右就自然尖灭，而在－105 m中段，该矿体比上部中段矿体延长了60多m，铜品位在0.4%～1.99%之间。从含矿构造又对其进行了研究，认为该区域早期黄铁矿与后期黄铁矿重复叠加，叠加在复合断层叠加集中部位，而部分地段又可见到明显的蚀变分带，因此，可能存在其他相似类型矿体。根据以上推理，对18线以东，首次实施了坑探工程和钻探工程，在横坐标 X：3201600～3201700、纵坐标 Y：50567200～50567300之间有中性岩体（闪长岩）的存在，在岩体附近探明了多条砷黝铜矿体小脉及铅锌矿脉。该组矿体形态在平面上是一组羽裂状矿体，受多条断层控制。在剖面上呈膨大狭缩不规则的扁豆状产出。目前东部边缘探矿正在加紧实施。

对深部探矿也有了很大进展，－150 m至－195 m、－240 m中段的盲斜井探矿中，在九区与北山区之间新探明了两条盲矿体，铅锌品位均在4.0%以上。

总之，在今后的边采边探过程中，应着重在北山东部与银山南西端、九区东六18线以东方向进行找矿工作的研究。向深部、边部找矿应注意蚀变强度的变化、构造类型、岩体周围岩性的变化、接触带中的矿化变化等情况，才不至于漏掉每一个盲矿体，实现边部、深部找矿工作的新的突破。

参考文献（略）

湖南水口山矿田黑土夹角砾型金矿床地质特征及成矿初探

李贻春
（水口山矿务局铅锌矿，湖南常宁，421513）

摘　要：水口山矿田黑土夹角砾型金矿床是近年来发现的新的金矿床类型。本文阐述了该矿床的地质特征，并对次生富集残积成矿作用，金的迁移富集规律进行了初步探讨。这一研究，对于指导矿田深入寻找氧化残积矿床具有重大意义。

关键词：黑土夹角砾型金矿床；氧化带残积；次生富集；深源；矿液

水口山矿田位于湖南常宁市境内。矿产资源丰富，经探明和开采的矿区有：康家湾铅锌金矿床、老鸦巢铅锌硫矿床、金矿床、鸭公塘铅锌铜硫矿床，百步蹬、白泥冲硫矿床，龙王山铁帽型金矿床，还有未完全探明而正在开采的大园岭、秤砣岭等黑土夹角砾型金矿。

1　矿田地质概述

水口山矿田内沉积了一套自泥盆系上统至白垩系下统海相碳酸盐建造及海陆交互相碎屑建造。矿田构造位于耒（阳）—临（武）南北褶皱、断裂构造带的北端，衡阳断陷盆地的南缘。燕山中期火成岩侵入矿田内。根据区域航磁异常及遥感地质解译综合分析，矿田基底断裂有羊角塘－水口山－五峰东西向深断裂，水口山－香花岭南北向深断裂及水口山－江东北东向基底断裂。正是这三组基底断裂的交汇部位，控制了水口山矿田深源岩浆的空间展布和多金属矿床的产出部位。

2　水口山原生金矿床简介

老鸦巢原生金矿床产于4号花岗闪长岩体与大理岩、砂页岩的接触破碎带和隐爆角砾岩的北北东部位。矿床延深500 m。自然金形成较晚，主要在硫化物期后的石英自然金阶段形成。矿床成因属热液交代，叠加改造中低温热液复成矿床。矿物组合为自然金、方铅矿、闪锌矿、黄铁矿、黄铜矿、磁铁矿、斑铜矿、毒砂、石英等。矿石类型有角砾岩型金矿石、铅锌黄铁矿型金矿石、破碎蚀变岩黄铁矿细脉型金矿石。矿床接触带上部氧化，地表浅部氧化矿物主要有褐铁矿、针铁矿、黄钾铁矾、石英，往下则主要为铜兰、菱铁矿、白铅矿、重晶石、石英等。矿田内各矿床氧化深度不一，根据鸭公塘区已经揭露的氧化深度已达180 m左右。围岩蚀变有矽卡岩化、角岩化、硅化、绿泥石化、绢云母化、大理岩化、碳酸盐化。

3　黑土夹角砾型金矿床特征

3.1　黑土夹角砾层的分布特征

（1）空间分布：黑土夹角砾层主要分布在矿田中部的2号、4号花岗闪长岩体周边。以中区为中心分布：北端有新塘—秤砣岭区，鸭公塘—白泥冲区；东端有老鸦巢区（不太发育）；南端有龙王山—捡金洞区；西端有大园岭（见图1）。

（2）出露面积：地表出露面积约0.72 km^2（见表1）。

（3）厚度：矿田黑土夹角砾层厚度变化大，不稳定。根据大园岭、龙王山开采情况和钻探资料，黑土夹角砾层最大厚度达100 m左右，最薄只有1～2 m。

（4）产出特征：从平面上看，黑土夹角砾层的产出特征主要受花岗闪长岩体、南北向断裂及倒转背斜控制。垂直方向直接的基底为二叠系栖霞灰岩及斗岭组砂页岩。因风化剥蚀之故，基底极不规则，凹凸不平，这就是导致其厚度变化大的根本原因（见图2）。

3.2　黑土夹角砾层特征

根据其物质成分不同，自下而上又可分为三层：①沙砾层（$Ht \cdot jl_1$），厚1～8 m，局部缺失，主要由石英粗砂、硅质岩、硅化砂岩角砾和胶结物组成，砂、砾混杂，胶结物松散，沙砾比为1∶1。含金品位0.1～0.3 g/t；②黑土夹角砾层（$Ht \cdot jl_2$），一般厚20～50 m，局部达80 m，以呈褐色、褐黑色含锰黏土为主夹硅质岩、硅化灰岩、硅质砂岩、燧石、褐铁矿等角砾，黑土与角砾之比自下而上一般为2∶1～3∶1，局部地段含角砾极少。该层是金的主要富集层位，含金品位一般是0.2～3.0 g/t。③黏土层（$Ht \cdot jl_3$），厚几米至十几米，主要为黄褐色，褐色含石英砂黏土，夹少量硅质岩、燧石、褐铁矿角砾。含金品位一般0.1～1.5 g/t，局部达3.0 g/t。

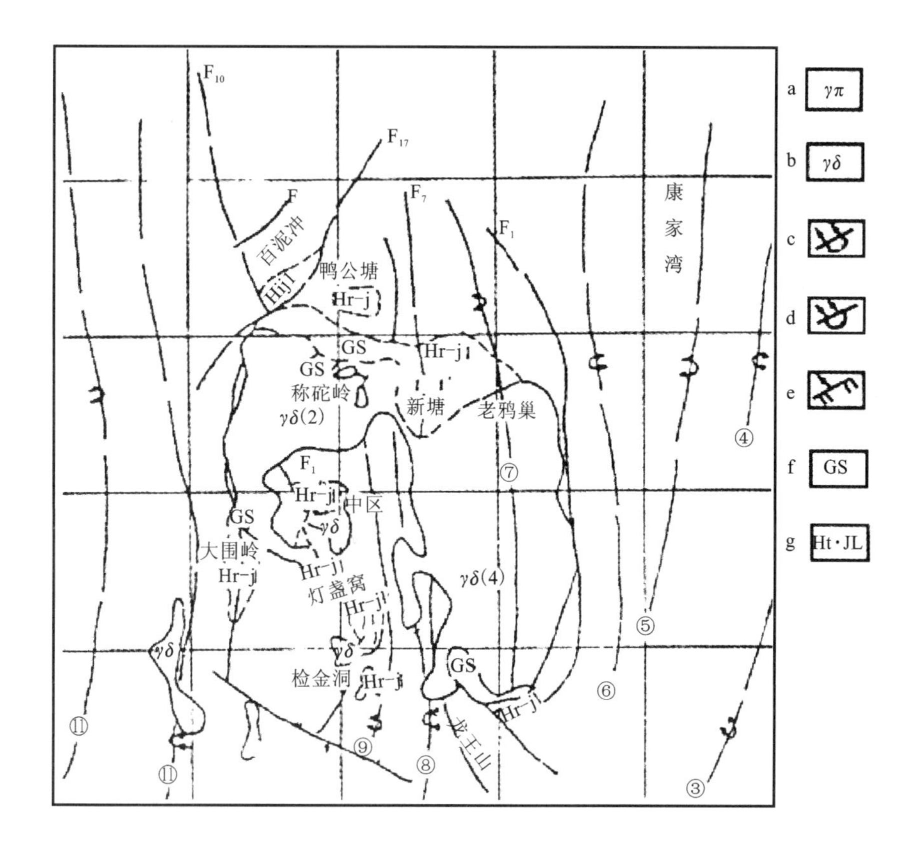

a—花岗斑岩；b—花岗闪长岩；c—倒转背斜；d—倒转向斜；e—断层及编号；f—铁帽；g—黑土夹角砾；③花桥沙坪倒转背斜；④畔矿增家析倒转向斜；⑤康家湾倒转背斜；⑥庙门前倒转向斜；⑦老鸦巢倒转背斜；⑧乌子巢垒底罗倒转向斜；⑨鸭公塘仙人岩倒转背斜；⑩马预口倒转向斜；⑪大市倒转背斜

图1 湖南水口山矿田黑土夹角砾型金矿分布图

1∶25000

表1 地表出露面积

地点	面积/km^2
新塘－秤砣岭	0.50
大园岭	0.14
灯盏窝	0.01
龙王山	0.03
捡金洞	0.04

3.3 角砾特征

角砾的主要成分为硅质岩、褐铁矿、硅化灰岩及少量砂岩、页岩、燧石等。呈棱角、次棱角状。角砾大小不一，一般直径1～3 cm，大的可达10～30 cm，小的呈碎末状。胶结物为黑色，含铁锰及黄黏土。角砾与胶结物之比一般为1∶2左右，角砾和胶结物结构松散呈土状。角砾和胶结物含金之比为1∶1左右，在多种角砾中，尤以褐铁矿角砾含金较高，一般在0.25～3.5 g/t之间，其他角砾均在0.08 g/t以下。

矿床各矿体中角砾的多少也不尽相同。据野外资料，新塘—秤砣岭区矿石中的角砾较多，大园岭区矿石中的角砾较少，而在龙王山某采场观察到黑土中的角砾最少，几乎看不到角砾，全是黑土（褐黑色泥土），但金品位较高。因此，说明矿石中角砾多少与含金量无相关关系，但与角砾成分有关。

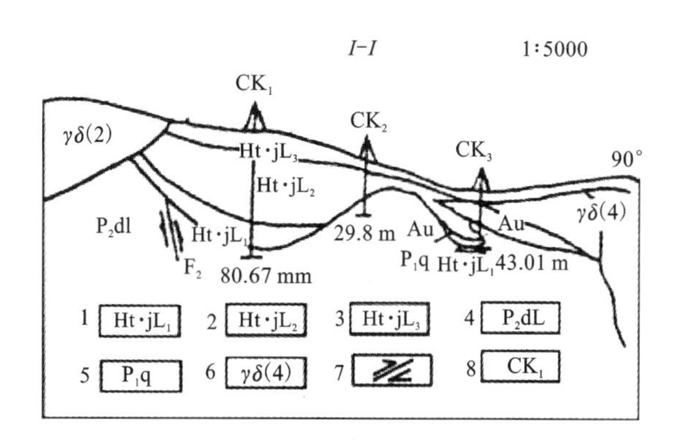

图2 凸凹不平的风化剥蚀地貌

1—砂砾层；2—黑土夹角砾层；3—黏土黄土层；4—斗岑组；5—栖霞组；6—花岗闪长岩及编号；7—逆断层及编号；8—浅钻编号

3.4 黑土夹角砾层化学组成特点

化学组成特点是：贫钙、镁，富铁、锰，硅含量高。其中 $SiO_2$60.05%，$Fe_2O_3$7.96%，CaO 0.16%，MgO 0.86%，MnO 10.50%。并含有 As、Cu、Pb、Zn、Ag、Cd、Ga、In 等多种微量元素。Au 与 As、Cu、Pb、Zn、Ag 呈正相关关系，这除了表现在它们的地球化学行为方面的因素外，更重要的是它们之间有成因上、来源上的密切关系。

3.5 黑土夹角砾层金富集特征

该层普遍具金矿化，尤以黑土夹角砾层的中上部（Ht·jl_2、Ht·jl_3）含金较高，矿体赋存于此层之中。但富集程度不均匀，单样品位高的达15.78 g/t，最低为0.02 g/t，一般在0.25～3.69 g/t之间，新塘区某单工程平均品位2.96～4.56 g/t。各区矿体金品位亦不相同，有的达到矿床的工业要求，如秤砣岭、大园岭区正在开采利用，其开采品位平均为3.0 g/t左右，个别矿体平均品位达4.0 g/t。有的目前还不具备开采价值。

3.6 黑土夹角砾型矿石特征

（1）矿石被氧化程度：矿石中看不到原生矿物，显微镜下亦难找到原生金属矿物，这表明原生矿物氧化彻底。

（2）矿石的矿物成分：矿石主要物质组成有褐铁矿、针铁矿、自然金、黄钾铁矾、石英及高岭土等黏土矿物。

（3）主要矿物自然金的特征：矿石中的金呈自然金产出。主要赋存在褐铁矿、针铁矿、黄钾铁矾、石英及黏土矿物的裂隙和颗粒间。自然金颗粒很细，一般在80 μm左右，金的成色在880～950之间。

（4）矿石类型及特征：根据矿石结构、矿物组合及含金性可分为五种类型。①松散土状金矿石：矿石呈褐色、黄褐色。以石英细砂及黄褐色的黏土为主，夹有角砾。含金一般在1.0～3.5 g/t。②黄钾铁矾褐铁矿土状金矿石：矿石呈黄褐、褐黑、褐红色。黑土与角砾混杂，黑土中见有较多的残留褐铁矿与锰矿物，局部见到褐铁矿的粉末。取样结果表明，此类矿石含金性最好，品位在2.0～4.15 g/t之间。③蜂窝土状金矿石：一般是靠接触带上，原生黄铁矿经氧化分解，某些组分被溶解淋失，大部分金被下渗迁移，致使矿石含金性差，金品位在1.5 g/t左右。④黑土状金矿石：以黑土为主，含碳质较多，夹极少量角砾，而且角砾很小，直径1.5 cm左右，黑土经水溶解，成为黑泥。金平均品位3.5 g/t。⑤黑土夹角砾贫金矿石：此类矿石金含量较低，一般在0.5～1.0 g/t之间，但其储量较多。

3.7 黑土夹角砾型金的矿床类型

根据上述特征，成矿过程经历了内生期和表生期，表生期对金的次生富集起了重要作用。因此认为，水口山矿田黑土夹角砾型金矿床属风化淋滤－次生富集残积型氧化矿床。

4 黑土夹角砾型金矿床成矿初探

4.1 金物质来源

如前所述，水口山矿田的岩体和多金属矿床受深部基底断裂控制。黑土夹角砾型金矿有规律地分布于火成岩接触带的周边（附近）。矿石中的次生金是氧化带金属硫化物矿物中的微粒金，根据该矿田多金属矿床成因分析和25件硫同位素特征，（$^{32}S/^{34}S$ 为 21.994～22.252，平均 22.177。$\delta^{34}S$‰为 －1.5～10.298，但大部分变化在－1.5～3.5之间，呈塔式分布，接近陨石硫）说明氧化带的原生金是来自地壳深源矿液。

4.2 金在表生带中的迁移形成

查阅矿田勘探资料，接触带以及黄铁矿体中金的含量一般是0.03～0.25 g/t之间，通过表生作用富集形成工业矿床。这种成矿作用的全过程都表现为成矿物质在特定的环境中被溶解、迁移，又在一定的条件下沉淀富集成矿床。因此，研究金在表生带的迁移富集特征尤其重要。

金在表生带的活动及地球化学行为较内生条件下受更多的复杂因素控制，表生带中存在类型众多的络合物，以及生物地球化学的影响，均构成了金在表生带中迁移的特殊性和复杂性。

根据水口山矿田地质特征和氧化带金的赋存状态，胶体形式搬运和络合物形式搬运以及机械搬运可能是该表生带金的迁移形式。

（1）胶体形式搬运：矿床氧化带中，金与褐铁矿、针铁矿、石英关系密切，金赋存在上述矿物中，这是金以胶体形式搬运的证据。在表生条件下，极细粒金和从硫化物分离出来的微粒金可形成含金胶体溶液迁移。含金胶体溶液在 pH＝4～8 范围内带负电荷，特别容易被带正电荷的铁或铝的氢氧化物水溶胶（$Fe_2O_3 \cdot nH_2O$或 $Al_2O_3 \cdot nH_2O$）、含水的锰氧化物、硅胶、黏土矿物和腐殖质酸胶体吸附并一起沉淀于黑土夹角砾层中。胶体搬运可能是该矿床表生带金的迁移主要形成。

（2）络合物形式搬运：水口山矿田矿床氧化带含有多金属硫化物矿物，当原生金属硫化物氧化溶解，接触带及傍侧的碳酸盐类矿物当物理化学条件发生变化，岩石风化溶解，在这些作用过程中，氧化带形成了强氧化环境。金在强氧化环境中，当温度、压力、pH条件适合时，就可氧化成 Au^+、Au^{3+}、而 Au^+、Au^{3+} 与金属硫化物氧化过程中的中间产物[$S^{2-} \rightarrow (S_2O_3)^{2-} \rightarrow (SO_3)^{2-} \rightarrow (SO_4)^{2-}$]形成硫代硫酸盐络合物$[Au(S_2O_3)_2]^{3-}$形式迁移。络合物在中性条件下比较稳定，当与氧化带中的强酸性水相遇时，络合物就分解，释放出来的金与褐铁矿、针铁矿、黄钾铁矾共生。

有研究者指出：在金矿区氧化带，金富集在森林腐殖质、泥炭和近地表土壤中的情况，也是以络合物形式进行活动的。因此，络合物搬运是黑土夹角砾型金矿床金迁移的重要形式。

(3)机械搬运：自然界中的金一般是原子状态(Au°)存在，Au°很稳定。细粒 Au°在氧化带可以沿岩、矿裂隙下渗，也可以在水溶液中迁移。机械搬运也可能是该矿床金的迁移形式之一。

4.3 黑土夹角砾型金矿床的富集规律

在黑土夹角砾层中，能富集形成金矿床，首先探讨一下黑土夹角砾层是怎样形成的，以及在富集成矿过程中的作用。在中生代至新生代漫长的地史时期，水口山矿田构造运动频繁，白垩纪、侏罗纪、下三叠纪地层以至二叠纪栖霞组上部的燧石灰岩地层均遭受强烈风化剥蚀。在氧化带中，一些地层中活动性较强的元素(Ca、Mg)和组分被带走，而化学性质较稳定的Fe、Mn氧化物及黏土矿物则相对集中，残存起来，则成为现今黑土夹角砾层中的黑土。而这些地层中的石英、硅质岩、燧石结核以及氧化带含金铁帽被风化、破碎残存下来，成为现今黑土夹角砾层中的角砾。这就是黑土夹角砾层的成因机制。

如前所述，该层化学组成是以Fe、Mn、Si高为主要特征，黑土中残存着较多的铁锰的氢氧化物。当原生矿物氧化，微粒金从硫化物中溶解出来时，微粒金可在胶体溶液和络合物以及下渗水中迁移，在合适的物理化学条件下，金胶体和络合物又发生分解，释放出来的金被铁的氢氧化物、黏土物质、锰土物质、硅胶等吸附，褐铁矿往往是次生金的捕集者。重砂分析结果表明，黑土中的褐铁矿含金量最高。此外，铁和锰的硫酸盐，砷酸盐也能使金和黄钾铁矾等水解物共同沉淀。因此，金常在黑土夹角砾层中次生富集残积形成工业矿床。

5 结语

综上所述，该矿床的形成经历了三个过程：①深部基底断裂控制深源岩浆在矿田的空间展布，构成了矿田的基本轮廓。②中、低温热液成矿作用形成多金属矿床，提供了金的物质来源。③漫长的表生成矿作用形成次生富集残积型含金氧化矿床。

该类矿床是近年来发现的。矿体裸露地表或埋藏很浅，面积、厚度大，金品位较高，有一定的储量规模，已具备金矿床工业要求。本文初步探讨该矿床地质特征和成矿过程，不但具有理论意义，而且对于指导该类矿床的找矿勘探、扩大资源远景及开发利用具有重要实际意义。

注：野外工作期间，得到了澳大利亚卡尔博士的大力支持，在此表示谢意。

参考文献(略)

康家湾矿床主矿体近外围找矿的探讨

罗小平
（水口山矿务局康家湾矿，湖南常宁，421513）

摘　要：在总结康家湾矿地质成矿规律的基础上，通过近几年找矿预测和验证工作，对其矿床主矿体近、外围找矿方向进行了探讨，为该矿下步找矿工作指明了方向，对其他类似矿山亦具有参考价值。

关键词：找矿；主矿体外围；小矿体；岩溶；矿体尖灭再现

康家湾矿于 1989 年投入试生产，1995 年达到年产矿石 30 万 t 的生产能力。由于开采的不断进行，使矿山资源逐步减少，因而对主矿体外围进行预测找矿是一件必要的、长期的工作，但也是一件很困难的工作。只有通过对探采工程的不断深入调查，积累资料，在系统总结各种矿床地质特征的基础上进行研究、探讨，进而才能预测和发现新的矿体。

1　地质概况

康家湾铅锌金银中、低温热液盲矿床位于水口山矿田北东隅。矿体严格受康家湾隐伏倒转背斜轴部、倾没端及与主干断裂相交切的当冲组硅质岩、泥灰岩与栖霞组灰岩层间挤压破碎角砾岩和上下阻挡层的三位一体条件所控制。矿区内无大的火成岩体，主矿体共有 7 个，其中 2 个产于断层上盘，倒转背斜南端倾没部位当冲组下段泥灰岩层中；5 个产于倒转背斜东西两翼硅化破碎角砾岩含矿带中。另有 52 个小矿体充填于栖霞灰岩或石炭系壶天群白云岩裂隙中。

矿化带走向近南北，与硅化角砾岩带产状基本一致。矿带长约 3 000 m，宽 140 ~ 700 m，矿体产状平缓，呈似层状、透镜状。主矿体是由大小不一的矿体群组成，单个矿体形态复杂，不管沿走向还是倾向，都有尖灭再现等变化特点。主矿体沿走向延长 300 ~ 1 500 m，厚 3 ~ 10 m。平均品位 Pb 0.97% ~ 15.92%；Zn 1.24% ~ 13.93%；Au 3.25 ~ 9.43 g/t；Ag 88.74 g/t。

2　成矿规律

2.1　地层岩性特征与成矿的关系

大量的地质资料说明，水口山矿田（含康家湾矿区）铅锌金银矿床的主要含矿层位为二叠系当冲组（P_1d）和栖霞组（P_1q）。

上述两个地层层位从上往下可以划分为下述 3 个不同岩性接触界面（即主要赋矿层位）。

（1）产于二叠系当冲组下段泥灰岩与栖霞组上段含燧石厚层灰岩的两个不同岩性接触界面间。如Ⅲ - 1、Ⅲ - 2、Ⅴ - 2、Ⅴ - 3 矿体，该类矿体分布于康家湾倒转背斜西翼和背斜轴附近的 109 ~ 141 勘探线之间。因受到构造挤压力和硅化的作用，上述接触界面变成硅质硅化角砾岩（$Q \cdot B^3$）和含燧石硅化灰岩角砾岩（$Q \cdot B'$）之间的分界面。

（2）栖霞组上段即含燧石硅化灰岩角砾岩（$Q \cdot B'$）与下伏中厚层灰岩接触处。分布于倒转背斜轴部及东翼，121 ~ 141 勘探线间的 6 中段以上的Ⅳ - 1、Ⅴ - 1 主矿体群均赋存于此接触界面间。矿体群底板厚层灰岩经地热水多次溶蚀，成为有方解石脉充填，胶结碳酸盐岩角砾、铅锌黄铁矿矿石角砾而又有晚期低温热液铅锌黄铁矿化的岩溶（kb）带。

（3）第三个接触界面紧靠第二界面下部。矿体顶板为中厚层灰岩，即岩溶（kb）带，底板为白云质灰岩或白云岩。倒转背斜东翼 6 中段以下，141 勘探线以南均有分布。

2.2　硅化角砾岩带与成矿的关系

硅化角砾岩按成因分为构造角砾岩、洞穴角砾岩、正常沉积角砾岩。其中正常沉积角砾岩是角砾岩带的主体，是矿区的含矿岩层。按砾石成分可分为含角砾砂岩，石英质 - 页岩砾石角砾岩，硅质岩 - 钙质页岩砾石角砾岩，砂岩 - 页岩砾石角砾岩，石英岩 - 安山岩 - 板岩砾石角砾岩。其中硅质岩 - 钙质页岩砾石角砾岩与砂岩 - 页岩砾石角砾岩组合的分界处含矿性好，是本区常见的赋矿岩石类型，为矿区成矿预测提供了岩石学方面的依据。

2.3　构造与成矿的关系

本矿区构造较为简单，控制矿体的主要构造为康家湾倒转背斜和逆冲断层，它们构成了本区控矿构造的主体格架。断层和褶皱的相互作用，产生东倒西倾的叠互式倒转褶皱和低角度的推覆构造，成为矿区的主要控矿(导矿)构造，倒转褶皱核部及两翼产生层间滑动和剥离空间，成为矿液贮存的有利场所。

2.4 围岩蚀变与成矿的关系

矿区围岩蚀变比较简单，主要为与成矿关系较为密切的硅化。硅化大致可分早、中、晚三期。早期硅化使破碎带中的角砾和胶结物为隐晶质－显微晶质玉髓和石英所交代，形成硅质角砾岩；中期硅化以108～107线最发育，石英以细粒为主，呈犬牙状，梳状变晶，常与变晶状碳酸盐、绢云母、白云母、长石、萤石等共生，是近矿的一种蚀变；晚期硅化表现为石英和玉髓成不规则细脉或充填于硅质角砾和铅锌矿角砾之间，颜色比较白，油脂光泽不显著。

矿体主要产于硅化角砾岩中，矿化强度与硅化强度往往是一致的。因此，矿区硅化是找矿标志之一，特别是中期硅化与成矿关系更为密切，具有直接找矿意义。

2.5 岩溶与成矿的关系

矿区岩溶可划分为三种类型。

(1)规模较大的岩溶。下部由白色方解石脉胶结碳酸盐岩角砾和少量铅锌黄铁矿矿石角砾，上部为溶蚀空洞共同组成岩溶带。在空洞壁有方解石、层解石晶体，可见晚期低温红色、黄色闪锌矿和细粒方铅矿。有的溶洞中充填有砂屑灰岩，在该岩溶带顶板有规模不等、品位较高的铅锌金银黄铁矿矿体存在。

(2)溶蚀层小规模岩溶。发育于含燧石硅化灰岩角砾岩顶部，呈蜂窝状，分布广泛。孔洞内无任何充填物，仅在洞壁普遍发育有低温石英脉，梳状石英小晶体，局部见浅色闪锌矿化。其顶部是一个金银铅锌黄铁矿化的重要含矿层位。

(3)边部溶塌或崩塌角砾岩的岩溶。它是由第一类岩溶带的边部在继续溶蚀中形成的。岩溶充填物有泥、炭质及砂屑灰岩，该类岩溶通常伴随着矿体，其发育地段亦是一种直接找矿的重要标志。

3 找矿

进行找矿研究工作，需要在总结成矿规律的基础上确定找矿标志或成矿有利部位，为找矿提供预测依据，进而确定找矿靶区，再加以验证和总结。

3.1 找矿预测依据

构成找矿依据的有下述各个方面。

(1)前面所述的3个不同岩性接触界面为矿区主要赋矿层位，当然也是找矿的主要标志。

(2)矿体主要富集于正常沉积角砾岩中，有利于成矿的角砾岩主要为硅质岩－钙质页岩砾石角砾岩，砂岩－页岩砾石角砾岩，特别是这两种角砾岩组合的分界处矿化更好。

(3)有利于成矿的构造部位有：倒转背斜轴弯曲转折的部位，倒转背斜轴部及倾伏端，角砾岩带的层间滑动及其张开的部位。

(4)矿区单个矿体形态不管是沿走向还是沿倾向都出现尖灭再现的变化特点。若在矿体的尖灭方向尚具有一定的成矿条件，则有可能存在再现的新矿体。因此，矿体形态尖灭然后再现的特点为找矿提供了线索。

(5)矿区矿体周围一般都有硅化围岩。因此，硅化也具有找矿的追踪价值。

(6)岩溶发育地段对找矿亦有重要的意义。

3.2 找矿预测验证工作及其效果

根据不同的成矿条件和矿体赋存规律，在矿区已知主矿体近围圈出了6个预测找矿地段作为验证靶区，采用了成矿条件类比法和综合信息法进行预测。在预测中遵循下列原则：

(1)充分利用有助于找矿预测的成矿条件；

(2)找矿预测的依据必须充分；

(3)必须掌握直接或间接找矿标志及地质钻孔矿化信息。

根据预测依据将前述6个找矿地段划分为下述3类找矿预测区。

(1)Ⅰ类找矿预测区。成矿条件十分有利、找矿标志明显，已有单孔见矿，预测依据充分，只需在已有坑道基础上补充少量探矿工程即可揭露验证。

(2)Ⅱ类找矿预测区。成矿条件有利，找矿标志较明显，有较充分的预测依据。

(3)Ⅲ类找矿预测区。具有一定的成矿条件、找矿标志和预测依据。

找矿预测地段的分布、类别、范围及依据详见表1。

为了验证，对6个预测矿体逐步进行了设计和施工，经过三年多时间，完成了全部设计工程，取得了理想的结果。6个预测矿体都实际存在，并且已经探明。矿体含铅锌较富，规模有大有小，见表2。通过取样化验和储量计算，共获得B+C+D级矿石量654 626 t，金属量铅：28 952 t；锌：22 628 t；金：1 154.3 kg；银：84 166.5 kg；硫：71 938 t(详见表3)。延长矿山服务年限2年多。

表1　康家湾矿生产区成矿预测一览表

中段	预测矿体编号	预测区类别	预测依据	预测矿种	预测矿体走向
4	L_1	Ⅰ	已有单孔控制的42号小矿体存在。其南部的空白区靠近F_{22}主断层倒转背斜西翼的硅质硅化角砾岩与含燧石硅化灰岩角砾岩之间，角砾岩硅化强烈，岩溶发育且可见浅色闪锌矿	铅锌	南北
4	L_2	Ⅱ	上部为倒转背斜东翼含燧石硅化灰岩角砾岩，下部为岩溶带，可见铅锌矿石角砾，目测铅锌品位在1.00%左右	铅锌	北西
4	L_3	Ⅰ	1272孔控制的27、28、29三个小矿体相叠加，赋存在岩溶带上部，且其南部也为相似的成矿有利的地质条件	铅锌	南北
7	L_4	Ⅱ	靠近F_{22}主断层、倒转背斜轴部，硅质硅化角砾岩和含燧石硅化灰岩角砾岩界面间，蜂窝状溶蚀孔洞发育，孔壁可见浅色闪锌矿和铅锌矿石角砾	铅锌	南北
7	L_5	Ⅱ	F_{22}主断层附近、倒转背斜西翼，发育于含燧石硅化灰岩角砾岩中，顶部、下盘溶蚀孔洞发育，孔壁发育石英脉和石英小晶体，局部见铅锌矿石角砾和浅色闪锌矿化	铅锌	南北
9	L_6	Ⅲ	主矿体Ⅰ-1沿倾向尖灭，方向为倒转背斜西翼，硅化角砾岩带与含燧石硅化灰岩角砾岩接触界面，角砾岩硅化强烈	铅锌	南北

表2　验证矿体形态、产状、规模及品位一览表

矿号	产状规模						平均品位				
	走向	倾向	倾角/(°)	走向长/m	延深/m	平均厚/m	Pb/%	Zn/%	S/%	Au/(g·t⁻¹)	Ag/(g·t⁻¹)
L_1	南北	西	30	120	40	6.77	2.32	2.64	4.56	1.03	53.96
L_2	北西	南西	27	15	25	5.20	1.57	3.70	5.92	1.86	47.77
L_3	南北	东	32	78	80	6.15	2.01	2.03	10.60	0.76	65.81
L_4	南北	西	27	123	41	7.20	3.58	4.55	12.54	5.16	91.52
L_5	南北	西	25	37	45	4.10	2.01	1.72	20.83	4.11	61.83
L_6	南北	东	27	230	40	5.12	11.00	5.99	12.23	1.61	315.82

表3　验证矿体储量表

矿种	储量级别	矿石量/t	平均品位					金属量				
			Pb/%	Zn/%	S/%	Au/(g·t⁻¹)	Ag/(g·t⁻¹)	Pb/t	Zn/t	S/t	Au/kg	Ag/kg
铅锌金银	B+C	597690	4.59	3.49	10.59	1.54	133.88	27437	20886	63317	917.8	80018.6
	D	56936	2.66	3.06	15.14	4.15	72.85	1515	1742	8621	236.5	4147.9
	B+C+D	654626	4.42	3.46	10.99	1.76	128.57	28952	22628	71938	1154.3	84166.5

3.3　找矿方向

在系统总结地质成矿规律的基础上，通过对找矿的研究、预测和验证认为：

(1)针对矿区52个小矿体，特别是在主矿体附近已有个别工程控制的小矿体和单个钻孔的见矿部位进行南北方向的成矿地质条件调查、研究，从而预测其可能延伸的方向和长度趋势，然后再补充适量的生探工程即可揭露和探明。因此，这是矿区找矿最有利、应优先考虑的地段。如前述预测矿体L_1、L_3就属这类矿体。

(2)岩溶发育地段的上部是矿区找矿最有前景的地段，特别是岩溶带，与上部含燧石硅化灰岩的接触界面是矿区成矿最佳部位，只要这个界面存在岩溶，又比较发育，且可见红色、黄色闪锌矿、细粒方铅矿或铅锌黄铁矿矿石角砾，就一定会找到或大或小的铅锌富矿体。预测矿体 L_2、L_4、L_5就赋存在这类地段。

(3)矿体形态尖灭方向，而又存在有利的成矿地质条件的地段，可能存在再现矿体。

3.4 矿区找矿发展远景

根据本区矿床成因理论结合其地质特征可以认为：

(1)矿区南段 1082、1083 孔在孔深 560 m 以下的当冲组、栖霞组地层中见到一套较强的硅化、角岩化、矽卡岩化和大理岩化与火成活动关系密切的蚀变围岩，而在一般情况下，角岩化与矽卡岩化的出现，大致在 50 ~ 100 m 范围内可找到火成岩体，大理岩出现的 500 m 范围内可找到火成岩体。再从康家湾矿区第一成矿期的黄铁、闪锌、方铅矿成矿温度衡量，由北往南温度逐渐增高，而石英包体中含盐度却由南往北逐渐变低，这种变化规律指示其南端深部有隐伏岩体存在的可能性。因此在矿区转入深部勘探时，对 108 勘探线或更南端可布置一些坑钻工程，很可能存在岩体和找到新类型铅锌矿体。

(2)根据本矿区地热水叠加喷流成矿的理论和康家湾倒转背斜加“一刀”断裂切割盖层的控矿组合模式及矿物分带规律分析，在矿区倒转背斜深部石炭系梓门桥组碳酸盐和测水组细碎屑岩接触界面间应有一新的 Cu、Au 矿带出现。故此，矿区深部仍具有良好的找矿前景。

4 结束语

上述预测找矿为康家湾矿增加了非常可观的地质储量，取得了显著的经济效益和社会效益。同时，对找矿的研究和探讨，为康家湾矿下步主矿体近、外围找矿，以及寻找新类型矿床指明了方向，可供同类相似矿山参考。

参考文献

[1] 侯德义. 找矿勘探地质学[M]. 北京：地质出版社，1984

九曲湾砂岩铜矿床矿体的空间分布规律及找矿方向

尹承忠

（湖南麻阳铜矿，湖南麻阳，419413）

摘　要： 九曲湾砂岩铜矿以其独特矿床地质特征而吸引众多地质工作者，以岩相、构造、地下水活动为主的控矿因素导致矿体的空间分布呈现出明显的规律性。通过分析研究形成这种规律性的地质历史背景和机制，进一步阐明了该矿的找矿前景和找矿方向。

关键词： 砂岩铜矿；矿体；空间分布规律；找矿方向

1　矿床地质特征

1.1　地层、岩性特征

九曲湾砂岩铜矿位于沅麻盆地中段南东侧，含矿岩系为白垩系下统第三岩组（K_1^3），该岩系为河湖三角洲环境沉积，由浅色层和深色层交互成层，深色层为紫色红色泥质粉砂岩或粉砂质泥岩，浅色层由浅灰色沙砾岩、含砾中－粗砂岩、含砾细砂岩、细砂岩组成。矿体赋存于浅色层中（见图1）。

1.2　地质构造特征

白垩纪早期，由于区域内的东西向挤压应力转变为NWW—SEE方向，使湘中上地幔和岩石圈上部向西俯冲和仰冲，以雪峰山为主体进一步隆起，雪峰山的西部岩石圈上部相对滑动，产生了纵向引张，形成沅麻拗陷盆地。而后，在盆地内产生陆相碎屑沉积。矿区白垩纪之后，又经历了多次构造活动，主要构造形迹有褶皱和断层，褶皱按轴向分为两组，一组NNE向，规模较大，另一组为NW向，隐伏于矿区深部。矿区断裂十分发育，按走向分为NNE、NNW、NW和SN向四组。断裂规模不大，具有多期次活动的特点，矿体的空间产出与褶皱和断裂有密切的关系。

1.3　矿化富集特征

矿体严格受层位控制，工业矿体主要赋存在含砾中粗砂岩和含砾中细砂岩之中。矿体产状与围岩产状完全一致，大部分矿体具有侧伏现象，沿走向延伸短，一般为十余米至百余米，沿倾斜方向延伸大，多在百余米到数百米，矿层厚1～3 m。矿体中主要有用矿物组分为自然铜，其次为辉铜矿。矿化形式多样，有的以胶结物的形式产出，有的呈粗粒状充填在钙质胶结物中的溶蚀孔内。矿体与顶、底板围岩界线清楚，

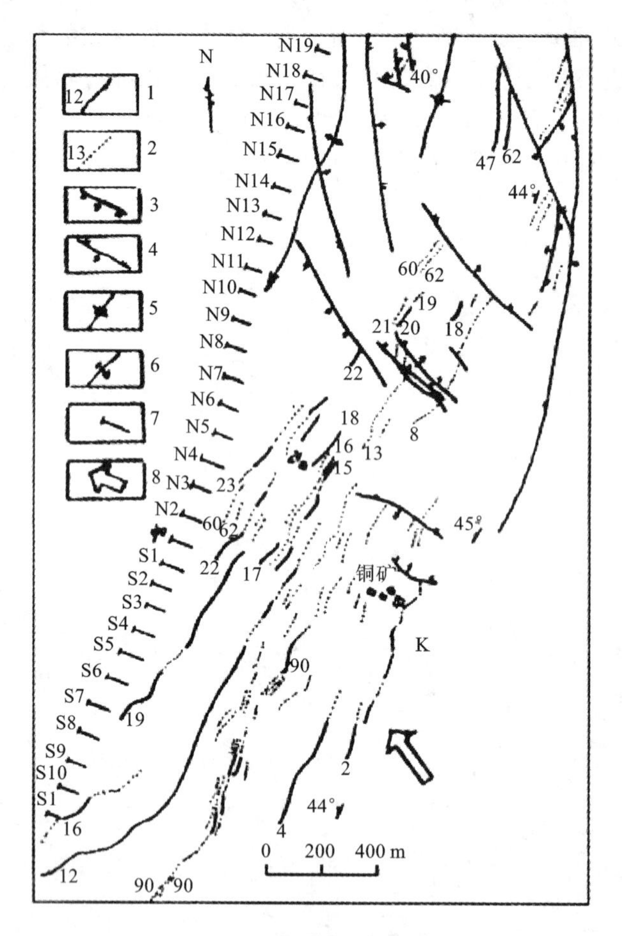

图1　九曲湾矿区地质平面图

1. 矿层及编号；2. 矿化层及编号；3. 正断层；4. 逆断层；5. 向斜；6. 背斜；7. 勘探线及编号；8. 运动力方向

未见有穿层现象，沿走向和倾向与围岩多呈过渡关系，一般是浅色层尖灭，矿体也随之尖灭。矿床具多阶段成矿的特点，矿体和围岩中未见有蚀变现象。根据以上特点不难看出，九曲湾砂岩铜矿床为一典型的沉积－改造矿床，即自源地下水热液层控矿床。

2 控矿因素

九曲湾砂岩铜矿床的控矿因素主要有以下几个方面，即：有利的岩相条件、有利的地质构造条件和有利于矿化富集的地下水活动等。

2.1 岩相条件

九曲湾砂岩铜矿含矿岩系属地洼盆地边缘河口三角洲环境沉积，古河道入口位于矿区南东侧，古流水由南东流向北西。由于地洼盆地属活动区型盆地，差异升降运动频繁，加之季节性水位变化，致使河口三角洲时而淹没于较深的水下，沉积泥质、粉砂质物质(深色层)，时而露出水面或接近水面，其上形成枝状、鸟足状分流河，沿河道及河道向湖盆的伸长部位沉积一套颗粒较粗的碎屑物质(浅色层)，并形成二系列的冲刷面、波痕、斜层理等原生沉积构造。这种沉积方式反复交替进行，在一个较大的沉积旋回中往往包含多个次一级或更次一级的沉积旋回，在一个沉积旋回中有的表现为渐变，有的则表现为瞬间的突变，致使在剖面上岩石中矿物的粗细变化有的呈渐变过渡，有的则呈跳跃式的突变。渐变在浅色层内部的表现也十分明显，如12#脉下粗上细，13#脉下细上粗等。突变主要表现在浅色层与深色层的交界面上，使浅色层与深色层界线清楚。显然，浅色层和深色层属两个不同的沉积亚环境下的物质表现。

2.2 地质构造条件

白垩纪后矿区经历过两次大的构造变动，其中较晚的构造应力场来自南北方向的顺时针应力作用，受其影响，矿区从南到北地层走向由NEE转为近EW向，然后又转变成NNE向，并在矿区深部形成一系列的NW向短轴褶皱，这次构造活动使早阶段形成的矿体得以改造，成矿物质在有利的岩性构造部位得以叠加富集，形成新的矿体，造成该矿床具有多阶段成矿的特点。

2.3 成矿时地下水活动对矿化富集起着重要作用

成矿物质主要以碎屑物的形式搬运到河口三角洲并沉积下来。在成岩阶段，沉积物中的有机物发生菌解，产生CO_2、H_2S、NH_3、H_2等气体，在现今的开采过程中还能发现这些气体的残存，且这些残存气体的浓度与矿化的强弱有明显的正比关系。这是由于这些气体溶于地下水中，加大了地下水对铜质的溶解度，成矿物质不断从碎屑物中溶离出来，在孔隙度较好的岩性地段，如水上三角洲分流河道及其向湖水面以下的伸长部位作缓慢的定向循环，当含矿流体进入弱碱性还原环境时，成矿物质便开始结晶沉淀，形成矿体。

3 矿体的空间分布规律及找矿方向

根据上述控矿因素分析，矿体的形成是上述诸因素综合作用的结果。其中岩性、岩相取决于三角洲的发展、演变情况，古河道的分布为矿体的形成进行了原始定位，有利的地质构造条件决定了富矿体的形成部位，有规律的地下水循环流动最终完成了成矿作用过程，从而使矿体的空间分布呈现一定的规律性。

(1)矿体沿古动力方向呈长条形分布，可以根据已知矿点或矿化点，合理地确定侧伏方向，按长条形进行成矿预测和扩大远景区。

首先，鸟足状三角洲上的分流河道沉积的砂体，即含砾中细－中粗砂岩的分布本身就是沿流动方向较长，而垂直流动方向为较短的长条形。其次，含矿地下水在成矿过程中的缓慢流动方向总是沿着成矿砂体的长轴方向自下往上流动。这是因为，尚未完全固结的沉积物在压实成岩过程中，分流河道上沉积的颗粒较粗，沉积物孔隙率和渗透率损失不大，其变形是弹性的，而深水湖盆沉积的黏土质含较高的泥沙、粉砂质沉积物，其孔隙率和渗透率损失很大，其变形是永久性和塑性的。在岩性较均一的厚层状泥质粉砂质沉积物中损失的孔隙率所产生的流体将沿流体势能梯度的方向穿过层面向上排出，当含砾中粗砂岩和黏土质较高的泥质砂岩相间排列时，则压实作用所产生的流体势能梯度既有向上的，也有向下的，即从强压实作用的岩性指向渗透率较高的岩性。向下的势能梯度使泥质层成为向上运移流体的完善封隔层，于是在高渗透率的含砾中－粗砂岩层内一定要发生侧向运移，这种侧向运移也是要和流体的势能梯度相一致的。由于分流河道所形成的砂体在短轴方向上是相对封闭的，因此流体势能梯度方向只能是沿长轴方向向上，显然最终形成的矿体也是呈长条形。当流体沿长轴方向向上运移过程中遇到断裂、褶皱等构造低压带时，矿液会局部地向构造低压带运移，最终形成富矿体。

(2)不同沉积旋回的分流河道具有一定的继承性，造成矿体在空间上成带分布的规律性。即“同相继承性成矿带”，可以根据已知矿体的位置在前后沉积旋回中预测和寻找新的矿体(见图2、图3)。

前已述及地洼活动区型盆地的差异升降运动和季节性的水位变化，致使河口三角洲时而淹没于较深的水下，沉积泥质、粉砂质物质，时而出露水面，产生枝状、鸟足状分流河道的中粗、中细粒碎屑沉积。这种沉积方式在盆地的演化过程中反复交替进行，在一个大的沉积旋回中包含多个次一级的沉积旋回。对于平面上的某一部位而言，由于受相对固定的盆地外围的古水文地质条件的制约，经过一个沉积旋回之后，又近似地回到原来的起点，也就是说不同时期的水上三角洲分流河道分布于相对固定的位置，即分流河道具有继承性的沉积演化规律。正因如此，造成了矿体在空间上的某一时间段里成群成带分布。从图 2、图 3 中不难看出，九曲湾砂岩铜矿床已证实存在三个继承性成矿带。据此，一方面可以从已知继承成矿带中预测已知矿体的相邻层位里的矿体，另一方面可以预测已知继承性成矿带旁侧的类似继承性成矿带的存在，如生产区南、北部地表矿化露头点多，可以据此进行成矿预测。

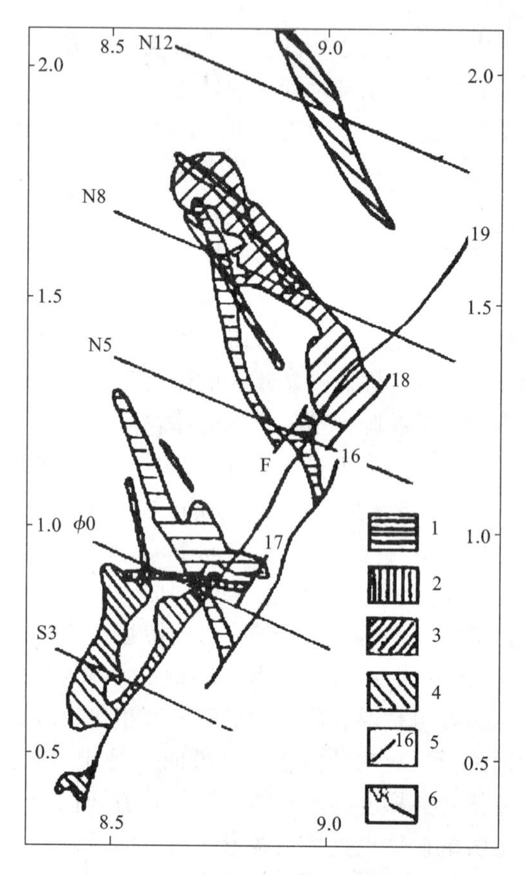

图 2　16～19#矿层矿体复合平面图

1—16#矿体；2—17#矿体；3—18#矿体；
4—19#矿体；5—矿层露头及编号；6—勘探线及编号

(3)从整体上看，三角洲沉积演化是由 SE 向 NW 迁移，造成自下而上、由南向北矿体在空间上呈侧幕式排列。因此，对于矿区外围而言，向南应从早期的层位里找矿，向北应从晚期的层位里找矿。

该河口三角洲位于沅麻盆地中段南东侧，古动力方向为 NW 向，导致在三角洲的沉积演化过程中，发育于三角洲上的分流河道尽管在小范围内来回摆动，但总体上看自下而上是按 NW 向将三角洲向盆地中心

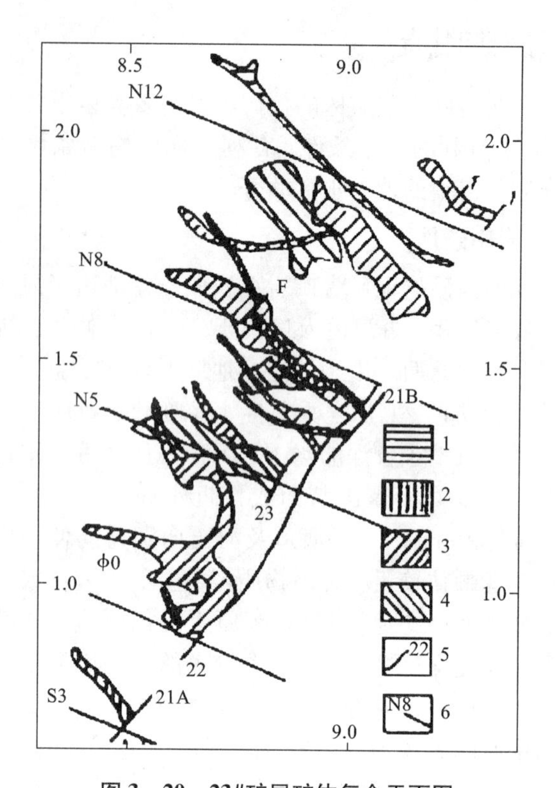

图 3　20～23#矿层矿体复合平面图

1—20#矿体；2—21$^{\#}_{A}$ 及 21$^{\#}_{B}$ 矿体；3—22#矿体；
4—23#矿体；5—矿层露头及编号；6—勘探线及编号。

推移，造成矿体在空间上自下而上由南向北的侧幕式排列。

(4)特定层位上的矿体在平面上大致呈等距离分布。可以据此寻找已知矿体旁侧的未知矿体。

由于各分流河道上的水动力大致相等，致使分流河道在平面上大致呈等距离分布。

(5)矿体沿侧伏方向向下延伸的有限性，对某一层位而言可以大致圈出古湖岸线，分出水上和水下三角洲亚相，据此可以在古湖岸线以上及向下延伸不远的地方预测找矿。

参考文献

[1] Champm R E. 沉积物的压实和压实作用效果[J]. 国外地质，1981.

[2] 黄满湘. 麻阳铜矿控矿因素分析及找矿方向探讨[J]. 湖南省地质学会会刊，1990. 12.

[3] 徐一仁，张素华. 论砂岩铜矿的成因机制及其在找矿中的指导作用[J]. 湖南省地质学会会刊，1990. 12

白银地区金矿类型及找矿方向

梁萧梅
（白银有色金属公司，甘肃白银，730900）

摘　要：白银厂矿田及其外围，目前已发现各种类型的金矿床（点）30余处，由南向北可划分为三个成矿带。独立金矿床以冲洪积、坡残积砂金矿及砾岩型金矿为主；伴生金矿床主要与热液型铜及多金属矿床有关。矿床受北西西向区域性大断裂及其次级派生断裂控制，矿床与玄武岩、安山岩、石英角斑凝灰岩及某些酸性、中酸性侵入岩体有关。苏家湾－石青硐大断裂及其两侧、酸性—中酸性浅成侵入体分布区及前寒武纪地层分布区是今后的找矿方向。

关键词：金矿床；控矿因素；白银地区

本文所指的“白银地区”是白银厂矿田本部及其外围，它包括西起石青硐、东达银硐梁、南自黄崖口，北到老虎山大约11 200 km^2的地区。区内早在元朝就已有采金活动，至今仍留有多处采掘遗迹，历史上曾是我国重要的黄金产地之一。解放后的大量地质工作表明，区内具有较为广阔的找矿前景。中华人民共和国成立初期勘探成功的白银厂大型铜铅锌资源基地，已被进一步探明含有大量的伴生金，同时也是一座大型金矿床。除此以外，人们还在白银厂外围地区发现一批不同类型的金矿床（点），详细研究这些金矿床（点）的地质特征与成因类型，对指导这一地区的地质找矿，加速我国的社会主义建设具有重要意义。

1　区域地质特征

白银地区地层出露齐全，构造发育，并有多处岩浆岩侵入，成矿条件非常有利。

1.1　地层

区内地层自前寒武系至第四系均有出露，其中前寒武系至志留系均属地槽型海相沉积（伴有火山碎屑沉积），而泥盆系至第三系则以内陆湖盆相沉积为主，第四系主要沿山坡及冲沟堆积（见表1）

由表1可见，从前寒武系至第四系的12个层系之中，就有9个层系含金。其中元古界含沉积变质型金，古生界含火山热液型伴生金，中、新生界含砂金与砾岩型金。

1.2　构造

本区地处北祁连加里东褶皱带东段，其北为河西走廊过渡带，以南为秦祁地轴。其间以断裂为主的构造十分发育，大体上有两组构造线，一组为北东向，另一组为北西西向。由于受区域构造的影响，以北西西向一组明显发育，并且控制了区内的古火山活动及火山岩的分布。白银厂火山热液型铜及伴生金矿床即处在一个受以上两组构造控制的古火山丘上，矿区内火山岩的展布与矿体产状也都表现出北西西向线性特征。本区沿北西西向错动的苏家湾－石青硐大断裂，北盘（黑石山）东推，南盘（二道湾）西移，断距长达20 km。它的派生断裂——白银厂矿区的F_1断层，将原来的折腰山—火焰山矿带错成两段，水平位移达1 000余m，改变了成矿带的“本来面目”。

1.3　岩浆岩

区内岩浆岩的分布虽然并不普遍，但却从超基性岩到酸性岩，从岩基到岩脉均有出露。超基性岩，基性岩主要分布在本区西北部的老虎山地区，产出规模比较小，未见明显的金属矿化。

而酸性、中酸性侵入岩则相对发育。本区南部出露的花岗岩岩基（升川花岗岩岩体），向南延伸数十公里，直至兰州桑园子。呈岩株状产出的较小岩体，以黑石山东部与马家沟以西较为集中。此外，如石青硐、二道湾、胡麻水、扁强沟、银硐梁、黄崖口等地均有出露。历年工作结果表明，升川花岗岩岩基具有独居石与磷钇矿的局部富集，许多呈岩株状产出的较小花岗岩类岩体内，具有良好的金或铜、金矿化。

表1 白银地区地层简表

地层			主要分布地区	岩性简述及矿化特征
界	系	符号		
新生界	第四系	Q	区内各山头及现代冲沟	山头、山梁主要为风成黄土，山坡、山脚则以坡残积亚砂土为主，现代河床(冲沟)中主要为冲、洪积砂、砾石层、局部含砂金
	第三系	N	喜集水—老龙湾—陡城堡一线	主要为橘红－褐红色黏土及疏松砂砾岩夹石膏薄层
中生界	白垩系	K	白银盆地、武川盆地及石青硐以东	区内所见均为下统(河口群)分上下两岩组。下岩组以灰褐—灰白色砾岩、砂砾岩为主；上岩组则多为橘红—砖红色砂砾岩，砂岩夹泥岩。目前已在武川盆地之下岩组中勘探成功了砾岩金矿床
	侏罗系	J	狄家台、王家山、及大拉池一带	主要为紫红—褐灰色砾岩、砂砾岩夹泥岩，下统为我省主要产煤地层；狄家台地区底砾岩中含金
古生界	三叠系	T	喜集水、宝积山、范家窑等地	区内所见均为上统(延长群)，以褐红色砂砾岩为主，范家窑至东台子一带的延长群中产沸石矿
	二叠系	P	喜集水及北滩等地	下统为黄绿色及紫红色石英砂岩，夹褐灰色及暗灰色碳质页岩，上统为紫红色砾岩，砂砾岩夹薄层粉砂岩
	石炭系	C	野狐水—荒凉滩—破窑一线	下统为灰色砾岩，砂砾岩及石膏层，中上统为深灰色砂砾岩、砂岩为碳质页岩夹煤层
	泥盆系	D	大泉沟—偏强沟—水泉一线	下、中统为灰褐色砾岩，砂砾岩，局部夹含铜砂岩透镜体，上统为红色砂砾岩夹粉砂层
	志留系	S	白坡子、宋家梁、水泉、花道梁	区内所见均为下统。岩性自下而上分别为灰白色粗粒变砂层，细粒砂岩夹硅质板岩，中粒砂岩夹凝灰质千枚岩
	奥淘系	O	老虎山、米家山、银硐沟等地	本区所见主要为中统和上统，岩性以硅质板岩，千枚岩夹安山玢岩与凝灰岩为主，亦见有绿泥石片岩。在老虎山与银硐沟两地的细碧凝灰岩与集块岩中产火山热液型铜锌矿与伴生金
	寒武系	Є	白银厂、黑石山、石青硐等地	本区所见均属中统，为一套具有富钠特征的细碧－石英角斑岩建造，组成岩石主要为细碧岩类，细碧玢岩类、角斑岩类，石英角斑岩类以及正常沉积的变砂岩，千枚岩与大理岩等。著名的白银厂铜－多金属矿田即产于本套地层的石英角斑凝灰岩之中，内含伴生金银
元古界	前寒武系	AnЄ	朵家滩、铅硐子、猩猩湾和黄崖口一线	为本区最古老的沉积变质岩系，岩性自下而上为黑云角闪片岩，绢云石英片岩，方解石石英片岩，绢云方解石片岩等，该套地层中已发现的矿化主要有铁、锰、铜、铅与金等

2 金矿床(点)的分布规律与成因类型

白银地区具有悠久的采金历史。虽然现有的已知金矿产地多属规模不大的中、小型矿床和矿点，但其分布范围却相当广泛。据笔者不完全统计，在1 200 km^2的地区内，就已发现各种类型的金矿床(点)多达30余处，大体上可由南向北划分为三个成矿带。

南带，由黄崖口向北西经猩猩湾到朵家滩。为古老的前寒武系变质岩分布区，目前已发现多处与区域变质及石英脉有关的金矿床(点)。

中带，由苏家湾向北西经西湾至石青硐。主要为寒武系(中统)与中、新生界分布区，中寒武统内见多处呈岩株状产出的花岗岩类侵入体。本区的砂金矿与砾岩型金矿大都集中于该带，同时亦有岩浆热液型金矿与火山热液型伴生金矿床(点)多处。

北带，由银硐梁向北西经扁强沟至老虎山。主要为下古生界分布区，其中亦见许多长英质小侵入体出露。局部下古生界(奥陶系)基性火山岩内产铜、锌矿并伴生金。某些长英质小岩体内具有较好的金(或铜、金)矿化。

综上所述，区内的金矿床(点)不但分布范围广泛，而且成因类型多样(见表2)。从表2中不难看出，白银地区的独立金矿床以沉积型为主，伴生金矿床则均与热液型铜－多金属矿床有关，这种伴生金矿床虽然在其数量上并不占据主要地位，然而它们的规模却都十分可观。

表 2　白银地区金矿类型表

类型		亚类	矿化特征	矿床实例
独立金矿床	沉积型金矿床	冲洪积砂金矿	砂金产于现代河床的砾石层中，且以河床底部最为富集，金粒一般较粗，大者可达 1 mm×2 mm×3 mm	靖远水泉
		坡残积砂金矿	砂金产于山麓与山脚下坡残积物中，矿化不均匀	景泰大麦滩
		砾岩金矿	金粒主要富集在白垩系下统与侏罗系中统的中、粗砾岩之泥砂质充填物中，尤以底砾岩与古老基底之不整合面以上最为富集。最高含金量可达 4.479 g/m^3	白银西湾
	热液型金矿床	区域变质与热液型金矿	金矿化见于前寒武系绢云母－绿泥石化凝灰质千枚岩以及充填于裂隙之中的石英脉，一般含金在 0.20～4.86 g/t 之间，最高可达 40.60 g/t	皋兰朵家滩
		岩浆热液型金矿	金赋存在花岗岩类小侵入体内，并沿破碎带富集。一般含金达 2.30～14.30 g/t	靖远红窝台
伴生金矿床		火山沉积与热液叠加型伴生金矿	伴生金产于中寒武统的石英角斑凝灰岩中，且以块状硫化物矿石含金最富。一般含金 1～3 g/t，最高达 10.90 g/t	白银折腰山
		岩浆热液细脉浸染型伴生金矿	金产于长英质小岩体内或者其边缘相的细脉浸染型铜矿床中，一般含金量在 2～4 g/t 之间，最高可达 12 g/t	靖远银硐梁

3　金矿床(点)的控矿因素

根据区内已知金矿床(点)的分布规律与地质特征，可将其主要控矿因素归纳如下。

3.1　区域性大断裂控矿

区内有两条主要的北西西向区域性大断裂，即苏家湾—石青硐大断裂与水泉—兴泉堡大断裂。这种断裂大都具有多次复活与继承性发展的特点，因此波及地域广，切割深度大。它们的剧烈活动不但为幔源物质的上侵(运移)开辟了通道，导致许许多多与成矿有关的小岩体沿断裂带侵位以及成矿元素沿断裂带富集，而且对古老的蚀源区的隆起，水系的发育以及沉积湖盆的形成，均起重要作用。因此，它们控制了一系列类型不同，大小各异的金矿床(点)的产出与分布。其特点是，这种深大断裂控制成矿带，次级派生断裂控制矿床(点)。据目前已获资料表明，苏家湾－石青硐大断裂带就是一个巨大的金矿成矿带。现已在该带上发现各种类型的金矿床(点)达 17 处之多。其中岩浆热液型金矿 1 处(郝泉沟)，石英脉型金矿 2 处(驴耳朵山与朵家滩)，火山沉积与热液叠加型伴生金矿 5 处(石青硐、折腰山、火焰山、四个圈和小铁山)，砾岩型沉积金矿 2 处(西湾与狄家台)，坡残积型砂金矿 2 处(东台子与大麦滩)，冲洪积型砂金矿 5 处(杨家地湾、苏家湾、金强河、出麻沟与西台沟)。

3.2　岩性控矿

金的一个重要地化特征就是在一定的地质条件下，能与某些相关元素在特定的岩层中富集。因此，金矿床的形成与某些岩性有关。已获资料表明，区内起控矿作用的岩体主要有如下几种。

(1)基性、中基性火山岩。以玄武岩与安山岩为主的基性，中基性火山岩主要分布在老虎山至银硐沟一线，其中已知的金矿化主要赋存在该套岩层中的铜、锌矿床内，属伴生金矿。这类矿床中的含金量一般都不太高，例如，景泰县围昌沟地区，矿石中伴生金的含量在 0.1～0.9 g/t 之间，靖远县银硐沟地区，矿石中伴生金含量在 0.1～1.5 g/t 之间。在此类矿床中，Au 与 Cu、Fe、Mg 等亲基性元素的相关性可能是其富集成矿的主要原因。

(2)酸性火山岩。以石英角斑凝灰岩为主的含金酸性火山岩，主要分布在白银厂及石青硐等地，其中已知的金矿化均赋存在铜－多金属硫化物矿床之中。这类矿床较基性岩矿床含金量高。例如，白银厂地区，伴生金的含量可达 1.02～3.8 g/t；石青硐地区，伴生金的含量多在 0.36～10.90 g/t 之间变化。该类矿床的金主要赋存在含铜黄铁矿中，因此 Au 与 Cu、S 的相关性可能是金质富集成矿的重要原因。另外，此种伴生金矿的规模一般都比较大，是区内最为重要的伴生金矿。

(3)酸性、中酸性侵入岩体。区内出露酸性、中酸性岩体多处，其中呈岩株状产出的较小岩体往往具有不同程度的金矿化或铜、金矿化，且以靖远的红窝台岩体、银硐梁岩体以及白银的郝泉沟岩体为好。经取样分析，红窝台岩体中的金矿体含金为 2.34～14.33 g/t，银硐梁岩体中的金矿体含金达 9.30～11.90 g/t，郝泉沟岩体中的金矿体含金在 0.10～50.80 g/t 之间。显然，本区所见此类矿床都比较富，可能与含矿母体的深层来源有关。

在以上三种控矿岩性中，金矿化大都与铜（及多金属）伴（共）生，构成了矿床的金、铜与多金属组合，有利于综合开发利用，提高了经济效益。

4 找矿方向

根据白银地区已知金矿床（点）的分布规律与控矿因素，笔者认为区内最佳找矿区段有三。

其一，为苏家湾－石青硐大断裂沿线及其两侧。由于该大断裂切割深、断距大，为一巨大的控矿构造。在该构造带上已发现的17处金矿床（点）中，有9处为规模较小的砂矿，因而表明在其上游蚀源区必定还有相当规模的岩金矿床（点）存在。如能追踪溯源，则很有可能发现一些新的岩金矿床（点）。例如，从出麻沟砂金矿点沿河上溯至奥陶系中统凝灰质变砂岩内，发现有含金石英脉分布。另外，在这17处已知金矿床（点）中，有11处位于自然地理条件优越，工作程度很高的东段，而自然地理条件恶劣，工作程度很低的中段与西段（高寒山区），仅分别发现矿床（点）各3处。显然，已发现矿床（点）的多少与工作程度密切相关。如能由东向西逐步加强该断裂带上的基础地质与综合研究，不断提高工作程度，则很有可能发现新的金矿床（点）。

其二，为酸性、中酸性浅成侵入岩体分布区。经历次野外调查所获资料表明，在区内已有资料可查的19处长英质小岩体中，就有9处具有不同程度的金或铜、金矿化。其中已在郝泉沟、银硐梁等岩体内勘探成功了具有工业规模的铜、金矿床。同时在一些发现金矿体的小岩体上揭示了较好的找矿前景。例如，在石婆婆小岩体的外接触带上发现有明显的褪色现象并伴有强烈的绢云母化，经化探原生晕取样，圈出了高含量Cu元素异常；在胡麻水岩体的内、外接触带上捕捉到多处具有Cu、Mo、Co等多元素组合的化探异常，同时在岩体内找到多处孔雀石与黄铜矿。这些资料的获得，不但为在此类岩体内寻找斑岩铜矿提供了依据，同时也为（伴生）金矿的寻找带来了希望。

其三，前寒武纪地层分布区。区内的前寒武系（皋兰群）为白银地区最古老的火山沉积变质岩系，具有明显的“绿岩建造”特征，大片地分布于本区西部与南部。已获资料表明，该套地层多处含金，尤以朵家滩与猩猩湾等地为好。尽管其含金品位并不太高（0.20～4.86 g/t），但由于该套地层分布范围十分广泛，控矿层位相当稳定，并具有裂隙构造发育部位金质明显富集的特点，因此受到矿产地质人员的广泛重视。

参考文献（略）

闽粤地区氧化锰矿的找矿实践与认识

袁　宁　黄亚南

（冶金部第二地质勘查局，福州，350001）

摘　要：总结闽粤地区氧化锰矿的控矿模式，提出了今后地质找矿方向。

关键词：闽粤地区；氧化锰矿；控矿模式；找矿方向

闽粤地区以其优越的晚古生代含锰地层条件和独特的中—新生代构造条件及气候条件，形成了比较集中的次生氧化锰矿成矿区：闽西南—粤东北锰矿区、粤北锰矿区、粤西锰矿区。

20 世纪 60 年代以来，冶金部第二地质勘查局在闽粤地区的氧化锰矿地质找矿工作，共获得大、中、小比例尺地质矿产、物化探、遥感、科研成果资料近百项，提交 C + D + E 级氧化锰矿储量 1 600 万 t，占闽粤两省已探明锰矿储量的 70% 以上，其中具一定规模的锰矿床有：福建省庙前—兰桥、建爱、铭溪、小陶、安砂、麻坝、广东省汾水、苏田、新榕（在原探明 100 万 t 基础上新增 318 万 t）。这些矿床多数已被开发利用。

1　闽粤地区氧化锰矿控矿模式

综合几十年的找矿实践，可将闽粤地区氧化锰矿控矿模式归纳为五个字：盆、层、断、溶、盖。

1.1　盆——晚古生代含锰盆地

据庄庆兴等（1994）研究认为，晚古生代时，在拉张作用下形成的闽西南—粤东北、粤西罗定、粤北曲江—仁化等拉张盆地，是铁锰碳酸盐岩及铁铅锌银硫化物等多种矿产形成和富集的良好场所。受控于拉张作用下发生的海底喷流作用或火山喷发作用提供了丰富的锰质，原生锰矿或含锰岩系主要产于受盆地内同沉积断裂控制的局限台地 - 台沟（盆）相带。

1.2　层——含锰地层（或含锰岩系）

广泛发育的含锰地层及原生锰矿，是形成次生氧化锰矿的基本物质条件。本区主要的含锰地层有震旦系云开群 b 组（粤西）、中 - 上泥盆统（粤北、粤西）、石炭系（闽西南—粤东北）和下二叠统（粤北、闽西南—粤东北）。在上述含锰地层中只是在广东连县小带和乐昌白马寨分别于泥盆系和二叠系中见原生菱锰矿，矿石含 Mn 10% ~20%，工业意义不大；多数含锰层是作为“矿胚层”，在一定的物理化学条件下，锰质从含锰层中析出并迁移至有利的赋矿空间沉淀并富集成矿。次生氧化锰矿和原生含锰层之间在物质组分上具有明显的亲缘性，但氧化锰矿的规模主要取决于含锰层的厚度以及锰质的可萃取性和有利的赋矿空间。

1.3　断——断裂构造，它为氧化锰矿的形成提供了有利的空间

可分为两种控矿构造：

（1）推（滑）覆构造。印支期、燕山期的推（滑）覆构造，常常造成含锰地层的叠覆增厚，尤其是当含锰碎屑岩叠置于含锰碳酸盐岩之上时，极有利于流体渗透和岩溶作用发育，沿推（滑）覆构造的断裂带，往往形成氧化锰矿床。福建省仁场、建爱、铭溪、麻坝和广东省新榕锰矿均属此类型，见图 1。

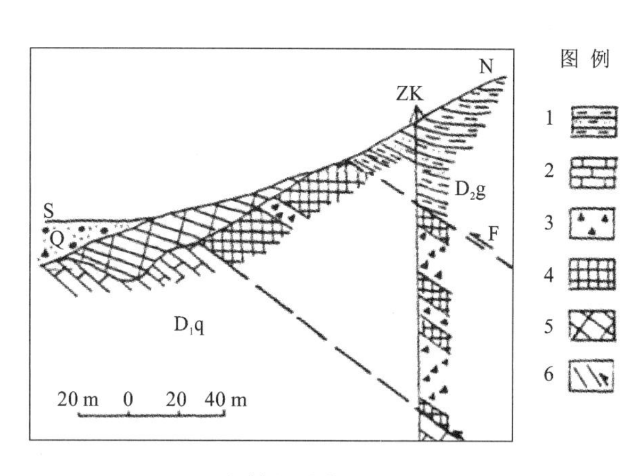

图 1　新榕锰矿典型剖面示意图

1—桂头组砂、泥岩；2—棋梓桥组灰岩；3—破碎角砾岩；4—锰矿层（断溶矿）；5—残坡积锰矿层；6—逆推（掩）断裂

（2）在含锰地层中，产于含锰碎屑岩与含锰酸盐岩之间的断裂构造带，常形成规模较大、由多个矿体组成的锰矿床，矿体沿走向、倾向有一定的延伸。在破碎带走向转折部位或倾向上由陡变缓部位，往往是氧化锰矿体的有利部位，矿体产状与破碎带产状基本

一致。以福建省庙前—兰桥和广东小带、汾水锰矿较为典型(见图2)。

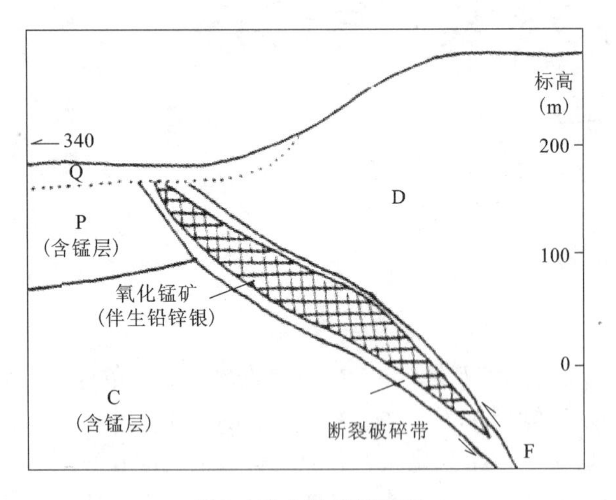

图2 汾水锰矿剖面图

1.4 溶——岩溶成矿

在断裂构造基础上发育起来的钙质岩石的溶蚀作用，既提供了有利于锰质再沉淀的环境(弱碱性)，又进一步扩大了赋矿空间。富氧的地下(表)水和腐殖酸水沿断裂带活动，形成对含锰碳酸盐岩或菱锰矿有较高溶解能力的弱酸性－酸性水，加快了岩溶化作用，扩大了容矿空间，并使得锰质逐渐沉淀在岩溶和断裂带中，长期的岩溶化作用和次生氧化作用形成氧化锰矿。本区具一定规模的氧化锰矿体，往往产于一个与断裂构造相连的岩溶洼地、溶洞中。如新榕、兰桥、麻坝锰矿(见图3)。

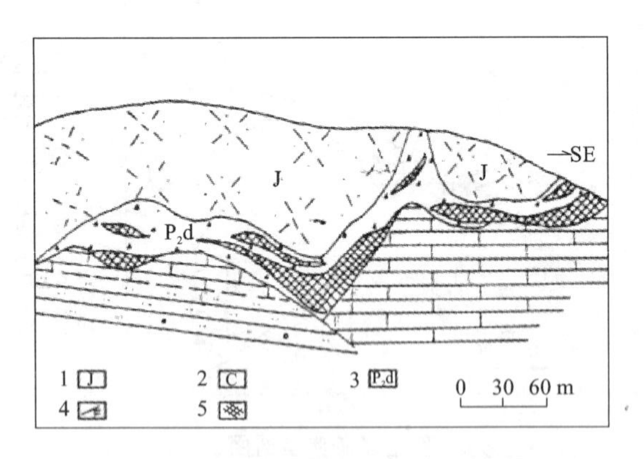

图3 闽西南连城兰桥锰矿纵剖面地质图

1—侏罗系凝灰岩；2—石炭系钙质岩；3—断溶破碎带；4—断层；5—富锰矿体。

1.5 盖——氧化锰矿体形成后起保护作用的盖层

中生代以来，强烈的地壳抬升运动造成原生锰矿或含锰层出露于地表，经过长期的次生氧化富集作用，由于含矿岩石化学稳定性差，矿层中的Ca、Mg、Si等大量流失，而Mn、Fe、Pb、Zn等组分相对富集并形成次生氧化锰矿。这些氧化锰矿体中的一部分受后期的搬运作用形成残坡积矿，另一部分由于受盖层保护而未受到剥蚀破坏。本区起保护作用的盖层有三种：

(1)第四系盖层。氧化锰矿产于含锰层附近的第四系盖层中，特别是断裂下降盘为含锰碳酸盐岩在岩溶作用下所形成的凹地内常形成厚大的锰矿体。矿体多呈似层状、透镜状赋存于砂质黏土中，厚度几米至几十米。覆盖层为松散堆积物，厚度几米至几十米，如庙前1号矿床，小带锰矿等。

(2)推覆体盖层。当原地岩系为含锰岩系，外来碎屑岩系推覆其上时，沿推覆构造带岩溶作用和淋积作用十分发育，常形成厚大的似层状、透镜状优质氧化锰矿。如新榕、仁场锰矿。

(3)火山岩盖层。当岩溶－断裂构造带中的氧化锰矿被中生代火山岩所覆盖时，由于有火山岩的保护，因而矿体保存较完整，规模较大，找矿难度也较大，往往是通过对已知控矿构造带的追索进而找到矿的，如兰桥锰矿(见图3)。

上述三种盖层可看做控矿构造破碎带在不同空间的延伸，后两种盖层下的锰矿应作为今后找矿的重点。

2 对今后锰矿地质找矿工作的几点认识

2.1 加强模式找矿

随着地表矿的逐渐被查明，找矿难度日益增大，新一轮的找矿必须要有新的地质认识，运用模式找矿是今后的主要手段之一。通过对含本区氧化锰矿控矿模式的总结，可以有效地布置锰矿地质工作。在工作区的选择上，通过对锰沉积盆地和含锰地层分布的综合分析研究，可以有效地确定找矿远景区和工作靶区；在此基础上，通过对已知矿床控矿特征的分析，选择重点工作地段。

2.2 加强对已知矿区外围的找矿工作

实践证明，选择有找矿潜力的已知矿区外围作为找矿突破重点，比在缺乏工作基础的空白地区更容易获得找矿效果。对一些在20世纪60—70年代探明的老矿山，其外围的找矿潜力不应忽视。这些矿山以往工作主要是找地表矿，而对沿控矿断裂带找矿重视不够，运用新的地质认识有望找到新矿体，近几年来在新榕、兰桥锰矿的找矿成果充分说明了这一点。

2.3 加强地质、物探、化探多手段和方法的运用

本区氧化锰矿埋藏浅、控矿破碎带规模大，常伴

有多金属元素，为采用地质、物探、化探、遥感多手段找矿提供了有利条件。大中比例尺化探次生晕、原生晕测量，可以有效地确定工作区，氧化锰矿的地球化学特征为 Mn、Ag、Pb、Zn 等多元素组合异常。地质工作的重点是查明区内的控矿特征。物探电法手段对寻找控矿断裂－岩溶带较为有效。氧化锰矿的物探电法特征为低阻高激化率，因此对断裂－岩溶带中的低电阻率和高激电异常必须认真查明。针对不同的氧化锰矿类型，在手段的选择和应用上必须进行适当的调整。多手段的结合以及综合分析研究是主要的工作方法。

参考文献(略)

香花岭矿区塘官铺矿段花岗斑岩型锡多金属矿床地质特征及成因

邹同兵
（香花岭锡矿，湖南临武，424306）

摘　要：塘官铺矿段花岗斑岩型矿床产于寒武系、泥盆系砂岩地层内的断裂构造中，矿化与花岗岩体密切相关。含锡花岗斑岩的定位、矿体空间变化及矿化富集段明显受多阶段、多期次活动的断裂构造所控制。成矿物质主要来源于花岗岩体含矿熔浆，是一典型的与花岗岩有关的花岗斑岩型锡多金属矿床。

关键词：花岗斑岩；锡多金属矿床；地质特征；矿床成因；湖南香花岭

1　区域(矿田)地质与矿段地质

1.1　区域(矿田)地质

香花岭矿区位于香花岭区域(矿田)的北部与北东部。矿田处于南岭九嶷山—西山加里东期东西向褶皱带中东段北缘与耒阳—临武印支期南北向构造带及郴州—临武深大断裂南端西侧的复合部位。矿田本身为一轴向北偏西的香花岭短轴背斜，在背斜的东西两翼分布着南北向的压性断裂带(即耒临南北向构造带的南端部分)，其内发育有 NE—SW 和 NW—SE 向张剪性斜向正断层(F_1、F_2等)，属南北向构造体系的配套构造。背斜核心在通天庙，在 NE－SW 组配套构造下盘附近出露有下古生界寒武系浅变质石英砂岩夹绢云母板岩，四周不整合覆盖着上古生界泥盆系中统跳马涧组、棋梓桥组与上统锡矿山组以及石炭系、二叠系的碎屑岩、碳酸盐岩，周边与南部有三叠系、侏罗系、白垩系的不纯碳酸盐岩、粉砂岩、砂质页岩夹煤层、泥质砂岩、紫红色砂岩。区域内岩浆岩发育，出露有通天庙、癞子岭、大龙山、尖峰岭等四处黑云母花岗岩体及数十条岩脉，岩体出露面积为0.1～4.44 km^2，形状为不规划椭圆形、圆形、三角形等，岩脉走向长0.1～4 km，厚1～20 m，呈岩株、岩瘤、岩脉状产出，形成于燕山中晚期，为一多期次侵入的复式岩体，各岩体与岩脉在地表下部连成一片，构成半隐伏大岩基。

岩体、配套构造及其次级构造与地层岩性“三位一体”控制着区域矿床的形成与分布。

区域有色、稀有金属矿床总体成矿与分布特点是：以岩体为中心，岩体上部为稀有金属矿床带(Nb、Ta)等，岩体周边外围为有色金属矿床顺向分带，成矿与岩体关系密切，断裂构造控制着矿体定位。

1.2　矿段地质

(1)地层。

塘官铺矿段出露地层较简单，主要为由寒武系浅变质石英砂岩与泥盆系跳马涧组长石、石英砂岩等构成的碎屑岩系。

地层自老至新如下：

1)寒武系(€)：为一套浅变质灰绿色石英砂岩，走向近东西，倾向南，倾角26°～64°，厚约303 m，与上覆泥盆系地层呈角度不整合。

2)泥盆系(D)。

①下统(D_1)缺失。

②中统跳马涧组(D_2t)为一套硬砂岩碎屑岩系，产状：东段走向 NNW—SSE，倾向 NEE，中段走向近东西，倾向北，西段走向 NNE—SSW，倾向 NEE，倾角11°～42°，厚达800～850余米。

下段(D_2t_1)缺失。

中段第一层(D_2t^{2-1})：以紫红色中细粒石英砂岩为主，少量为长石石英砂岩(局部含砾)，其下部夹有青灰色及灰白色石英砂岩，矿化强，底部有一层厚度约0.2～2 m的不稳定的砾岩层，填隙物为角砾状石英岩，胶结物为铁硅质，以铁为主，呈紫红色，局部矽卡岩化，形成锡矿体，为与寒武系地层分界的主要标志，出露广泛，分布于全矿段。

中段第二层(D_2t^{2-2})：为一套灰色、灰白色、灰黄、紫红色等杂色石英砂岩及页岩互层，厚为111～121 m，分布于全矿段。

中段第三层(D_2t^{2-3})：为白色至灰白色、中厚—厚层状石英砂岩，但颜色较D_2t^{2-1}石英砂岩暗淡，泥质含量高，厚15 m左右。

上段(D_1t^3)：为灰黑色、黄绿色砂质页岩与泥质砂岩互层的碎屑岩，厚度不一，一般为20~30 m，分布不广，仅在塘官铺东段与沙子岭矿段相接部位(F_2下盘)以及西段局部地段见到，本层含钙质成分较高，局部含锡矽卡岩化强烈，部分构成锡工业矿体。

(2)构造。

本段褶皱构造以通天庙穹隆为中心，其东缘褶皱产状走向近于南北(北偏西)，倾向近于东，倾角25°~45°不等。其北面走向近东西，倾向北(或南)，倾角35°~65°不等，其西面走向近南北(北偏东)，倾向西，倾角25°~35°不等。

该区断裂构造发育，区域内SN向断裂构造通过其西部，NE-SW向断裂中的F_1横跨区内，走向长17 km，NNW-SSE向F_2纵越其东部边界，郴州—临武北北东向的深大断裂隐伏其中，构成区内主干断裂，主干断裂派生出来的次级断裂构造在矿段各阶段内亦很发育，按规模与生成序次，断裂构造可分为4~5个级次，按产状分别统计有NE、NWW、EW、SN和NW向5组，除SN、NW向矿化微弱外，其余均不同程度有W、Sn、Pb、Zn等矿化，其中又以NE、NWW、EW向3组含矿较好。

(3)岩体与岩脉

1)岩体：矿段有东部外围的癞子岭岩体和南部的通天庙岩体。

癞子岭岩体分布于矿段的东部外围，位于香花岭矿区癞子岭矿段，沿矿田F_1、F_2断裂构造侵入定位，其露头形状为长轴向北偏西的不规则椭圆状，面积3.3 km^2，岩体分为主体、补体、及岩脉、岩墙等，并可分为中心相与边缘相，具多期次侵入特点，为一复式岩体。主体下部岩性为中细粒黑云母花岗岩，其特征为富硅碱，贫钙镁，高F，富含W、Sn、Pb、Zn、Ta、Nb、Be等成矿元素。其本身自变质作用强，蚀变分带明显。主体自上而下可分为(含W、Sn的)云英岩、黄玉岩带，云英岩化-黄玉岩化带，钠化-钾化带，钾化黑云母花岗岩体。浅部两带统称为蚀变花岗岩，W、Sn、Ta、Nb、Be矿化强，局部形成了具有一定规模的W、Sn及Ta、Nb工业矿体。在岩体本身及其东西两侧分布着规模不一的十余条伟晶岩脉、花岗斑岩脉、石英斑岩脉、煌斑岩脉等，其成因为陆壳重熔型花岗岩，是成矿物质的主要来源。

通天庙岩体分布于矿段中部南面的通天庙地段，其露头形状为长轴近东西向不规则的椭圆形，面积0.3 km^{2}以下，呈岩瘤状产出，岩性、自变质作用、蚀变分带以及含矿性与成因均与癞子岭类似，是区内成矿物质的主要来源。

2)岩脉：分布于该矿段出露地表的斑岩脉目前发现有10条，为含矿花岗斑岩脉和石英斑岩脉，其中有两条花岗斑岩脉分布于矿段东部，称为东岩脉，其余均分布于矿段中、西部，称之为西岩脉。

①东岩脉。位于矿段东部的两条花岗斑岩中的一条主脉称Ⅰ#岩脉，矿山已用坑道和钻探工程控制，规模走向长800余m，东起癞子岭花岗岩体内，西隐伏于中泥盆统跳马涧组碎屑岩，脉宽5~12 m，平均8.0 m，与花岗岩体接触，界线不清，呈渐变关系，产状走向SWW，倾向S，倾角65°~85°；岩性特征：斑晶主要为中细粒(0.1~0.4 cm板柱状长石，晶质为长英质，交代蚀变作用强，矿化强，低硅(SiO_2 65.16%~65.78%)，低碱质(Na_2O+K_2O 1.74~23.7%)，高铝(Al_2O_3 16.45%~17.14%)，高氟(F 4.03%~5.98%)与癞子岭岩体高硅、富碱相反，高氟相似。

②西岩脉。位于矿段中、西部(三十六湾)的西岩脉，目前地表出露有6条花岗斑岩脉和2条石英斑岩脉。有色二三八队对Ⅱ号岩脉作过坑探。Ⅱ号岩脉规模：走向长1000余m，脉厚4~12 m，平均8 m；产状：走向NW，倾向SW，倾角45°~75°不等，富含Pb、Zn、Sn、Ag等矿物。斑晶为中细粒板柱状长石，粒状石英，晶质为长英质，交代、自变质作用强，矿化强，低硅(SiO_2 64.53%~67.72%)，低碱质(Na_2O+K_2O 5.28%~66.0%)，高铝(Al_1O_3 13.59%~16.64%)高氟(F 1.66%~3.37%)，与通天庙岩体高硅(SiO_2 73.34%)富碱(Na_2O+K_2O 8.64%)相反，高氟相似，岩脉中常见黄铁矿、磁黄铁矿、毒砂等硫化物呈星散浸染状，细脉网脉状矿化。

出露地表的其他几条花岗斑岩岩脉走向长小于150 m，宽小于8 m，富含Pb、Zn、Sn、Ag等矿物，往西地表出露有2条石英斑岩脉。

在730 m中段，坑道在揭露F_5断层处有一隐伏小石英斑岩脉，岩脉走向为258°，倾角52°，脉幅为0.2~1.0 m不等，黄铁矿化、磁黄铁矿化强烈，往西经钻探证实：逐渐变为一富含石英的磁黄铁矿脉，岩脉与花岗岩接触界线清晰、明显，切割了岩体，为晚期岩脉侵入。

经偏、反光显微镜下观察，东、西岩脉均遭受强烈的交代蚀变作用，且富含锡石、铅锌、黄铁矿等的氧化物和硫化物，因此，按主要蚀变矿物组合和结构特征可分为：云英岩化花岗斑岩、黄玉-绢英岩化花岗斑岩、黄玉-云英岩化花岗斑岩、钠长石化花岗斑岩。

2 矿床地质特征

2.1 矿床类型、规模及矿体规模、产出特征及空间分布情况

塘官铺矿段花岗斑岩按矿体赋存地层岩性称为斑岩脉型矿床，按矿体产出特征、矿物组合、矿石类型及结构构造称之为含矿斑岩脉矿床、斑岩脉型锡铅锌银多金属矿床，矿床规模为中大型。

Ⅱ#花岗斑岩脉矿体地表出露走向长1700余米，岩脉平均厚8 m，垂直延伸自地表向下300～400 m，呈大脉状，走向235°～290°，倾向145°～200°，倾角45°～70°不等，向SW侧伏，经矿区730 m中段坑探及上部民采证实：Ⅱ#岩脉向SW侧伏段，出露地表的Ⅲ#、Ⅳ#、Ⅴ#岩脉在下部是与Ⅱ#岩脉连成一体的，并以平均十余米的厚度与花岗岩呈渐变接触关系。岩脉出露地表最高1150 m，平均940～750 m，矿体埋深0～400 m，矿化富集不均匀，显现分枝、分段特征。同时，岩脉在空间上表现为与岩体起伏相一致的关系。

2.2 矿石物质成分

（1）矿物成分：斑岩脉型矿体中矿物成分主要有磁黄铁矿、黄铁矿、方铅矿、闪锌矿、锡石、含银矿物等，次有毒砂、黄铜矿、黑钨矿等，斑晶主要有石英、钾长石、黄玉变斑晶，基质有石英、长石、云母、黄玉、萤石、角闪石等。

（2）化学成分：有价金属元素主要有：Sn、Pb、Zn、Ag，次为：Cu、WO_3、Au等，矿体锡平均品位为0.6%左右，品位变化系数大，属不均匀型，铅锌平均为5%～6%左右，含银较高，为一含锡、铅、锌、银的多金属矿体。据该矿段岩脉硅酸盐分析结果平均值：SiO_2 67.72%、Al_2O_3 13.59%、Fe_2O_3 1.78%、FeO 3.85%、TiO_2 0.021%、MnO 0.14%、MgO 0.57%、CaO 0.46%、K_2O 3.82%、Na_2O 1.46%、P_2O 0.16%、F 2.56%，表明该含矿斑岩属富硅、富碱、高氟的铝过饱和的钙碱性花岗岩类。

2.3 矿石结构、构造及矿石类型

矿石结构主要有自形－半自形晶结构、斑状变晶结构、显微粒状变晶结构、显微粒状镶嵌结构、花岗变晶结构、鳞片状变晶结构、骸晶结构等。

矿石主要构造有块状、浸染状、细脉－网脉状构造等。

按矿石中有价金属元素和矿物共生组合分为锡石－石英、长石－硫化矿，锡铅锌－石英、长石－硫化矿和铅锌银－石英、长石－硫化矿等。

按矿石结构构造可分为块状矿石、浸染状矿石和细脉－网脉状矿石。

2.4 矿体围岩与夹石

矿体的围岩全为砂岩，其上部上、下盘均为泥盆系中统紫红色中细粒石英砂岩、长石石英砂岩（局部含砾）、灰白、灰黄、紫红等杂色石英砂岩以及砂质页岩等碎屑岩。下部（深部）上、下盘为寒武系浅变质石英砂岩，在岩脉边缘未见冷凝边，但在其内接触带有时见有棱角状砂岩捕虏体，其岩脉有分枝现象。据井下观测，岩脉与围岩接触界线清晰，但不规则，呈现锯齿状，有分枝复合现象，并见接触面有铅锌细脉等贯入围岩裂隙中，为侵入接触。

2.5 围岩蚀变

由于岩浆热液含矿流体的交代作用，使原砂岩组分和结构发生明显变化，形成不同类型的蚀变砂岩，主要有黄玉－电气石石英砂岩、电气石－黄玉化石英砂岩和黄玉－云英岩（或绢英岩）化石英砂岩。蚀变矿物有黄玉、萤石、白云母或绢云母、电气石。蚀变围岩中有黄铁矿等硫化物呈星散状浸染，细脉状电气石、锡石和铅锌硫化物沿岩石裂隙充填。

2.6 铷－锶同位素特征及成岩时代

同位素分析结果表明，该矿段蚀变斑岩是陆壳硅铝层由于地温升高发生重熔作用而产生的岩浆上侵所形成的花岗岩类，属典型浅源（壳源）重熔型（S型）成矿岩体。

成岩年龄：该矿段斑岩脉为146.6 Ma，因岩浆期后热液强烈交代蚀变，可能导致现在的蚀变斑岩比原花岗斑岩的年龄略为偏小，但依然晚于通天庙主岩体（K－Ar年龄155 Ma），早于主体的补体细晶岩脉（K－Ar年龄132 Ma，Rb－Sr年龄113～102 Ma），说明该矿段蚀变斑岩脉应是同源、同期次岩浆侵入于同构造期的近东西向张扭性断裂带形成的浅成侵入体。

2.7 稀土元素分配特征

据稀土元素分析资料，显示了该段花岗斑岩的稀土元素含量及配分特征：

（1）稀土元素总量平均值EREE在（166.22～197.2）$\times10^{-6}$范围内，均高于通天庙（癞子岭）主岩体（145.79×10^{-6}），表明岩浆演化晚期稀土元素富集，其中东岩脉比西岩脉富集程度高。

（2）轻重稀土元素比值平均大于1，在1.68～2.374之间，均高于通天庙（癞子岭）主岩体（0.54～0.78），表明蚀变斑岩富轻稀土，但由于东岩脉蚀变强度比西岩脉强，致使东岩脉轻稀土亏损多，相对重稀土较富。

（3）稀土元素铕：δEu平均值小于0.2，在0.227

~0.102之间，高于通天庙(癞子岭)主岩体，表明岩浆演化晚期、Eu亏损极为明显，说明岩浆分异程度高，蚀变强烈，同时也说明该区花岗斑岩脉具有典型壳源(浅源)重熔型花岗岩的成因类型。

2.8 矿化阶段的划分及矿物生成顺序

据花岗斑岩脉的矿石结构、构造，矿物组合及交代蚀变特征，将本区斑岩型锡铅锌矿床划分为1个矿化期和5个矿化阶段，即；汽化热液期，Sn(W)黄玉、萤石阶段，W、Sn云英岩阶段，铅锌硫化物阶段，石英-毒砂阶段和碳酸盐阶段。

3 矿床成因分析及成矿作用与成矿模式

3.1 成矿物质来源

矿段花岗斑岩脉矿床和通天庙岩体是同源岩浆多次活动与不同演化阶段的产物。由于多次构造-岩浆活动伴随有多次矿化，每次矿化分别与各次侵入体有成生关系，因此，物质来源主要来自岩浆气液，部分来自围岩，致使成矿物质来源具有多源性特征，其具体表现如下：

(1)岩体与矿床在时间上紧密相关。

该区岩体是属于燕山期产物，同位素年龄为155 Ma，花岗斑岩同位素年龄为146.6 Ma，，两者基本一致。另外，较晚时期侵入的岩脉、岩墙切割早期形成的岩体和花岗斑岩脉，以及早期形成的岩体中含有与晚期岩脉有关的矿化，不仅说明各次侵入岩体、岩脉有各次相应的矿化，而且各自矿化是随岩体侵入稍后发生的，反映了成岩成矿的时间是紧密相连的。

(2)岩体和矿体在空间上紧密相伴。

该矿床是以岩体为中心，呈水平和垂直带状分布，近岩体处是以锡为主，远离岩体处是以铅锌为主的锡铅锌矿体。同时，岩脉的产状随岩体的起伏发生明显的变化。

(3)岩体、岩脉成矿元素分析。

据对岩脉成矿元素Sn、W、Cu、Pb、Zn、Au、Ag等分析结果表明，该矿段斑岩脉成矿元素含量相当于癞子岭岩体的10~120倍，华南花岗岩体的14~960倍，其Sn、Pb、Zn、Ag品位均达工业要求，富集地段锡平均达0.8%左右，铅锌平均6%左右。

(4)硫、铅同位素特征及模式年龄值。

1)硫同位素反映成矿流体中硫源，本区硫同位素$\delta^{34}S‰$变化范围在0.663~4.184之间，介于0~5之间，其总平均值为2.803，与癞子岭、通天庙主岩体$\delta^{34}S‰$极为相近(2.24)，表明硫源应为均一化地壳硫，从而说明成矿热液主要来自壳源重熔岩浆，属上地壳岩浆硫。

2)铅同位素特征反映成矿流体中铅源，由矿石和岩石铅同位素分析可以得知：

①矿石铅同位素：$^{206}pb/^{204}Pb$变化在18.633~18.608之间，与华南燕山期岩浆热液矿床比值近似(小于18.7)，$^{208}Pb/^{204}Pb$变化在38.862~38.878之间，小于39，表明矿石铅同位素组成较均一，具有岩浆成因的正常铅特征。

②岩石铅同位素：4个样品$^{206}Pb/^{204}Pb$在18.627~18.941之间变化，其中Ⅰ#岩脉及其近矿蚀变砂岩的2个样的$^{206}Pb/^{204}Pb$大于18.7，$^{208}Pb/^{204}Pb$比值大于39，表明岩石铅同位素组成比矿石变化大，显示了因岩浆后期热液的强烈交代作用，引起放射成因铅含量高。因此，岩石铅具有上地壳铅与岩浆铅混合铅的特征。

铅模式年龄值：①矿石铅模式年龄，Ⅱ#花岗斑岩脉矿石铅年龄平均值为72.3 Ma，Ⅰ#岩脉平均为93.4 Ma，平均为83 Ma，晚于花岗斑岩的Rb-Sr年龄146.6 Ma。表明方铅矿的形成与岩浆活动有关，其成矿流体中铅主要来自岩浆期后热液。②岩石铅模式年龄平均为80.1 Ma，与矿石铅年龄相近，但晚于斑岩Rb-Sr年龄146.6 Ma，更晚于泥盆系跳马涧组(D_2t)地层年龄。

上述铅同位素特征及其模式年龄值，说明成矿流体中铅主要来源于岩浆期后含矿热液。亦有部分来自地层，其成矿年龄为燕山晚期。

3.2 成矿地质条件

矿段花岗斑岩脉型矿床的形成主要是与燕山期侵入的复式花岗岩体有密切成因关系，岩体的形态、展布以及矿床的分布和产状完全受该区不同级别的构造所控制，地层的物理、化学性质，成矿元素的丰度，对矿床的形成、矿床类型、矿物组合以及矿化强弱均有较大的控制。

(1)岩浆岩条件。

通天庙(香花岭)岩体是多阶段、多成因的复式岩体，包括主体、补体、早期岩脉与晚成岩脉，为一W、Sn、Pb、Zn含矿岩体，其Sn、W、Pb、Zn、Ta、Nb等成矿元素丰度值高。据岩体岩石学、地球化学、微量元素、副矿物特征，稀土元素特征，区域大地构造特征及岩体本身特征综合分析，香花岭岩体成因为硅铝层重熔成因。矿床与岩体在成因上和空间分布上有着密切的关系。岩浆侵入过程中，一方面提供了成矿物质的来源，产生热液叠加，另一方面也提供了成矿物质运移的热动力，产生热力改造。在燕山期，由于强大的应力场作用，沿着同一断裂构造发生了多次构造

-岩浆活动，并伴随多次矿化。第一、二次侵入的主体(中-细粒黑云母花岗岩)和补体[细粒斑状钠长石化(碱性)花岗岩]，主要与W、Sn、Be、Mo矿化有关，其次与Pb、Zn矿化有关，第三次侵入为脉岩、石英斑岩、蚀变斑岩则与Pb、Zn矿化有关。

(2)构造条件。

矿田构造体系包括3个构造带：加里东期形成的东西构造带、印支期形成的南北构造带和燕山期形成的北北东构造带。在3个构造体系中，只有燕山期形成的北北东构造带才是成矿构造体系，该体系控制了成矿母岩、矿化和矿床的分布，并控制了矿体的形态、产状、分布和组合特征等。矿床多分布于花岗岩岩株突起的接触带及其附近的围岩断裂中，该体系的配套构造NE向、NW向、NWW向的张扭性断裂控制了脉状铅锌矿体、花岗斑岩型锡及锡铅锌多金属矿床矿体的形态和产状。该配套构造体系走向为NE向、NW或NWW向，倾向SE、SW或NE，以倾向SW、SE为主，产状变化大。斑岩脉其壁沿走向和倾向总体呈折线状，形态不规则，常分枝，有复合现象，其旁侧派出羽状裂隙，常为铅锌脉或磁黄铁矿、黄铁矿等硫化物细脉充填。

(3)地层条件。

该矿段花岗斑岩脉矿床主要产于泥盆系跳马涧组砂岩和寒武系的石英砂岩中，该区地层所含的W、Sn、Pb、Zn丰度值均较高，它们可以被热液和热所活化、吸取或重熔，为成矿热液提供物质来源。但由于该区地层岩性较不活泼，渗透性差，对矿液的流动和扩散仍起了遮挡和屏蔽作用，因而使岩浆热液与围岩发生强烈的交代作用，同时，热液内部也产生强烈的自变质作用。伴随岩浆热液的结晶和分异，有用金属元素析出，富集成矿。据铅同位素特征分析，有少量铅来自地层，在地层复合部位，表现为明显的矿化富集段，因此，地层岩性也是成矿与控矿的条件之一。

3.3 成矿作用与成矿模式

综上所述，矿段花岗斑岩脉矿床的形成，明显受岩浆岩、构造、地层等三个条件综合控制并相互制约，是同源岩浆多次活动和演化、在不同阶段和不同地质条件下的产物。据矿物中包裹体特征、成矿温度、压力的测定、pH值、*E*h值、fo_2值的计算等成矿物理、化学条件分析得出，该矿区花岗斑岩型锡铅锌多金属矿床是在中-高温(120~442℃)，浅成低压28~45 MPa条件下，处于弱酸-中性还原条件下，中等盐度的环境中形成的，其形成过程可归纳如下：

(1)当深部硅铝层重熔岩浆沿断裂侵入后，由于处于较封闭的系统，岩浆从边缘向内部进行结晶时，其所富含的挥发分氟和水不易散失，不仅使岩浆的黏度、凝结温度降低，促进岩浆流体分异和演化，而且在岩体顶部开始富集，形成一个熔浆区。当岩浆流体与围岩接触带发生接触变质时，熔浆中挥发分和二氧化硅亦参加反应，岩体的边缘在挥发分的作用下，形成少数似伟晶岩壳、伟晶岩团块。

(2)随温度不断下降，岩浆流体继续分异和结晶，挥发分大量析出，并捕获岩浆流体中金属组分，如W、Sn、Bi、Mo、Be、Ta、Nb等，组成氟的络合物聚集于岩体上部富含挥发分的氧化物熔浆团中。当其内压大于外压，并在构造作用的影响下，上部的熔浆侵入，形成补体r_5^{2-2b}。因此，岩体主体和补体的矿物成分、岩石化学成分、微量元素、长石有序度等基本一致。伴随岩浆侵入，大量富含氟和钠的强碱性含矿挥发分沿裂隙逸出，较封闭的系统变为开放系统。含矿气液交代原来的岩体并发生自变质作用，形成钠长石化和云英岩化，并有黄玉、萤石共生，并形成少量钨锡石英脉和少量含W、Sn的云英岩。

由于氟的大量存在，绝大部分W、Sn仍存在于气液流体中，另外在钠化和云英岩化过程中，分散于黑云母中的钨、锡，在黑云母被交代变为铁锂云母及白云母时析出，并转入气液流体中一起运移。

(3)当含矿流体进入围岩时，由于寒武系和泥盆系跳马涧组地层均为石英砂岩，呈弱酸-中性，岩石化学性质稳定，渗透性差，对富含W、Sn、Bi、Mo、Be、Fe的酸性氟络合物气液流体仍起屏障阻挡作用。流体继续交代原岩体，自变质作用加强，钠长石化和云英岩化加强，由于温度的降低，结晶析出的长石、石英增多。同时，流体对围岩产生强烈蚀变交代作用。在构造活动的作用下，同期产生NE、NW及NWW向张扭性配套构造，并活化原来构造体系，为含矿流体提供了迅速运移的空间。在熔浆迅速上侵的过程中，由于流体的温度、压力的迅速下降，仍不断有石英、长石、云母、黄玉、锡石析出，流体中来不及结晶析出的氟络合物则形成隐晶、微晶石英和长石等硅酸盐矿物，与早时结晶析出的石英、长石等胶结在一起，形成斑状、似斑状结构，成为早期花岗斑岩脉，同时，伴随有少量黑钨矿石英脉形成。

(4)当温度继续下降，岩浆上部熔浆团的底部，金属硫化物不断增加，除原有W、Sn、Bi、Mo、Fe外，Pb、Zn、As及少数Cu富集，形成硫化物熔团。由于构造活动，再度活化原有构造体系，使熔浆沿断裂再次侵入围岩或早期岩脉中，与其有关的含矿流体中挥发组分氟减少，H_2S分解，使硫的浓度增高。气液流体在弱酸-中性的围岩中运移，其围岩环境仍不利于硫化物的沉淀。此时，浅成含矿流体的温度仍较高(300～500℃)，使含矿流体与围岩发生强烈交代蚀变作用，流体内部自变质作用增强，并对原岩脉产生强烈蚀变，产生磁黄铁矿化、黄铁矿化和黄玉、云英岩化，并产生黄玉变斑晶和石英斑晶，有锡石析出。随后，温度稍低(200～300℃)，产生绢英岩化，伴随铅、锌矿化，其他如Fe、As、Cu，首先形成磁黄铁矿、毒砂和黄铜矿。

随后，Pb、Zn硫化物和黄铁矿相继形成。

成矿硫体大多沿断裂接触带交代充填，部分叠加于早期岩脉中，使早期岩脉产生强烈蚀变，并矿化富集。赋存于同一断裂带中的铅锌呈水平或垂直带状分布，其硫同位素值$\delta^{34}S$变化范围在0.663‰～4.184‰之间，表明硫主要来源于上地壳岩浆硫。

(5)在晚期残余岩浆阶段，残存于岩浆中的W、Sn、Pb、Zn再次富集，分别聚集于尚未固结的残浆上部和底部(底部主要是Pb、Zb等金属硫化物)，由于构造作用，并再度活化原有构造，引起晚期分异出来的熔浆贯入NEE、NWW、NW向断裂带或张裂隙中，形成石英斑岩脉或细晶岩脉。于是成矿物质伴随流体再度活化。Ta、Nb和少量W、Sn主要赋存于钠长石化、云英岩化、黄玉化的细晶岩脉中，与石英斑岩有关的Pb、Zn脉，则充填于近东西向的陡倾斜断层破碎带中。同时，在早期形成的花岗斑岩中，由于原有断层的活化，并产生一系列东西向的张裂隙，热液再次侵入，产生热液叠加改造，使原有矿化更富集，形成工业矿体，因而也就产生了不同地段矿化富集不均匀的现象。

4 矿化富集规律及找矿前景

4.1 矿化富集规律

通天庙(香花岭)岩体为一复式岩体，包括主体、补体、早期岩脉与晚期岩脉。该矿段花岗斑岩型锡铅锌银多金属矿床为一典型的多源、多期次、多阶段、多成因形成的多因复控矿床，亦即“层控加岩浆期成矿物质叠加与成矿热液改造成因矿床”，其矿化有如下富集规律。

(1)据矿床带状分布特征：在距岩体80～250 m范围内有价金属元素富集地段。

(2)NEE向和NE向构造部位为明显的矿化富集段。

(3)岩脉产状发生明显变化如倾角由缓变陡处表现明显的矿化富集特征。

(4)断裂分枝、交汇处，节理、裂隙发育地段均为硫化富集地段。

(5)寒武系地层和泥盆系地层复合部位为重要的矿化富集部位。

4.2 找矿前景

据以上分析及民采情况，该矿段花岗斑岩型矿床储量大，矿石可选性能好，富含锡、铅锌、银，其经济前景较为可观。在总结该矿床成矿规律的基础上，今后找矿应注重以下几个方面：

(1)复式岩体，其周边存在构造定位、强烈蚀变的斑岩脉(群)。

(2)地层复合部位，应是找矿重点地段。

(3)构造活动频繁，分枝交汇地段，为找矿重要地段。

参阅文献(略)

成矿有利度分析法在大比例尺找矿预测建模中的应用*

——以铜陵凤凰山铜矿为例

彭省临 毛政利 刘亮明 赖健清

（中南大学地洼学说成矿学研究所，长沙，410083）

摘 要：根据铜陵凤凰山铜矿成矿规律研究和找矿分析成果及多元找矿信息，运用成矿有利度分析法开展隐伏矿大比例尺定位预测研究，建立了矿床大比例尺找矿预测模型。已知矿体和工程验证结果表明该方法可较好地用于大比例尺找矿预测建模和成矿预测单元的定量评价。

关键词：成矿有利度分析法；大比例尺找矿预测模型；铜陵凤凰山铜矿

矿床大比例尺定位预测是当代成矿预测发展的必然趋势，也是成矿预测从定性向定量转化的显著标志。它对于在资源危机矿山寻找接替资源具有至关重要的意义，越来越引起国内外地质学家特别是矿产勘查学专家的关注并付诸实践，已成为当前成矿预测领域的前沿研究课题，但目前仍处于探索研究阶段。

矿床大比例尺定位预测是一项集地质、物探、化探、遥感综合信息预测手段和信息集成处理的系统工程，所面临的是一个复杂的多元多因素综合信息系统。矿床定位预测的准确度，一是取决于成矿和找矿信息的准确提取，二是取决于有利找矿信息的高效集成，前者决定于成矿理论和勘查技术的创新程度，后者决定于找矿信息的有利度和关联度分析及其融合程度。本文在对铜陵凤凰山铜矿的成矿规律和找矿信息进行了详细研究的基础上，通过成矿有利度分析法对有利的找矿信息进行综合集成和定位预测建模。并用预测模型对研究提出的成矿预测单元进行计算，经与已知矿体分布和工程检验结果比较，证明成矿有利度分析法建模是有效的。

1 凤凰山铜矿田矿床概况

凤凰山矿田位于铜陵市东南约 35 km 的凤凰山新屋里盆地。盆地中心为燕山晚期的新屋里岩体，四周主要为二叠至三叠系的碳酸盐岩地层。围绕岩体接触带产出有凤凰山、宝山陶、铁山头、仙人冲、清水溏和江家冲多个铜矿床，其中只有凤凰山矿床达到了中型规模（见图 1）。凤凰山铜矿床位于新屋里岩体的西部，新屋里向斜的中段近轴部之西北翼。矿区内岩浆岩很发育，主要为新屋里复式岩体，由燕山晚期的花岗闪长岩、石英二长闪长（斑）岩及花岗闪长斑岩等组成，此外，还有一些更晚期的正长斑岩、花岗斑岩及辉绿岩脉等。矿区断裂构造比较复杂，主要为北东向（与褶皱的轴向平行）的逆冲断层，其次为一些更晚期的北西向、北北西向和近东西向小断层。已知矿体主要呈似“板状”和“不规则透镜状”产于新屋里岩体与三叠系灰岩间的接触带上，受接触带和断裂构造的复合控制。在平面上，北段走向北东和北北东，中段走向近南北，南段则走向北北西和北西。在剖面上，中段和北段接触面近于直立，与围岩层理近于平行，矿体一般较薄；南段接触带与围岩层理斜交，上部向岩体方向倾斜，矿体厚；下部向围岩方向倾斜，矿体变薄，并在深部逐渐趋于尖灭。

* 本研究得到国家“十五”科技攻关和高校博士点基金项目的共同资助。

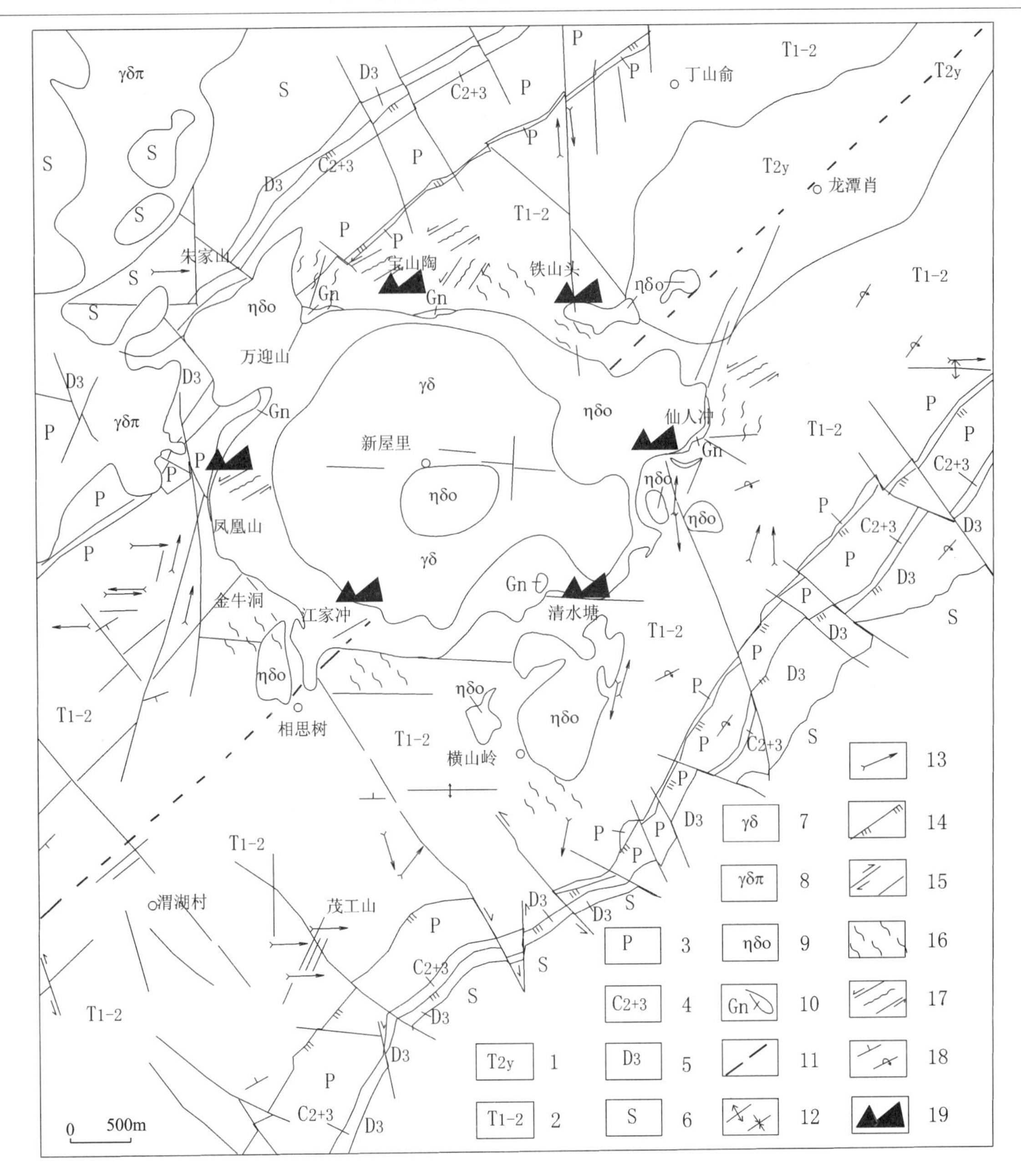

图1　凤凰山矿田构造纲要及矿床分布图

1—三叠系中统月山组；2—三叠系中、下统；3—二叠系；4—石炭系中上统；5—泥盆系上统；6—志留系；7—花岗闪长岩；8—花岗闪长斑岩；9—石英二长闪长岩；10—铁帽；11—复式向斜轴；12—小型向斜/背斜；13—A 线理；14—层间滑脱构造；15—平移断层/断层；16—韧性剪切带；17—流变褶皱；18—地层正常产状/倒转产状；19—铜矿床

2　凤凰山铜矿床的成矿作用分析

据详细的地质调查和成矿作用分析，我们认为，凤凰山铜矿床的成矿具有以下特点：

（1）现有矿床都分布在新屋里岩体的接触带上或靠近接触带部位，基本上呈等间距分布，远离接触带的围岩中以及岩体的中心部位，目前还未发现有成型的铜矿床，表明新屋里岩体在铜成矿中的重要作用。

（2）矿体的产状基本上与所在部位接触带的产状一致，虽然矿体的形成明显晚于矽卡岩，但至今还没有发现斜切接触带的矿体，说明接触带是重要的控矿部位，其作用主要表现为：① 接触带是矿石沉淀有利环境；② 在接触带发育的岩体侵位期的韧－脆性构造系统在成矿热液聚集和定位中发挥了十分重要的作用。

（3）已发现的矿床中，位于岩体西面的凤凰山铜矿床规模最大，其原因主要有：①在西部边界附近有一条规模较大的走向北西的横向张性断层，这条断层在局部地段与接触带叠合，虽然其形成于新屋里复式岩体侵位以前，与新屋里复式褶皱是同一构造系统，但在岩体侵位期和侵位后，它一直活动，是一个重要的边界条件，对成矿流体和成矿岩浆活动起着重要的控制作用；②从整个新屋里岩体的形态和产状的变化规律来看，岩体西部的接触带较特殊，岩体超覆在围岩之上呈凹兜状；③从岩体接触带的产状、岩体和近矿围岩的变形构造特征来分析，该处是岩体侵位时的前沿，受岩体侵位冲击最大，也是成矿流体流动聚集部位。

(4) 从现有矿床中 Au、Mo 含量的空间变化规律看，往岩体的西南侧，矿床中 Au、Mo 含量明显增高。这种含 Au、含 Mo 高的矿石都是以细脉浸染状为主，并且与石英二长闪长(斑)岩有密切关系。据此可以推断，越往东南，斑岩型矿化所起的作用应越大。

(5) 从矿田的西北往东南方向，矿化深度有增加的趋势，仙人冲和江家冲矿床的最大深度比宝山陶和铁山头要大，而凤凰山矿床北部矿体的深度比南部要浅得多。

(6) 本区已发现斑岩铜矿中典型的角砾岩构造和岩浆－热液角砾岩，角砾岩带的规模与矿体的规模具有非常密切的正相关关系。

因此，本区的主要控矿因素均受燕山期构造－岩浆成矿作用的控制，由此产生的直接和间接成矿信息均为本区有利的找矿信息。

3 基于成矿有利度法的找矿预测模型设计及检验

找矿预测工作是在成矿预测研究的基础上，在成矿有利地段范围内，经过更加深入、详细的地质研究，并通过地球物理、地球化学等勘查技术手段获取一定的勘查数据之后，经综合分析研究，找出最有可能有矿体产出的部位，为下一步的工程验证提供依据。找矿预测建模就是在此基础上，通过数学方法将地质、地球物理、地球化学等多源地学信息数据融合集成，建立找矿预测数学模型。

3.1 成矿有利度法的数学描述

成矿有利度法是希腊和德国地质学家和数学地质学家合作推出的，其数学表达式为：

$$f = \sum_{i=1}^{n} w_i p(c_i) \tag{1}$$

式中：f 为成矿有利度；w_i 为第 i 个找矿标志的权系数；c_i 为第 i 个找矿标志；$p(c_i)$ 为第 i 个找矿标志出现的概率；n 为参加估计的找矿标志个数。

3.2 预测单元划分

凤凰山铜矿床的找矿预测工作重点在南区。近几年投入了大量的地质、地球物理和地球化学找矿工作，获得了一批找矿勘查信息和数据；并有一个验证钻孔揭露了深部的隐伏矿体。这为在本区建立多源地学信息综合找矿预测模型及模型的验证提供了有利条件。因此，本文的找矿预测模型研究选在南区，将南区等面积划分为 120 个找矿预测单元(见图 2)。通过建立找矿预测数学模型，将多源地学信息数据集成融合；通过计算机编程开发，实现数据的集成融合处理，并对所有找矿预测单元进行评价以及预测评价结果的输出。

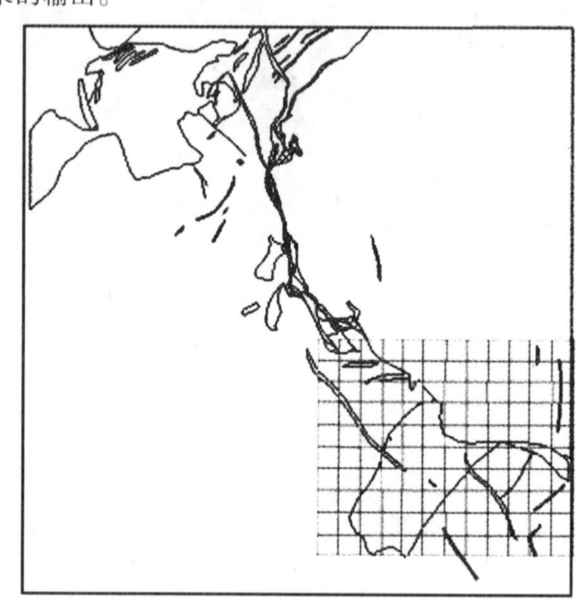

图 2 凤凰山铜矿找矿预测单元划分示意图

3.3 找矿预测标志的选取

找矿预测标志的选取不同于成矿预测指标的选取，成矿预测指标以主动性控矿因素为主，而找矿预测标志除主动性控矿因素以外，还应包括在成矿作用过程中被动形成的指示信息，如地球物理、地球化学异常等信息。据前述研究成果，凤凰山铜矿床找矿预测模型选取以下标志，括号内变量为标志的代号：花岗闪长岩(c_1)、石英二长闪长岩(c_2)、碳酸盐岩(c_3)、脆性扩容叠加构造(c_4)、脆性扩容叠加构造产状变化处(c_5)、脆性扩容叠加构造交汇处(c_6)、岩体与围岩接触带(c_7)、脆性扩容叠加构造与岩体和围岩接触带复合部位(c_8)、构造角砾岩带(c_9)、应变能降(c_{10})。铜元素含量值(c_{11})、前晕元素含量(c_{12})、物探极化率(c_{13})、物探相位差(c_{14})。

3.4 找矿预测指标量化处理及权系数的确定

从式(1)可以看出，在成矿有利度法的数学表达式中，各找矿标志的权系数的确定是建模的关键。我们利用 BP 人工神经网络模型来拟合矿床、矿体的形成与定位的复杂地质作用过程，网络经过学习、调整、修正后，基本上完成了从输入到输出的非线性映射，即网络通过各神经元之间的相互联系、相互制约模拟出了成矿作用过程中地层－构造－岩浆岩－流体的非线性耦合作用过程。各神经元对输出的贡献通过其连接权值表现出来。如第一个成矿预测指标，它对隐含层各神经元的影响程度通过它与隐含层各神经元的连接权值表现出来，即连接权值可近似地看成是成矿预测指标对该神经元的影响程度；同理，隐含层各神经元对输出层神经元的影响程度也可近似地由其连接权值来表示（见图3）。那么，输入层神经元对输出层神经元的影响程度即可用从输入层到隐含层的连接权值与从隐含层到输出层的连接权值的乘积和来表示，即：

$$w_i = w_{ij} \times v_j^{\mathrm{T}} \tag{2}$$

式中：w_i 为第 i 个输入神经元对输出神经元的影响程度；w_{ij}为第 i 个输入神经元与隐含层各神经元的连接权值矩阵；v_j^{T} 为隐含层神经元到输出层神经元连接权值矩阵的转置。

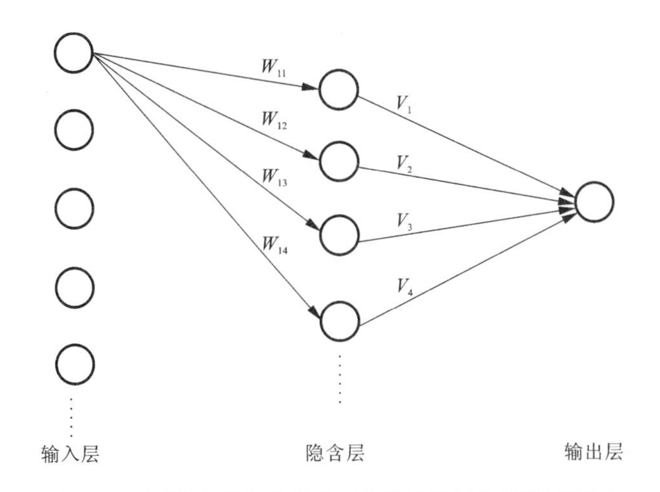

图3 BP 网络中输入神经元对输出神经元的影响示意图

据此就可以确定前10个找矿预测标志的权系数。后3个找矿预测标志的权系数参照有关文献确定。然后将各找矿预测标志的权系数经正规化变换，使其和为1。变量的赋值，地质变量以二态赋值方式赋值：即预测单元内出现为1，否则为0，数值型变量则以实际数值归一化后赋值。地质变量型找矿预测标志出现的概率以统计方法估计，数值型找矿预测标志的概率以归一化数值替代。由此可建立凤凰山铜矿床南区找矿预测数学模型：

$$\begin{aligned} f = & 0.1479p(c_1) + 0.1479p(c_2) + 0.035p(c_3) \\ & + 0.041p(c_4) + 0.045p(c_5) + 0.06p(c_6) \\ & + 0.041p(c_7) + 0.041p(c_8) + 0.042p(c_9) \\ & + 0.43p(c_{10}) + 0.03p(c_{11}) + 0.02p(c_{12}) \\ & + 0.035p(c_{13}) + 0.035p(c_{14}) \end{aligned}$$

经过计算机编程计算，在预测区内已有钻孔揭露矿体和有矿体产出的预测单元，其找矿有利度(f)分别为0.8365和0.8048，说明该模型可靠，可用于下一步的找矿预测工作。

参考文献（略）

三、老矿山二轮地质找矿的典型经验

湖南有色及黄金矿山二轮地质找矿的经验探讨

李键炎　王素枚

（湖南省地质学会矿山地质专业委员会，长沙，410000）

摘　要： 湖南有色及黄金矿山在保有资源不足，行业出现萎缩态势下，部分矿山依靠先进找矿技术，展开边深部二轮找矿取得成功的典型事例，讨论并总结了有关经验。向国家提出支持生产矿山深边部找矿的政策建议。

关键词： 有色黄金矿山；深边部地质找矿；典型经验

1　湖南有色及黄金矿山资源概况

湖南省素享有"有色之乡"美誉。全省现有国营大、中型有色及黄金矿山企业40座，拥有固定资产原值约18亿元，采选生产能力750万～800万t/a，是我省支柱产业之一，为我省经济发展做出了重要贡献。

但是，这些矿山绝大多数开采已达50年以上，目前均进入中、晚期开采。特别是自20世纪90年代以来，由于地质勘探投入不足，矿山深边部勘探严重滞后，导致保有地质储量锐减。据1998年底地质储量统计，保有工业储量不足8年的矿山占85%。近10余年来因资源不足，15家矿山被迫关停，占同期矿山总数27%，是中华人民共和国成立以来关停矿山最多的时期，矿山行业出现萎缩态势。如不迅速采取措施，加强生产矿山深、边部二轮找矿，提高资源保证程度，估计到2005年，矿山生产能力将继续消失60%以上，形势是严峻的。

在这种状况之下，近年来部分矿山坚持自力更生，积极与科研单位合作，开展深、边部二轮地质找矿工作，取得突出成效，为我们提供了宝贵经验。这些矿山主要有香花岭锡矿、湘西金矿、湘东钨矿、东安锑矿、黄砂坪铅锌矿、水口山铅锌矿、新化金矿、江永铅锌银矿、麻阳铜矿、清水塘铅锌矿等16家。这些矿山通过二轮地质找矿均在深、边部或过去被认定是找矿禁区的地段探获了新的矿体，有效地解决了矿山找矿方向不明的问题，极大地缓解了资源压力。

2　四个开展二轮找矿矿山的典型简介

2.1　香花岭锡矿

香花岭锡矿早在20世纪80年代初即因资源危机而准备闭矿，成了有色总公司特困企业之一。但自1992年以来，矿山根据自身实际情况，提出"立足主业、强化找矿、逐步搞活"的方针，大力开展矿山二轮地质找矿。先后邀请中南工业大学(现中南大学)，中国地质大学，北京地质研究所，长沙大地构造研究所等十余家科研单位，来矿合作开展研究工作。在工作中广泛运用了各种现代找矿地质理论和新技术，重新研究认识香花岭成矿地质条件和规律。先后完成"香花岭锡矿安源矿区锡矿床成矿地质条件，控矿因素，富集规律科研报告"，"塘官铺矿段控矿构造的力学性质及特征"，"香花岭井下物化探研究报告"等科研项目22项。自1992年以来先后5次邀请省内外地质专家来矿举行现场研讨会，帮助拟定找矿计划。在严谨的科研工作基础上，矿山制定了以"四北两深一西"七个找矿靶区为目标的二轮找矿计划。从1992年至1997年内共投入钻探进尺7万余米，坑探进尺2万余米，取得一系列重大找矿突破。在花岗岩接触带上首次发现矽卡岩型大型矿体；在香花铺矿区深部原勘探预测范围以外，探获厚达20 m的大矿体；在太平矿区原勘探工程控制密集的地段捕获了“漏网之鱼”；在塘官铺西部打出一个大中型锡多金属矿床。5年来探明与新增矿石量相当于建矿以来累计探明储量总和的1.5倍，创潜在资源价值30亿元以上，综合延长矿山服务年限25年以上。让百年香矿焕发青春。

2.2 湘东钨矿

湘东钨矿20世纪80年代即陷入资源危机，后与中南工业大学合作，运用多因复成成矿理论，结合何继善院士的地球物理探矿理论进行成矿规律研究与找矿。在被认为是找矿禁区的老山坳断层下盘，探出了一组颇具规模的盲矿脉，经坑道验证平均含钨品位达1.2%～1.5%。预测进一步工作可望新增钨金属量15000 t。对矿山突破禁区找矿具有重要意义，拓展了找矿新的空间。

2.3 东安锑矿

东安锑矿是一座采选冶锑联合企业，开采年限已达百余年。1995年矿山保有工业储量服务年限不足两年，面临资源危机。企业当即采取两项开源节流措施。一方面是与省地质学会建立长期矿会协作关系，由学会帮助组织有关专家开展技术咨询服务。并从兄弟矿山，勘探队聘请专家参加矿山工作。经5年多努力，保有储量服务年限由不足两年上升至8年，基本解决资源危机问题。同时在国家实施的生产矿山探矿补助政策的支持下，与勘探队合作，投入资金600万元展开矿区近外围找矿，使矿区范围由2.18 km^2扩大至16.68 km^2，扩大近8倍，极大地拓展了找矿远景范围，可望找到大型锑矿床预测目标。

另一方面是拓展矿外资源及深加工锑品市场。近几年来通过广泛的市场调查，投入两项重大技术改造工程：一项是建成年生产能力3 000 t的高级锑白生产线，由以往生产初级锑产品为主，改变为生产锑深加工产品(高级氧化锑)为主，使产品经济效益增加25%～30%；第二项是建成高砷铅锑矿石选冶系统，使长期呆滞难处理的这类矿石资源成为可利用的有用资源。这项工程的建成极大地扩大了锑原料的来源，不仅减轻了本矿自身供矿压力，同时使锑矿石原料成本降低了50%，有效提高了企业经济效益。

2.4 湘西金矿

湘西金矿是一座金锑钨共生大型矿床，已开采120余年，目前采掘垂深近800 m。由于长期超负荷开采，探矿深度不断增加，加之深部矿体形态及赋存条件变化极大，采用常规找矿技术手段找矿难度大效果差，导致矿山保有资源量下降，至1995年保有储量仅可采7年，矿山再次出现资源危机。

矿山领导从企业持续发展长远利益出发，决定开展深、边部地质找矿工作，并于1995年与中南大学合作开展“沃溪矿区深、边部地质地球物理探矿研究”，该项目在何继善院士指导下历时四年分两阶段于1999年完成。在研究工作中科研组在全面搜集分析丰富的矿山地质资料，不放弃任何有价值的找矿信息基础上，采用先进技术，获取了大量数据，并运用先进的数据处理和分析方法，建立了“沃溪矿区深、边部地质－地球物理模型”。在地质方面从矿体形态、产状、构式人手，查明矿体三维模型和空间分布规律，拓展了成矿构造研究的新思路，提出并运用了“液压致裂成矿”“伸展造山成矿”等构造成矿新理论。在地球物理方面采用正交电磁扫面，三频激电及近矿激电法定性的最佳组合，实现地质与物探紧密结合直接找矿。查明沃溪深边部矿体的埋深，产状，及立体伸展形态和矿化富集中心。在过去被认为“无矿”的地段发现并经坑探验证探获大型盲矿体。

通过该项研究，已提交科研储量250万t，创潜在经济价值30亿元以上，可延长矿山服务年限(按现有产量计算)20年以上。同时在第二阶段又发现沃溪矿区甘子坪断层以北是一个大型矿化异常区，预测将成为第二个沃溪矿区，使湘西金矿总服务年限达到百年以上。

3 探讨与体会

近十年来我省有色及黄金行业有16家大中型矿山开展了深、边部二轮找矿工作，其中15家均取得不同程度探矿效果，缓解了矿山资源危机压力。

这些矿山的二轮找矿实践证明，即使是百年老矿，深、边部仍然具有良好找矿前景。大力开展生产矿山深、边部二轮找矿工作，是扭转当前矿业萎缩态势，实现矿业持续稳定发展的有效途径。

通过10多家矿山开展二轮找矿的实践，我们有以下粗浅体会。

体会一：矿山领导重视，决心大，是做好二轮找矿关键

生产矿山深、边部二轮地质找矿一般都是在易探易采的主矿体探采殆尽，矿山进入中晚期开采的情况下进行的。故普遍存在探矿难度大，深度大，工作周期长，投资筹措难，导致领导难于决策。但前述10多家矿山领导从本矿实际情况出发，反复权衡，在矿山面临生死存亡的关键时刻带领职工，迎难而上，拓展生机。

例如香花岭锡矿，奋战5年找出一个新香矿的业

绩，就是在矿山领导班子的坚定领导下，从矿山实际矿情出发，排除“举矿外迁”干扰，提出“立足主业、强化找矿、逐步搞活”方针，积全矿之财力、人力、智力，艰苦奋斗而取得的。

香花岭是一个特困企业，但在1992年至1997年5年中，在原中国有色金属工业总公司的支持下，筹集了2200万元资金(占全矿同期工业总产值六分之一)用于二轮找矿，完成钻探7万米，坑探2万米及大量科研工作。为了筹措资金，他们甚至动员职工“勒紧裤带，过几年苦日子”，将应加的工资不加，应发的奖金不发甚至停发几个月工资，支持二轮找矿。经过全矿职工的艰苦努力，终于摘掉了“硐老山空”的帽子。

体会二：与科研院所紧密合作，广泛采用地质新理论和找矿新技术，是快、准、省地做好二轮找矿的前提

由于二轮找矿一般找矿深度、难度均较大，又要求见效要快，因此矿山必须与科研院所合作，根据矿山地质条件引进现代地质找矿新技术，并形成最佳组合，以达到快、准、省的找矿目的。

在二轮找矿研究工作中，要合理继承前人研究成果，更要充分运用新的找矿理论和技术，重新研究和总结成矿地质条件及规律，力求突破前人“禁区”的禁锢，获取找矿效果。前述香花岭锡矿、湘西金矿、湘东钨矿、龙山金锑矿，黄砂坪铅锌矿等矿山都是在与科研部门合作过程中，运用找矿技术，突破无矿论而取得成功的。

例如湘西金矿二轮找矿所取得的突出成果，就是在与中南大学广泛合作过程中，有效运用“液压致裂成矿”等构造控矿新理论和先进的地球物理找矿新技术，形成最佳找矿组合，建立沃溪矿区深、边部地质-地球物理立体模型，从而实现直接找矿的。在找矿研究过程中，研究人员在合理继承前人研究成果基础上，依据新的研究资料，不为前人各种“无矿论”所禁锢，在过去被认定是“找矿禁区”的地段，取得重大突破，如“F7断层西部无矿”，“沃溪矿区深部被沃溪大断层断失，深部无矿”，“V4脉东部曾有钻孔控制，已‘查明无矿’”，“沃溪矿区北部被甘子园断层抬升剥蚀无矿”等地段，均找到了大中型矿体。

采用高新技术进行矿山二轮地质找矿与常规勘探方法比较，具有周期短、费用低、可探测深度大、定位准，效果好等明显优势。湘西金矿二轮找矿研究范围约35 km^2，费时约4年，投入科研费仅53万元，平均每吨探获科研地质储量仅投入0.1元，找矿探测深度达1 000 m以上。经对垂深600 m的V7号盲矿体采用坑道验证，证实物探定位精度高于钻探定位精度，笔者估算，若采用常规以钻探为主的找矿方法，在同样研究范围内，达到同样的研究深度，需时至少8年以上，需费用至少500万元以上。实践证明，对于埋深大、矿体形态及构造变化复杂的矿区，特别是老矿区采用各种高新技术方法，显然优于一般常规找矿手段。

体会三：强化矿山地质工作，是提高资源管理水平，延长矿山服务年限的保证。

矿山企业是资源型企业，矿产资源是矿山企业生存发展的基础。因此建设一支与生产相适应的矿山地质工作队伍和机构，是实现地质先行，提高资源开发利用水平，延长矿山服务年限不可或缺的重要条件。我省大多数有色黄金矿山对这项工作非常重视。如黄砂坪铅锌矿、香花岭锡矿、湘西金矿、麻阳铜矿等矿山都有一支技术力量雄厚，装备水平很高的矿山地质队伍。他们均具有合法的勘探资格证书和测绘资格证书，具备地质勘探设计、施工、资料搜集、综合分析研究及报告编写的能力。曾多次向有关部门提交过正式地质勘探报告，储量报告及科研报告。在矿山生产过程中探明新增了不同规模(几十万至千万吨矿石)的地质储量。

但近10多年来，也有少数矿山出现撤销矿山地质机构，削减地质测量人员，放松矿山地质技术管理的短视行为，已给矿山资源管理造成不可逆转的损失。建议有关行业管理部门督促纠正。

体会四：广辟矿外资源市场，攻克难处理矿石选冶技术关和矿产品深加工技术关，是提高矿山经济效益，延长服务年限的有效途径。

我省东安锑矿和黄金洞金矿在自供矿石不足的情况下，除一方面加强深、边部找矿外，另一方面积极发挥本矿选冶技术及生产能力优势，广辟矿外资源市场，分别攻克了“高级氧化锑”、“高砷铅锑矿”和“高砷金矿”的选冶生产技术问题，使矿山有了广阔的、成本极低的矿石来源，有效缓解了自供矿石不足的压力，为二轮找矿赢得了时间和资金。

体会五：建议政府采取政策扶植措施，支持矿山深边部找矿。

矿业是国民经济基础产业，我国90%以上的能源消耗，80%以上的工业原料要靠矿产资源支撑，矿业及以矿业为原料的相关产业产值占整个国民生产总值的1/3~1/2，这种基本格局在可以预见的未来大概很难根本扭转。但矿山企业目前普遍存在资金、环境等实际问题而呈现与上述格局大相径庭的萎缩态势。为了促进矿山的可持续发展，除企业自身努力外，政府

给予适当政策扶植是极其重要的。我们有以下建议：

（1）继续扩大实行生产矿山深、边部找矿项目补助政策。

（2）对开展二轮找矿的矿山企业给予资源税和资源补偿费减免扶植政策。

（3）降低矿产品增值税率，建议比照农产品税率征收。

（4）建议成立“生产矿山深部找矿国家研究中心”。

（5）建议银行设立“矿山二轮找矿专项货款”。

参考文献（略）

老矿山周边找矿决定着中国矿业的兴衰

——以锡铁山深边部找矿的成功为例

邓吉牛

（西部矿业股份有限公司，河北燕郊，061601）

摘　要：本文介绍了在矿山周边找矿使老矿山得以重新焕发生命力的实例和对我国老矿山发展的启示。

关键词：老矿山；矿业权；锡铁山铅锌矿

一个预计在2004年矿山生产能力由100万t降为45万t，并将于2010前关闭的资源危机矿山，却通过自身找矿投入变成了中国生产能力最大的铅锌矿山，这是资源危机矿山的奇迹！

一个只用3个多月时间，就完成决策—设计—靶区验证—工程勘探—审定储量的全过程，这是隐伏矿床找矿勘探上的奇迹！

一个处于国内最恶劣自然环境下的矿业公司，用近两年的时间靠自身努力变成中国有色矿业界最具增长潜力的大型矿业公司，这是中国矿业发展史上的奇迹！

这些事发生在一个资源危机矿山，发生在锡铁山，发生在西部矿业公司。

这些事件的发生不是偶然的，是在特定的环境下出现的，即发生于中国经济转型时期，发生于中国地勘体制改革时期，发生于中国矿业权市场启动初期，是对中国矿业市场有较充分认识的基础上发生的，这可启发我们对当今中国矿业界进行深刻的思考，只有这样才能挽救资源危机矿山的命运，挽救中国矿业的未来，使中国的矿业公司在加入WTO后能有一席之地。

1　中国体制改革与矿山企业的命运

计划经济时期，中国所有的国有矿山均由国家投资建设，至于矿山的经营效益、矿山建设是否符合经济价值规律不需矿山企业决策，矿产品的销售、定价也不由矿山企业决定，矿山的关闭、矿工的转移也不由企业决定，矿山资源的消耗与补充也不需企业去考虑，等等。因此，在矿山企业，管理者的工作重点就是完成上级下达的产量任务。而进入市场经济时期，这一切都将发生变化，这些都将由企业自身去决策，这就需要企业管理者转变观念，明确产权关系，进入矿业市场。

1.1　中国体制改革使矿山企业必须重新思考，并转变观念

中国体制改革就是计划经济体制变为市场经济体制，国家配给关系变成市场买卖关系，一切活动是通过市场行为完成。

从事资源开发，国家与企业的关系变成了资源所有者与资源经营者的关系。国家宪法明文规定，一切地下资源归国家所有。企业开采与勘探矿产资源，必须出资向国家购买矿业权，矿业权是一种资产。

我国国有企业管理者，多年来已习惯于国家的配给管理体制，还没有明确的矿业权与矿业权资产概念，一般认为地质勘探是国家地勘单位应该无偿完成的工作，因而不愿由企业自身出资进行地质勘探，结果是矿山无法建立资源消耗－补偿体系，一味等国家地勘队伍去勘探，提交补充地质储量，在财务管理上也没有矿业权无形资产摊销的栏目，更不明白生产经营中存在由矿业权所形成的利润。错失了企业发展的机遇。矿山企业尤其是矿山企业的经营者只有明确矿业权是一种资产，明确资产的所有关系，才会转变观念，并自觉地投入财力进行地质找矿，否则总是在等待国家出资、或地勘单位去无偿勘探。

1.2　矿山企业的存亡取决于其拥有的资源储量

企业要经营矿山，从事矿山采选作业，首先是必须有可供开采的资源对象。如果矿山没有可采资源，则矿山就会自然关闭。企业一旦经营资源危机的矿山，则只有两种选择，一是主动的方式，即通过获取矿山周边或深部的探矿权并筹资勘探，新增资源储量，延长矿山寿命；二是被动的方式，让矿山随资源枯竭自然关闭，整体转产，或者是企业破产消亡。由国家另行分配资源、或国家出资勘探的时代已经一去不复返。因此，矿山企业的存亡取决于用主动方式获取并拥有的资源储量。

1.3　矿业公司的资源储备是评价其核心竞争力重要指标之一

矿业与制造业、加工业是不同的，矿业首先必须取得相应的矿业权，所以矿山经营存在唯一性、排他性、

优先性、地域性、时间性等，矿业经营不存在原材料，所谓的原材料就是资源、就是矿业权，其终端产品的价格完全由全社会的消费量与产品供求关系确定，不受劳动成本、技术成本的制约。而制造业、加工业不受地域、时间、空间等限制，表现为无序竞争，生产环节上游的原材料价格与终端产品价格均由市场确定，主要体现于劳动成本与技术成本等。一个管理较差、技术落后的企业也许有很高利润，这就是矿业。

矿业公司的资产与盈利能力严格说来是随时间而变化的，其变化是不确定的，但从事制造业、加工业的公司的资产是固定的，只受折旧影响随时间发生变化，其利润空间也只随加工费的浮动变化。因此，矿业公司的资产变化最主要的是其资源储备量的价值在变化。在国外评价一个矿业公司的优劣，主要是看其拥有的资源储备量，即其资源可服务多少年，可形成多快的利润增长，这些从公司上市后的市值去判断。在中国，无形资产一般不为企业经营者重视，强调的是有形资产，因而出现有的矿业公司虽然资产总值很大，或净资产值很大，但几年后就大幅缩水甚至破产，原因是矿山资源枯竭了，矿山资产也就无价值了。矿业公司的资源储备量是衡量其核心竞争力的一个重要指标，因为“巧妇难为无米之炊”。一个没有资源储备的矿业公司，其先进的经营管理只能是空中楼廓，最终是去当其他矿业公司的打工者。

2 资源的价值属性

自古以来，人类就知道资源是有价值的，从资源开发后所制造的产品可以到市场上去交易换取其他必需品。但到了计划经济时代，资源是国家供给制，资源的价值属性被隐含，在重新回到市场经济后，资源的价值属性就被显现出来，因而带来了各种观念的更新。

2.1 随着中国市场经济的推进，资源的价值属性受到重视

（1）资源的开发可产生经济效益。

众所周知，资源的开发可产生经济效益，甚至有巨额回报的经济效益，如广西大厂的矿石，每吨矿石的价值大多在 2 000 元以上，有的高达上万元，而其成本仅 100 多元至数百元。其他产业是不可能产生如此高额投资回报的。当然，在中国也有一些所谓的“资源”，矿山生产后企业亏损，原因是按照西方经济的评价标志，它本身并不是资源，即并不是有经济价值的资源，这些不在本文的讨论之列。

由于资源开发可以产生高于社会平均劳动利润的利润，因此资源是有价值的，这就是矿业价值的体现。

（2）矿业权利润的存在形式与实现形式被认识。

我本人认为，在中国的矿业公司里，从事矿业开发所获取的利润可归结为 4 个部分，即生产经营利润、价差利润、矿业权利润和政策利润（见表 1）。但至目前为止，我们还只知道生产经营利润中的社会平均利润，所有的可研报告与设计报告的预期利润只是其中的社会平均利润，对其他利润只是作少量的定性分析（邓吉牛，2002）。

表 1 矿业开发公司的利润分解表

序号	利润分类	利润亚类	备注
1	生产经营利润	社会劳动平均利润	由劳动成本、资金投入、技术形成的利润
		研发技术利润	企业获取某项工艺技术后降低单位生产成本
2	价差利润	正常价差利润	市场价格涨跌产生利润变化
		随机价差利润	高于平均市场价的销售行为形成的利润
		套期保值利润	期货市场套期保值行为形成的利润
		期货投机利润	与企业矿产品产量相关的期货投机行为
3	矿业权利润	正常矿业权利润	正常途径取得矿权，但不同时点矿权的价差
		非正常矿业权利润	特殊途径、非常规取得低于市场价矿权
		地质成果利润	地质找矿发现使矿山新增有价资源储量
4	政策利润	税收政策利润	增值税、所得税、某些矿业税费减免
		基础设施利润	基础设施改善使企业生产成本降低
		财政资助利润	政府提供部分经济资助，启动研发项目等

从事矿业开发，首先是如何去获取矿业权利润，虽然矿业权利润要通过生产经营产品体现，但对矿业公司而言是最先可以期望得到的利润，其他利润是来自于后天的努力。许多矿山企业从一开始就在经营一个“先天不足”的矿山，经营一个预期利润很低的矿山。对于从事矿业开发的企业而言，获得一个优质的矿山，可以带来丰厚的利润；反之，经营一个劣质矿山，再多的努力也不可能带来多少利润。因此，国际上的大型矿业公司均组建有高技术实力的地质勘探公司，主要进行资源的评价、找矿潜力预测、筛选优质资源项目等。

（3）矿业权价格有了合理的计算依据。

假设有两个生产环节、生产规模、生产成本、终端产品、销售价格等完全相同且处于同一地域位置的矿山，唯一不同的是只是两个矿床的矿石品位，那么所获得的终端产品数量是不同的，产品的销售收入也不同，最终是利润不同。其利润之差就会体现在矿业权价款不同上，目前用现金收益法就可评价其矿业权价款。

实际情况中，往往是品质好的矿山的矿业权即使多摊销矿业权费用仍然小于它们之间的利润差。这说明中国的矿业权评估目前还没有完全同国际市场接轨，随着中国正式加入 WTO，矿业权评估也将国际化，公平时有的矿业权在国际市场能评到更高的价格，有的会更低。

2.2　矿山企业只有让其拥有的矿业权升值才能主动地获取最大效益

矿山企业要想做大做强，一是要扩大其资源储备量，只有资源储备量多，矿山规模才能大，企业才能做大，二是要提高其拥有的矿业权价值，并让其升值，这样才能获取高额利润，企业才能做强。

让矿业权升值的最好途径就是在适当的时期进行勘探，增加新的储量，让矿业权的唯一性即机会成本转化成经济效益，让找矿技术优势，资料优势转化成经济效益，因为它们在矿权上的投入只有直接成本，没有技术因素的溢价，但一旦新增有经济价值的储量，则矿业权将大幅度升值。让矿业权升值的最好办法就是进行老矿山深边部找矿，因为已折旧完的资产仍可发挥作用，这较新建一个矿山能节省大量投资，至少不需建设辅助设施。

3　锡铁山深边部找矿成功的启示

3.1　锡铁山深边部找矿过程简介

锡铁山铅锌矿床位于青海省海西藏族自治州，柴达木盆地北缘，是 20 世纪 50 年代由青海省地质局发现的一个大型铅锌矿床，“六五”期间由国家投资建设。矿山设计利用硫化矿石量为2 074.50 万 t（见表 2），设计生产能力为年处理矿石量 100 万 t，矿山服务年限为 21 年。但经基建探矿与生产探矿证实，矿石储量减少约 30%，为 1 501.98 万 t，原中国有色金属工业总公司不得不于 1990 年将矿山年生产能力核减为 75 万 t，矿山生产一直面临资源危机。

1997 年原锡铁山矿务局组织全国大专院校、科研院所的专家在锡铁山召开现场研讨会，参会的 18 位国内专家对矿床成因提出了各自的认识，分歧很大。会后，锡铁山矿务局安排“青海锡铁山铅锌矿床及外围成矿规律与找矿潜力分析”研究专题，由作者本人承担，科研报告于 1998 年完成。该报告对于矿区的地层层序、褶皱构造、矿床成因类型、矿体侧伏方向、主矿体产状、矿体空间分布规律、矿床剥蚀程度、矿床规模、喷流中心位置、火山作用与成矿作用的关系等提出了全新的认识。指出锡铁山铅锌矿床深边部找矿潜力巨大，并指出了相应的找矿靶区。

表 2　锡铁山铅锌矿床各阶段的保有储量

项目	时　间	矿石储量/万 t	w(平均品位)/%		m(金属量)/万 t		
			Pb	Zn	Pb	Zn	Pb + Zn
矿山设计利用储量	1982 年初	2074.50	3.78	5.23	78.43	108.54	186.97
矿山基建探矿核实储量	1987 年底	1501.98	5.34	6.71	80.16	100.72	180.88
找矿前矿山保有可采储量	2000 年底	937.46	6.68	6.88	62.64	64.48	127.12
找矿后矿山保有可采储量	2001 年底	1445.25	6.35	6.93	91.80	100.10	191.90
	2002 年底	2050.56	6.34	6.67	129.91	136.722	266.63

2000 年，原锡铁山矿务局正式启动锡铁山深边部找矿项目，由于考虑到矿山生产衔接与深部钻探工程的准备工作，最好能发现主平硐(3 062 米中段)标高以上的矿体，主要是开展矿山周边找矿，此项工作由来自国内 7 个科研院所及地勘单位组成的 5 个专题组承担，各个专题组研究认为，在主平硐标高以上发现有规模、有价值的储量可能性不大，于 2001 年将工作重点转向矿山深部。

为了西部矿业公司上市的需要，于 2001 年 10 月 25 日决定，用 3 个多月的时间确保锡铁山新增资源储量能满足中国证监会对矿业类公司上市的储量要求(须保有 10 年以上的可采储量)，通过精心组织，按原定计划于 2002 年元月 31 日完成了中间地质勘探报告，于 2 月 6 日在北京评审，于 2 月中旬得到了国土资源部的储量批文，新增铅锌金属量 72 万 t，使矿山保有储量大于基建前的设计储量，且矿石品位提高。

3.2 锡铁山深边部找矿成功的启示

启示一：危机矿山找矿在理论上必须思维创新。

危机矿山找矿在理论上必须要创新，这种创新首先必须建立在矿山地质资料二次开发的基础上。只有在此基础上开展的地质找矿才有意义，才可能产生新思路，提出新的找矿靶区和进行新的找矿方法配置(邓吉牛，1999a)。

锡铁山铅锌矿床，是 20 世纪 50 年代完成的矿区地质勘探工作，以后的一些地质研究和局部地段地质探矿工作基本上沿袭了过去的一些观点与认识，缺乏系统的、全面的综合分析，近年来新创立的许多成矿理论和找矿方法、手段由于受种种局限还没有充分地引进，如层控矿床理论、块状硫化物矿床模式等(邓吉牛，1999b)，从而影响了矿山的找矿突破。通过开展矿山地质资料二次开发，发现影响该矿床认识突破的主要是对三个基本问题的认识，即锡铁山地区的地层层序、矿体的构造变形和矿床成因类型。

如果不提出锡铁山铅锌矿床的成因类型为 SEDEX 型，则研究者会沿袭火山岩型成矿模式，将研究重点放在由中基性火山岩变质而成的绿片岩相上。如果不提出地层倒转，则在遇到矿体尖灭时，不可能去想像新的矿体会位于其下部，不会想到矿体的错断，等等。只有认识突破，才可能有目的地去指导勘探和设计工程。

启示二：危机矿山找矿必须有好的组织管理与相应的技术人才。

危机矿山找矿必须有好的组织管理与经验丰富的高素质技术人才，因为任何资源危机矿山，尤其是一些大型矿山，均积累了大量的原始研究资料，有许多科研报告与图纸，研究者很容易进入原有的认识与思维体系。此时，项目组织者必须有能力将科研工作者引入正确的思维体系。西部矿业公司为锡铁山找矿每年拿出 100 万左右的科研经费，由外单位的科研专家承担专题工作，且每个专题进行的时间约 1 年左右，每年召开一次找矿研讨会，使研究成果不断更新，不断总结，水平不断提高，这同大型科研攻关的组织管理是不同的。应用研究是重应用，不重理论。

启示三：危机矿山找矿必须有充足的经费投入。

危机矿山找矿大多在矿山深部进行，准备工作十分复杂，且投入较大，企业必须有充足的经费投入才能确保此项工作的顺利开展。如锡铁山深部勘探，首先是准备井下钻室，此项工作前期就花费了约 500 万元，用了近一年的时间完成沿脉、穿脉及钻室施工、供电、供水设施安装。公司董事会批准此项工程投入是 4 700 万元，至 2000 年底已花费近 3 000 万元。许多企业由于不敢承担这种风险，也可能失去找矿最佳时期。

西部矿业公司之所以敢冒如此大的风险，一是基于地质研究成果的可靠性，二是基于对地勘体制的改革趋势、矿业权价值、资源的属性等有充分的认识。

启示四：危机矿山找矿必须同资本运作相结合。

危机矿山找矿还必须同企业的资本运作相结合，否则不可能成为矿业公司的一项长期坚持的工作，无法同国外矿业公司竞争，不可能有持续的资金投入。只有明白“矿业公司的竞争力标志之一是资源储备量”，就会得到经营管理者的认同，就会有资本运作的机会。

西部矿业公司在发现了锡铁山深部大的资源储量的基础上，新投资 6 000 万元，将矿山年采选生产能力由 100 万 t 提高到 150 万 t，只用了不到一年的时间，公司的效益与利润迅速增长，找矿更加受到重视。

而且，在此基础上，由于公司抗风险能力大幅度提高，本部矿山有可靠的资源保证，公司有实力迅速扩大对外资源开发的力度，使公司的铜铅锌银资源储备增长十分可观。

启示五：矿业公司若想做大做强必须建立技术、装备过硬的地勘公司。

西部矿业公司之所以能在如此短和时间里完成大量的勘探工程，在于其有一个高效精干的地勘公司，有一个技术上过硬、设备齐全、专业齐全、管理水平高的地勘公司，全公司仅 19 名员工，但每年承担的勘探任务约 2 000 万元，还有西部矿业公司对外资源项目考察、咨询、监理、地质报告编制、矿山三级矿量维护等。因此，西部矿业公司能在不到两年的时间里让资源储备量大幅提高，为公司做大做强提供保障。

以上是本人根据锡铁山找矿、西部矿业公司快速发展而得出的认识，供各位专家参考，敬请批评指正。

参考文献

[1] 邓吉牛. 矿产勘查是矿业公司赖以生存与发展的基础[C]. 2002年中国矿业联合会年会[A]. 昆明, 2002.10

[2] 邓吉牛. 地质资料二次开发在矿山找矿中的作用[J]. 有色金属地质与勘查, 1999a, 8(6), 623-626

[3] 邓吉牛. 21世纪我国金属矿山地质找矿预测新概念探讨[C]. 全国矿山地质及21世纪可持续发展会议论文集[M]. 北京: 地质出版社, 2002, 681-685

在二轮地质找矿中新生、在扩大资源上振兴

罗贤国　陈树桥
（香花岭锡矿，湖南临武，424306）

摘　要：香花岭锡矿加强地质科研与找矿勘探，在矿床成因、类型、控矿因素及矿化富集规律等方面均有新认识，8年来探明与新增储量相当一个新的香花岭矿。

关键词：二轮找矿；扩大资源；矿床学；香花岭锡矿

1　引言

香花岭锡矿位于湖南临武县境内，矿区范围跨郴州市临武、北湖、宜章三县区，是一个采冶始于唐末、五代（约公元960年），有着千余年历史的老矿山。

香花岭锡矿现辖香花岭、铁砂坪、香花铺、安源四个矿区（前三个在香花岭矿区内，后一个在骑田岭矿田西南），有新风、太平、塘官铺（均位于香花岭矿矿区）、香花铺（位于香花铺矿区）、安源（位于安源矿区）五个井下生产区（坑口）以及锡、铅锌两个独立选厂与一个锡冶炼厂等八个直接生产单位，并拥有相当规模的地质勘探队；主产锡、白钨、铅、锌精矿与精锡，副产银等。香花岭锡矿是中国100家最大有色矿山企业之一，中国第三家，湖南第一家采、选、冶锡联合企业。

香花岭锡矿有着辉煌的历史。然而，进入20世纪90年代，由于历史和现实的多方面原因，同大多数国有老矿山企业一样，面临着资源枯竭，经济效益下滑，出现了严重的亏损局面，因而被有色金属工业总公司于1992年定为56家需要转产分流（待关闭）的特困企业。矿山两个主要产锡的生产区——太平、安源，保有锡矿生产矿量不足一年生产需要；主产白钨的生产区——香花铺，单一型白钨矿可采储量几乎为零；主产铅锌矿的生产区——新风，因勘探程度低，经探采验证，铅锌矿工业储量加远景储量比地质报告提交量少了三分之二，产量下跌至历史低谷；年亏损1 000余万元，资不抵债，资产负债率高达75%～80%；职工工资滞后数个月或数个月无工资可领。面对如此艰难局面，矿山不气馁，并没有关闭，而是遵照党的十一届三中全会提出的‘实事求是的思想路线’，认真总结历史经验教训，转变观念，改变思路，积极探索适应改革开放与市场经济形势，符合矿情，走出困境的新路子。这条新路子就是1993年制定日后逐步完善的“立足主业，强化找矿勘探，扩大资源，增加储量；加强管理，分块放开搞活；突出经济效益，务必走出困境”。在“强化找矿”上，我们遵循邓小平同志提出的“科学技术是第一生产力”的教导，首先从加强地质科研入手，积极开展综合研究与专题研究；采取强有力的措施，优先加大找矿研究与勘探费用的投入，加快其进度。“皇天不负苦心人”“严寒煅成腊梅香”，我矿在近8年时间，在开展第二轮找矿中取得了显著成效；累计新增与探明的锡铅锌钨矿产储量数百万吨，金属量铅锌十多万吨，锡数万吨、白钨数千吨、银数百吨；就锡矿储量而言，相当于专业地质队伍20世纪50至70年代累计探明储量的1.5～2倍，为此前矿山42年（1950—1992年期间）共消耗掉的1.5倍，创资源潜在价值数十亿元；按矿山现有生产能力计算综合延长生产年限30年以上；而且在成矿理论上，矿床类型上均有重大突破与发现。也就是说，香花岭矿在二轮找矿中获得了新生，一个新的香花岭锡矿屹立在世人面前。由于扩大了资源，矿山生产有了坚实的物质基础，再加上配套改革措施得当，矿山经济效益自1997年抑制了下跌，1999年达到了补亏后基本持平，进入新千年，出现了补亏后盈利，提前实现了三年走出困境，在新千年到来之际走向了振兴。

2　香花岭矿田地质与矿床

2.1　地质

香花岭矿田位于南岭中东段北麓骑田岭西，九嶷山—西山加里东期东西的褶皱隆起带与耒（阳）—临（武）印支期南北向压性断裂带以及攸（县）—耒（阳）—临（武）华夏系北东向深大断裂三者交汇部位。矿田本身为一轴向北偏东的通天庙（香花岭）短轴背斜构造或穹隆构造（陈国达地洼学说称之为“地穹构造”；李四光地质力学称之为“旋转构造”）。在背斜

东西两翼分布着南北向断裂带，即耒临断裂带 F_{101} 与 F_{102} 的南端；其内发育有 NE—SW 与 NW—SE 向两组张剪性正断裂 F_{201}、F_{203} 与 F_{202}、F_{204}，属于前者配套的共轭构造。

矿田背斜的核部（通天庙地段）与核部南北两侧的 F_{201}、F_{203} 断裂中段下盘，出露有下古生界寒武系浅变质石英长石砂岩夹绢云母板岩、千枚岩；四周由上古生界泥盆系、石炭系、二叠系长石石英硬砂岩、钙质砂页岩，碳酸盐岩等浅海相、滨海相地层组成；在其南部尚零星断续分布着中生代三叠系、侏罗系不纯灰岩、钙质砂岩、紫红色砂岩等滨海、陆相地层。

矿田及邻近区域岩浆活动频繁，活动多期，从加里东期到燕山早、中、晚期均可见到，但矿田内主要为燕山各期花岗岩侵入。花岗岩体按出露地点分别称为尖峰岭、癞子岭、通天庙、三十六湾、大龙山（瑶山）岩体。岩性（原貌）主要为黑云母花岗岩，露头形状为不规则等腰三角形、长椭圆形、圆形等，出露面积从 4.4 km^2 至不足 0.1 km^2（尖峰岭岩体 4.4 km^2 产、癞子岭岩体 3.3 km^2、其余岩体从 0.3 km^2 至 0.1 km^2 以下）；呈岩株、岩瘤状产出；形成于燕山中、晚期（150～115 Ma），为不同期次侵入的浅成复式岩体，在地下一定深度（海拔 500～300 m 以下）连成一片，构成隐伏大岩基（香花岭岩基）。在较大岩体如尖峰岭、癞子岭、通天庙等岩体内部特别是东西两侧外接触带砂岩，碳酸盐岩地层中发育有一系列的晚期岩脉（群），如白岗岩、石英斑岩、细晶岩、花岗斑岩、云英岩、长英斑岩、闪斜煌斑岩。这些岩脉（群）规模不等，大小不一，走向长数十米至 8 km 以上，厚数厘米至 40 m；主要沿断裂构造侵入或沿地层层面贯入。

2.2 矿床

香花岭矿田誉称“湖南稀有与有色金属矿产基地”，有的地质矿床学家还将它称为“活的矿床矿物学教科书”。

矿田按矿床分布区域与构造部位的不同，分为四个矿区：分布于矿田北部及北东地域 F_{201} 内及其上下盘地段称香花岭矿区；分布于矿田东部地域 F_{101} 内及其上下盘地段称为铁砂坪矿区；分布于矿田南部地域 F_{203} 内及其上下地盘地段称香花铺矿区；分布于矿田西部地域称焦溪矿区。以上以香花岭矿区面积最大，次为香花铺矿区，铁砂坪矿区，焦溪矿区最小。香花岭矿区细分为东区、南区、西区、北区及其大井水（排洞）、新风、太平（含砂子岭）、塘官铺、门头岭、荷叶冲、南吉岭（三十六湾）、老屋场、甘溪坪、杨柳塘、十八听（天禾冲）等十一个矿段；香花铺矿区也分为东区、南区、西区、北区及其茶山、北山、深坑里、南风脚（黄沙坪）、尖峰岭、热水坳、泡金山、东山（包括蜈蚣岭）、五里堆、万家坪、大龙山（瑶山）等十一个矿段；铁砂坪矿区分为北区与南区及其上牛角湾、棕叶冲、白沙岩、架支坪、深坪等五个矿段；焦溪矿区，因勘探程度低，又没有较重要的矿山在开采，故目前未划分小区与矿段。

按矿种分为：稀有金属矿床有世界独一无二的超大型含铍（金绿宝石）条纹岩矿床，特有的中型香花岩（细晶岩）脉型钽铌矿床与大型花岗岩型钽铌（锂、铷、铯）矿床；稀土金属矿床有中型花岗岩型铈、钇、镧矿床；有色金属矿床有大型锡矿床，大中型萤石型白钨矿床、萤石（石英）交代岩型钨铅锌矿床，中型锡铅锌银多金属矿床；黑色金属矿床有小型磁铁矿型铁矿床、赤铁矿－褐铁矿型铁矿床，淋滤型碳酸锰矿床；非金属矿床有萤石矿床（包括大型工业萤石矿床，中小型光学用萤石矿床，与中型观赏用萤石矿床三类）、大型长石矿床、硼矿床、白云石矿床、石灰岩矿床，小型方解石与冰州石矿床，小型水晶矿床等。

按成因分：有原生岩浆型（岩浆晚期结晶分异型）钽铌矿床；接触交代矽卡岩型铍矿床、硼矿床、锡矿床、锡铅锌银矿床；岩浆期后气成热液锡矿床、锡铅锌银多金属矿床、萤石型金钨矿床、萤石（石英）交代岩型钨铅锌矿床、石英脉型黑钨矿床；以及外生残坡积、冲积型钽铌矿床、砂锡（钨）矿床、淋滤型锰矿床等。

按矿石组成分：有花岗岩型钽铌锂铷铯矿床，锡、铅锌矿床；香花岩（细晶岩）型（蒙脱石、伊利水云母型）钽铌矿床；花岗斑岩型锡矿床、锡铅锌银多金属矿床；金绿宝石型铍矿床、氟硼镁石、硼镁石、硼矿床；萤石交代岩型白钨矿床，萤石石英交代型白钨铅锌矿床，石英型黑钨矿床；砂岩型锡矿床，硫化物型锡矿床，矽卡岩硫化物型锡矿床与铅锌矿床；红泥巴型（氧化残余型）锡矿床等。

按矿体产出形态分：有岩体型矿床，大脉型矿床，脉状矿床，网脉—细脉型带状矿床，似层状矿床、层状矿床；以及管状矿床（指矿体走向与厚度方向长度基本上一致的囊状、管脉状、短脉状之类矿体的通称）等。

3 地质科研成果累累

3.1 做法

找矿工作是对地下矿产资源蕴藏情况的侦查工作，也是一项探索性极强，风险极大，程序复杂的系统工程。若不以地质理论，成矿规律作指导，不注重资料的全面搜集、系统整理、详细分析，不注重实践经验的积累总结与不断变化的实际情况的调整研究，不将理论与实践紧密结合，就盲目设计和施工找矿勘探工程，就会造成重大的人力、物力、财力、时间的浪费。一项重要的探矿工程的实施，投入费用少则几十万元多则数百万元乃至数千万元，一旦落空，达不到预期效果，造成的损失是难于弥补的。这种情形出现，对于我矿这类已出现严重亏损的企业来说其后果更是不堪设想。找到兴矿，落空破产，在市场经济条件下就这样结局。因此，我矿在开展第二轮找矿勘探过程中，对于一项重大探矿工程或总体探矿工程的设计与实行，总是从加强地质科研工作人手，以科研成果为指导，以准而全的资料为依据。

为了使科研工作的顺利开展和卓有成效，我们采取“全方位，广角度、高层次、多方面”的做法。

(1)全方位。系指全面搜集系统整理以往的各种地质报告，及有关的论文、论著、科研成果、经验总结，全面使用化探、物探、地质手段，全面研究各种地质现象，全面分析有关情况。

(2)广角度。系指对区域、矿田、矿区、矿段、矿床的地质、构造、岩体、岩脉、矿体、岩矿物质组成等以及矿床成因，控矿因素，成矿与富集规律，空间分布特性进行广泛深入的研究。

(3)高层次。系指参加研究的人员应具有较高理论水平，较丰富的实践经验，尤其是课题组长或研究组组长，应具有高水平、高职称；所提交的研究报告应是高质量、高档次的。

(4)多方面。包括以下5个方面：

1)利用矿山自身的地质技术力量，对矿山各矿区段开展一系列的地质调查与综合研究工作。近10年里，我矿地质人员先后提交了近20份针对性强，对找矿勘探工作有具体指导意义的研究报告，如“安源矿区管脉状矿体‘呈群呈带’分布规律”“香花岭锡矿新风矿段探采验证对比报告”“香花岭锡矿香花岭矿区新风矿段‘管脉状’矿体‘3.9’区间控矿因素探讨及其空间分布特征”(所谓“3.9”区间系指以19#、49#、59#勘探线为中心的东西两侧300～400 m范围)，“香花岭矿田锡钨矿床与花岗岩的关系”“香花岭矿区西区花岗斑岩型、细网脉带状型锡多金属矿床赋存地质条件成矿规律研究”“香花岭矿区伴生银(金)矿产，勘查工作总结”“香花铺矿区矿体垂深变化及中深部与南东深部找矿前景预测”“新风矿段东深部找矿前景分析”“香花岭矿区西区矿化特征及成矿预测”“香花岭矿区主含矿断裂构造F_{201}结构面力学性质、产出特征及其与矿化的关系”“香花岭矿田矿源层及其成矿模式”以及“香花岭矿区新风矿段中深部脉状锡矿体地质特征”“香花岭矿区塘官铺矿段花岗斑岩型锡多金属矿床地质特征”“香花岭矿区新0号矿体产出地质特征及其寻找类似矿体前景分析”等。

2)矿山在近8年里，4次请湖南省地质学会，有色长沙公司来矿主持“现场找矿研讨会”，由到会地质专家、教授、高级工程师对矿山提交的地质综合研究报告进行评审、鉴定，对矿山做出的重大找矿工程设计进行会审、论证。

3)我们还系统搜集、整理大专院校，科研单位著名的地质专家、教授、研究员、以及研究生有关香花岭矿田的地质、构造、岩体、岩矿、矿床诸方面的论文、著作。

4)矿山还采取走出去请进来的做法，积极参加中国地质学会、湖南省地质学会及其地质专门委员会举办的年会、学术研讨会；并多次邀请知名的地质专家、教授来矿讲课，讲述地学新成就，成矿新理论、新观点。

5)矿山先后与广西冶金地质学院、桂林矿产地质研究院，中国地质大学、中南大学，长沙大地构造研究所(室)、北京矿冶研究院北京矿产地质研究所、地矿部宜昌研究所、长沙矿冶研究院、湖南有色地质研究所、湖南有色冶金所等院、所紧密合作，开展地质构造、矿床、岩矿方面的专题研究，先后提交了“香花岭锡矿安源矿区锡矿床成矿地质条件控矿因素富集规律科研报告”“安源矿区井下物化探测试成果”“安源矿区矽卡岩型锡矿床产出特征成矿规律及其锡石矿物工艺学研究报告”(第一期)“香花岭矿区新风矿段铅锌矿床矿化富集规律”“香花岭地区化探盐晕汞晕在找矿中的作用”“香花岭矿区七种矿石类型中金的含量普查和五种硫化矿物中银的存在形式研究报告”“香花岭矿区伴生金银矿产赋存状态及其银矿物工艺学研究”、“香花岭矿区西区Ⅰ、Ⅱ主矿体，细网脉带型，花岗斑岩型锡多金属矿体矿化特征与岩矿物质成分研究报告”(第一期)“香花岭矿区西区1∶2 000地质填图及地层划分研究报告”“香花岭矿区西区塘官铺矿段锡多金属矿床赋存地质条件与成矿规律”“香花岭矿区塘官铺矿段控矿构造的力学性质及特征”，以及“香花岭矿区西区成矿规律及成矿预测研究报告”“香花岭矿田岩浆流体与矿化关系研究”等20份研究报告。

3.2 成果

我矿地质科研取得了丰硕成果，具体表现在：矿床成因上有新突破，矿床类型上有新发现，控矿因素，矿化富集与空间分布规律上有新认识，成矿模式上有新观点，找矿区域上有新扩展，找矿前景上有新方向等六个方面。

（1）矿床成因上新突破。

1）突破“砂岩地层无矿论”。

论证了寒武系砂岩为矿源层，泥盆系跳马涧组砂岩为锡、铅锌容矿层；在砂岩地层中找到了若干处（个）大中型锡多金属矿床（矿体）。

2）突破“单一热液成矿论”，变“单一论”为“多源、多因、多阶段复成论”或“沉积改造热液叠加成矿论”。

（2）矿床类型上新发现。

1）花岗斑岩（脉）型锡铅锌多金属矿床。

花岗斑岩（脉）型锡铅锌银多金属矿床是我矿在第二轮找矿开展地质科研工作中的重大发现，也是科研工作做得最多，勘探投入较大，现还在加速勘探，还没有完全揭露与探明的一类矿床。

花岗斑岩矿床主要分布在香花岭矿区西区，癞子岭花岗岩体西侧，通天庙岩体北西两侧的泥盆系中统跳马涧组石英长石砂岩地层（D_2t）中，部分产在寒武系浅变质砂岩地层（€）内，至目前为止，在该区地表已发现十条规模较大的脉体群（其中Ⅰ#、Ⅲ#分布于荷叶冲矿段，Ⅱ#、Ⅳ#～Ⅹ#分布于南吉岭、三十六湾矿段内），在坑道内尚发现数条规模较小的脉体群；它明显切割花岗岩体，故成岩成矿晚于花岗岩，绝大部分沿围岩断层侵入；呈脉状至厚脉状产出；呈雁行状排列（展布）；产状：走向近东西，局部北西或南西、倾向南，倾角50°～80°不等，总的趋势是上陡下缓；规模：地表10条脉厚度3～13 m，其中Ⅰ#、Ⅱ#主岩脉厚度平均为8.1～9.5 m（坑道揭露其厚度5～15 m以上），走向延伸100～1 500 m（其中Ⅰ#主岩脉走向长1 000 m，Ⅱ#主岩脉走向长1 500 m））；矿化不均匀，总的趋势是上部以铅锌银为主，中部以锡铅锌为主，下部以锡为主，近花岗岩体部位矿化微弱；矿床规模锡为大型，铅锌银为中型；含矿品位；Ⅰ主矿体锡平均0.35%，部分地段1.0%～1.2%以上，铅锌平均1.25%，部分地段高达8%以上，银平均20 g/t，部分100 g/t以上，Ⅱ#主矿体锡平均0.45%，部分地段1.0%～1.5%，铅锌平均2.5%～3.0%，部分地段6%～10%以上，银平均30 g/t，部分地段高达300～500 g/t，个别含铅锌富的部位，达2 000～3 000 g/t。

2）花岗岩型锡矿床。

①香花岭矿田内花岗岩型锡矿床。

主要分布在癞子岭花岗岩体顶部，三十六湾花岗岩体上部，尖峰岭岩体北西缘浅部；矿化与黄玉－云英岩化、石英岩化关系密切；含锡品位0.4%～0.5%，局部0.8%以上；规模小型。

②安源矿区花岗岩型锡矿床。

主要分布在溪边帘经老屋场马颈背至芙蓉乡仰天湖一带骑田岭花岗岩基西南边缘细粒花岗岩内；规模可达中型；主要与绿泥石化或云英岩化有关。

3）花岗岩体接触带上矽卡岩型锡石硫化物矿床。

安源矿区在20世纪90年代前，发现与开采的矽卡岩型锡矿床，均产于距花岗岩体水平距离20～2 000 m范围内石炭系中上统壶天灰岩、白云质灰岩地层（Q_{2+3}）中。90年代初，矿山与湖南省有色地质研究所合作承担“安源矿区矽卡岩型矿床产出特征成矿规律及其锡石工艺矿物学研究”课题，发现花岗岩（正）接触带矽卡岩体内锡石矿化强烈，含锡平均0.15%～0.2%，个别样达0.5%～1.0%。矿山根据这一成果，在该区320中段北对花岗岩接触带开展找矿勘探工作，结果找到了四个产于花岗岩体上的矽卡岩型锡矿体，分别编号为168、169、170、171，其中以168号矿体规模最大（水平断面达100 m^2以上），含锡品位较高（平均为1.50%左右）。

4）萤石交代岩（萤石－石英交代岩）型钨铅锌（锡）矿床。

1995年矿山提出，并经有色长沙公司来矿主持香花岭锡矿香花铺矿区找矿研讨现场会，专家论证确定，开展了“香花铺矿区中深部与南东深部找矿勘探工作”。经历五年多的努力，就将其中深部位（220 m中段～340 m中段范围）位于F_{405}与F_{301}，下部上盘的矿体探出。矿床类型与上部有差异，主矿种也不同，为一新类型，即为含锡的“萤石交代岩（萤石－石英交代岩）型钨铅锌（锡）矿床，以铅锌矿为主。该类矿床自1996年后成为香花铺生产区主要开采对象。

5）层状矿床（层控矿床）。

香花岭锡矿以往开采的矿床矿体，按产状形态而言，主要为似层状（是指产于断层内，且这类断层又沿不同地质时代，不同岩性层间面，即沉积不整合接触面延伸，矿体形状与断层产状一致）、透镜体状、厚脉状、管脉状等，均与断裂构造有关。我们在进行塘官铺730 m中段开拓勘探与新风中深部272 m中段51～53线区间的勘探中发现了产于砂岩地层层间的面形层状（层控）矿床与白云质灰岩地层层理上的脉形层状（层控）矿床。

①面形层状（层控）矿床。

产于寒武系地层与上覆泥盆系跳马涧组地层层间间断面（角度不整合接触面）上，具体分布于跳马涧砂岩最下层，即底砾岩层（D_2t-Ia）中，产状形态与底砾岩一致或吻合，走向NEE，倾向NNW，与该区Ⅰ#主矿体走向平行，倾向正相反，倾角25°左右，厚2～4 m，与底砾岩厚度近似或大于底砾岩厚度，呈面形展布。目前已揭露其走向长150 m，倾斜延伸40 m，控制矿量5万t，金属量锡1 000 t左右。

该类型矿体近矿围岩蚀变不强，只见轻微的矽卡岩化、绿泥石化，不受断裂构造控制，内中未见控矿断裂，只见有南北向的石英细脉垂直该矿体走向穿插，显然为后期产物；完全受底砾岩地层控制。

该类型矿床的发现，对于指导我矿今后找矿、勘探有重大指导意义。其理由：一是底砾岩层分布面广，笔者初步推算其斜面积在30 km^2以上；二是矿体厚度较平均在2 m左右；三是含锡品位较高，平均可达1.5%左右，高于Ⅰ[#]似层状主矿体与斑岩型矿体。笔者假设：30 km^2底砾岩斜面积，只要有1/30或1/15面积，即只要有1 km^2或2 km^2有矿，构成工业矿体，那么就有7 000～14 000万t矿量，10～20万t锡金属含量，相当于矿山目前保有的锡矿储量的3～6倍以上。若将其探明出来，香花岭锡矿将有可能成为全国大型锡矿企业。

②脉形(透镜体型)层状(层控)矿床。

脉形层状(层控)矿床矿体早在20世纪80年代就有所发现，如新风矿段的201号(5201、6201号)高品位铅锌矿体，但该矿体就产状形态而言为层状，除受地层层理和不同岩性层面间控制外，还受到主干断裂F_{201}派生出来的次级裂隙构造控制，还不能称标准的层状矿体。后来在新风矿段(生产区)272 m中段北51～53线区间主干断裂F_{201-2}上盘30～80 m范围，发现了一系列的产于泥盆系棋梓桥组中上层(D_2q^{2-3})白云质灰岩、含碳质灰岩地层层理面上的标准的层状锡矿体。从已用坑道揭露出来的7005、7006、7007号三个矿体分析，矿体受地层小型背斜轴部层理或层间滑动面控制，并与其一致或吻合；其内虽见裂隙，组合为层间滑动造成的劈理，与地层层理和矿体呈小角度斜交，局部还错动矿体，控矿不明显；近矿围岩蚀变不强，矿体内与成矿有关的蚀变为轻微绿泥石化；含锡品位特高，平均达5%；部分钻孔样达15%～18%，个别地质样在30%以上，是我矿五十年来所发现的锡矿体中含锡品位最高者。

该部位、该类型矿床矿体的发现，不但进一步论证了新风“‘3.9’区间矿化富集规律”更具普遍性，而且对下步找矿提供了重要的新靶区。

6)砂岩地层中微细脉网脉带状锡矿床。

微细脉，网脉带状锡矿床也是我矿在开展第二轮找矿勘探过程中，通过地表地质调查研究，地质填图和对泥盆系跳马涧砂岩含矿性研究后发现的新类型锡矿床。该类型矿床主要分布在香花岭矿区西区棕叶冲、荷叶冲以及南吉岭矿段的地表浅部；产于泥盆系跳马涧组中上层($D_2t^{2-2}-D_2t^{2-3}$)石英砂岩，钙质砂页岩微细裂隙，网脉状裂隙发育部位中；矿体呈带(面)状展布，受地层岩性与裂隙构造双重控制；脉带产状总体与地层一致；规模总体为大型，四个微细脉，网脉矿带，面积在1 km^2以上，矿带厚4～20 m；含锡品位较低，平均为0.45%，局部0.8%～1.2%，个别细脉内达10%以上；矿石物质成分较单纯，锡石颗粒较Ⅰ[#]似层状锡石硫化物矿体粗，选矿性较好(矿山所作选矿实验，锡的回收率达64%)。由于品位较低，矿山目前未开采，但民采点已达100余个，人员1 000余名。

(3)控矿因素、矿化富集与空间分布规律新观点。

1)控矿因素新观点。

①层控因素成为控矿的主导因素。

以往在分析矿床成因，赋存地质条件以及控矿因素，均将构造，尤其是断裂构造控矿放在主导地位。通过加强地质综合研究，发现矿源层的存在，发现层状矿体，发现同一断裂穿越不同地层，不同岩性其含矿性与含矿种类相差很大，而且相当多数的矿体，尤其是规模较大，或品位较高的矿体，其形状或与地层界面一致(或吻合)或与层间间断面、不整合面、不同岩性界面一致(或吻合)。因此，我们认为层控因素是控矿的主导因素，或与构控因素一道，构成主导因素。

②岩控因素在控矿上的多方面性。

岩浆岩是成矿物质的主要来源，但不是唯一来源，它在控矿上表现了多方面性。

(a)岩凸控矿。

我们将岩浆岩露出地表部分称“岩峰”，隐伏地下突起部分称“岩凸”，凹隐部分称“岩凹”。过去只注重岩凹控矿，而忽视了岩凸在控矿上的作用。后经研究分析：香花岭矿田内发现三处(个)规模较大的岩凸，若干处(个)较小的岩凸，其上部与边部外接触带围岩里矿化均较强，相当多数非断裂或地层层间面都含有工业矿体。就是说在岩控上增加了岩凸控矿因素。

(b)空间距离控矿。

香花岭矿田大多数锡多金属矿床矿体尤其是锡矿床矿体的分布均与距岩体的空间距离(包括垂直方向)有着密切的关系：即，距离太近或太远无矿体或矿贫；50～300 m距离，特别是60～180 m距离内，矿化强、矿体多，品位富。(中南大学地质系王增润教授的研究生刘龙武的毕业论文中用成矿热力分析法认为：成矿与岩体距离控矿的最佳距离为168 m左右。)这一观点对探矿工程设计有十分重要的指导作用。

(c)“三位一体”综合因素在控矿上的重要性。

“三位”是指地层岩性，构造，岩体三者；“一体”

是指矿体。当"三位"对成矿均有利时，则矿化富集，综合控制着矿体形成与空间展布。"三位"对控矿有利因素分别为地层方面：不同时代地层间断面(不整合面)，同一时代地层层间破碎面，剪切滑动面，不同岩性层理发育面，岩石结构不同交替面等；构造方面：小型褶皱轴面，断裂发育，各组断裂相互交错或派生次级断裂发育等地段；岩体方面：岩凸、岩凹、频繁交替出现，接触面产状变化大，空间距离适当，小岩脉发育等区间部位。

2)矿化富集与空间分布规律新观点。

①'3.9'区间。

'3.9'区间矿脉多，矿石品位富，是矿化富集区间。其实质是"三位一体"控矿因素在矿体空间分布上的一种具体定位表现。

②"成群成带"。

安源矿区"管状"、"管脉状"矿体在空间分布的显著特点是"成群成带"。生产区域内大大小小80余个矿体，集中分布在小吉冲、葛藤牌、羊牯町、炮火帘、溪边帘五个矿带上，每一矿带宽150～200 m，矿带间距200～250 m，每一矿带内有10余个矿体。

③不同方向断裂组控制不同矿种矿体空间分布。

香花铺矿区专业地质队提交的报告称：该区的钨(锡)铅锌矿体均受到NE向断裂组控制。矿山在开展地质综合研究时，彻底改变了上述观点，实际情况是不同方向断裂组控制不同矿种矿体。NE向断裂组控制着锡矿体、含锡的铅锌矿体、锡铅锌混合矿体；SN向或NNW向断裂组控制着白钨矿体、钨铅锌混合矿体。白钨矿体、钨铅锌矿体旁侧的NE向断裂组为白钨矿体、钨铅锌矿体的成矿前断裂。

④垂直顺向分带。

矿田内主矿体，尤其是锡多金属矿体垂直顺向分布十分明显，其规律是下部(距花岗岩近处)主要为锡，中部为锡铅锌，上部为铅锌。如矿田内的Ⅰ#、Ⅲ#的层状锡石硫化物多金属矿体，香花岭矿区内的Ⅱ#斑岩型锡铅锌矿体都如此。

(4)成矿模式上的新观点。

1)重熔岩浆复成岩体。

地壳运动导致硅铝层重熔，形成重熔岩浆，在印支运动及早、中、晚期燕山运动作用下，形成香花岭隐状岩基、各个岩体(主体、补体)、各类岩脉。因此，岩体是在岩浆多期次侵入形成的复式复成岩体。

2)矿源层与容矿层。

研究成果认为香花岭矿田内存在着两个矿源层，一是寒武系浅变质砂岩，为锡的矿源层；二是泥盆系棋梓桥组生物碎屑白云岩(含单体层孔虫化石碎屑岩、碎屑白云岩)层，为铅锌锡的矿源层。存在着三个主要容矿层：一是泥盆系中统跳马涧砂岩层，二是泥盆系中统棋梓桥组生物碎屑白云岩层、佘田桥组白云质灰岩层，三是石炭系下统孟公坳组下层(C_1m^1)白云岩、萤石交代岩。

香花岭锡矿安源矿区的容矿层为石炭系中上统壶天群($C_{2+3}h$)白云岩、白云质灰岩。

3)多源多因多阶段形成的复成矿床。

多源系指成矿物质主要来源于岩浆，之外尚来源于地层；多因系指岩浆晚期结晶分异成因，接触交代成因，热液成因，沉积改造叠加成因；多阶段包括沉积阶段，结晶分异阶段，接触交代阶段，岩浆期后高中低温阶段。也就是矿床是在多源、多因、多阶段复合作用下形成的。香花岭矿田(区域)新的成矿模式是建立在以上三个新观点上。

(5)找矿区域新扩展。

在第二轮地质找矿中，我矿除注重矿山地质常规工作(储量升级，探边扫盲)外，还特别重视以地质科研成果为先导，以扎实的地质资料为基础，将找矿勘探工作扩展到深部、新区。

1)深部。

香花铺矿区20世纪70年代后期至80年代初期，探明了北山矿段340 m中段以上储量；90年代中后期，我们将科研与找矿工作扩展至340 m中段以下至220 m中段中深部位；2000年始进入深部(220 m中段以下)与南东深部。

香花岭矿区东区新风矿段，20世纪90年代，找矿勘探扩展至中深部325 m中段至272 m中段的"19"、"49"区间，计划用五年左右时间，将找矿勘探区间扩展至272～219 m中段的"49"区域以及325～272 m中段间的"59"区域。

2)新区。

香花岭矿区西区，是新矿区。该区包括塘官铺、荷叶冲、门头龄、南吉岭(三十六弯)、通天庙、老屋场(暂定名)等六个矿段，其中以塘官铺矿段为主。面积共计30余km^2，属于矿山矿区范围的约为10余km^2。西区的勘探始于20世纪80年代初，80年代中期初步完成了塘官铺矿段东部的勘探工作；80年代中、晚期，对荷叶冲矿段进行了部分勘探。进入90年代的1993年，矿山将开拓、勘探工程扩展至塘官铺矿段西部与西南部的南吉岭矿段。至1997年底，塘官铺西部645 m中段主工程已达矿区范围西部边界；1998年至2000年6月底止，730 m中段主穿脉已达南吉岭矿段中心部位，已用坑探、钻探工程揭露了该部位Ⅱ#以及Ⅳ#、Ⅴ#等花岗斑岩脉型矿体。就是说，

80年代后，找矿区域扩展到新区的东部；90年代又扩展到新区的西部与南部。

(6)找矿前景新方向。

通过科研，我们对矿山找矿前景十分乐观。以下四个方面，既是研究成果，又是今后找矿方向。

1)层状(控)矿床矿体找矿前景大有希望。

新发现的塘官铺矿段0#矿体以及新风的05、06、07号三个矿体，前者为面形，后三者为脉形，均为典型的层状(控)矿体。其特点是前者面广，脉幅较厚，后三者品位高至特高，潜在资源量大，今后找这类类型矿床矿体，前景是非常大的，是大有希望的。

2)隐伏斑岩矿床，找矿前景充满希望。

香花岭矿区西区地面已发现10条含矿斑岩，坑内已揭露了其中的六条，并发现规模相对较小的数条隐伏脉体，局部也含矿，构成矿体。经全面分析后，我们认为在已发现的斑岩矿地域和目前尚未发现斑岩矿的矿段或地段内，在与已知的斑岩矿体地质条件相类似的地层中，如通天庙、老屋场、五里山等矿段部分地段，有望找到更多的隐伏斑岩矿。

3)边深部位找矿前景特有希望。

香花岭矿区东区新风矿段北东深部，即“3.9”区间的第三个‘9’(‘59’)区间，272 m中段及其以下深部至排洞矿段中深部(400～-200 m)找锡铅锌(锑、金)矿；西区塘官铺矿段西部深部，亦即220 m中段以下至-150 m标高范围找钨锡(铅锌)矿，都是特有希望的地段。

4)闪斜煌斑岩脉有一定的找矿前景。

闪斜煌斑岩脉为基性岩脉，是矿田内形成时代最晚的脉体。分布于矿田东部的新风矿段与铁砂坪矿区东部围子里-桃树下一带，地表已发现四条脉。经分析含Au较高，平均达3 g/t，有一定的找矿前景。

4 找矿勘探效果显著

4.1 概况

我矿开展第二轮找矿是在极其艰难的情况下，甚至是在面临关闭的特困情形下进行的。一方面，矿山保有的三级矿量严重不足，矿源与生产需要的矛盾十分突出；另一方面，经济效益下滑，连年亏损，找矿勘探所需资金极其短缺。怎么办?！矿领导深思熟虑，并经职代会决议，坚定确定了事关矿山前途的两项工程：一为年产精锡1 000 t的300工程(冶炼厂)；二为西部工程，即塘官铺西部开拓勘探工程。两项工程均称“香花岭锡矿希望工程”。两项工程(一期)总投入2 500万元以上，5年左右时间见成效，每年投入500万元以上。西部一期工程自1993年9月正式动工，至1998年9月，5年完成了设计所需大部分工程量：主巷(主运输巷)3 000 m，坑探2 000 m，辅助及采准，开拓工程1 000 m，坑内钻控工程5 000 m。主中段645 m中段探矿工程已达矿区范围西部边界，已基本上达到了设计目的。1995年6月，矿领导决定开展香花铺矿区北山矿段中深部(340 m中段～220 m中段)找矿勘探与开拓工程。在兄弟单位有色二十三冶井巷公司的大力支持下，几乎以每年勘探、开拓出一个中段的高速度进行施工，至1999年上半年，就基本上完成了340 m、290 m、260 m、220 m、四个中段所需工程，探明了施工部位矿石储量；1998年10月，又决定加速塘官铺“730工程”(即“西部第二期工程”)的施工。该工区以每月独巷掘进100 m以上的速度前进，至2000年6月底止，已投资200万元，完成探矿与开拓工程2 000余m，已完善供风、供水、供电、排水、通风、运输系统，已形成月采矿2 000 t以上，掘进100 m以上的生产能力，揭露出0#及南吉岭矿段范围内的Ⅱ#主斑岩矿体以及Ⅳ#、Ⅴ#斑岩矿体。为了加速新风工区(矿段)的中深部的找矿勘探工作与生产工作，将十年前就定下的竖井延伸工程启动，该工程从431 m中段延伸至272 m中段，总投资150万元，随后施工该区中深部的4#斜井，将找矿勘探与生产工作从270 m中段推进至229 m、176 m两个中段。

在第二轮找矿中，我矿还十分注意钻探工作，每年投入钻探工程量(1.5～1.6)万m，用于生产区内探边扫盲以及新区指导坑探施工。

自1993年上半年至今，8年里共完成各类坑探工程(包括为地质探矿开路的基建性开拓工程、地质坑探工程、生产坑探工程)3万余米，钻探工程12万余米，直接投入费用4千万以上，不仅保障了生产所需矿量，而且还扩大了资源，增长了矿山发展后劲。

4.2 做法

在进行第二轮找矿中，矿山始终把找矿勘探工作放到重要位置上，并采取强有力的措施，加大力度，加速工程进度，具体做法概括起来就是“五个实行十个结合”：一是在找矿指导思想上，实行“立足当前，着眼长远，突出重点”，坚持“生产区零星矿点的探查与‘靶区’的找矿紧密结合”“生产区生产勘探与新区的地质勘探紧密结合”；二是在找矿勘探工程设计上，实行“科研先行，理论指导，依据充足”，坚持“科研单位与企业紧密结合，理论联系实际，科研成果与现场资料紧密结合”；三是在探矿工程施工管理与力量组织安排上，实行“严格管理，责任明确，重点工程优先安排”，坚持“设计单位、设计者与施工单位，施工单位现场指挥专业人员岗位责任制与矿有关各级领导工作目标管理责任制紧密结合，矿内外施工力量紧密结合”；四是在勘探手段采用上，实行“以钻探为主，钻探先行，以钻代坑”，坚持“坑钻紧密结合，探采紧密结合”；五是在资金安排上，实行“优先安排，保障重点，自筹为主”，坚持“上下紧密结合，矿部和基层单位紧密结合”。

4.3 找矿勘探效果显著

自1993年至今8年，这8年对于我矿来说是极不平凡的8年，是面临资源枯竭，濒临关闭，经第二轮找矿，扩大了资源而新生，进而开始走上了振兴的8年；是开创矿山地质找矿工作大好局面的8年。找矿勘探效果显著，新增与探明的储量不但满足了当时生产需要，还能保障今后30年生产所需，就是说，探出了一个新的香花岭锡矿。

(1)安源——柳暗花明又一村。

我矿安源矿区，1957年接管开办时，专业地质队提交的地质报告上就没有1 t工业储量。20世纪80年代初，矿山申报省冶金厅请求闭坑，省冶金厅批准同意了。后因省冶金厅分家，我矿改属有色长沙公司管辖，闭坑一事搁置，只好靠回采残矿与“水体”下小矿维持生产。1993年，残矿都已基本上采光，“水体”下小矿也因下挖至正规中段下100余米深处被水淹没而无法继续开采，处于“无米下锅”，“等米下锅”局面。产量急剧减少，全年的产量只相当于正常生产期的两个月产量，成为矿山亏损大户。1994年，矿山邀请有色长沙公司来矿主持《安源矿区找矿研讨会》，与会专家与领导一致同意提出“安源矿区320 m中段往北花岗岩体接触带是今后找矿重要‘靶区’”的意见。1995年初，矿领导做出“加速320 m中段往北勘探找矿工作”的决定。为此，采取了一系列强有力措施：调整工区领导班子，给予掘进、钻探施工优惠价格，调矿地质钻探队尖子班组赴320 m中段北施工钻探，派工作组赴现场督促，责成地测科赴现场指导。1—4月，完成钻控进尺1 500余米，在花岗岩接触带上发现了一个规模较大的矽卡岩型矿体；4—9月施工地质坑探400余米，揭露了它，这就是编号为168号矿体。1996年，又在168号矿体的西侧花岗岩体凹陷部位接触带上找到了169、170、171号三个规模较小的新矿体。168号矿体，按断面规模来说为该区建矿以来发现的最大的矿体(水平断面达100 m^2)，按品位计算出来的锡金属量可满足两年生产需要。168号等四个矿体的发现，使矿区走出“绝境”，初步扭转了“等米下锅”、“无米下锅”的状况；同时，对地质找矿来说，在接触带上找到含锡较高的矽卡岩型锡矿是首例，是新的矿床类型，是一个突破；尤其是在回采168号矿体时，还发现168号矿体下盘花岗岩体内部含锡也很高，构成了内接触带矿体。因此，对于今后寻找与勘探该两种类型矿体具有启迪作用与指导作用。

(2)香花铺——深部探出大矿。

香花铺矿区是我矿主产白钨的唯一矿区。1992年后，由于民采滥采乱挖，导致白钨矿产枯竭，新建日处理200 t钨、铅锌、萤石综合选厂也因资源严重不足而停止，生产处于低潮。为了扭转被动局面，1993年，矿地测科组成“香花铺矿区深部找矿前景地质综合研究组”，科室负责人当组长，赴工区开展全面地质调研工作。“研究组”历经半年的努力，提交了“香花铺矿区北山矿段中深部与南东深部找矿前景分析与勘探设计计划研究报告”。同年8月21～22日，有色长沙公司来矿主持“现场找矿研讨会”，与会专家、教授、领导评审了“研究报告”。1994年，矿做出了“加强香花铺矿区中深部340 m中段及其以下的开拓找矿勘探工作”的决定，并批准了其勘探工程设计。1995年3—4月，340 m中段设计的3个钻孔揭露了Ⅲ$^{\#}$主矿体向下延伸部位。1996年，矿请有色二十三冶井巷公司来矿施工340～220 m中段斜井及其各中段主巷；工区施工沿脉，穿脉等探矿工程；矿地质队负责各中段钻探施工。至1999年底，已完成340 m、290 m、260 m三个中段的开拓、勘探工程，基本上完成了220 m中段的开拓与勘探工作。2000年下半年开展220 m中段深部及其南东深部的找矿勘探。1995～1999年，五年里累计探明探获钨铅锌锡矿石工业储量加远景储量100万t，金属量铅加锌10万t，锡0.5万t，钨(WO_3)0.8万t，综合延长生产年限20年以上。其中按矿定可采工业指标计算出来的可采储量为50万t，金属量铅加锌6万t，锡0.3万t、钨0.4万t。该区自1995年下半年开始，由主采白钨改为主产铅锌，兼采白钨与锡矿。其中年产铅锌原矿2 500 t左右，成为矿山生产铅锌原矿的主要单位；白钨产量由1995、1996年的几十吨，上升到1999年的140t，2000年达到180t。生产走出了低谷，成为矿山经济效益较好的第二个井下生产区。

(3)太平——老矿区焕发青春。

太平是我矿产锡的主要工区与老生产区。解放初期接办时，就有“硐老山空”的说法。专业地质队1957—1962年提交的地质勘探报告上的储量也于1982年基本采完，因而1982年省冶金厅批准矿山分中段闭矿。但我矿仍花大力气进行生产地质找矿工作，尤其是花大力气寻找Ⅰ$^{\#}$主矿体上盘的“管脉状”矿体的工作。20世纪90年代后，找矿的力度加大，停工了的钻探又开了，并以年3 000～3 500 m的速度进行探矿。8年里，先后找出并探明了61、62、63、64、65、66、67、68、69、70、71、72、73、73－1、73－2、75、75－1、75－2、76、77、78、79、新3、新3－1、新3－2、4、4－1、4－2、5、5－1、5－2、7、7－1、7－2、722－1等矿体。今年上半年，还在419 m中段的13～11线区间，找到了一个新的铅锌矿体和一个新的锡矿体，共计近40余条小矿、残存盲矿、分支矿，累计新增矿石量30万t，金属量锡0.45万t以上，为矿山脱困做出了重要贡献。

(4)新风——找矿勘探硕果累累。

新风生产区，是我矿"文化大革命"初期设置的新区，原为主产铅锌矿，现已成为主产锡的最主要工区。

新风3#斜井以西的15～21线区间，是我们总结出来的"3.9"区间矿体富集最为有利的地段，也是有色长沙公司主持召开的"香花岭矿区新风矿段找矿研讨现场会"上经专家讨论的最有望的"三个找矿'靶区'"。8年里，我矿在第一、二个"靶区"探明了Ⅰ#主矿体19～15线区间，49～53线区间272 m中段以上储量25万t，金属量锡3500t，铅加锌1万t；先后找到201、202、204、205、206、207、208、209、210、211、212、213、214、235、236、247、248、249、240、245、273、275、001、002、003、004、005、006、007、207－1、208－1、045、053等30余个"管脉状"、"层状"小而富的锡、铅锌矿体，共新增储量60万t，金属量锡1万t，铅加锌2万t。特别是2000年后，005、006、007以及208－1四个高品位层状(层控)锡矿体被发现与揭露，不但提供了立即可回采的高品位(含Sn平均在5%，局部10%以上)锡矿量4万t，锡金属量0.2万t的采场；而且为我矿今后找此类矿床矿体指出了新的思路，新的方向。

(5)西区——探出了一个新的香花岭矿区。

西区，是香花岭锡矿新矿区。正规勘探始于2000年，当时是作为太平与新风锡、铅锌生产接替区而上马的。西区西部(也称塘官铺西部)的开拓勘探始于1993年9月，并列为"希望工程"和井下头等重大工程。8年来，基本上形成了645 m、730 m两个主要中段，已控制Ⅰ#主矿体西段走向长1 250 m；揭露或部分揭露了Ⅰ－Ⅰ#、Ⅰ－3#、5#、6#、30#等五条次小矿脉；探出了0#层状(层控)矿体；在730 m中段70线南大穿脉揭露了Ⅱ#斑岩脉型主矿体，以及Ⅳ#、Ⅴ#、Ⅵ#斑岩脉型次要矿体。累计初步探明与控制矿石储量300多万t，金属量锡3余万t，铅加锌15万余t、银300 t，相当于专业勘探队在20世纪50至70年代提交的太平、新风两矿段工业加远景锡铅锌矿储量的总和。也就是说，探出了一个新的香花岭矿区。西区，自1997年下半年试采，1998—1999年正式采出铅锌矿，2000年采出锡矿。其掘、采、出能力已相当于20世纪50～60年代太平生产区掘、采、出能力。根据已探明和控制的矿量及已形成的生产能力看，西部"希望工程"的希望变成了现实。从找矿前景上分析，"希望工程"将更有大的希望。

5 结语

已过去的8年，在我矿发展史上只不过"弹指一挥间"。这8年，是矿领导与全矿职工在"逆境"中励精图治，在"困境"中求生存、求发展的8年，是团结拼搏，奋发图强的8年；这8年，对于开展地质科研，加强找矿勘探工作来说，更是不平凡的8年，更富有神奇色彩的8年，是锐意创新，勇于开拓，卓有成效的8年，8年里，新区探出了一个新的香花岭矿区，全矿探出了一个新的香花岭锡矿。探明与探出的有色金属矿产储量将保障矿山今后30年以上生产需要。也就是说，8年里矿山在找矿中获得了新生；今后矿山在扩大资源上走向振兴，在迈向现代企业的道路上豪情满怀，一个大而强的新香花岭锡矿(或锡业集团公司)将出现在新世纪的曙光之中！

参考文献(略)

开展矿山地质综合研究 应用新技术新方法 进行成矿预测 提高找矿探矿效果

雷治坤 白宝林

（水口山矿务局，湖南常宁，421513）

摘　要：柏坊铜矿近年来开展矿山地质综合研究工作，在生产矿区探边扫盲；在矿区外围采用新技术、新方法进行找矿勘探工作。通过工作，找到矿山接替的资源基地并圈定了长期找矿的有利靶区。

关键词：矿山地质；成矿预测；探边扫盲

1 概况

柏坊铜矿是水口山矿务局一个有色金属采、选、冶中小型规模联合生产企业，已有30余年开采历史。主要生产铜，并可综合回收金、银、铋等有用金属元素。铜采选设计能力年产8.25万t，冶炼能力年产电铜5 000t，拥有职工2 000余人，固定资产3 000万元。

矿山是联合企业赖以生存的基础，矿产资源则是矿山兴衰的物质条件。柏坊铜矿经过多年开采，矿产资源已面临枯竭的危机局面，保有铜储量服务年限不足5年。我局针对该矿保有储量少、找矿难度大、找矿效果不够理想的现状，及时组织专业人员对矿区已有地质资料(包括见矿与不见矿工程、验证有矿或无矿的物化探异常、现有开采坑道、采场和揭露的大小矿体等)进行详细总结分析，编制了“柏坊铜矿矿区地质基本特征及找矿勘探概况”“柏坊铜矿生产区探边扫盲总体规划”及“柏坊铜矿‘八五’期间地质探矿规划”，提出了矿山地质找矿中长期设想。为了进一步统一对柏坊铜矿地质找矿前景和地质找矿方案的认识，我局特邀湖南省地质学会和湖南省有色金属学会，于1990年5月23日至27日在水口山矿务局联合召开了柏坊铜矿地质找矿研讨会，参加会议的专家和教授共20余人。他们通过审阅资料、实地考察和相互研究，大家对柏坊地区的进一步找矿方向和采取的对策提出了以下几点看法：

(1)柏坊地区的成矿地质条件优越，除在生产区范围内进行必要的探边扫盲和伴生金、银查定，扩大资源储量外，柚子圹、大坪、刘家湾以及矿区近外围和深部有较好的进一步找矿前景。

(2)根据本区找矿实际和目前的找矿条件，在具体工作布置上，首先进行刘家湾补勘和柚子圹详查，相继再开展大坪及其他地区地质工作。并指出，目前在开展刘家湾、柚子圹地质找矿工作的同时，为了使地质找矿工作相继开展，不断扩大矿山的接替资源，在矿区近外围和深部要开展以找矿为目标的综合手段(含物化探等)的勘查和研究工作。

(3)在找矿和科研工作方法上，要利用多种手段，采用综合方法，进行综合研究和综合评价，特别要加强地球物理、地球化学、成矿地质环境以及航卫片的解释工作。

(4)根据当前国家和地质工作的改革形势，要积极发挥矿山和地质队两个方面的积极性，要协调配合，要多渠道解决地质工作资金不足的问题。矿山和地质队可采取预算承包方法，以签订合同形式，明确双方的职责和经济承诺。

(5)建议地矿部门和有色金属公司把柏坊铜矿扩大矿山接替资源找矿工作，列入本部门的工作计划，以保证这项工作能顺利开展。

为了使专家们的看法和建议更好地为矿山利用，我局又在湖南省地质学会的帮助下，将专家的看法和建议整理汇编成《柏坊铜矿地质找矿研讨会专家意见专辑》。

根据专家上述建议，有色金属长沙公司和水口山矿务局加强了对柏坊地区进一步找矿工作的领导。为了延长矿山寿命和缓解资源紧张局势，在扩大矿产储量方面，我局采取了一系列的措施，如对内积极开展探边扫盲和残矿回收工作，对外委托承包，横向联合，开展外围找矿预测研究。两年来共投入主要工程量：坑探500 m，钻探7 118.3 m，投资97.5万元，提交C+D级表内铜金属量15 081 t，银金属量9.919 t，划定成矿预测靶区4个，GDP-16深部异常验证区3个，取得了较好的地质找矿效果和社会经济效益。

2 开采区探边扫盲

铜鼓圹生产区已有30余年探采史，工程控制程度虽然很高，但因矿区成矿地质条件复杂，不整合面、断裂、节理、褶皱构造发育，成矿具多期、多阶段、物质多源性矿化特征，矿体不连续，矿化极不均匀，品位富，规模小，原有工程难以完全控制，漏掉小富矿体的可能性是有的，存在找矿潜力。为此，矿山地质专业人员经综合研究，编制了《探边扫盲总体规划》，拟定了27个探矿点，到1995年底止共投入坑探1 400 m，坑内小钻7 000 m(包括1 000 m探水进尺)，经费98万元，预计获得铜金属量3 000 t，银金属量3.5 t。通过近两年工程施工，在坑内8个探矿点共完成坑探500 m，坑内小钻2 500 m，投资35万元，获得表内工业铜金属量2 189 t，平均品位10.32%，银金属量4.759 t，平均品位226.10 g/t。矿山用较少的探矿工程量，探获了小而富的辉铜矿脉，为缓解矿区作业点紧张，保证矿山月度乃至全年铜金属量任务的完成起到了关键性的作用。

3 刘家湾矿段铜矿补勘

刘家湾矿段位于采区东南部，可利用老区系统进行开拓。该矿段1970年湖南省地矿局417队提交了勘查报告，但因勘探程度低，矿体埋藏深，规模小，因此后来降为表外储量。为了缓解矿山资源紧张局势，早日开发利用刘家湾资源，我局委托417队对刘家湾矿段进行补勘，共施工钻孔6个，进尺1 510 m，钻探网度达到50 m×50 m，投资21万元。经补勘查明该矿段由七组矿脉12个小矿体组成。矿体产于壶天灰岩和阳新灰岩裂隙构造中，埋藏标高 -180 ~ -320 m，矿体长30 ~150 m，宽20 ~80 m，厚0.5 ~5.25 m，矿体平均品位：Cu 0.55% ~4.77%，Ag43 g/t，求得C+D级表内铜金属量3 533 t，银金属量5.16 t，其中三个主矿体占总储量的90%，水文地质简单。

由于补勘效果较好，局、矿对刘家湾矿体开采进行了可行性研究，并编制了开采设计。计划投入开拓工程量4 053 m，工程总投资614.28万元，地探坑道进尺1 600 m，坑内小钻11 000 m(包括探水孔4 000 m)，经费127万元。至今年7月止，已完成开拓主斜井180 m，平巷掘进进尺366.8 m，工程投资费约37.30万元，为矿山提供了后备生产基地。

4 柚子圹矿段铜矿详查

矿段位于开采区南西1.5 km，系砂岩型铜矿床。该矿段于1966及1971年先后两次作过普查，初步控制了矿体分布、产状、品位及厚度，并计算了C_1+C_2级铜金属量3 800 t，但勘探和矿山总体设计依据不足。为了查明该区的地质情况和进一步落实储量，在柏枋铜矿地质找矿研讨会后，我局与省地矿局417队签订了柚子圹矿段铜矿对口勘查合同。经过一年时间的野外工作，投入了1/10 000地质草测16 km^2，1/2 000地质填图1.5 km^2，1/10 000水文地质测量20 km^2，矿区1/2 000水文地质测量1.5 km^2，补测1/2 000地形图0.6 km^2，机械岩芯钻探3 108.3 m，槽探2 304 m^3，选矿试验样1件，各类小样740件，岩石力学试验样4组，投资61.5万元(其中矿山投资31万元)。通过本次详查工作，基本上查明了矿段内地层岩相、含铜浅色层及构造特征，基本控制了矿体空间位置、形态、产状、规模，了解了矿石物质组分和矿石类型，基本查明了矿体水文地质、工程地质条件，初步了解矿石的可选性能，求得C+D级表内铜金属量9 359 t，新增储量5 559 t，为详查前储量的2.5倍，单位金属量勘探成本费为66.13元/t，取得了较好的地质成果和社会经济效益。

5 外围找矿预测研究

在外围找矿方面，我局曾投入钻探工作量近万米，投资约100万元，但都是就矿找矿，没有新的突破，矿山前景依然不佳。根据找矿研讨会专家们的建议，为了减少浪费，提高找矿效果，应在矿区近外围和深部及时开展以找矿为目标的综合手段的研究工作。会后，我局与中南工业大学地质系签订了“柏坊铜矿区找矿预测研究”技术合同，共同组成柏坊铜矿区找矿预测科研组。该课题自1991年至1993年完成c其课题研究的内容、手段、方法及完成的工作量和初步成果简述如下。

5.1 矿区成矿地质条件研究

主要包括矿区控矿构造、火成岩及地层含矿性研究。为了查明矿区成矿地质条件及其对矿床(体)的控制作用，科研组成员深入现场进行地质调查和综合研究。地表东起柏坊镇，西至大坪，南起桐梓坪，北至湘江边，面积约50 km^2；井下从4中段到9中段，对工作区内的褶皱、断裂、不整合面、溶洞、角砾岩、沉积岩、岩浆岩等进行了较全面、系统的调查、观测与取样。现场共采集化学分析样品200个，化探原生晕采样400个，光薄片100多块，室内进行了显微镜鉴定，电子探针测定和稀土、微量元素分析等。通过现场调查和室内分析研究，较详细地总结了矿区构造地质特征及构造对矿床(矿体)的控制作用，沉积岩岩石学特征及其含矿性，岩浆岩岩石学特征及其含矿性，编制了1/10 000矿区地质图、剖面图、1/5 000构造成矿预测图，提出了构造成矿的预测方向和岩浆岩热液是本区成矿一个来源的新认识。

5.2 矿化信息研究

(1)遥感地质解释及遥感信息研究。

本次使用了航天图像(陆地卫星4号7DVl743三波段1/50 000彩色合成图像)和航空图像(飞机航行拍摄的黑白航片1/35 000)对柏坊地区进行了遥感地质解释和遥感信息研究。其范围是：航片50 km^2，卫片100 km^2。通过解释，在图区内建立了地层岩性单元13个；确定背、向斜各1个和5个不同方向的线性断裂存在，其中存在南北向断裂16条，东西向断裂13条，北东向断裂10条，北北东向断裂2条，北西向断裂4条；圈出环形构造9个，其中影像清晰程度较高的有4个，中等的5个。初步认为，这些环形构造中的大部分，很可能是地下隐伏岩体(岩株或岩瘤)侵入引起。

(2)化探工作及地球化学信息研究。

为了获取柏坊铜矿区深边部及外围的地球化学找矿信息，科研组进行了矿区化探野外工作和化探室内研究工作。化探野外工作包括如下内容：

1)配合地表地质调研工作，进行了路线地球化学测量和化探取样，共采取地表岩石地球化学测量样品119个。

2)沿老地层和红层不整合面两侧进行了重点观察和化探扫面。范围北至湘江，南至桐梓坪长约6 km，东西宽约4 km，面积约24 km^{2}化探扫面取样400个。

3)对地表和井下的主要控矿断裂进行了部分取样和断裂地球化学研究工作，主要有F_9、F_{10}、F_{11}、F_{22}、F_{26}、F_{36}等。共采取断裂地球化学样品81个。

矿区化探室内研究工作包括如下内容：

4)对采取的岩石地球化学样品和断裂地球化学样品进行加工、化验，分析Cu、Pb、Zn、Ag、Cd、As、Sb、Bi、Hg、B、K、Na等12项成矿元素和指示元素。

5)对柏坊铜矿新、老地层不整合面附近24 km^{2}范围内的化探样品进行了均质和方差分析，计算了局部地球化学背景和异常下限值，圈定了主要成矿元素和指示元素异常区。

6)对断裂地球化学样品进行了分类比较和组合，并探讨了与成矿的关系。

7)从元素迁移特性和地质综合场理论出发，以相关元素对的离子含量比值K/Na、Zn/Cd、Zn/Ca为依据，结合成岩成矿地质特征，探讨了工作区内的温度场、压力场、成矿物质场及成矿能量场的特征。

8)对矿区化探成果进行了解释，并根据异常下限值j沿矿区不整合接触带，圈定了四个异常区——A区、B区、C区、D区。

(3)地球物理信息研究。

为了探测研究区内可能存在的隐伏岩体和是否存在隐伏矿体，并预测其空间位置，开辟矿区找矿新局面，因此，在研究区内除了采用常规地质方法及遥感地质解释、地球化学信息研究外，还开展了地球物探工作，本次使用的物探方法、工作量及效果如下：

1)对前人的物探资料进行综合整理分析和解释，提出物探找矿信息及方案，为进一步开展物探工作提供资料依据。

2)采用GDB—16正交电磁探矿仪，可探源音频大地电磁法(CSAMT)探测深部隐伏岩体、新的矿化区间及Ⅵ号矿体深部预测区，同时兼顾3个初选预测靶区。设计和施测了4条长剖面，总长10 km，共200个物理点，查明深度1 000 m，作图深度2 000 m。

3)配合CSAMT法进行高精度地面磁测，以利综合解释，得出正确地质结论。在其4条长剖面上布置403个物理点，点距25 m。

4)在化探异常靶区及庙门前区测点上均进行激电、视电阻率和地面磁法观测。共设计和施测了20条短剖面，总长11.75 km，612个物理点。

物探异常在研究区内有较好的反映，如B区见物探激电异常两个，一个位于北段的红层中，F_s为3%以上的异常面积约80 000 m^2，F_s最高达5%以上，呈古河道及三角洲状；另一激电异常见于老采坑旁，F_{22}断层上以及F_{25}与不整合接触带处，F_s为3%的激电异常面积约10 000～15 000 m^2，可能沿F_{22}与F_{25}的交迹呈NE－SW向延伸。C区在56线平行于F_{26}连续多点出现激电异常，F_s为3%的激电异常面积20 000 m^{2}产上；另一激电异常沿F_{22}及如与F_{26}交汇部位附近出现F_s大于3%的激电异常。此外在A区、D区等地均出现激电异常。

GDP－16深部物探异常在新湾、Ⅵ号矿体深部、抬子等处反映强烈，均出现低阻带。花岗闪长斑岩和断裂构造是这些地区最主要的成矿地质条件。

5.2 矿床成因及成矿规律研究

本次采集了近300个岩矿标本，进行了大量的现场观察和室内研究工作，如光薄片鉴定、包体测温、成分测定、单矿物电子探针、岩体化学成分分析、微量元素分析、稀土配分、同位素年龄测定、硫同位素测定、氢、氧、碳同位素测定等，并搜集和整理了有关文献及研究资料。经初步研究认为：

(1)矿床成因可分为三种类型：以沉积作用为主的砂岩铜矿床；以热液作用为主的热液脉状或透镜状铜矿床；以次生富集作用为主的氧化淋滤型铜矿床。

(2)矿床形成的物理化学条件是200～300℃和小

于1 km深度的弱碱性、弱还原条件。

(3)成矿物质来源并非单一来源。沉积铜矿来自古陆剥蚀源，而热液作用为主的铜矿床具多来源：上部铜、银主要来自红层，以渗滤源(地下热卤水)为主，深部则提供了岩浆热液存在的信息。

(4)矿液运移方向：渗滤源是由矿区北西上部向南东深部运移；岩浆热液源是由生产区南东深部向北东或北西上方，沿导矿构造及不同的配矿构造运移，两种不同的含矿溶液汇聚于地球化学壁障及有利的构造部位。

(5)成矿时间控制：主要形成于白垩纪及其后的地下热卤水和岩浆热液改造和再造阶段。

(6)成矿空间控制：

1)砂岩铜矿床形成于自垩系戴家坪组紫红色砂岩中，富集于浅、紫交互层中的浅色层，水下隆起边缘及水下河道相。

2)热液型铜矿体多分布于铜鼓圹倒转背斜的倒转翼和倾伏转折端，F_{22}断层凹部、古风化壳及古潜水面附近，及深部有利的断裂、裂隙中，一系列NW—NNW和NNE向张扭性裂隙，亦是有利的矿化富集部位。

3)工业矿体具有一定的侧伏方向和侧伏角度，但不同的矿体的侧伏方向和侧伏角度有所差异。

4)工业矿体的形成深度自矿区北西上部向南东逐渐加深，工业矿化区间估计在800 m左右。

5.4 找矿方向研究

(1)成矿预测区的划分原则

把已知矿床资料和对成矿规律的认识，作为本次成矿预测区划分级别的基本依据，再结合研究区内的遥感和物、化探资料综合考虑作为本次预测区级别划分的基本标准。

1)Ⅰ级成矿预测区的条件：

①研究区内有与成矿密切关系的白垩系浅色砂岩、中上石炭统壶天灰岩及分布着一套与成矿有关的岩性组合——白云质灰岩与煤系。

②研究区内有较大的区域性NE—NNE向与NW—NWW向两组压扭性断裂通过。

③研究区内存在三种有利的构造部位：一是不整合面，二是两向或多向交叉断裂带，三是层间破碎角砾岩带。

④研究区内有与成矿有关的花岗闪长斑岩体侵入。

⑤研究区内岩石遭受不同程度的硅化、碳酸盐化、白云石化、重晶石化等。

⑥研究区内局部有少量工程控制，并见有矿化信息或有较系统的遥感、物探、化探资料，能解释某种异常与成矿有关。

2)Ⅱ级成矿预测区条件

基本具备Ⅰ级成矿预测区的①~⑤条的成矿地质条件、而⑥条矿化信息及遥感、物、化探资料较Ⅰ级成矿预测区差者列为Ⅱ级成矿预测区。

3)Ⅲ级成矿预测区条件

基本具备Ⅰ级成矿预测的①~⑤条的成矿地质条件，而⑥条仅根据GDP-16深部物探异常资料者列为Ⅲ级成矿预测区。

(2)各预测区地质、物探、化探特征分析

根据成矿预测区级别的划分条件，在研究区内初选了7个成矿预测区，集中包括两个Ⅰ级成矿预测区，两个Ⅱ级成矿预测区，三个Ⅲ级成矿预测区。现将Ⅰ、Ⅱ级成矿预测区地、物、化特征列表见表1。

表1　Ⅰ、Ⅱ级成矿预测区地、物、化特征一览表

异常	Ⅰ级预测区(B区)		Ⅰ级预测区(C区)		Ⅱ级预测区(A区)		Ⅱ级预测区(D区)	
	面积/m^2	强度/10^{-6}	面积/m^2	强度/10^{-6}	面积/m^2	强度/10^{-6}	面积/m^2	强度/10^{-6}
类型 Cu	7 700	582~1 200	①1 800 ②1 700 ③100	276 183~327 185	2 500	($w/10^{-6}$) 49	3 650	71~100
Pb	2 000	37~75	①2 400 ②2 150 ③100	51 41~63 48	3 000	29~44	3 880	32~36
Zn	1 800	68~192	①4 300 ②80	174 119~129	①400 ②2 500	165 123~190	4 000	151~280
Ag	4 600	0.53~1.60	①4 400 ②3 000	0.95 0.67~1.26	4 000	8~15	1 550	0.42~0.50

续表 1

异常	Ⅰ级预测区(B 区)		Ⅰ级预测区(C 区)		Ⅱ级预测区(A 区)		Ⅱ级预测区(D 区)	
	面积/m^2	强度/10^{-6}	面积/m^2	强度/10^{-6}	面积/m^2	强度/10^{-6}	面积/m^2	强度/10^{-6}
As	①500 ②700	38 33.4～52	1 000 250	39～45	2 500	31～34		
累乘累加组合晕分布特征	5 200　135～400 1 100　2.3～2.7 累乘晕及累加晕分布于 F_{22} 转折突出部位及 F_{25} 与不整合面交汇处与 Pb、Zn、Ag、As 异常重合。		8 200　23.6～65 3 800　1.55～2.0 累乘晕及累加晕主要分布于 F_{25} 与 F_{22} 交汇南移的硅质岩中，与 Pb、Zn、As、Ag 异常重合。		800　1.9 3 500　2.7 累乘晕及累加晕分布于测区中部 F_a 断层上盘，K_2^a 与 K_2^b 岩性分界面附近，与 As、Ag 晕重合。		6 280　5.5～13 3 850　1.7～2.2 累加晕沿花岗闪长斑岩脉分析，累乘晕分布于 F_{20} 上盘及花岗闪长斑岩脉北盘。	
激电	80 000　F_s 为 3% 以上 10 000～15 000　F_s 为 3%		20 000　F_B 为 3% (最高达 5%～6%) 2 000　F_s 为 3%		F_s 为 3% 以上，最高 >4%		F_s 为 3% 最高达 4% 以上	

柏坊铜矿区找矿预测研究仅仅是迈出第一步，为了矿山企业的延续和振兴，我们将不遗余力地进行下一步的钻探验证工程，争取在找矿方面创造新的局面。

参考文献(略)

狮岭东矿段就矿找矿及其意义

刘瑞第　许水平
（凡口铅锌矿，广东韶关，512325）

摘　要：矿产资源是矿山赖以生存的物质基础。在生产矿山，加强矿区深部和外围，特别是寻找盲矿体的地质研究和地质探矿工作，深入开展就矿找矿，扩大矿山资源远景，是延长矿山生产年限的有效途径，同时也是矿山地质工作的重要内容。

关键词：东矿段；成矿预测；找矿意义；凡口

凡口铅锌矿是我国特大型矿床，已投产30多年。我矿在生产勘探过程中将矿床的补勘、矿量升级和找矿工作结合起来，把理论和实践、生产和科研结合起来，注意对采区的地质资料、物化探资料的研究，探索成矿规律，加强对矿区外围及深部成矿预测工作，收到了较好的效果。历年来，先后在矿区的外围、深部、生产区探边扫盲共新增储量2 327万t，铅锌金属量315万t，分别比建矿初期增加76.64%和61.5%（见表1）。按目前采矿生产能力，累计增加矿山服务年限20.3年。

表1　历年新增储量

地　段	矿石量/万t	品位/%（Zn+Pb）	金属量/万t	备　注
狮岭南	939	13.57	127	
狮岭深部	1 228	12.76	156	
狮岭东矿段	58	13.92	9	
生探增加	204	15.33	31	
累　计	3 237	13.54	315	

现将我矿狮岭东矿段进行成矿预测及找矿概况介绍如下。

1　狮岭东矿段成矿预测

狮岭东矿段位于主矿带东侧，银屑坪地段，北起205线，南至202线。该矿段由原广东地质706队发现，先后进行过两次勘探，矿山地测部门在2000年也补充了少量钻孔，历年累计探明储量27万t，金属量2.7万t，一般认为该范围勘探程度较高，研究也较详细，因此找矿远景也不大。为进一步扩大矿区远景储量，我们在已有工作的基础上，全面系统地对比分析了该段的地质资料，认为：

（1）狮岭东矿段出露的地层为中泥盆统东岗岭阶（D_{2d}）、上泥盆统天子岭组（D_{3t}）和帽子岭组（D_{3m}）、下石炭统C_1和中上石炭统壶天群$C_{2-3}ht$。其中天子岭组和下石炭统地层为矿区两个主要含矿系，矿床受该岩性组合控制。

（2）该段发育的一组新华夏断裂（F4、F 41、F5、F 18等），并有东西向构造带与之复合，上述两种构造的复合部位是成矿有利部位。

（3）地表矿化标志发育，Pb、Zn、Mn等原生晕异常广泛分布。在北北东向与东西向构造交汇处常有铁帽分布，带有铅锌矿体的近矿晕——Cu与Pb、Zn、Mn异常叠加出现。

（4）前人已发现具有一定规模前景的Jn7a和Jn25a矿化，均为单孔控制。

（5）该段毗邻生产区，其新增储量可直接利用现有采矿系统出矿。

根据上述分析，我们在205线～202线以（50～38）m×50 m网度加密勘探，目的在于扩大已控制的矿体规模，寻找新的工业矿体。共设计施工钻孔5个，进尺1589 m，其中4孔见矿，见矿率80%（见图1、图2），共新增储量58万t（C+D），铅锌金属量8.9万t。

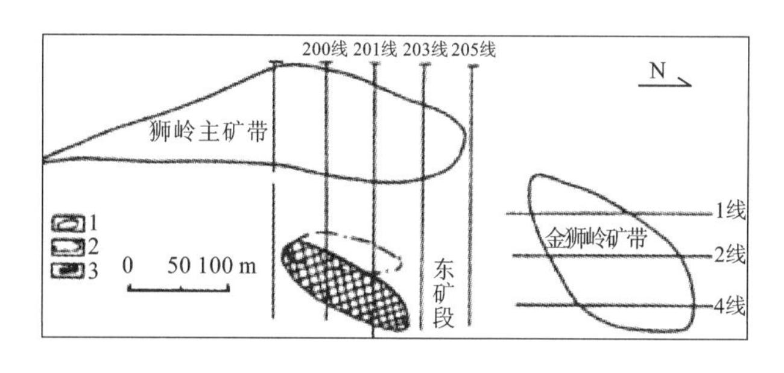

图1　狮岭东矿段矿体平面示意图

1—主矿体范围；2—预测范围；3—新增范围。

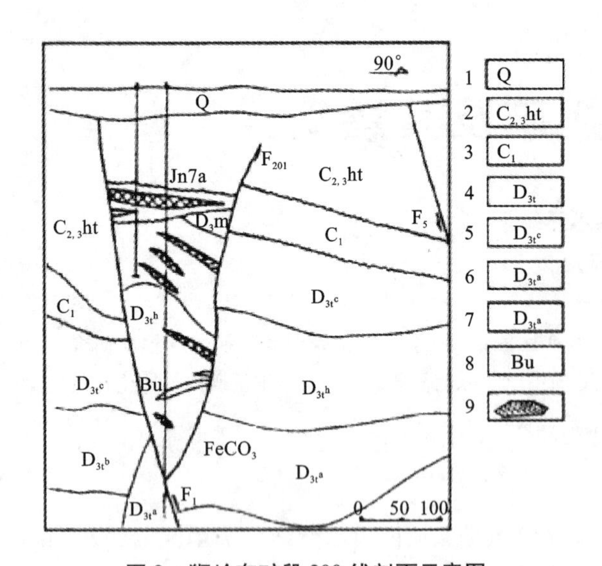

图2　狮岭东矿段200线剖面示意图

1—亚黏土；2—状块白云岩；3—砂岩、粉砂质灰岩；
4—砂岩、页岩；5—花斑状灰岩；6—瘤状灰岩；
7—鲕状灰岩；8—辉绿岩脉；9—新增矿体。

狮岭东矿段已探明矿体及储量分布于－200 m标高以上，其中60%储量分布为＋10～－60 m标高之间，埋藏较浅，与狮岭顶板采区毗邻，可以利用现有矿山生产设施开采，其经济效益和社会效益是显而易见的。

另外，该地段F5断层上、下盘钻孔控制较稀，是否具有工业矿体，有待进一步工作。该段202线以南找矿前景比较大，据已有资料，210/ZK3、210/ZK6两钻孔分别见有黄铁铅锌矿，厚度18.55 m和16 m，铅＋锌品位15%～16%。钻孔206/ZK2见到菱铁矿厚度5.78 m，菱铁矿石Fe平均品位25%～30%，属中贫矿。

2　东矿段找矿意义

我矿自1968年投产以来，采取请进专业队和充分利用矿山地质钻探力量，坚持开展矿区外围和深部找矿，取得了良好效果，使矿山经历30年开采后，目前地质储量仍与投产时期持平，保证矿山在近20年内仍可持续高产、稳产。

我矿的经验证明：矿山投产后，继续开展矿区外围及深部找矿勘探，不断扩大矿山远景，增加矿产资源储量是矿山企业可持续发展的根本保证。资源的勘探和开发是一项高风险、长周期的经济活动，不能等到资源接近枯竭时才临渴掘井，而必须提前10年、20年，在矿山人力、物力、财力较为宽裕的稳产期提前开展工作，不断增加后备资源，才能为矿山持续发展创造条件。

参考文献(略)

危机矿山成矿构造研究*

彭恩生
（中南大学地质研究所，长沙，410083）

摘　要：危机矿山成矿构造研究的主要特点是从查明矿体的形态、产状和构式入手，通过建立矿体、矿床的三维构造模型，掌握矿体的空间分布规律，为深边部成矿预测提供科学依据。

关键词：危机矿山；成矿构造；找矿突破

危机矿山是指那些开采工作已进入晚期，资源枯竭、濒临于闭坑的矿山。这类矿山，一方面急需找寻接替资源来延长矿山寿命；另一方面又缺乏资金去支持有关的科研工作。在这种情况下，成矿构造研究花钱少、见效快，成为危机矿山深边部找矿的首选研究手段。此时的构造研究，既不同于找矿勘探阶段矿床构造特征的研究，也不同于矿床开采初期构造控矿规律的研究，而具有下列鲜明的特点。

1　查明矿体在空间的分布规律，是研究工作要解决的主要科学技术问题

由于危机矿山矿床、矿体已基本揭露，有条件从研究矿体的形态、产状和构式人手，通过建立矿体的形态模型、构式模型、蚀变模型和成矿构造模型，进一步查明矿体在空间的分布规律，为危机矿山深边部找矿提供科学的依据。

湘西金矿是一个从地表开采到地下近800 m的老矿山，上部矿脉已基本采空，中部矿脉已大部分被开采，深部矿脉正在开拓。矿山对矿床、矿体的全面揭露，为成矿构研究打下了良好的基础。数十年来，十多家科研院所和高等学校，曾先后从不同角度对矿床地质特征进行了深入的研究，提供了很多有用的信息。

在前人研究成果的基础上，我们利用数十年来地质科学进步提供的新理论、新知识，并通过井下的深入调查，获得一系列成矿构造新认识，为深边部找矿提供了可靠的依据。

湘西金矿是一个产于元古界板溪群马底驿组地层内，受拆离造山作用产生的缓倾斜层间滑动带控制的脉状金矿床。矿脉由矿液致裂作用引起的多次脉动扩展而形成。矿脉为含辉锑矿、黄铁矿、白钨矿的含金石英脉，由数条或十余条次一级的雁列或尖灭再现状石英脉构成。总体上呈中心厚，边缘薄的近矩形板状体（走向长 ±300 m；倾向深 500 ~ 600 m）。在矿脉的中心部位，构成矿脉的单脉厚度大、延长长、形态稳定、矿化富集。矿脉内常可见十至数十条石质或金属硫化物矿石的条带，金、锑、钨成矿三元素叠加富集。从矿脉中心往边缘，单脉的厚度逐渐变小，长度变短，由板状—透镜层状—小透镜体而逐渐尖灭。矿脉中的金属硫化物条带从中心向边缘逐渐减少，直到消失。成矿元素富集的种类向矿脉的边缘也逐渐减少，从3种到2种最后到1种。

根据矿脉的形态、结构和矿化模型，可以准确确定矿脉中心位置。进一步可以确定当时正在开采的1、3、4号矿脉往地表800 m以下的延深状况：1号矿脉在地下800 m已近矿脉边缘，往下逐渐尖灭；3号矿脉处于矿脉中心的下缘；4号矿脉正处于矿脉的中心部位，它们分别能往深处延伸200 ~ 300 m。

根据已开采的1、2、3、4、5、6号矿脉矿化中心在空间的位置，可以见到矿区内的矿脉从南西向北东呈前行雁列，最上部的4号脉与沃溪断层（横贯矿区的区域性成矿后逆掩断层）之间还有足够的容矿空间，有可能出现新的盲矿体。通过物探和工程验证，找到了7号盲矿脉。

2　系统地开展地表地质调查工作，是加深成矿构造认识必要的手段

危机矿山原有的成矿构造调查工作，主要集中找矿勘探阶段和矿山开采的初期，多是二三十年前的研究成果。由于当时的地质认识水平滞后现在二三十年；由于当时矿床、矿体尚未完全揭露，其认识很难全面和正确；再加之后续的研究工作很少对地表研究

* 本文有关研究得到国家自然科学基金资助。

发生兴趣，因此，找矿勘探阶段认识的不足和错误很难得到补充和修正。要在危机矿山深边部找矿阶段有新的发现，加深对地表地质特征的认识是十分重要的环节。

招远黄金集团公司三矿区，地处玲珑矿田东山区矿脉的中心部位，是不少专家讨论有石英脉型金矿脉、过渡型金矿脉和蚀变岩型金矿脉的地方。由于在20世纪70年代初期填绘的地质图上，出现的是大片带状、分枝状和分枝复合状的黄铁绢英岩化混合岩，很难识别矿脉的真面貌。

为了加深对矿床成矿构造的认识，在地表1 km^2范围内，沿107、119、131勘探线开展了系统的成矿构造研究工作。发现地质图上的黄铁绢英岩化混合岩不是同一种地质体，它们分别是贯入平行裂隙、透镜状裂隙的黄铁矿细脉，黄铁矿石英细脉和黄铁绢英岩细脉，以及浸染状黄铁绢英岩脉和致密块状黄铁绢英岩脉。它们分别是一条矿脉不同部位的产物，它们是从矿脉的中心到边缘有规律变化的产物。利用它们在空间的相互关系，可以建立起矿脉的形态、结构、蚀变和成矿构造模型。

矿脉形态模型：边缘带为雁列状、尖灭再现状透镜形单脉，由边缘到中心单脉由短变长，间隔由大到小；过渡带为分枝复合的中等厚度矿脉，脉幅0.5～1 m；中心带为块状的大脉。

矿脉容矿断裂结构模型：边缘带为平行裂隙带、密集平行裂隙带，成矿物质充填裂隙；过渡带为透镜状裂隙带，密集透镜状裂隙带，成矿物质充填、交代裂隙；中心带为切割浸染状蚀变岩脉体和致密状蚀变岩脉体的平行状和透镜状裂隙带，它们分别成为成矿后矿脉边界断裂和将矿脉透镜体化断裂。

矿脉蚀变模型：边缘带为裂隙充填蚀变，由不同阶段的成矿物质充填裂隙而成，对围岩没有明显的交代作用；过渡带为浸染状黄铁绢英岩化蚀变，对围岩有明显的交代作用；中心带为致密块状黄铁绢英岩化蚀变，对围岩有强烈的交代作用。

成矿构造模型：在上述模型和前人成矿阶段研究的基础上，建立起三矿区的成矿构造模型。本区成矿构造的发生与扩展和东西向的剪切作用密切有关，成矿期在东西向剪应力的作用下，由于递进变形的缘故，形成一系列从北往南，其走向由东西向转为北东向的矿脉，以时间为序，先后出现下列成矿构造现象。

（1）在区域性东西向剪切应力的作用下，在矿区内沿东西向、北东向构造薄弱带的应力集中部位发生雏形断裂，形成透镜状微裂隙带，在透镜体的中心部位微裂隙密集，形成致密块状的钾长石化混合岩。透镜体的边缘裂隙发育程度减弱，形成浸染状，星点状钾长石化混合岩。剪应力的再次作用，可能是由于应变速率的变化，雏形断裂不再发现，沿构造薄弱带形成剪切裂隙，再次钾化形成脉状的钾化混合岩。

（2）在区域性东西剪切应力的继续作用下，沿钾化带再次发生雏形断裂和宏观断裂，先后形成中心为致密块状，边缘为浸染状、星点状的黄铁绢英岩化蚀变透镜体和蚀变岩脉，形成金矿体。主成矿期后的构造活动是沿矿脉内和边缘裂隙充填不含金的黄铁矿石英脉，在局部地段可很发育，常被人误认为石英脉型矿脉。

黄铁绢英岩阶段和早期黄铁矿石英阶段的金矿化，虽然主要发生在矿脉的中心部位，但对矿脉的边缘也有一定影响，所以在矿脉的边缘裂隙中有时也可见到较好的金矿化，由于裂隙数量和规模的限制，很难形成有价值的工业矿体，是小规模民采的主要对象。

根据成矿构造模型和矿区北高南低的地形，进一步查明三矿区的52、47、69、48、50、10号矿脉，从北往南成前行雁列排列，基于在矿区北部地表出现蚀变岩脉；中部地表出现浸染状蚀变岩脉和菱形网状裂隙脉；南部地表出现平行裂隙脉，可以判定50、10号矿脉在地表出露的仅是矿脉边缘部位，预测地面下200 m左右的深处有较大规模的蚀变岩型矿脉。

3　突破成矿构造研究的难点，提供科学的成矿预测依据

陕西太白金矿（勘探时称双王金矿）产于南秦岭印支褶皱带中一个复向斜的南翼，中泥盆统古道岭组下段顺层发育的角砾岩带中。角砾岩与成矿有直接关系，金就赋存于角砾的胶结物之中，因此角砾岩的成因和空间分布规律成为该矿成矿构造研究和深边部找矿的关键问题。

关于矿区内角砾岩的成因，前人曾进行过不同程度的研究，提出断裂成因、隐爆成因、矿液压裂成因、层间褶皱成因、岩溶崩塌成因和同生角砾成因等6种不同的看法。看法虽多，但没有一种能较全面的符合矿区内出现的各种构造现象，成为该矿区成矿构造深入研究的难点和进一步找矿的关键问题。

矿区及其附近的角砾岩带有下列宏观特征：

①角砾岩带产于有钠长石化的变质砂岩与板岩互层的地层中，在古道岭组下段地层中顺层成断续带状分布；②角砾岩产出附近的地层产状陡立，甚至倒转，并常有揉流褶皱发生；③角砾岩带中心部位角砾

成分单一，主要为蚀变而成的钠长岩，角砾岩带边缘角砾成分较复杂，除了钠长石化的砂岩、板岩外，还有少量的砂岩、板岩和灰岩角砾；④角砾岩的胶结物为多阶段含矿热液活动的产物，它们有钠长石、含铁白云石、方解石以及少量石英和黄铁矿等矿物的集合体。胶结物不同程度地充填于张裂隙中，形成接触胶结、支撑胶结和基底胶结的角砾岩。矿化富集程度与胶结物的多少成正相关关系。

根据角砾和胶结物的特征，可推测本区角砾岩的形成经历过一个相当复杂的过程，与岩层受压张裂和矿液压裂有密切的关系。印支褶皱的初期，层间滑动裂隙成为深部热液渗滤的通道。在构造薄弱部位发生钠长石化，形成钠长石化的砂岩、板岩和钠长岩，随着褶皱作用的继续，南翼构造薄弱带地层变得陡立、倒转。在南北向区域挤压力和成矿热液致裂的双重作用下，首先压裂钠长岩，并沿裂隙不断扩展形成含矿角砾；钠长岩角砾化的体积膨胀，在角砾与围岩间，主要是与顶部围岩之间，产生数米到数十米的位移，致使围岩向两侧揉流，并使其后部被拉断、压裂，形成类似滑塌的角砾岩。

在形成角砾岩的过程中，大部分地层末发生钠长石化，岩性差异不大，不具备形成角砾岩的条件，成矿热液沿层间滑动带运移时，可充填交代层理、板理等微裂面，形成另一种类型的矿化体。太白金矿在验证物探激电异常时见到了这种类型的矿化带，是新的找矿方向。

4 地球物理方法是查明深部成矿构造的重要手段

对矿区深边部成矿构造和盲矿体的预测，主要是用矿区已揭露部分获得构造展布规律去推测。由于地质条件千变万化，没有物探方法的配合很难获得良好的效果。

在危机矿山开展地质、地球物理探矿工作，最理想的程序是：在查明危机矿山基本地质特征的基础上，选用适当的物探方法。在物探扫面工作的同时系统地开展地表成矿构造剖面研究。通过物探方法发现异常，用地质、物化探方法综合评价异常，用山地工程验证异常。

广西泗顶铅锌矿是一个产于寒武系与中、上泥盆统不整合面及其以上数十米以内层间滑动带中的铅锌矿，它们在横向上是受不整合面的控制；在纵向上受南北向、北东向等断裂构造控制的热液型脉状、似层状铅锌矿床。印支运动以来，矿区及其附近以抬升运动为主，不整合面和上覆地层产状基本水平，仅局部略有波状起伏，形成宽缓的褶皱和短轴状穹隆。

由于当前矿区及其附近的侵蚀基准面大致与不整合面相当，含矿岩系多出露于寒武系地层形成的短轴穹隆的周边和峰林根部及坡立谷谷底盆地。具有成矿条件的地区在矿区外围比比皆是，地表有矿化的露头几乎全被采掘，盆地内又被第四系沉积物覆盖。成矿构造研究仅能指出成矿有利地区，要找矿，首先得依靠物探方法去发现由金属硫化物矿体引起的激电异常。

两年来，在成矿条件有利的两个地区分别开展了双频激电法扫面工作，先后发现 6 个异常，其中两个异常经钻探验证，一个为沿断裂带交代充填的铅锌矿体；一个为黄铁矿化的砂砾岩层。未经验证的 4 个异常中，其中有两个与南北向和北东向断裂带有关，异常带宽度 100 m 左右，长度分别为。700 m 和 1 200 m，具良好的找矿前景。

危机矿山成矿构造研究内容很多，上述 4 点是我们近年来在危机矿山进行成矿构造研究中体会较深的部分。不当之处，请指正。

参考文献(略)

加强地质探矿　老矿焕发青春

杜金全　张鼎升
（泗顶铅锌矿，广西融安，545406）

摘　要：近年来，泗顶铅锌矿采取加强生产探矿、寻找外围新基地、老窿地质调查及研究矿化富集规律等措施，使矿山储量翻番，老矿焕发青春。

关键词：生产探矿；老窿调查；外围找矿

泗顶铅锌矿从1960年建成投产以来，一直把地质找矿放在矿山工作的重要位置，由于加强了地质探矿，使一个原设计服务年限仅有17年的中小矿山，变成一个服务年限增加一倍以上的国家中型一档矿山企业。到1999年底止，累计生产铅锌金属60万t，向国家上缴利税2亿元，超过国家建矿投资的5倍。回顾40年的发展历程，矿山在发展中不断壮大，现已发展为集地质勘探、采矿、冶炼、化工、运输、机械加工、火力发电、宾馆旅游为一体的现代化联合企业。近几年来，在巩固矿业的基础上积极开拓冶化产品，电锌、锌精矿沸腾焙烧制酸、氧化锌、七水硫酸锌等项目相继建成投产，形成了以铅锌为主导产品，年产8.15万t的生产规模，使竞争能力、适应能力、抵御市场风险的能力和发展后劲得到了进一步的增强，逐步实现以矿带厂、厂矿并举的战略调整，适逢40华诞的泗顶铅锌矿，焕发蓬勃生机。

1　加强生产探矿　实现地质储量翻番

建矿40年来，矿山地质工作在生产中起到了保证、指导、监督作用。一方面为生产服务、指导矿山采矿；另一方面还有探矿、找矿，为矿山增加资源，扩大储量，取得了很好的成绩。在泗顶矿区增加了矿石储量305万t，是原广西404地质队提交储量347.6万t的一倍，实现了储量翻番，延长矿山服务年限20年。

泗顶铅锌矿床类型属于第四类型，矿体形态复杂多样，有层状、囊状、扁豆状、树枝状等。用50 m×50 m的生产勘探网度仍难以控制矿床复杂的地质构造和矿体形态。主要是穿脉间距偏大，中段间距过高。使用单一的坑探加密，探矿进度慢、耗资大、效率低，常出现生探工程落后于采掘工程的现象。从1965年起组建坑内钻探队，充分发挥坑内钻“灵活、快速、高效”的优点，采用“以钻代坑，坑钻结合”手段。加强生产探矿。在原有的勘探线距50 m中间加密勘探，比较准确地掌握了矿体的形态、空间位置和尖灭点，大大地提高了二次圈定矿体资料的精度。同时，大大地提高了探矿的速度。在空白区域和可疑地段同样用钻探了解有无盲矿体存在，经过30多年实践证明效果是比较显著的，用坑内钻探具有效果好、速度快、成本低、灵活方便的优点。

例如，2000年3月，在泗顶矿区8号矿体的边部有一个单个地表钻控制的722小矿体，过去用坑道打50多米都没有见矿。我们只打了5个坑内钻孔，进尺200多米就很好地控制了722小矿体的形态产状，增加了矿石储量5000多吨。同时在8号矿体的5号线西部坑道钻发现了一个小矿体，现正在勘探中。

又如，古丹东矿区的19～21勘探线2000年5—6月用坑道钻探发现了5 m厚的盲矿体，新增矿石量初算约有5万t，充分显示了坑内钻在探边摸底，寻找盲矿体方面具有的优越性。

总之，短短的半年时间，就在生产区内用水平钻探获矿石量约8万t，取得了初步效果，和较好的地质经济效益。

2　开展矿床地质综合研究对比，发现了一个生产接替基地

古丹和泗顶两个矿床分别处在泗浪背斜的南北两翼，其地层、构造、矿体赋存条件、矿物组分等有很多相似之处。古丹矿原地质队提交的46万t硫化矿石远景储量，只够作为调剂生产的补充，要变成泗顶矿的接替基地还要开展探矿工作。在对古丹矿区进行探矿施工前，我们把古丹宝山陡倾斜矿体和泗顶矿区5号陡倾斜矿体作相似对比，得出往深部延伸尖灭部分有受层问滑动面控制的平缓矿体存在的推论。因而聘请270队在古丹东侧共打深部找矿钻孔27个，总进尺3 710 m，其中见矿孔12个。果然在深部发现了

一个南北长 1 000 m，东西宽 400 m 的含矿层，从而展开了矿山地质探矿工作的局面。

我矿钻探队于 1977—1986 年，对古丹东矿进行详细勘探，获得工业储量 170.2 万 t，远景储量 90.4 万 t，可供 600 t/d 采选厂生产 16 年。为泗顶矿寻找到一个新的生产接替基地。

3 老窿地质调查是矿山找矿挖潜的重要途径

老窿，从狭义上来说，前人遗留下来的采矿遗迹或采矿空间。从广义上来说，应包括结束中段。这些地域，由于矿产资源开采的历史背景、地质勘探技术、开采方法诸方面因素的制约，不可避免地遗留下来一些设计、施工损失矿量、边角尾矿、漏网的“小鱼小虾”，这些盲矿体，对于矿山开采的中晚期，将是一笔不可忽视的宝贵资源。

紧密结合矿山特点，加强地质找矿，充分挖掘矿山内部资源潜力，积极主动开展老窿地质调查和结束中段资料整理，用以指导寻找盲矿、残矿，扩大资源，对于资源濒临危机的老矿山，是一项重要战略举措，具有十分重要的地质意义和经济效益。

泗顶铅锌矿经过 40 年的开采，泗顶矿区的北矿、南矿的 6 号、7 号矿体都相继采完和闭坑，1992—1994 年我矿投入大量的地质探矿力量，查清北部矿区的边角残矿、盲矿分布，草测地质储量 75 万 t，可开采利用的约有 50 万 t。从 1995 年起组织农民采矿队进入北矿和露天开采边残盲矿，至 1999 年底止，共采出 23% 的硫化铅锌矿石 24 万 t，氧化铅锌矿石 15 万 t，目前尚保有可采残矿量 30 万 t，锌品位 15%，可采 5 年。

4 矿区外围找矿，初见成果

泗顶铅锌矿是一个超期服役的老矿山，矿产资源不足，严重地制约了矿山的进一步发展，所以，在外围寻找新的接替基地是矿山地质工作的目标之一。没有资源，矿山就没有发展后劲，从 1999 年起矿山加大找矿探矿力度，每年投入 100 万元的专项资金用于地质找矿，同时，与中南工业大学进行技术合作，利用科研院校的先进探矿技术和找矿经验。根据泗顶矿床的成因，我们提出了“层”、“相”、“构(位)”的找矿新思路。

“层”——矿源层，成矿物质来源，主要来自泥盆系地层。

“相”——岩性、生物与地理综合特征。区内台地相是最有利的找矿岩系。泗顶矿区主要赋矿岩系为融县组下段 1－3 层的生物碎屑灰岩，古丹矿区为东岗岭组结晶灰岩，其他岩性中尚未见到矿化，明显受到岩性岩相控制。

“构(位)”——一定的构造空间位置富集成矿。在泗顶和古丹矿区主要是 NNW 向断裂带旁侧，层间滑动带和不整合界面附近。可见区内地层岩性是矿床形成的基础，燕山期的多次构造活动是关键。

根据成矿地质条件和矿化富集规律分析，1999 年在泗顶外围的路福勘查区，应用中南工业大学研制的国内最先进的双频激电仪等物探仪器，进行物探测量，地质填图，发现了三个激电、电阻率异常区，经过地表钻探验证(施工了 7 个孔进尺 700 m)，证实路福异常是铅锌矿异常，且品位较高。这一异常验证成功为今后泗顶外围找矿指出了一条光明大道。

参考文献(略)

水口山地质找矿工作回顾及开展近外围找矿设想

阳友华

（水口山有色金属有限责任公司，湖南常宁，421133）

摘　要：本文介绍了百年老矿水口山在几十年的矿山生产中，十分重视矿产资源勘探、寻求接替基地取得的一些成就和积累的经验，并分析了水口山两个资源危机矿山的现状，提出了近外围找矿的初步设想。

关键词：地质找矿；找矿理论；资源危机；找矿设想

1　水口山三座矿山的概况

水口山铅锌矿在1896年收为官办至今已采108年，到2002年底，铅锌工业储量已经枯竭，老区仅余底柱0.9万t；黄铁矿工业储量177.1万t，黄金工业储量99.7万t。矿山金矿采出矿能力5万t/年，硫铁矿生产能力5万t/年。井下铅锌正式采矿已于1999年12月停止，残矿回收已近尾声。目前全矿每年仅回采少量金矿。

柏坊铜矿于1959年正式建矿，井下铜采出矿能力8.25万t/年，进入20世纪90年代，已成为资源危机矿山，十多年来，每年探边扫盲增加铜含量和残矿回收铜含量占全矿采出铜含量的60%以上，勉强维持生产，到2002年底止，保存工业储量13.18万t，保存期1.6年。

康家湾矿是按探采结合新模式建成的新型矿山，1974年开始地质普查，1981年进行详勘准备，1987年起进行基本建设，经七年努力于1995年达到年产30万t生产能力，1999年达产40万t/年。至2000年底3～11中段保存工业矿量316.4万t。

2　水口山矿田地质找矿的成就

2.1　一轮找矿成就

水口山铅锌矿能够生存百年，其寿命之长是国内外少有的。从20世纪50年代起不少人就在喊硐老山空，有人说“水口山外围无望，老窑内远景不佳。”曾草率地停止了勘探工作。但是水口山卓有远见的老一辈矿山工作者坚定地认为水口山矿区条件好，还有第二个、第三个水口山存在。随着湖南有色217地质勘探队上山，矿务局两次与217队合作制订了矿山勘探长远规划，开展了“水口山矿田成矿规律及找矿方法”专题研究，取得了令世人瞩目的成就。

（1）老鸦巢铅锌硫金矿。铅锌矿开采有一百余年历史，经历年勘探，累计探明工业储量464万t，共采出矿石量450万t。2000年发现隐爆角砾岩型金矿体沿铅锌矿体旁侧产出。主要金矿体有五个，其中Ⅳ号矿体最大，单个矿体长30～565 m，厚1～37.6 m，延伸40～500 m。利用原坑道及水平钻对Ⅶ—Ⅻ中段进行勘探，于1990年提交勘探报告，矿床平均品位：Au 5.39 g/t，共探获金金属量C级5.79 t，D级5.62 t。

（2）鸭公塘铅锌铜硫矿床。1957年鸭公塘148孔见矿，随后施工9003坑道等坑钻探工程，1972年地勘探明储量：C+D级矿石量343.87万t。矿山生探累计探明工业矿石量138.53万t，至1999年12月全部采出，全区关闭停采。

（3）中区铜锌硫矿床。已施工35个钻孔，见矿孔25个，圈定了两个主矿体，矿床平均品位：Cu 0.5%～1.46%，Zn 1.13%～4.86%，S 10%～24.6%，经初步评估认为中区是一个有远景地段，矿山坑道由于地下水大而未能进入。

（4）康家湾铅锌金银矿床。该矿床1976年被发现，1982年完成矿区详查，确认矿区总储量D级矿石量1 659万t，水口山终于找到了资源接替基地，1991年完成8中段以上勘探（一期），2002年完成9～11中段勘探（二期），目前正在组织11中段以下的勘探、开发工作（三期）。

（5）柏坊铜矿。主矿段铜鼓塘于1956年发现，1958年开采，地勘累计探明C+D级铜含量8.44万t。20世纪90年代以来，该矿与多家地勘科研院所合作，进行矿区近围、深部找矿，相继发现刘家湾矿段和柚了塘矿段。目前该矿地质勘探程度很高，矿区设计的靶区基本上已由钻孔控制，再找到成规模的矿体的概率很小。该矿保有工业储量13.18万t，保有期仅1.6年。

（6）新塘金矿。系老鸭巢隐爆角砾岩型，金矿地表氧化带部分为氧化带破碎角砾岩型金矿床。1997年完成详查，获C+D级金属量3.5万t，矿床金平均品位3.68 g/t。矿山正在开发利用。

2.2 二轮找矿的效果

水口山矿田自1988年起进行了二轮找矿，至1998年历时十年，也取得了一定的找矿效果，确定了找矿方向：

（1）开展了石坳岭普查，发现距地表10～15 m硅化破碎角砾岩型铅锌矿体，获远景储景Pb+Zn金属量10万t。

（2）石头排。区内有三个类似康家湾的成矿构造部位，南部以往钻孔揭露出较大规模的矿化蚀变带和脉状的铅锌矿体，显示了较强的矿化信息。

（3）仙人岩—锣罗岭—杨家岭破碎角砾岩或红土夹角砾（或黑土夹角砾）氧化型的金矿。

（4）康家湾—茭河口铅锌金银预测区。

康家湾隐伏倒转背斜构造向北延伸至151线。在茭河口Zk1931孔井深651.67～652.8 m见矿，含Au 2.39 g/t，Ag *n* g/t，1932孔491 m侏罗系细砂岩含铜0.25%，采区141～151线百米内可得铅锌10万t以上。

108线附近有少量已揭露角砾岩矽卡岩化、预示了倒转背斜倾伏，可能找到隐伏岩体接触交代型铅锌矿床。

（5）新盟山金铅锌预测区。位于水口山矿田东部，南起荣盘塘，北至船湾之北，全长4 km，东西宽2.5～3 km。新盟山东侧有少量钻孔控制，在侏罗系含砾砂岩中见强铅锌矿化，矿化厚度5～20 m，矿化强烈地段Pb+Zn品位为2%，反映出强烈矿化信息。

3 找矿理论上的突破

通过地质找矿，在成矿理论上不断总结出：岩体超覆成矿—三角地带成矿—远离岩体硅化破碎角砾岩带成矿——隐爆角砾岩成矿。

如老鸦巢金矿的勘探，1981年12月217队提交“老鸦巢7至11中段4号金矿体地质勘探报告”时认为，该矿床为中低温热液充填交代型。但矿山根据实践经验，认为矿床类型尚值得研究，应用“隐爆角砾岩型”新理论，扩大了范围，又在7至12中段找到了4个金矿体。

进一步认识了矿区构造、地层岩性、岩浆作用对找矿均有控制作用。例如：柏坊铜矿根据其构造控矿理论，找到了围岩碳酸化、红层褪色化、硫酸铜分泌液出现的重要找矿标志。以此为依据，编制了预测研究报告。共投入坑探1 913.6 m、水平钻探6 940 m，取样274个，获19个富矿体，B+C级铜矿石量3.57万t。铜含量5 271 t。

康家湾矿通过综合研究对比，发现矿床严格受构造和地层岩性控制，断裂构造是成矿的先决条件，并与层位有关连。据此，在9中段111～113勘探线上，在4个地表孔均未见矿地段的中间，利用构造成矿规律找到了矿石量16万t。

4 找矿经验

（1）采用成矿条件，成矿规律类比法（即依照已知矿体的成矿条件和成矿规律与预测找矿靶区类比）找矿，效果很好。

（2）采用多种找矿信息综合预测找矿。

（3）在生产矿区，利用生产坑道，实行边采边探，边探边采，坑钻结合进行找矿。

（4）实行老区与新区相结合，老区为主，扩大Pb、Zn、Au、Ag储量，实行浅部与深部相结合，以深部找矿为主，寻找新矿体。

5 危机与困惑

目前在公司下辖的三座矿山中，有两座矿山已陷入资源危机，资源几近枯竭，生产将难以为继。水口山铅锌矿有一百多年铅锌生产的历史，曾誉为铅锌工业的摇篮，现已完全结束了铅锌开采，仅开采少量金矿维持。柏坊铜矿近十几年在勘探找矿方面作出了巨大努力，但始终没有取得突破性进展，该矿区勘探程度较高、工程控制密度大、不存在大的盲点，所以进一步找到有一定规模的接替资源的希望渺茫。两矿三千多名职工面临严峻的生存压力，矿山已经采取了劳务、技术输出、职工放假等措施。同时，两矿已获国家关闭破产项目的立项，正在进行关破方案设计，关破程序即将启动。

困惑之一是近外围找矿没有资金来源。我公司与湖南有色地质勘查局于1999年就编制好“水口山新世纪找矿勘查规划”和“康家湾矿区及其外围找矿勘查项目建议书”，多次找政府地勘主管部门，他们都明确表示地勘作业市场化之后，找矿属于企业自主的商业行为，无法给予资金支持。银行因找矿风险太大而难以接受贷款申请。在企业流动资金十分短缺的情况下，靠自有资金找矿更难以成为现实。

困惑之二是尽管众多家认为水口山是湘南地区最具找矿潜力的矿田，217队、科研院所也划定了不少靶区，但始终难以确定极具吸引力的、能够付诸实施的首勘地段。

6 关于加强水口山矿田近外围找矿的设想

水口山矿田是湘南地区一个重要的 Pb、Zn、Au、Ag 成矿区，它的成岩、成矿构造活动频繁，其中偏酸性浅成、超浅成侵入岩、喷发岩、褶皱断裂构造、地层岩性、围岩蚀变以及盖层封闭条件等均对矿床的形成有着明显的控制作用。预测资源量可观，估计铅锌预测金属量在 530 万 t 以上，金 300 t，银 8 000 t，铜 80 万 t。初步设想以找铅锌为主，黄金次之。根据我公司与湖南有色地质勘查局 1999 年编制的“规划”和“项目建议书”等资料，首选康家湾—蒋河口铅锌金银预测区，其次为新盟山金铅锌矿。其地质勘探方式为充分利用 217 队勘探装备、人才力量，在水口山有色金属有限责任公司统一规划下进行地质勘探找矿。公司应尽快成立近外围找矿指挥部，一方面寻求筹资途径，一方面与地勘单位探讨合作方式，组织内部地勘力量施工。找矿筹资渠道和勘探管理模式还有待进一步探讨。

本文引用了原副总工程师陈克新、工程师龙爱生、陈新良、屈金宝等收集提供的部分资料，在此表示感谢。

参考文献(略)

凡口铅锌矿降低采矿损失的措施

郭普海
（凡口铅锌矿，广东韶关，512325）

摘　要： 介绍凡口铅锌矿为降低采矿损失所采取的合理探矿以及推行新方法、新工艺、整体规划、宏观控制等措施。

关键词： 采矿方法；生产探矿；经营管理；凡口铅锌矿

矿产资源是发展生产和保障社会经济持续发展的重要物质基础。由于矿产资源的有限性和不可再生性，因此有计划地合理开发利用矿产资源，提高资源的利用效率就显得非常重要。这无论对提高矿山的经济效益还是社会效益都是极其有益的。在降低采矿损失方面，凡口矿探索出许多有益的经验，取得了不俗的成绩（见表1），值得推广。

表1　凡口矿历年损失率统计表

年　　度		1968—1985	1986—1990	1991—1995	1996	1997	1998
采矿量/万 t		439.01	352.13	376.73	82.87	86.11	79.34
损失量	采下损失/t	23 535	12 483	11 203	3 632	4 069	4 807
	未采下损失/t	20 525	95 900	35 376	2 926	4 076	2 799
损失率/%		4.98	3.00	1.22	0.79	2.02	1.90

1　凡口矿资源特点及开采现状

1.1　凡口矿的资源特点

凡口铅锌矿区资源条件相当优越，储量大、品位高（如表2）。矿石以黄铁铅锌矿和单一黄铁矿为主，并伴生有 Ag、Hg、Cd、Ge、Ga 等稀有元素均可利用。矿体赋存较集中。平面上主要分布于约 1.8 km 长、0.5 km 宽的狭长范围内，纵向上则分布于 +50 m ~ -700 m标高范围之内。

表2　1998 年来凡口矿盗源保有表

项目	矿石量/万 t	金属量/万 t			品位/%		
		Pb	Zn	[S]	Pb	Zn	[S]
开拓	1 158	58.9	121.7	312.1	5.09	10.51	26.95
工业	2 246	109.6	217.9	612.7	4.88	9.70	27.28
远景	1 573	78.1	126.7	392.0	4.96	8.06	24.93

按凡口铅锌矿 1998 年度矿石平均出窿品位计算，若少采 1 t 矿石则损失 429.27 元（按 1998 年度铅锌银和有效硫的平均价格计算，且不包括稀有元素价格）。自 1990 年开始，我矿均以 3% 的损失率作为年度损失的攻关项目。以此计算，1991—1998 年共少损失矿石 119 983t，挽回数千万元的经济损失。可见加强对凡口矿的采矿损失管理，切实降低采矿损失率对提高矿山的经济效益和社会效益都有明显的效果。

1.2　凡口矿的开采现状

凡口矿年产矿石量 90 万 t 左右，生产铅锌金属量约为 11 万 t。采区主要为金星岭采区和狮岭采区。采矿方法有普通充填法、盘区机械化分层充填法、VCR 法三种。由于矿体比较集中，一个中段矿房的回收影响到上、下中段相应位置及相邻间柱的作业，积压大量的开拓矿量不能回采导致采矿作业战线较长。如金星岭 6 个中段，狮岭 8 个中段需同时生产才能满足生产需要。同时经过多年的生产，上部中段冗余了大量的顶底柱及边角余矿，其矿量占开拓矿量的 4.6%，这部分矿量由于开采成本高，安全难度大，形成不了规模生产，导致上部中段迟迟不能关闭，必然会影响到不断开拓的深部作业环境，如空气差、温度高等。

2 我矿降低采矿损失的主要方法

我矿在生产作业过程中，始终坚持大小、难易、贫富兼采的原则，始终坚持国务院制定的“保护矿产资源，节约和合理利用资源”的方针政策。在这些框架内，进行整体规划、合理布局、精心设计、严格监督管理，加上各专业、各部门的密切配合，无论从矿体的勘探还是开采过程中都始终按各专业规程的要求，并根据凡口矿资源的自身特点，从系统性工程角度出发，总结出一整套科学的管理经验并在生产中积极推行使用，使我矿总损失率特别是近几年已大大低于1978年12万t配套方案设计中规定4%的指标(见图1)。

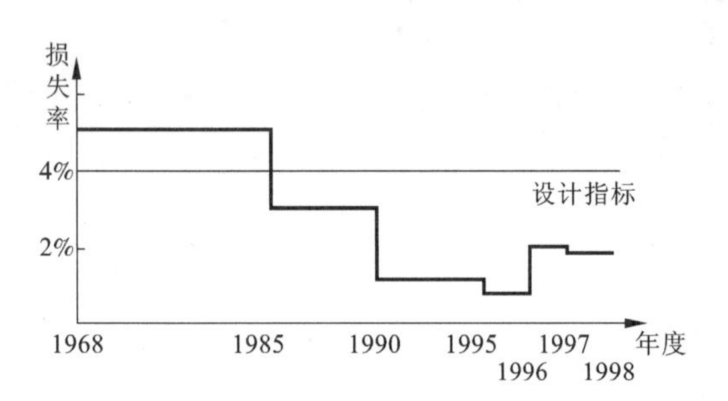

图1 凡口矿总损失率变化曲线图

2.1 采用合理的探矿手段，全面摸清矿体的空间赋存位置及分布状态，为采矿生产提供准确可靠的地质资料

我矿在基建时期，对首采的金星岭地段采用坑探为主的探矿方法，由于工程密度不够、控制精度不高，造成矿体形态误差较大，远远达不到相应储量级别的精度，如JB－40 m14#a生探储量与实采矿量误差高达60%以上；后来改用坑钻结合、以钻为主的探矿方法，进行以准确圈定矿体形态和提供高级储量为目标的生产探矿工作，用(12.5～25)m×(15～20)m的生探网度进行矿体的二次圈定。据广东省储委组织由六个单位参加的矿山调查组，按A2级储量误差标准，对凡口铅锌矿的生产探矿与采矿实际资料对比抽样结果如下：26个块段储量误差，金星岭地段为1.2%，狮岭地段为0.3%；35个生探剖面面积重合率为狮岭90.3%，金星岭85.0%；而形态歪曲率为狮岭23.1%，金星岭40.0%。以上结果充分证明，我矿的二次矿体圈定，对矿体形态和储量控制都是比较准确的。从而也表明金星岭地段矿体较狮岭地段矿体形态复杂，也进一步反映早期生探工程局部对矿体形态控制不足。近年来，我矿在金星岭－160 m 6#穿以东低品位矿石中采用立体探矿法，即在原勘探线剖面的基础上，再补探一组斜剖面，并在水平面适当补充部分铅孔，从而彻底模清该矿体a、b的分支复合情况，总结出铅锌矿石与黄铁矿石在三维方向的分布特征和规律，并对采场品位进行动态圈定，加速了该矿体的开采进程，做到了贫富兼采和合理配矿，提高了资源的利用率。

2.2 加大对采矿方法研究的投入。依靠技术进步，积极试验和推行新方法、新工艺

提高特定地质条件下矿产资源的有效回采率，关键是依靠先进的采矿工艺。由于我矿矿区水文地质条件复杂，顶部被含水丰富的壶天灰岩所覆盖，采区范围内不允许地表塌陷。同时由于矿石品位高，要求损失率小于5%。为满足上述要求，矿体在回采过程或回采结束后，顶盘必须保持稳定。因此根据矿岩的结构、赋存条件等的情况，选择向上分层充填法和浅孔留矿法。具体说，矿体不复杂，比较规整，夹石少含硫低，不易结块，底盘倾角大于60°的矿块可使用留矿法或FDQ法回采；若矿体含硫高，易结块，产状复杂的矿块则利用向上水平分层充填法或盘区机械化水平分层充填法回采；为间柱的安全，在赋存条件较差的情况下，即使损失率超出设计要求的范围，仍采用FDQ法进行回采。

矿体水平厚度小于15 m，采场一般沿走向布置；矿体水平厚度大于15 m，采用垂直走向布置。矿房宽8～10 m，最大14 m；间柱宽6～8 m。部分采场不留底柱，采用人工底柱；而上下中段连采的采场，上中段不留底柱，减少了难采的顶底柱矿量。

2.3 整体规则宏观控制

最大限度地控制矿床的开采损失率，必须从整体布局上确定合理的开采顺序。在充分考虑各个采矿工区作业区段的地质条件，确定合理的开采方案。制定各工区损失率的控制指标，来评价各工区期末的工作业绩，这样将有利于矿石的合理回收。

例如：在东区－160 m 1～6#、－200 m 1～6#穿各采场底柱矿石均采用由下中段对应的采场连采回收，统一规划，严格按设计边界施工，从而改善了顶底柱回采的安全条件，进一步降低了采场顶底柱的损失，使矿产资源得到充分回收。

随着我矿作业地段不断地向深部转移，在上部中段存有大量历史遗留的边角零星小矿体及部分顶底柱矿石，这部分矿石虽然品位高，但占矿山总储量比例相对较少且存在位置零乱分散，安全生产环境较差。部分矿石的矿量还是以前采矿工艺无法回采或因安全原因已被核销的，难以形成规模生产。鉴于以上原

因，我矿采用了灵活务实的用工办法和合理的经济政策，成立了残采队。在技术可行与经济合理的前提下，对边角小矿体及过去已核销的矿石量进行回收，既有利于配矿又有利于提高采矿回收率，有效地利用宝贵的地下资源。

3 结论

我矿在降低采矿损失方面总结出许多有益的经验，并用来指导现阶段的贫化损失管理，取得了很好的成绩。在今后的生产管理过程中，需要继续坚持，且针对不同作业现场的特点，去不断修改完善，更好地为生产服务。

(1)进一步加强对 Jb－160 m 6#穿以东低品位矿石的研究总结，力求在生产现场中能够时时根据采矿工程所揭露的铅锌矿与单一黄铁矿的伴生关系，重新圈定铅锌矿体形态，来指导采矿生产，以尽量减少黄铁矿的混采，做到合理配矿，以保证出窿品位的稳定。同时也为今后我矿开采深部品位相对较低，且黄铁矿与铅锌矿交错复合的矿石提供良好的经验。

(2)加强对现阶段正在回采的地段的统筹规划，全面考虑和分析矿体的赋存状况，对边角零星小矿体，尽量在矿房采场予以考虑回收利用，不留给间柱采场；对于以前已留下的边角零星小矿体在矿柱回采时应优先考虑回收利用。

(3)对上部中段的残矿在加速回收时，应加大对其技术管理力度，制定相应的管理措施和考核制度，切忌盲目追求回采速度。同时，应与中段结束结合起来，尽快结束部分中段，以缩短作业线，降低生产成本。

笔者认为：尽管我矿的资源回采损失率已较低，但一方面要加强教育，统一认识，把降低贫损率提高到与安全生产同等重要的位置，特别要加强对采矿工区行政一把手的教育和奖罚力度，使他们真正承担起第一责任人应有的责任；另一方面还需督促各职能科室的基层管理人员勤跑现场，多指导，同时也加大对这些基层管理员的奖罚力度，让瞎指挥者承担起相应的管理责任，才能使我矿的资源回采损失率继续保持较低的良好运行态势。

本文在编写过程中，得到了刘瑞第高级工程师、于新业工程师等地质同行的帮助和指导，在此深表感谢！同时也希望读者能够提出批评和修改意见。

参考文献(略)

四、矿产经济分析与资源综合利用

用利润指标代替品位指标圈定矿体

袁怀雨　李秀峰
（北京科技大学，北京，100083）

摘　要：我国传统圈定矿体方法存在一些缺陷。本文以大冶铁矿龙山采区为例，论述用利润指标圈定矿体的具体方法及其优点。

关键词：矿体品位；储量计算；利润

圈定矿体的工业指标中，主要是品位指标，它有一些缺点。本文介绍我们用利润指标代替品位指标圈定矿体的初步研究。

1　品位指标的缺点

国外普遍用单品位指标——边际品位（cut off grade），国内普遍用双品位指标——边界品位（marginal grade）和工业品位（pay grade）。金矿床还要再加第三个品位指标——矿床最低平均品位。国内用品位指标圈定矿体存在一些问题。

1.1　品位指标的经济含义不明确

在国家颁布的储量计算的有关规范中，从来没有明确各品位指标在经济上的含义，因此不能保证所确定的品位指标能使矿山取得最佳效益。

1.2　价格法的缺陷

价格法是一种除固定的品位指标外常用来确定品位指标的计算方法，其公式如下：

$$C=\frac{S_c+S_x}{(1-\rho)\varepsilon P}$$

式中：C——品位指标，%或g/t（金、银）；

S_c——采矿成本，元/t；

S_x——选矿成本，元/t；

ρ——贫化率，%；

ε——选矿回收率，%；

P——精矿中吨金属价格，元/t。

从公式可见，价格法的实质是以单位矿石的某种盈亏平衡品位为准，确定品位指标。这种方法较简便，但有以下缺陷：

（1）由于品位指标在经济上的含义不明确，造成对测算盈亏平衡时的成本范围观点不一。表1列出我们搜集到的按盈亏平衡品位确定黄金矿床三个品位指标时对成本范围的不同观点的资料。由表1可见，认识差别很大，甚至一种观点对工业品位所包含的成本范围大于另一种观点对矿床平均品位所包含的成本范围。按对成本范围的不同认识所制定的品位指标必然不同。认识上的差异如此之大，多年来一直不能统一，实际上也很难取得共识。这说明没有真正明确各品位指标之间的实质区别和最佳化条件。这怎么能正确制定合理品位指标呢？

（2）价格法公式中所用到的技术经济参数只能是固定值，实际上这些参数大都随品位指标而变。如品位指标提高，则矿石平均品位也提高，选，冶回收率将提高；品位指标降低，则矿体厚度变大，对地下开采矿山，贫化率可能降低等等。因此，用价格法公式难以准确测算出盈亏平衡品位。

（3）价格法公式只能反映不计时经济评价指标——利润，却无法反映计时经济评价指标，如净现值，内部效益率等，而后者更为重要。

（4）价格法的本意是在不亏损的前提下，尽可能回收资源，而不考虑是否达到最佳经济效益，这在市场经济体制下是不可行的。

表1 计算盈亏平衡品位时对成本范围的不同认识

品位	各种认识	无经济意义	计算盈亏平衡时的成本范围								
			选冶	回采运输	切割	采准	企管费	营业外支出	还贷付息	额定利润	税金
边界品位	1	√									
	2		√	√							
	3		√	√	√	√	√				
工业品位	1		√	√	√	√					
	2		√	√	√	√	√				
	3		√	√	√	√	√	√			
	4		√	√	√	√	√	√	√		√
矿区平均品位	1		√	√	√	√	√				
	2		√	√	√	√	√	√	√		
	3		√	√	√	√	√		√		
	4		√	√	√	√	√	√		√	√

注：表中“√”表示不同学者计算成本时所包括的成本项目。

(5)用价格法确定品位指标，并不能说明开发用该品位指标圈定的矿体，究竟效益如何。一则前已述及，价格法公式不能准确测算出盈亏平衡品位；二则不能说明计时经济效益；三则即使所测算的盈亏平衡品位是准确的，如对黄金矿床，按用价格法确定的边界品位和工业品位圈定的矿体的平均品位不一定大于或等于同样用价格法确定的矿床最低平均品位。如果达不到，似乎意味着开发该矿将亏损，该如何处理？学术界有以下不同主张：

1)要求国家给予政策优惠，如降低贷款利率，税率等；或设法降低基建投资，或降低成本或提高选冶技术水平等，否则，只能作否定评价。但这样处理过于简单武断。如据徐唯昌提供的资料，陕西省双王金矿(即太白金矿)的平均品位为3.08 g/t，按盈亏平衡且还贷付息的价格法计算，矿床最低平均品位应为4.17 g/t，则该矿被否定；但据中国地质大学(武汉)与陕西地矿局第三地质队的共同研究，该矿东段上部矿体较富，平均品位4.13 g/t，很接近4.17 g/t；再用方案法作进一步评价，该较富矿段可供开采9年，投产5.66年即可还清贷款，动态投资偿还期8.24年，总利润2.5亿元，净现值1 446万元，财务内部收益率15.6%。目前双王金矿已投产多年，经济效益很好。可见，如按达不到价格法制定的矿床最低平均品位指标就作否定评价，可能会否定一个经济效益相当好的矿床。

2)提高边界品位和工业品位，去掉一些贫矿，以满足矿床最低平均指标的要求。该方法问题在于，首先，这等于否定了价格法；再则，调整边界品位和工业品位使矿体平均品位恰好达到矿床最低平均品位指标，还是大于它，大又大到什么程度，这都是价格法难以回答的问题。

1.3 综合品位的缺陷

品位指标只能考虑一个主要有价元素的品位。而我国大多数矿床都有多个有价元素可以回收，只用一个主要有价元素品位指标圈定矿体，不利于充分地综合利用各种有价元素。因为往往有这样的矿段；综合回收各有价元素时，是有赢利的；但单独考虑一个有价元素，其品位低于品位指标，则不能被圈人矿体，因而会丢失这个本来有经济价值的矿段。解决这个问题的常用方法是用综合品位指标圈定矿体。其思路是：按主要有价元素与其他共(伴)生有价元素的经济价值之比，确定一个品位换算系数；用该系数将共(伴)生有价元素品位换算为相当主要元素的品位；再与主要有价元素品位求和得到综合品位，若综合品位大于品位指标，即可圈入矿体。前人曾提出过多个不同的品位系数的计算公式，举一例如下：

$$f_i = \frac{\sum_i \sum_{pi} \sum_{si} (\lambda_i - C_i)}{\sum \sum_p \sum_x (\lambda - C)}$$

式中：f_i——伴生有价组分的品位换算系数；

$\sum_i$——i组分采矿回收率，%；

$\sum$——主组分采矿回收率，%；

$\sum_{pi}$——i组分选矿回收率，%；

$\sum_{p}$——主组分选矿回收率，%；

$\sum_{si}$——i 组分冶炼回收率，%；

$\sum_{s}$——主组分冶炼回收率，%；

λ_i——i 组分价格，元/t；

λ——主组分价格，元/t；

C_i——单位矿石 i 组分生产成本，元/t；

C——单位矿石主组分生产成本，元/t。

用综合品位虽然是一个进步，但如上所述，品位系数的计算公式仍是价格法性质的公式，不可避免地也有前述价格法弊病，不是最好的解决办法。

2 用利润指标圈定矿体

现介绍我们试用的不用品位指标，而直接用利润指标圈定矿体的方法。其思路是，按具体矿山所用采矿方法的要求，将矿化范围划分为各最小选别单位，并分别计算其各种有价元素的品位及矿石储量；再测算采选回收各最小选别开采单元各有价元素的利润总额，凡利润总额大于零者划入矿体，否则予以剔除。现以我们在大冶铁矿龙洞采区的研究为例，对具体方法介绍如下。

2.1 储量计算

大冶铁矿是我国著名的矽卡岩型铁矿床，龙洞是其一个采区，矿体与围岩界限截然分明，矿石较富。现行边界品位 TFe 20%，工业品位。TFe 30%，Fe 平均品位 48.62%。矿石中有价元素还有 Cu、S、Co、Au 等。Cu 平均品位 0.62%，S 平均品位 2.91%，在选矿中回收。

最小选别开采单元很小，不可能都有足够的探矿工程穿过和采样化验数据，用传统储量计算方法不能准确计算它们的有价元素品位和矿石储量。可以用距离平方法或克立格法进行各最小选别开采单元的有价元素品位估值和矿石储量计算。本次研究是用距离平方反比法，由周义民高工用其编制的“东方软件”在计算机上完成。按龙洞采区生产实际，最小选别开采单元的大小为 10 m×5 m×2 m。对龙洞采区的矿体划分出这样的单元 53322 块，各单元均有其 X、Y、Z 坐标和 Fe、Cu、S、Co 品位。

各单元的体积相同，但 Fe 品位不同，矿石体重不同。为计算储量，依据体重试验数据，建立了 Fe 品位与体重的回归方程。

2.2 采矿概况

龙洞采区采矿方法为无底柱分段崩落法，分段高度 12 m，进路间距 10 m，西端用沿脉进路回采，其余均为穿脉进路回采。爆破落矿后用铲运机将矿石倒人溜井，从溜井将矿石卸到运输大巷矿车，由电机车运至竖井底部矿仓。在井下破碎至 0～230 mm 后，经竖井提升至地面，由电机车通过铁路运至选厂。

龙洞采区生产实际平均损失率 21.25%，贫化率 25.15%。因矿体与围岩界线截然分明，围岩中铁含量很低，且为难以回收的硅酸铁，故将围岩铁品位视作零，因此，贫化率既是围岩混入率，又是品位降低率。贫化率和损失率与回采时出矿截止品位有关。降低截止品位，则损失率降低，但贫化率升高；提高出矿截止品位则相反。根据生产实际数据，建立了出矿截止品位与损失率和贫化率的回归方程。

2.3 选矿概况

大冶铁矿各采区矿石均送至选矿厂进行选矿，选矿厂设计年处理矿石能力 400 万 t，目前年采出矿石约 260 万 t，为多回采利用矿石提供了可能。

选矿工艺为浮选和磁选，生产铁精矿，铜精矿和硫钴精矿。

据选矿厂生产实际数据，建立了入选矿石 Fe 品位与铁精矿品位和铁精矿产率的回归方程，入选矿石 Cu 品位与铜精矿 Cu 品位和铜精矿产率的回归方程。

2.4 经济参数

目前生产实际成本费用如下：

固定制造成本：2 334.23 万元（包括各生产单位固定费用＋制造费用＋管理费用＋资源补偿费）；

采矿变动制造成本：16.57 万元/t 采出矿石；

选矿制造成本：22.33 元/t 入选矿石；

维简费：10 元/t 采出矿石；

年折旧费：638.31 万元/a；

资源税：14 元/t 矿石。

资源补偿率 2%：铜和硫按实际精矿销售收入的 2% 计征；铁按铁矿石价格的 2% 计征，当 Fe 品位为 42%～43% 时，每吨售价 64 元；Fe 品位为 41%～42% 时，每吨售价 59 元；Fe 品位为 41% 以下时，每吨售价为 55 元。流动资金为年经营成本的 31.37%，其中贷款占 58.76%，年利率 6.39%。

运输费用：井下运输费已计入采矿可变成本，地面运动费用 0.315 元/t 矿。

财务费用即流动资金贷款利息。

销售费用：2.04 元/t 采出矿石。

2.5 各最小开采单元的利润计算

根据东方软件给出的各单元 Fe 品位，用前述体重回归方程计算体重后，即可计算各单元的矿石重量。

损失率和贫化率取前述生产平均值。

单元采出矿石量 = 单元矿石储量 ×（1 − 损失率）/（1 − 贫化率）

单元采出矿石品位 = 单元矿石地质品位 ×（1 − 贫化率）

利用前述入选品位与精矿品位和产率的回归方程，可计算各单元的铁精矿和铜精矿的产率和品位。矿石硫品位变化不大，硫精矿的产率和品位简化为常数——生产平均值。

根据不同品位精矿的售价，即可计算 Fe、Cu、S 精矿的销售收入。

根据前述各种单位可变费用，即可计算各单元的可变成本。

可变成本 = 采矿可变成本 + 选矿可变成本 + 运输费用 + 维修费用 + 流动资金利息 + 资源补偿费

资源税 = 采出矿石量 × 税率

单元利润（只计可变费用）= 销售收入总额 − 可变成本总额 − 资源税

5 万余个最小选别开采单元的利润，是利用 EXCEL 系统软件的 VB 编辑器，自编程序，由计算机自动计算。

共有 87 个最小选别开采单元的利润小于零，予以剔除。表 2 列出了部分亏损和盈利单元的 Fe、Cu、S 品位和利润额。由表 2 可见，有些 Fe 品位在36% ~ 37% 的单元，按品位指标应划入矿体，实际是亏损单元，应予剔除，因为 Cu 的品位很低，不到 0.2%。而有些单元 Fe 品位小于 30%，按品位指标不能划入矿体，实则有盈利，应划入矿体开采，因为虽然 Fe 的品位很低，但 Cu 品位较高，接近或超过 0.4%。

表 2　部分亏损和赢利矿块的品位

矿块号	铁品位 w/%	铜品位 w/%	硫品位 w/%	矿块利润/元
11343	24.208	0.263	1.208	−1 926.81
11344	23.745	0.25	1.163	−2 328.26
11345	23.36	0.24	1.11	−2 436.12
11346	24.335	0.27	1.178	−1 867.32
11351	21.835	0.2	1.04	−2 735.38
11358	23.895	0.258	1.198	−2 014.32
26280	36.315	0.138	3.055	−1 352.28
27109	37.368	0.148	2.945	−1 004.68
27152	37.135	0.168	2.89	−968.51
27153	37.12	0.168	2.89	−977.43
27994	37.06	0.163	2.963	−1 120.42
27996	37.018	0.173	2.938	−1 112.37
28001	36.363	0.155	2.955	−1 439.94
28007	36.865	0.155	2.973	−1 368.54
28044	36.155	0.178	2.845	−1 354.85
28047	36.148	0.178	2.845	−1 346.73
28061	36.583	0.175	2.888	−1 349.38
28062	37.275	0.17	2.86	−1 268.45
28861	37.203	0.173	2.885	−1 254.38
28862	36.76	0.17	2.908	−1 297.86
28863	36.603	0.17	2.915	−1 317.86
28864	36.77	0.17	2.91	−1 308.56
28865	37.19	0.173	2.898	−1 268.38
28949	37.568	0.17	2.955	−1 207.38

续表 2

矿块号	铁品位 w/%	铜品位 w/%	硫品位 w/%	矿块利润/元
10239	30.395	0.438	1.693	428.84
10240	28.383	0.388	1.49	128.84
10245	30.718	0.443	1.685	512.58
10246	29.86	0.418	1.613	279.36
10250	30.478	0.435	1.665	493.28
10251	28.613	0.38	1.458	104.57
10255	30.87	0.443	1.725	529.36
10258	30.863	0.448	1.648	524.37
10259	30.86	0.45	1.648	527.58

3 结论

大冶铁矿矿石品位较高，大多在40%以上，矿体与围岩界线截然分明，Fe与Cu品位之间总体又是正相关关系，因此，剔除的亏损单元数量很少。但已经可以说明，有多种有价组分可以回收的矿床，只用一个主要有用组分的品位指标圈定矿体，不能保证尽可能回收矿产资源和取得最佳经济效益。而直接用利润是否大于零为指标圈定矿体，既可以尽可能多回收矿产资源，又获得最佳经济效益。

参考文献(略)

矿山最佳经营品位和最低可采品位的确定

陈双世
（白银有色金属公司，甘肃白银，730900）

摘　要：文章介绍了矿山最佳经营品位和最低可采品位确定的基本方法。并以厂坝—李家沟矿床为例讨论了该方法在多组分矿床实际生产中的推广情况。

关键词：最佳经营品位；最低可采品位；矿产经济

1　最佳经营品位和最低可采品位的确定方法

矿山的经营效果在很大程度上取决于矿床的价值，而矿床价值的地质表述主要为有用组分含量和地质储量两项指标。如图1所示，根据不同工业指标从大到小顺序排列计算的一系列矿量值而绘制的品位－储量曲线即为矿床价值曲线 $g(x)$，显然 $g(x)$ 是品位 x 的函数，$g(x)$ 随戈的增大而减小。而矿山的经营效果主要取决于矿山生产出的矿产品的品位、矿产品的价格及矿石制造成本等因素，其吨矿利润可用下式表示：

$$f(x)=(1-p)x_i \cdot S_i - K \tag{1}$$

式中：$f(x)$——每 t 地质品位为 x_i 的矿石开采后所获利润，元；

S_i——品位为 $(1-p)\cdot x_i$ 的矿石含1 t纯金属的价格，元/t；

x_i——地质品位，%；

K——采矿成本，元/t；

p——采矿贫化率，%。

公式(1)中当矿山企业选定某种采矿方法后，K、p 和 S_i 在一定时限内是一个基本固定的常数，所以经营效果曲线 $f(x)$ 也是品位 x_i 的函数。如图2所示，根据不同地质品位的矿石开采后的吨矿利润绘制的品位－利润曲线即为经营效果曲线 $f(x)$，很显然 $f(x)$ 是品位 x_i 的函数，它随 x 的增大而增大。现在我们要解决的问题是如何把矿床价值曲线 $g(x)$ 和经营效果曲线 $f(x)$ 联系起来，寻求一个最佳的 x_i（最佳经营品位）。由于图1和图2的横轴都为品位 x_i，因而我们只要解决储量轴与利润轴的对应关系就可以将 $g(x)$ 和 $f(x)$ 两曲线置于同一个图中（见图3），首先在图3中先绘制出矿床价值曲线 $g(x)$，然后任选一 x_i 代入公式(1)即得一个对应的 $f(x)$，这样就可以得到一系列坐标对 $[x_i, f(x)]$，但 $f(x)$ 在竖轴上的标定有一个困难，即如何与储量轴对应的问题。为此我们根据公式(1)先求得 $f(x)=0$ 即盈亏平衡时的地质品位值 x_o，则 x_o 为最低可采品位，x_o 对应的储量值 $g(x_o)$ 为可利用储量。我们用 $g(x_o)-g(x_i)$ 标定 $f(x_i)$ 在利润轴上的位置即可得到图3，从图3可以看出 $x_i<x_o$ 时 $f(x_i)<0$，即表示开采低于最低可采品位的矿石会亏损。而经营品位高时短期效果虽好但矿山储量会明显变少，服务年限缩短，矿山基建投资难以得到充分回报，长期效益差。只有矿床价值曲线和经营效果曲线交点所对应的品位 x_1 才是最佳经营品位相应的地质品位。其对应的利润轴上的 $f(x_1)$ 为最佳利润水平。这点可以从图3给予直观解释。图中斜线区是经营效果和矿床特性能共同接受的区域，在这一区域内存在一极大值 P，即以 P 点对应的品位经营能获得最佳综合利润。

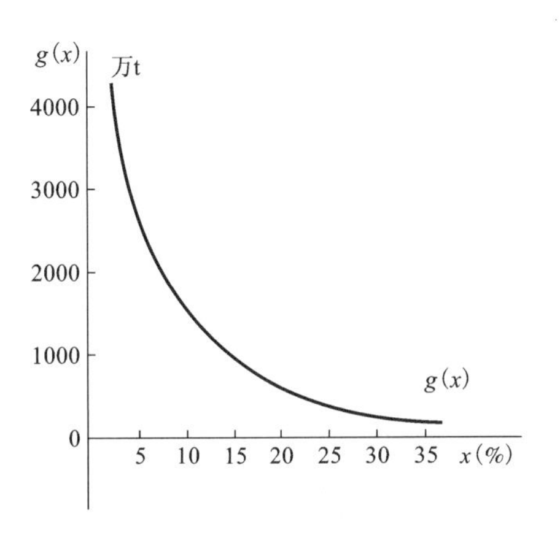

图1　矿床价值曲线示意图

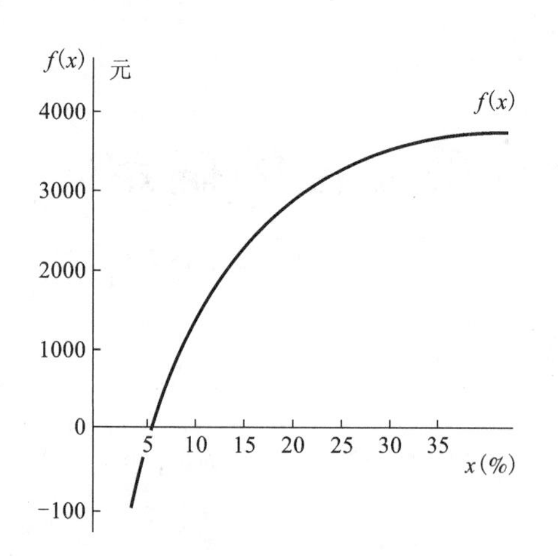

图 2 经营效果曲线示意图

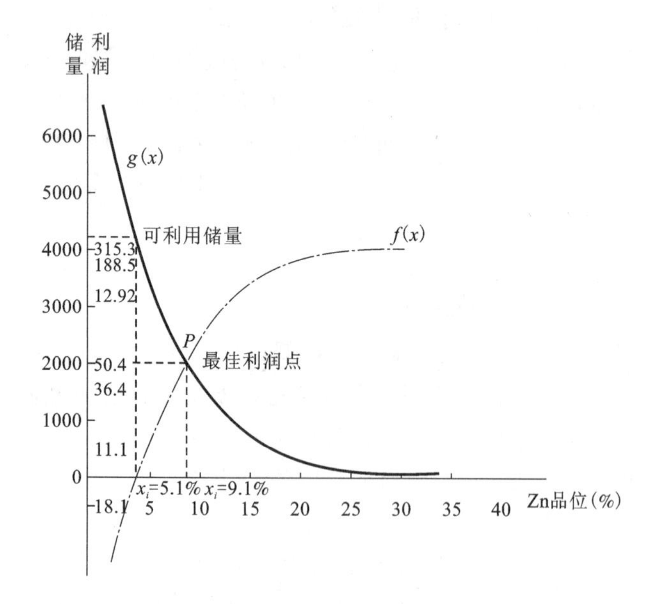

图 3 厂坝—李家沟矿床最佳经营品位和最低可采品位确定图

2 推广应用

(1)关于多组分矿床的应用。以上模式考虑的是单元素的情况，但实际中大多数矿床都为数种元素共生，这时我们可以参照工业指标制定的办法，选取一种主元素将其他元素作为伴生元素分别计算品位系数 k，之后将各种元素的品位折合成同一种元素的相应品位，再按单元素方法确定其最低可采品位和经营品位。这里 k 等于伴生元素精矿产品价格与主元素，精矿产品市场价格的比值，例如厂坝—李家沟矿床中主要有用组分有锌、铅两种，在整个矿床中锌铅比为 5∶1，如果我们以锌元素为主元素，铅元素为伴生元素则有：$k_{pb} = 2\ 300/4\ 050 = 0.568$。因此厂坝—李家沟矿床将铅锌折合成锌元素的相应地质品位应为：

$$x = k_{Zn} \cdot x_{Zn} + k_{Pb} \cdot x_p = 1.114x_{Zn}$$

(2)关于矿山最佳经营品位的确定。利用图 3 的方法求取矿山最佳经营品位时先要根据公式(1)令 $f(x)=0$，对厂坝—李家沟矿床取 P 为 15%、K 为 65 元/t，则有：$(1-15\%)\times 1.114X_o \times S_o = 65$，据此得厂坝—李家沟矿的最低可采品位为锌元素含量 5.1%，从图 3 厂坝—李家沟矿床价值曲线 $g(x)$ 上可得出锌品位大于 5.10% 的矿石量约占总工业储量的 61.51%，$g(x_o) = g_{(5.1)} = 4100$ 万 t，即该矿区可利用的储量为 4100 万 t。从图 3 $f(x)$ 与 $g(x)$ 的交点得 $x_1 = 9.1\%$，即锌元素的最佳经营品位为：$(1-15\%)x_1 = 7.735\%$，铅品位为：$1/5 \times 7.735 = 1.547\%$。即铅锌综合品位为 9.282%，根据公式(1)计算的最佳利润为 50.4 元/t。

3 矿山实际的最低可采品位

矿山实际的最低可采品位可以低于依公式(1)计算的理论值，因为在开采境界内采出部分矿石不需要新增加先期探矿和开拓工程费用。例如厂坝矿总体规划设计预算中开拓工程和探矿费用约占采矿总成本的 40% 左右，因此公式(1)可演变为：

$$f(x) = (1-p)\times 1.114x_i \times S_i - (1-40\%)\times K$$

令 $f(x)=0$，则得 $x_o = 3.20\%$，即厂坝—李家沟矿的实际最低可采品位为锌元素大于 3.2%。另外我们还可以利用任邦生提出的不同级差品位公式：

$$x = F/[\xi \cdot a(1-\upsilon)] \cdot (1 + L/F) \qquad (2)$$

进行计算，上式中：x——矿石品位，%；

F——采选总成本，元/t；

ξ——选矿回收率，%；

a——产品价格，元/t；

υ——采矿贫化率，%；

L——吨矿纯利润，元/t。

仍以厂坝矿为例，取 $\xi = 88\%$ $a = 4050$ 元/t

$\upsilon = 15\%$ $F = 65\times 60\% + 70 = 109$ 元。

在求最低可采品位时因为 $L=0$ 则可得：$x_o = 3.23\%$。考虑到在增大选矿处理量的前提下，有些可变成本并未增加以及矿石中还伴生少量银、硫等可综合回收的实际情况，厂坝—李家沟矿床锌的最低可采品位取 3.0%～3.2% 是合适的。总之确定最佳经营品位和最低可采品位不仅是一个地质经济问题而是一个与国家经济资源政策及市场变化密切相关的复杂问题，只有综合考虑全面动态分析才有可能得出一个较切实际的指标，最大限度地发挥矿床的潜在价值。

参考文献(略)

河西金矿资源综合利用实践

刘汝铮　王来军

（河西金矿，山东招远，265402）

摘　要： 矿产资源的综合利用对资源保护、提高矿床经济价值、增加矿山经济效益具有重要意义，特别是在黄金市场逐步同国际黄金市场接轨的条件下显得尤为重要。本文介绍了河西金矿依靠科技进步，搞好资源综合利用所取得的经验和显著的经济效益，且以实例论述了资源综合利用的有效途径和措施。

关键词： 金矿；矿产资源；综合利用

黄金矿产资源属非再生性资源，是矿山的经济命脉，如何更充分地利用与最大限度的回收矿产资源，将直接关系到矿山的经济效益与服务年限，现就有关我矿资源综合利用谈一些体会和认识。

1　搞好综合地质评价　夯实资源利用基础

河西金矿地处焦家金矿田腹地，地质条件复杂，成因类型特殊，发育有“焦家式”和“界河式”两种成因类型的矿体。目前已发现20多个大小不一的矿体，其中1#、3#脉属第Ⅳ勘探类型，4#、5#、6#、7#、8#等矿体为第Ⅴ勘探类型，故为了既能很好地利用资源，又能使经济效益保持在最佳状态，我矿采取了如下评价方法。

1.1　搞好成矿规律研究

我矿随着矿山生产的进行，认真分析研究地质部门的地质成果和矿山生产实际中所搜集到的地质资料，系统地建立健全矿山综合地质资料，重点将矿区总的成矿规律和矿床特征，全面系统归纳总结，形成完整的、系统的矿山地质科研成果。同时，为了更好指导采矿和探矿，我矿投资60余万元同长春地质学院和中国科学院地质研究所合作对我矿的成矿规律进行详细的研究，已完成了“河西金矿构造控矿规律及成矿预测”项目，通过研究，摸清了矿体的赋存规律、展布特征和产出特点，为采矿提供了可靠的地质资料，使资源利用有据有序地进行。同时，较好地指导了探矿，减少了工程投入的盲目性和提高了坑道的利用率，到目前为止，已为矿山增加了2.1 t金属量。

1.2　优化矿床勘探网度

当前绝大多数黄金矿山采用的勘探网度一般是地质勘探时期的网度，在此基础上加密工程，多年一成不变，这显然不能满足生产及资源利用的需要。矿山应根据矿床赋存的实际地质特征的变化，正确划定矿床勘探类型，然后确定出合理的勘探网度，以合理布置探矿工程，达到预期的地质探矿效果。鉴此，我矿自筹资金同长春地质学院合作，对我矿的勘探网度进行了全面优化，开发了勘探网度优化软件，使勘探网度应用动态化，大大提高了探矿效果，提高了地质资料的可靠程度，为资源利用创造了有利条件。

1.3　合理确定工业指标

我矿20多个矿体，四个生产矿区，然而仅河西矿区和侯西矿区各有一套工业指标，多个不同矿体共用一套指标，且一直沿用地质部门提交地质报告时的工业指标，这显然不能满足生产实际的需要，影响生产技术指标，制约着资源的综合利用。针对这种状况我矿采取的措施是：

（1）主要矿体：对主要矿体利用传统的方法建立各自的工业指标，并随着生产技术和管理水平的提高，矿物原料供需情况和市场价格等因素的变化，适时地对工业指标进行调整，使工业指标动态变化。

（2）单个矿体：每个矿体的不同块段利用级差品位公式计算出各个块段的最低和最佳开拓、采准和备采品位。如 -70 m 中段根据指标重新圈定矿体，增加工业和远景储量6.8万t，金属量96.6 kg。同时，也达到了矿体中夹石“消失”、降低采矿难度、提高生产效率的目的。

（3）边角矿体（矿体上下盘小矿体）：在开采设计阶段未考虑的主矿体以外的上下盘小矿体或主矿体的边角部分，随着探矿和开采工程的进行及地质技术经济条件的不断变化，需要对它们重新进行评价。对边角矿体进行地质研究，摸清它们的产出特征及与主矿体的关系，充分考虑它们与主矿体不同的采矿方法，安全技术等条件带来的经济技术问题，选择合理的技术经济参数，以便正确地做出评价。其评价方法为：

将开采边角矿体所需新增的直接费用与其开采所得价值进行比较，新增费用中不包括地勘费、基建费等。其表达式如下：

$$Z \leqslant Q \cdot C \cdot B \cdot K \cdot P \cdot n(1-r)$$

式中：Z——直接费用，元；

Q——可采矿量，t；

C——矿石品位，g/t；

B——采选回收率，%；

K——氰冶回收率，%；

P——黄金价格，元/g（国家收购）；

n——银行折算系数；

r——贫化率，%。

在收益大于或等于支出时考虑采出，否则不宜回采。如我矿3#矿体上盘发育几条分枝小矿脉，其中一条可采矿量为2 848 t，矿石品位4.20 g/t。因其离主矿体较近，可以利用原开拓工程和部分采准工程，只须投入少量采准工程便可回采，所以费用相对较少。

利用该小矿脉的各项指标为：$B=85.15\%$　$K=95.50\%$　$P=80.5$　$n=0.99$　$r=13.10\%$ 直接费用 $Z=46.14$ 万元

由此而算得收益值为67.36万元。通过计算收益值大于费用，有开采价值。

（4）孤立小矿体：孤立小矿体过去都与大矿体一样用最低可采厚度及最低可采品位确定其是否有工业价值。但是，这些小矿体有时尽管品位、厚度都已达到工业要求，但如果与主矿体有一定距离，需花一定的工程费用，不一定值得开采。根据实际情况我矿用"最低工业储量"来衡量孤立小矿体的可采性。我矿利用孤立小矿体的最低工业储量指标，对全矿的孤立小矿体进行评价分类，不可采的列为远景储量，这样为采矿提供了可靠依据，避免了浪费。

1.4 加强低品位矿石的评价

一般来说，矿山生产初期为保证盈利水平和偿还能力，可优先开采品位较高地段。随着矿山生产能力的形成和技术水平、管理水平的提高，就应适时地考虑低品位矿石的利用问题。我们根据盈方平衡地质品位关系式：$C \cdot X \cdot k(1-r)=S$，结合本矿的实际情况推导出一个简便易行的计算公式，对低品位进行经济评价。其计算公式为：

$$C_{低}=\frac{C_r \cdot (L+d+y-a-b)}{e \cdot B \cdot K(1-r)}$$

式中：$C_{低}$——低品位矿石的经济平衡品位，%；

C_r——精矿品位，g/t；

L——每t矿内部运输费用，元/t；

d——每t矿选矿费用，元/t；

y——每t矿石所含精矿的销售费用，元/t；

a——低品位矿石按废石处理时，每t废石运输费用，元/t；

b——低品位矿石按废石处理时，使每t矿石多增加的剥离费用或采掘费，元/t；

e——每t金精矿（现行）价格，元/t；

B——选矿回收率，%；

k——采矿回采率，%；

r——贫化率，%。

评价同时考虑到矿山的开采方式、开拓形式、回采顺序及采矿方法，以及选矿规模和加工技术等各种因素。

实例：河西金矿侯西矿区露采的技术指标和经营参数如下：

$L=3.66$ 元/t　$d=25.18$ 元/t　$y=18.17$ 元/t

$a=1.20$ 元/t　$b=2.60$ 元/t　$C_r=130$ g/t

$e=9894.13$ 元/t　$B=93.17\%$　$k=96\%$　$r=14.20\%$

根据上述公式进行计算：$C_{低}=0.76$ g/t

为了既能很好地利用资源，又能取得良好的经济效益，我矿把低品位矿石的低限确定为0.90 g/t。我矿在选矿规模较大、低品位矿石可选性能良好、低品位矿石的混入不影响选矿指标的条件下，充分利用了低品位矿石，提高了资源利用率，取得了较好的经济效益。

2 采取有效途径，提高资源利用率

2.1 加强技术基础管理，搞好贫化损失管理工作

贫化损失管理是矿山生产过程中一项技术性强，涉及面广的综合性管理工作，是检查矿山生产技术管理水平的标准之一。为此，我矿把该项目工作列为生产技术管理的重点，采取多种措施降低两率贫化率，损失率指标，具体为：

（1）健全组织网络，强化制度管理。

成立两率领导小组，建立两率管理立体网络，纵向到底，横向到边，层层有人管，关关把得严，制定了"两率管理制度"，做到奖罚严格分明。

（2）合理选取指标，科学控制贫化损失。

选取损失贫化指标的基本依据应是矿床地质条件、采矿方法、开采技术条件、矿石价值等。设计中应针对矿体形态和赋存地质条件以及选择的采矿方法，详细计算矿体在开采过程中不可避免的损失率、贫化率；还要考虑矿体的回采工艺，采取的技术和安全措施等，通过经济补偿对比计算，使确定的损失率、贫化率指标在经济上合理，技术上可行，才具有

科学性。

(3)把好采场“五关”，形成良性循环。

根据采场施工工艺及技术要求程序，设有“地质资料关”、“设计审查关”、“施工回采关”、“采场验收关”、“采场总结关”，这五关每个工序都相互连接，彼此制约。由于实现了施工前有设计，施工中有管理，施工后有验收，验收后有总结的良性循环，有效地促进了矿产资源的管理。

(4)加大残采力度，合理回收残矿。

为了最大限度地利用矿产资源、合理回收残矿，我矿重视改进采矿工艺、优化回采顺序、研究新的充填工艺等，对 -10 m 及 -40 m 中段残留矿柱进行强采，几年来共计采出矿石量 68 762 t，金属量 446 kg。

(5)重视小线开采，有效回收资源。

河西金矿裂隙密集带内黄铁矿脉较为发育，这些细脉含金品位高，但规模小，不能正规开采。我矿对其中一些较大的黄金矿脉(小线)，组织“采线队”进行开采，“采线队”成立以来共回收小线 25 条，金属量 48 kg。

通过以上措施有效地降低了贫化损失指标，两指标分别比设计降低了 26% 和 30%。

2.2 加强选矿技术管理，提高选矿回收率

选矿技术管理是提高资源利用率的第二关，我矿始终把提高选矿回收率，杜绝金属流失作为重点来抓，具体做法是：

(1)控制磨矿细度。

磨矿是为选别作业准备适宜的粒度和浓度，过细或过粗都达不到理想的选别效果。时刻掌握入选矿石的动态，不间断地进行可选性试验，使其细度和浓度始终保持理想的选别效果，从而提高了回收率。

(2)合理使用药剂。

几年来做了上百次试验取得较合理的用药方法及用药量，使回收率有了明显提高。

(3)改造工艺流程。

积极进行选矿工艺流程改造，在磨矿闭路中加跳汰机和增加扫选中间室，对回收率均有明显提高。

由于采取上面措施，使我矿的选矿回收率在全国一直名列前茅，最高达 97%，并获全国选矿最高荣誉“选矿杯”。

2.3 依靠科技进步，提高资源利用率

河西金矿在“四新”应用及技术革新方面做了大量工作，取得了不少成果，在资源管理及提高资源利用率方面起到了举足轻重的作用，具体如下：

(1)加强采矿方法研究，选择先进合理采矿方法。

我矿根据矿体赋存特征，对不同类型的矿体采用不同的采矿方法。对埋藏浅，地采回采率低的浅部矿体采用露采，成功地在村庄密集区进行小型露天采矿，回采率达到 95% 以上；对复杂多变稳定性差的矿体采用上向进路采矿法，对厚大稳定的矿体采用上向水平分层采矿法。为了解决岩石稳固程度差、易塌落、顶板难于控制、回采率低这个难题，我矿同马鞍山研究院共同攻关，完成了“蚀变岩型金矿床顶板安全监控技术”项目，成功应用长锚索、短锚杆联合控制技术和光面控制爆破技术，并通过了省科委鉴定，填补国内空白，达到国际先进水平，获省科技进步二等奖。该技术应用后，回采率提高了 6.8%，每年减少矿石损失 1.36 万 t，同时我矿还积极进行尾砂充填工艺研究，投资 600 多万元进行尾砂压滤充填研究获得成功，该方法大大提高了胶结石隔墙的强度，缩短了脱水时间，降低二次贫化损失率 2% 以上，每年可少损失矿石 4 600 t。

(2)积极进行选矿工艺研究，优选最佳选矿方法

我矿氧化矿石占有较大比例，氧化矿石采用普通重 - 浮法，回收率仅达 70%。为了解决这个问题，我矿同长春黄金研究院共同研究，试验采用金泥氰化提金法，回收率可达 94%，但由于金泥氰化工艺存在环境污染问题，为更好的解决回收率和环境污染的矛盾，我矿经过几十次选矿试验，对硫化矿和氧化矿进行搭配处理，优选出最佳配矿比，回收率达到 90% 以上。

3 重视综合回收利用，切实保护矿产资源

3.1 伴生有用组分的综合回收

据大量组合样品分析，铜、铅、锌、硫等元素含量较低，均低于“岩金地质勘探规范”中的伴生有用组分评价参考数值。但铜元素含量在 4#、5#、6#脉，-170 m以下的矿块中大于0.1%，我矿在开采过程中对铜又进行了详细的评价，经评价有回收利用的价值，我矿采取措施回收了铜，年净增效益 12 万元。同时由于伴生银在选矿过程中能够得到富集和回收利用，故在探矿时，原则上按同一矿体、同一块段所有样品按单工程组成组合样品，对伴生银进行了详细的储量计算和有效的回收利用。

3.2 补充资源的利用

随着主元素矿产和共伴生矿产的开发和综合利

用，剩下的没有被利用的包括低品位矿石（表外矿）、剥离的废石、脉石、选矿的尾砂、冶炼的炉渣等。随着科学技术的发展，需要重新认识和评价这些未能充分开发的资源，称其为补充资源，我矿在利用补充资源方面做了大量的尝试。

（1）旧选矿尾砂的应用。

受技术水平的限制，过去尾矿库中的尾砂仍含有一定的有用组分，有的尾砂的金品位高达1.5 g/t。为了有效利用这部分资源，我矿利用砂钻对旧尾矿库进行了勘查评价，评价结果说明有利用价值，我矿试验利用生物化学方法处理这部分"矿石"，技术上可行，经济上合理，重新开采利用了这部分资源。

（2）废石的应用。

我矿大部分矿体为裂隙充填型，坑道掘进过程中的矿岩，当品位小于副产矿石品位时，一些含金的黄铁矿细脉就混入废石里，为了回收这些含金黄铁矿，我矿将废石破碎，既可生产建筑材料，同时其岩矿粉又往往会二次富集构成入选矿石而被利用，几年来通过这条途径我矿已回收了972 t这种矿石，金属量3.11 kg。既充分利用了资源又增加了经济效益。

3.3 有效利用砂金

我矿地表覆土层厚度平均5 m左右，在蚀变带地段矿体与覆土层接触部位的10 ~50 cm的沙层中一般含有砂金，因其规模较小，不规则，品位又较低，若单独开采无价值，但其在露天采场剥离过程中剥离费用已支付，利用这部分砂金只需选矿费用，故砂金有利用价值。因此，我们把含金砂单独堆存，累计堆存砂矿3万 m^3，品位0.6 g/m^3，经同长春黄金研究院进行实验研究，选用 GL_3 －900×2400型鼓动溜槽来处理砂矿。目前处理能力达到50 m^3/d，年净增效益17万元。

3.4 二次回收资源

老矿山都存在着一个资源二次回收利用问题，采用先进的开采技术与充填工艺对设计保留的保安矿柱和近地表处主要建筑物下矿体进行有效地回采，我矿已采出保安矿柱2.1万t，建筑物下矿体4.9万t，较好地二次回收了资源。

4 结语

合理地开展资源综合利用，为我矿补充了资源，提高了矿床的经济价值，扩大了资源利用的领域，为我矿扩大再生产发挥了潜力，提高了经济效益，保证了我矿持续稳定的发展。

参考文献（略）

红透山矿床开发经济评价概述

黄明源
（红透山铜矿，辽宁抚顺，113321）

摘　要：根据红透山铜矿在计划经济向市场经济转型期间的经营管理实际，阐述了矿床开发经济评价的具体做法和现实意义。

关键词：矿产经济；开发经济评价；红透山铜矿

随着国企改革的不断深入，矿山企业像一叶轻舟飘在市场经济的大海里，屡经盈亏莫测的急风骤雨。红透山矿是已开发几十年的老矿山，近几年，由于经历了从计划经济到市场经济的变迁，企业的效益受到了来自诸多方面不利因素的冲击。在新的形势下，从前脱胎于计划经济的经济评价已不能代表现在的生产经营的实际情况。因此，在新的矿床开发环境里，必须定期进行评价研究，以确保矿山企业的经营参数总能相对处于最佳状态，获取最大经济效益。可见，矿山开发阶段的经济评价工作对于矿山取得实际经济效益来讲是十分重要的，现将影响我矿经济评价的主要参数进行分析，在不考虑非正常影响因素的条件下，对矿山经济评价在理论上做些阐述与分析，并进行简单的核算。

1　矿床经济评价的概念、意义和种类

1.1　矿床经济评价的概念及意义

矿床经济评价是通过矿床的自然参数、矿山开发有关的价格参数和矿山企业的经营参数三者之间的运算，求出矿床开发后的经济效果指标、总利润、投资效率等数据。自然参数是指矿石的储量、品位、伴生组分的含量等；价格参数是指矿石的开采、选矿费用成本、矿产品的价格、利率、边际投资效益等参数；经营参数则是指矿石的工业指标、矿山的生产规模、服务年限，采矿过程中贫化率、损失率，选矿、冶炼回收率等数值。矿床经济评价又称为矿床工业价值评价，也称其为矿床地质经济评价。关于矿床价值的指标一般认为有三种，即矿床潜在价值，矿床提取价值和矿床工业价值，只有对矿床的经济价值做出充分的认识，做好矿床经济评价，才能使勘探工作减少盲目性，保证经济效益。

1.2　矿床经济评价种类

矿床评价过程就是对矿床中有用组分的价值及其勘探与开发的经济效益，进行逐步认识、判断、预估和计算的过程，它受认识规律所支配，要循序渐进地进行，从定性评价到定量评价，从局部单位评价到全面的经济评价，因此，合理的评价程序的划分必须以经济评价的认识规律为基础，以评价的经济规律“最大经济效益”为目的。据此，可将评价程序分为矿床初步经济评价，矿床详细经济评价和矿床开发经济评价，前两种评价由地质勘探部门完成，而后者由矿山地质部门完成。这项评价工作在新的历史条件下，受到越来越多有识之士的关注。

2　红透山矿床开发经济评价参数简析

在矿床开采阶段，经济评价工作仍要继续进行，此时的评价就叫做矿床开发经济评价，或叫矿山经济评价。由于影响矿床经济评价的可变因素很多，特别是采、选、冶技术的不断进步，矿产品的价格及其成本也在不断变化，对适应市场经济中的矿床开发经营活动的要求，必须定期评价研究，以确保矿山企业的经济参数总能相对地处于最佳状态。

2.1　自然参数简述

红透山矿现主要采矿坑口为红坑口，目前分为残采，－527 m、－587 m、－647 m、－707 m 四个段高为 60 m，具备采、掘、出生产能力的中段，－767 m 中段为正在开拓阶段，现保有地质矿量 1 173.6 万 t。块状硫化物成因的红透山矿床以含铜、锌、硫三种元素为主，伴生组分有金、银，地质平均品位铜 1.688%、锌 2.734%、硫 25.474%、金 0.78 g/t、银 42.62 g/t。

2.2　价格参数简析

红坑口 1999 年平均出矿成本 129 元/t，选厂虽进行各方面的改造，但处理原矿费用一直在 58.9 元/t 上下徘徊，冶炼厂冶炼工艺技术逐渐成熟，冶炼粗铜成本 2 750 元/t。

由于我矿正在进行各项生产工艺技术和其他各项

工作改革，采、选、冶各项生产费用成本有望有一个大幅度的下降。

价格上，从1997年起，国内外市场金属铜的价格一降再降，由1997年5月的2 609美元/t降到现在1 750美元，现供大于求加剧，根据市场预测，过剩将达100万t，国内粗铜价达14 000元/t，铜精矿9 500元/t，锌精矿价格3 500元/t。

2.3　经营参数分析

正确确定矿山生产营销活动中的合理经营参数，是一项技术经济活动，是矿山评价的主要内容，我矿截至1999年末，尚保有工业储量1 173.6万t，按每年采矿50万t的能力，服务年限在20年以上，做好经济评价工作仍具有长远意义。

(1)主要工业指标的确定。

矿产的工业指标，是当前技术经济条件下，工业部门(或生产企业)对矿产质量和开采条件所提出要求的标准，也就是评定工业价值、圈定工业矿体和计算工业矿产储量所遵循的标准，主要包括边界品位、最低工业品位、有害组分最大允许含量、最小可采厚度、最低工业米百分值、夹石剔出厚度等。结合我矿矿床地质实际情况，主要需界定的为最低工业品位和最小可采厚度。

1)最低工业品位的确定。

最低工业品位是指矿体的单个开采块段中主要有用组分的最低平均品位，它的确定有四种方法即统计法、价格法、方案法、类比法。价格法在经济运营中较为合理，即根据从矿石中提取一吨最终产品(精矿或金属)的生产成本不超过该产品的市场价格的原则来计算确定矿床的最低工业品位，一般计算公式如下：

最终产品为精矿：$Cp = Ak \cdot Ck / [Sk \cdot Kn(1-r)]$

最终产品为金属：$Cp = Am \cdot Cu / [Sm \cdot Km \cdot Kn \cdot (1-r)]$

式中：Cp 为最低工业品位，%；Ck 为精矿品位，%；Cu 为金属品位，%；Sk 为1 t精矿市场价格，元/t；Sm 为1 t金属市场价格，元/t；r 为开采贫化率，%；Km 为冶炼回收率，%；Kn 为选矿回收率，%；Ak 为1 t矿石从地、采、选到精矿出厂的总成本，元/t；Am 为1 t矿石从地、采、选、冶到金属出厂的总成本，元/t。

价格法可反映出生产该种矿石的成本与市场价格的关系，是收支是否平衡或盈亏状况的反映。

有关参数简介：红透山矿1999年采矿贫化率为14.78%，选矿回收率为90.36%，冶炼回收率 Km = 96.5%，粗铜品位 Cu = 98.5%，贫化管理目标 r = 21%，铜选矿回收率 Kn = 70%，粗铜的市场价格 Sm = 14000元/t，粗铜从地、采、选、冶费用为129 + 58.9 + 2650 = 2837.90元/t，再考虑附加的机械加工到火车、汽车运输成本1 936.16元/t，公式中。Am = 2837.9 + 1936.16 = 4774.06元/t，代入计算公式 $Cp = Am \cdot Cu / [Sm \cdot Km \cdot Kn \cdot (1-r)]$，以铜为例进行计算：

$$\begin{aligned} Cp &= 4774.06 \times 0.985 / [14000 \times 0.965 \times 0.7 \times (1-0.21)] \\ &= 4702.45/7471.03 \\ &= 0.629\% \end{aligned}$$

在成本计算上，未考虑诸如动力、水泥厂等可能发生的成本支出，也未考虑企业社会职能单位，如学校、医院、公安、消防等发生的成本消耗，在计算时也未综合考虑其他有用金属的价值叠加，视两部分大致相抵。另外，相关的企营费也未摊入成本中。所以，就我矿主要铜而言，其最低工业品位的确定，通过计算法得出结论应为0.629%，这种方法所选用的各项指标，都是各车间平均指标，所得结果不一定非常符合技术管理在不断进步的改革中的矿山企业实际情况，故应与其他方法相比较，但有一点可以肯定，即针对目前铜的市场价格的实际情况，考虑降耗及技改因素，红透山铜矿的最低工业品位应不低于0.7%，才能使企业生产效益处于保险范围之中。

2)最小可采厚度的确定。

矿体最小可采厚度又简称可采厚度，它是指矿石质量符合要求时，在一定技术经济条件下，可供工业开采的矿体的最小厚度，可采厚度在圈定矿体时是区分能利用储量与暂不能利用储量的标准之一。

矿体最小可采厚度应根据矿体产状、采矿方法和采运设备来确定，红透山矿现主要采矿方法为上向分层充填法和留矿法，主要采运出矿设备为油、电铲车，铲车机身宽在2.15～2.2 m，因受生产能力的制约，其他方法尚未采用。

矿床中的主矿体，主要分布在3号脉或7号脉东端，矿体多为倾角在50°以上的急倾斜矿体，由于对于窄小矿体的开采，其采准工程并无明显减少，加之其单位开采矿块，采场矿量又少，采矿成本相对增高，这样就使采矿工作面临分化大、成本高的状况。如采用铲车出矿的充填法，其采出空间宽度至少在3.0～3.5 m。因此，结合最低工业品位计算，矿体的最小可采厚度应为 $I = 3.5C_i/C_o$，式中，C_i：铜的最低工业品位；C_o 铜的矿块平均品位。

$$I = 3.5 \times 0.7/1.688 = 1.45 \approx 1.5 \text{ m}$$

考虑成本因素，其在理论计算上未体现手选废石等费用消耗，因此认为，红透山矿充填法、铲车出矿的矿体最小可采厚度为1.7 m。

3 矿山经济评价

矿床经济评价方法是对矿床经济评价因素和有关参数进行分析、计算和对比的方法。计算法评价矿床经济价值比较客观，很适合生产开发中的矿山企业。。由于处在市场经济条件下，评价的价格参数与经营参数变化频繁，对矿床开发实行分期评价，不失为一种意义比较重大的评价方法，以年为时间单位的定期评价，是符合企业生产经营实际的。通常情况下，开发利润是矿山企业的经营参数的函数，简单数学表达式：

$$P(C_oD)——\max$$

式中：C_o为矿石边界品位，%；

D为年开采矿量，t/年；

P为矿山年开发利润，元/年；

max——以函数的最大值为目标。

在不考虑货币值的时间因素下，所进行的评价公式为：

$$P = \sum I \cdot Q \cdot q \cdot Ck \cdot n \cdot rtre \cdot B_n \cdot I - W$$

式中：P为年利润，元/年；$rtre$为选矿、冶炼平均回收率，%；Q为年采矿量，t/年；B_n为该金属价格，元/t；Ck为平均地质品位，%；W为采选冶总成本，元/t；q为贫化率，%；n为矿床中可综合利用元素数（1~9）。

由上式可以看出，计算时参数有三类：矿床的自然参数、价格参数和技术经济参数。因为矿床经济评价必须选定当时技术条件和市场价格，所以，要不断进行工艺技术革新，提高回收率，降低贫化率，反复多次进行矿石边界品位的试算。

4 结语

矿床开发经济评价是使在市场经济中矿山企业经营参数，总能相对保持最佳状态的一项重要工作，是一项技术经济活动。通过有关价格参数的计算，红透山铜矿金属的最低工业品位应为0.7%，最小可采厚度在目前采矿工艺方法下应为1.7 m，小于可采厚度或品位小于最低工业品位的矿体目前暂不具工业意义，故暂不宜开采，待经过矿山企业的改革、人员分流、社会职能转变、生产工艺的改进，再进一步发挥其资源的效益。

参考文献(略)

德兴铜矿氧化矿的评价与综合利用

鲁裕民

（德兴铜矿，江西德兴，334224）

摘　要：本文叙述了德兴铜矿氧化矿的分布规律，并阐述了氧化矿的综合评价、综合利用方法和途径，从而最终达到提高矿山的综合经济效益和社会效益的目的。

关键词：氧化矿；综合评价；综合利用

1　前言

矿石是不可再生资源。如何合理利用每吨矿石，是矿山地质工作者首要考虑的问题。德兴铜矿是特大型斑岩铜矿，年采剥总量达6 000多万吨，其中氧化矿石有数百万吨(按矿山实际情况，氧化率>6%视为氧化矿)。如果单以铜品位评价这部分矿石，则由于氧化率高而降低选矿指标；以氧化率的高低来评价，则高氧化矿只有作废石扔掉，很可惜。为了解决这难题，近几年，我们在实际工作中经详细对比与大胆探索，改进氧化矿综合评价、综合利用的方法和途径，在生产上取得了巨大的经济效益和社会效益。

2　地质地貌特征

矿区位于扬子准地台江南台隆与钱塘拗陷的衔接部位，赣东北深断裂带的北西侧，矿区地层主要为中元古界双桥山群，岩性为变质沉凝灰岩夹凝灰质千枚岩和变质沉凝灰岩与凝灰质千枚岩互层；构造发育，以断裂构造为主；岩浆岩主要为燕山期中酸性花岗闪长斑岩，呈岩株产出，向北西方向倾伏。铜矿体套生在斑岩体的浅部，沿岩体内外接触带分布，主要在外接触带中，因此矿体呈空心筒状随岩体向北西倾伏。岩体顶部矿体已被剥蚀。大坞河将上部矿体分为南北山两部分，有约三分之一矿体高于当地侵蚀基准面。铜矿物主要为黄铜矿，并伴生有自然金。

3　氧化矿分布规律

本矿有丰富的氧化矿。为了能充分有效地利用，首先必须找出其分布规律，为后续工作提供依据。为此，进行了专项研究。在总结前人资料的基础上，进行了地质填图、取块样、重新编录岩芯及利用台阶品位资料作氧化率等值线图等工作，发现虽然矿区地处亚热带多雨区，氧化作用较强，但因区内河谷切割较深，山坡较陡峻，剥蚀速度较快，不利于氧化带的保存，因而表生带垂深厚度为5～40 m，平均厚只有13 m，与一般硫化矿床表生带相近。并总结出高氧化矿的分布规律为：

(1)分布区域主要在南山采区的东部和北山采区。

(2)出露部位主要在河谷与山沟，其次在山坡。

(3)氧化矿多呈带状，即平面上，由地形线往内，氧化率由高至低，分带明显(见图1)。

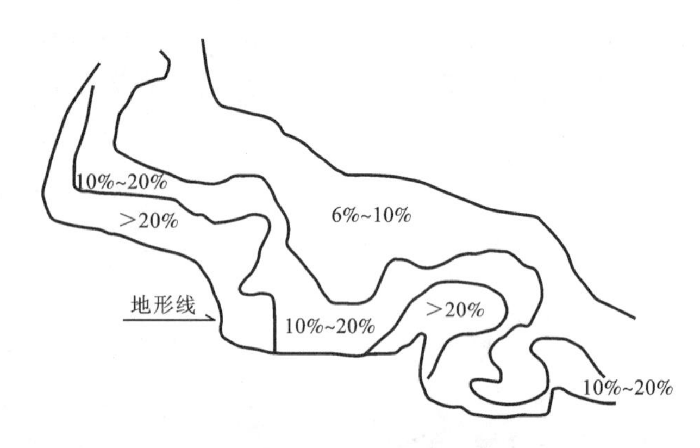

图1　北山某台阶氧化率等值线图

4　氧化矿的综合评价与综合利用方法

4.1　氧化矿的综合评价

(1)以前氧化矿的评价方法及问题。

本矿采矿生产是以牙轮钻穿孔，再进行爆破与铲运的。矿石的圈定方法是：每孔取一个岩粉样，进行铜品位化学分析，再按单孔铜品位大于0.2%，相邻四孔铜平均品位(矿块品位)大于0.25%圈定为矿石。采矿过程中，地质人员如认为某处氧化率高，则化验铜品位的同时化验氧化铜品位。因为本矿选矿工艺是以硫化矿特点设计的，矿石氧化率高将造成选矿指标降低，并且影响选矿回收率，所以氧化率高于30%的一律作废石处理，以致资源浪费很大；氧化率介于

30% ~10%的，则取样作选矿实验，依据实验结果确定是否人选，如此耗时长而影响采场生产进度，造成台班丢失，从而增加成本；氧化率低于10%的按硫化矿处理，因不考虑氧化因素以致影响选矿。

(2)改进后的氧化矿评价方法。

针对氧化矿评价中存在的问题，特别是氧化率影响选矿指标的问题，开展了专项研究，经试验与生产实践，发现：影响选矿工艺的是矿石中的CuO。CuO中的Cu不可选，其余的Cu照样能选。因此，氧化矿并非不可入选矿石，应视Cu品位和CuO品位差值大小而定。

为了便于评价，引入新Cu品位概念，即新Cu品位=原Cu品位－CuO品位，以新Cu品位作为圈定矿体的标准。这就消除了对高氧化矿的误解，而对矿山的效益与可持续发展起着重要作用。

在生产地质工作中，根据氧化矿的分布规律，在氧化矿区段所取的爆孔岩粉样，不但化验铜品位，而且化验CuO品位。依据化验结果，计算新Cu品位，以新Cu品位单孔大于0.2%，相邻四孔平均大于0.25%的圈定为入选矿石。例如有一炮孔，其原Cu品位为0.5%，氧化率为40%，CuO品位为0.2%，则新Cu品位=0.5% －0.2% =0.3%，可圈为矿石。

另外，在台阶山边部位(本矿台阶高为15 m)，矿体上部覆盖一层地表废土和新Cu品位达不到评价要求的高氧化矿，如以全孔新Cu品位为准，则由于下面矿体中铜品位拉高作用，或许都能达到入选要求，但此上覆部位废石入选既无效益而且浪费选矿成本。在生产实践中，以推土机推去上覆废土和不能入选的高氧化矿，虽增加了推土成本，但与节约选矿费用相比，是微不足道的。据统计，仅这两年就已节约选矿费用500万元。

4.2 氧化矿的综合利用

(1)氧化矿与伴生金的综合利用。

本矿Au与Cu呈正相关关系，因而Cu品位高处Au品位往往也较高。在有些部位，虽然CuO品位很高，使新Cu品位达不到入选要求，但较高品位的伴生Au不考虑回收也不合理。在此，又引入综合品位概念。首先，把Au品位折算成Cu品位。根据回收率与销售价格等参数确定，Au品位折算为Cu品位的折算系数为0.35，即1 g/t的Au =0.35% Cu品位。其次，把Au折算的Cu品位与新Cu品位相加得综合品位，以综合品位为标准圈定矿体，即综合品位=Au品位×0.35 +原Cu品位－CuO品位。考虑经济效益问题，依照矿体圈定原则，确定边界综合品位为0.28%。例如有一样品，其原Cu品位为0.55%，氧化率为73%，CuO品位为0.4%，Au品位为0.6 g/t，则综合品位=0.6 ×0.35 +0.55 －0.4 =0.36%，可以圈为矿石。去年在孔雀山工作时，发现CuO品位很高，伴生金品位也较高。为了多利用有价资源，通过认真分析地质资料，开展地质调查，总结铜金分布赋存规律，并在生产作业过程中组织人员及时取样，依据综合品位概念，共回收利用矿石10万t。

(2)氧化矿的堆浸利用

在上述利用中，有不少由于CuO品位过高而不能入选的高氧化矿，作废石处理很可惜。为了充分利用资源，借鉴国内外一些矿山经验，考虑堆浸提铜。为此，进行了详细的研究与论证。首先，作堆浸试验，发现效果不错，其次，对于堆浸所需条件，如矿石来源、堆浸场地、能源、运输等已具备，设备与辅助原材料也易买，再对技术条件与经济效益综合考虑，在CuO品位达到0.2%时，堆浸提铜是有利可图的。据此，提出了可行性报告。矿有关部门经过进一步调研后，在北山废石场建成年产铜100 t的堆浸场，每年可多回收利用不能入选的高氧化矿10万t，并取得了可观的经济效益和社会效益。

5 结束语

经过对氧化矿分布规律调查，并查明氧化矿与选矿工艺的关系，提出氧化矿的评价方法和综合利用方式，并应用于实际生产，取得了良好的经济效益，为矿山的可持续发展提供了依据。

参考文献

[1] 朱训，黄崇轲等. 德兴斑岩铜矿. 北京：地质出版社，1981

[2] 德兴铜矿科学技术志编纂委员会. 德兴铜矿科学技术志，1992

尾矿资源综合利用的现状及系统化设想

李克庆　胡永平　刘保顺

（北京科技大学，北京，100083）

摘　要：本文分析了我国尾矿资源综合利用的现状，以及造成这种状况的内在原因，即政策性和技术性两大因素。在此基础上文章提出采用系统论的观点，构建尾矿资源综合利用智能决策支持系统，以便为矿产资源的各级决策者和管理者提供决策支持。

关键词：尾矿；综合利用；决策支持系统

1　引言

人类社会在经历了20世纪科技和经济空前的大发展之后，人口、资源、环境变成其进一步发展的三大主要课题，而在这三大问题之中，尾矿（包括废石）就与其中的两项，即资源和环境紧密相关。开展尾矿废石综合利用方式、方法和途径的探讨不仅可为不同地区、不同部门的资源管理者和经营者提供理论指导和决策支持，其研究和应用结果还可产生巨大的经济效益和潜在的社会、环境效益。

社会对矿产资源需求的多样性形成了矿业的部门分类，而这种分类的物质基础就是矿产资源的地质和地理分布特点。就目前所知，不同部门、不同类型的不同矿山，各自所产生的尾矿种类五花八门，其矿物组成和化学成分各具特点，利用程度迥异。作为资源开发和利用的决策者和直接管理者，对现有资源尤其是尾矿资源的综合利用在途径、方法和手段上往往无所适从，有的甚至从主观认识上就没有尾矿资源化的概念。国外实际上早在多年以前就提出了尾矿资源化和无尾矿山的概念，我国的一些矿山如梅山铁矿目前也正在朝着这一方向发展。因此，总结国内外尾矿综合利用的成功实践，分析国内目前尾矿综合利用存在的问题，进而研制一套适用于不同类型矿山有关尾矿综合利用的决策支持系统，不仅可对现有矿山的尾矿综合利用工作提供实际的指导，而且如同一次资源的战略决策一样，从宏观上可对资源管理和决策部门有关二次资源开发和利用的战略决策提供指导，从而为我国21世纪经济和社会的可持续发展提供相应的物质基础保证。

2　尾矿废石综合利用研究的现状及问题

经过近一二十年的努力，我国的尾矿资源综合利用已取得了一些初步的成果，这些成果为今后大规模的综合利用工作提供了一些可行的思路，但这还远不能适应经济和社会可持续发展的要求，与国内其他固体废弃物的利用水平及国际先进水平相比，存在着较大差距。这种差距突出表现为尾矿的综合利用率低，利用尾矿开发的高附加值产品少，缺乏市场竞争力。而产生这种差距的原因，本人认为是多方面的，大致可归纳为政策性因素和技术性因素两大类。

2.1　政策性因素

这首先表现为矿产资源的经营者、管理者资源意识、环境意识不强，资源综合利用的法律、法规建设落后。由于受传统观念和计划经济体制的束缚，矿山的主要职责就是完成主要矿产品的生产任务，很少把矿山作为一个经济、生态和环境的综合体来加以考虑，致使大量的尾矿被废弃或堆置，以致造成经济和环境问题。已有的一点研究成果也是在矿山面临闭坑，急需转产的情况下才不得不花力气做出的。

其次，表现为政策的倾斜和扶持力度不够，投入不足。资源综合利用的问题可能人人都会提，都会讲，但真正要把它作为一项政策落到实处的恐怕为数不多。

2.2　技术性因素

这与我国当前矿业技术的发展是息息相关的，当技术的发展水平还不足以解决现有的生产问题，例如采选水平还不能很好地解决所开采资源的低回收率问题时，根本就无从考虑更深层次的诸如深加工和综合利用的问题。更何况尾矿的综合利用本身就是一个非常复杂的问题，这种复杂性主要体现在以下几个方面：

选矿技术落后：目前我国的许多大中型矿山，都是在建国初期建成的，几十年下来，设备老化，技术更新缓慢，导致整个选矿环节的回收率偏低，由于目前许多矿山都处于经营不太有利的状况，所以即便想要解决这些问题也是力不从心。

尾矿的种类繁多：黑色、有色、黄金、化工、煤炭甚至建材等等矿山在其生产的整个过程中，都将产生大量的尾矿，这些尾矿的种类五花八门，加之行业之间条块分割，很难形成一套统一而有效的对其进行综合利用的途径。

尾矿的成分复杂：就同一类型的矿山而言，其尾矿之间也还存在着成分上的或大或小的差异，在一处可能是行之有效的利用方法，被移植到其他地方后效果不太理想，甚至造成项目下马和巨大经济损失的例子比比皆是，其失败的原因往往就在于尾矿成分上的差异所造成的综合利用产品性能的变化。

同一矿山的尾矿可能存在着截然不同的利用途径：例如，有的尾矿既可用作水泥原料，又可用作陶瓷原料，还可用作微晶玻璃的原料，究竟应该如何利用，其答案只有在经过兼顾项目的经济效益和社会效益的详细分析论证之后才能确定。

利用尾矿开发某一产品一般需要一种或几种其他原料作为辅料或添加剂，而这些原料在当地的供应程度或矿山就地的可采程度也决定着这种产品开发的可行性，就以利用铁尾矿制造微晶玻璃来说，为了补充尾矿中钙的不足，往往需要添加一定比例的石灰岩，为了补充铝的不足，则需要添加相应的长石类矿物原料，如此等等。

利用尾矿制造什么产品可取得最佳效益还涉及尾矿本身的很多因素：这不仅包括尾矿各种化学成分的组合，还牵涉到尾矿的物理性质乃至其块度或粒度的大小粗细等。例如，用作水泥的固体废料希望有一定比例的硅、铝、钙和铁，但某种成分太高或太低却不利，且废料的粒度越细越好；相反地，对作为混凝土骨料的废石或尾矿则希望其硅的含量较高，而对其粒度要求就相对较松；再如，用作制造黑色微晶玻璃的尾矿希望其中有一定量的铁，而要制造浅色或其他色彩的微晶玻璃，则希望尾矿中铁的含量尽可能低。

利用尾矿开发什么产品更为有利还取决于矿区周边的经济地理条件。这些条件包括当地的电力供应状况，产品的市场需求和承受能力，以及交通运输条件等。这些条件决定了产品的成本、市场销售情况以及销售范围，如果成本太高，或者市场有限，则相应的开发途径肯定是不可取的。

3 开展尾矿综合利用研究的可行途径

如上分析所述，尾矿的开发和利用涉及地质学、材料科学、矿业工程、环境工程、化学工程、投资决策及其他许多应用专业学科领域。从行业来看，牵涉到地质矿产、煤炭、冶金、有色、建材、轻工、机械等各个部门。同时，尾矿又是复合矿物原料，与传统的单一矿物原料相比，存在着许多属于交叉领域的尚待探索的难题，对技术人员队伍的要求也较高，另外还需具备一些必要的实验手段和研究条件。基于这些复杂条件，矿产资源的管理者往往对本地区的一次资源的储备和利用情况比较了解，而对尾矿等二次资源开发利用的途径和潜力常常把握不够；而矿山的管理者往往是“一头雾水”，即便知道自己所拥有的尾矿是一种资源，要想进行综合利用也不知从何处着手更为合理。

作为对尾矿进行综合利用研究的第一步，本人认为应对尾矿资源进行调查，搜集有关尾矿分布特征、类型特点、化学成分、矿物成分及嵌布特点，当前利用情况，区域经济地理条件及相关的矿产、物料的配套情况等的资料和数据，建立国家或地区尾矿资源数据库及信息管理系统。

其次，总结目前国内外尾矿及废石综合利用的有效途径和经验，建立既能根据现有的尾矿及相关条件确定其有效开发途径，同时又能对该途径或项目的可行性进行合理的技术经济分析的集咨询、技术经济分析及辅助决策于一体的集成系统，以便为矿产资源的经营者和管理者提供相应的决策支持。

欲对尾矿及废石进行有关利用途径的决策，并对相应的途径进行技术经济分析，这既涉及对结构化信息的处理，又不可避免地要对许多非结构化或半结构化的信息进行描述和加工，而要完成这样的任务，只有将传统的专家系统技术和决策支持技术进行有机的结合，将其应用于矿业的这个特殊领域，形成一个有关尾矿废石综合利用的智能化决策支持系统。

在尾矿及废石资源的综合利用方面，由于受观念、技术及自身发展水平的制约和影响，现代信息管理和决策技术在该领域的应用可以说还是一片空白。因此，基于矿业可持续发展的战略要求，考虑到我国的许多矿山急需寻找新的经济增长点，而面对尾矿等二次资源利用程度还很低的现状，总结国内外有关尾矿废石资源综合利用的成功经验，借助于信息技术和决策科学的最新方法，开发能为矿业的经营者和管理者提供决策支持的系统，无疑将为我国的矿业管理工作提供一条新的途径。

4 尾矿资源综合利用系统化实施措施

尾矿资源综合利用研究主要的问题是尾矿废石利用途径的确定及相应的技术经济分析。因此就应以这两个环节为中心展开研究，以系统论、信息论的基本原理为基础，将人工智能、知识工程、综合评价、决策技术、计算机技术等学科与尾矿综合利用工程研究相结合，建立尾矿资源综合利用信息管理系统、尾矿利用途径选择的专家系统、尾矿利用工程的技术经济评价和决策系统，并将这些系统进行有机的集成，形成集成式智能决策支持系统。

智能决策支持系统的开发体系目前还没有一个统一固定的模式，大多是基于问题的实际需要来建立实际的结构体系。目前比较常见的有三类体系结构，即DDS与ES并重的体系结构、以DDS为主的体系结构和以ES为主的体系结构。根据尾矿废石综合利用系统的特点，应以第三种体系为宜(见图1)，即以定性分析为主体，结合定量分析，在该体系中，各类模型作为一种过程性知识而被推理机程序所控制。

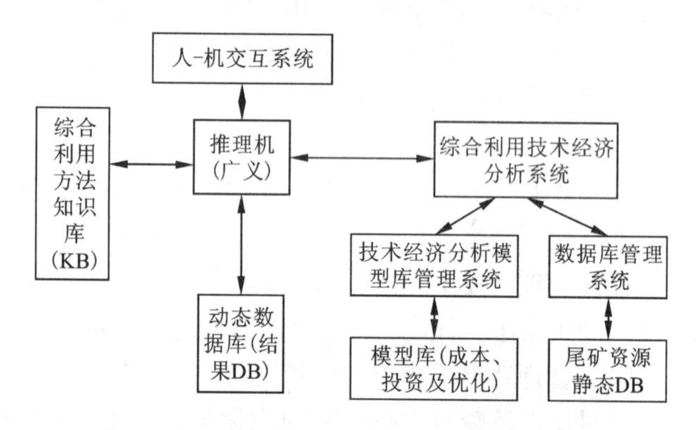

图1 尾矿综合利用智能决策支持系统结构图

4.1 调研和搜集资料

包括尾矿资源的自然分布情况、矿物和化学成分特点、以及尾矿利用的方法、效果评价等资料。

4.2 基于一定的标准和原则。对尾矿资源进行科学的分类

如同对一次资源的划分，对二次资源的准确划分也是合理制定该类资源总体开发和利用战略的依据基础，目前对尾矿的划分大致上随其原生矿的种类而定，如果从对尾矿综合利用的角度来看，这种划分标准显然已经不能满足要求，而必须从其他的标准，例如根据尾矿中的主要和次要成分等来进行划分。

4.3 在尾矿分类的基础上，建立尾矿资源信息管理系统

根据不同类型尾矿的基础资料，建立包括尾矿的类型、成分、含量、分布特点、利用情况、配套物料或资源的保证程度、区域经济地理情况等的基础数据库及相应的数据库管理系统，这种数据库就是图1中的尾矿资源静态DB。

4.4 分析资料、总结经验，研制尾矿废石综合利用方式选择专家系统

以尾矿资源信息管理系统为依托，基于专家推理控制策略和不确定性推理技术，该系统能够根据当前尾矿的特点和矿区周围的技术、经济、能源、交通运输、市场和配套资源的保证程度确定出较为合理的尾矿综合利用方式。

4.5 开发相关尾矿特定利用途径的优化配料系统

针对目前以尾矿为原料的几个主要利用方向，基于BP神经网络的自学习功能，构建特定的神经网络模型，该模型以配方原料的矿物或化学组成输入，经过正向传播和反向传播过程，反复修改各层的权值，直到误差信号达到期望值，便可形成有关各原料组成的理想模型，利用该模型，即可对不同组成的原料进行有关相互配比的动态实时管理。

4.6 开发相应的技术经济分析系统

利用专家系统可以确定所研究尾矿的一种或几种可能的利用途径，但这些途径在当前特定的技术、经济、市场、社会环境下是否可行，或者何种利用途径最为理想，彼此之间的相对优劣程度如何，则需要在对项目的经济效益和社会效益进行比较全面的论证之后才能得出结论。为此，就必须开发相应的技术经济分析系统，其中包括固定资产投资估算子系统、全部投资估算子系统、流动资金估算子系统、总利润、净现值以及内部投资收益率计算子系统、多目标决策系统、项目的不确定性分析子系统等，在这些子系统彼此之间数据应是互动和共享的。

最后，将以上各系统进行有机的集成，从而形成一个能够实现尾矿废石资源综合利用智能决策支持系统总体功能的大系统，以便能为资源的各级管理者和决策者提供支持。

5 结语

尾矿作为一类资源，它的存在不应成为矿山甚至人类社会的负担，它应能为人类的再次发展提供持续的物质基础条件。当前的任务就是从战略和社会可持续发展的高度，启动尾矿综合利用这样一项系统工

程，该工程不仅应能解决我们在21世纪对资源的需求问题，而且还能消除现有矿山开发所带来的外部环境问题。尾矿综合利用智能决策支持系统仅仅是我们对实施该工程的设想的一部分，而该系统的实现无疑将会为地区或区域资源的开发战略和经济的可持续发展提供非常有效的决策支持。

参考文献

[1] 李章大. 矿山尾矿资源化理论基础与我国金属矿山尾矿利用现状[R]. 国土资源部矿产开发管理司，1999.5
[2] 刘伯华，石启麟. 梅山铁矿尾矿综合利用途径探讨[J]. 金属矿山，1999年增刊1
[3] 熊利亚. 新一代资源管理与决策支持系统[J]. 资源科学，1998.11

尾矿资源化是有效利用与保护矿产资源的重要途径

李绥远[1]，王　彤[2]
（1. 桂林矿产地质研究院，广西桂林，541004；2. 中国有色新金属公司，北京，100088）

摘　要：随着经济的快速发展，人们对矿产资源的需求量不断增长。本文从我国矿产资源的实际出发，介绍了尾矿的资源化对有效利用和保护矿产资源的几个重要途径。

关键词：尾矿资源化；尾矿回收；尾矿工程

我国尾矿的综合利用工作从20世纪80年代中期开始，较西方国家起步晚，然而近年来逐步被重视，进展也较快。进入21世纪人们越来越重视人口、资源、环境三大重要课题对人类社会发展的影响，“尾矿工程”与其中资源和环境两个课题紧密挂钩。“尾矿工程”处理得好，人类可以从中受益，产生很大的经济效益和社会效益，处理得不好，会对资源造成很大的浪费并对人类赖以生存的自然环境造成巨大的威胁和破坏。所以对“尾矿工程”的意识是决定从中受益或受害的关键。

1　尾矿资源化的内涵

尾矿资源化内涵应包含两个理念。

（1）尾矿进行再选作为二次矿产资源利用。它的含义是对现有矿山尾矿再一次进行选矿，获取有价金属和非金属矿物，对有益组分再回收。

我国矿产资源的特点是有色金属矿床中共（伴）生组分很多，有不少难选矿石。在过去受选矿技术水平和药剂条件的限制，有不少主金属没有彻底选出，选矿回收率较低，还有一些有益组分进入尾矿中。如云锡公司的尾矿有1.3亿t，锡平均品位0.13%～0.17%，并伴有铅、锌、铁、铜、砷等多种成分，损失在尾矿中金属锡达20万t以上；黄金矿山损失在尾矿中的金达18～30 t。又如广东南丹地区有色金属尾矿库中的锡、铅、锌、锑、银都能加以回收。所以有色金属矿山尾矿库中的尾矿就成为一种较大潜在经济价值的复合矿物原料资源，是二次资源利用、尾矿资源化的重要储备。

（2）尾矿整体直接作为资源综合利用。它的含义是把整个尾矿作为复合矿物原料资源，直接加以利用。根据尾矿成分（高硅、高铁、高钙镁）划分三大类型，因地制宜制作工业原料或产品。如陶瓷、玻璃、玻化砖、泡沫玻璃板材等建筑制品。还可以作为混凝土骨料、尾矿充填料等。因此，尾矿理所当然应视为“人工资源”。

2　我国尾矿现状

我国金属矿山尾矿年排放量约3亿t以上。1999年我国工业固体废弃物产生量为7.84亿t，其中尾矿2.45亿t；截止1997年底有色金属选矿厂尾矿累计堆存量约15亿t，占地面积7 000万m^2。特别是一些生产历史悠久的有色金属老矿山由于矿产资源赋存状况以及选矿技术的条件限制，有用矿物的回收利用水平普遍较低，又由于过去“主金属正宗观念”、“条块分割”、“大矿大开、小矿放开”、采富弃贫现象严重等等原因，致使尾矿不仅数量大，而且其中有价金属，有用组分等可重新回收利用的资源极为丰富。目前我国尾矿综合利用率仅为7.4%左右（世界发达国家尾矿综合利用率达60%）；就目前有色金属生产状况、回收率每增加一个百分点、可增加近20万t的有色金属量。可见尾矿就是重要的后备资源。因此，大量尾矿的堆存已经制约着我国矿产资源的持续发展。

3　尾矿资源化的重要意义

1985年国务院转发国家经济委员会《关于开展资源综合利用若干问题的暂行规定》中尾矿的处置管理及资源化示范工程列入优先领域的重点项目计划，这标志着我国已把矿山尾矿的综合利用和环境治理提到了相当重要的地位，提高到战略意义的高度。只有树立起尾矿资源化新理念，将尾矿实现资源化，才能保证矿山企业可持续发展。“十五”期间我国国有有色金属矿山将有100多个关闭，开展尾矿的有效利用和合理处置，既可延长矿山服务年限，又能解决职工再就业问题，还可以增加矿产资源補给，同时减少环境污染，有益于子孙后代。

4 尾矿资源化的途径及效果

尾矿资源化的途径主要为两部分：一是尾矿再磨选，从中选出有用组分及有价部分(金属与非金属)；二是用未经再选或经再选后的尾砂再制作水泥、建材、陶瓷、玻璃、肥料，或作采空区的充填料等。

我国有些矿山企业由于提高了对尾矿资源化战略意义的认识，因此尾矿综合利用工作开展得比较好，效果明显。据综合有关资料报道：江西德兴铜矿在改进生产流程，提高 Cu、Au 的回收率的同时增加了从尾矿中回收硫的设施，使该矿每年多回收 Cu、Au、S 精矿的年产值达 1 200 万元；安徽铜官山铜矿从 1992 年起对响水冲尾矿库的老尾砂进行再选，回收了硫铁精矿，年创收 2 000 余万元；铜录山铜矿 1995 年建立了一套日处理量 900 t 的尾矿回收系统，平均每年可从尾矿中回收 200 t 铜、10 kg 金、100 kg 白银、3 万 t 铁精矿，再选后产生的尾砂用于井下充填，年产值近 1 000 万元；白银有色公司选厂至 2003 年共处理尾矿 547 万 t，生产硫品位不低于 35% 的硫精矿 112 万 t，创利税 5 000 多万元；湖南潘家冲铅锌矿，从尾矿中回收萤石，产值达 100 多万元；南京栖霞山铅锌硫银矿选矿厂每天产出的尾矿约 300 t，由于尾矿中含硫较高，因而对选硫流程进行了改造，使硫的回收率提高，最大限度地降低了尾砂产率，硫精矿实际增加了近 33 000 t/a，尾矿产量实际减少 25 000 t，增加硫销售收入 160 万元；广西苹果铝土矿的赤泥为高铁、低硅、高碱、低铝细粒废渣，目前以赤泥为主要原料，以粉轧灰、化灰渣和活化剂为添加剂，经过搅拌混合、铺设高级公路、压实后，其技术指标达到有关要求，根据初步统计其经济效益约 5 000 万元；广西博白银矿尾砂制作陶瓷试验成功，按试验分析，每年可获利润 600 多万元；山东蓬莱大柳行金矿每年可处理含 Au 品位为 0.81 g/t 的堆积尾矿 16.5 万 t，回收率 80.94%，年产黄金 3 326 两，白银 509.8 kg，硫精矿 4 500 t，年经济效益 600 多万元；广东泰美为花岗岩风化型铌铁矿，在回收铌铁矿时，将萤石、石英作为生产玻璃原料，其产值约占该矿年产值的 80%，成为无尾矿选矿厂；辽宁八家汞铅锌矿从尾矿中回收白银等等。这样的实例很多，不一一列举。事实证明尾矿资源化，利用领域广、得益面宽、易开发利用，环保效益好。更重要的是，尾矿资源化大有发展前景，是矿山企业持续发展的重要途径。

5 尾矿资源化必须对尾矿再利用进行可行性论证

根据《矿山地质手册》提出论证所进行的地质调查研究内容有：

(1) 入选矿石的类型、矿物成分、品位及矿石结构、构造特点，相应的选矿工艺流程的特点，选别效果。

(2) 各类尾矿的矿物组成及相互间的关系，尾矿的品位及其变化规律。

(3) 尾矿中矿物的粒度、次生变化特点、含泥量、黏性大小和固结程度以及选别的难易程度。

(4) 尾矿堆放的形式和特点及其粒度、品位之分布规律。

(5) 尾矿体重和湿度的测定以及对其进行储量计算，对不同阶段所能利用的尾矿应作出规划，并反映在图上。

在对尾矿进行调查研究中不应忽视对尾矿坝(库)地质条件以及工程情况等方面的内容；对尾矿再利用可行性论证不应忽视对原生产设备的能力进行分析以及必要的实验与经济分析。

有色金属矿山的尾矿的地质评价的重点在于研究其中的矿物成分，粒度、赋存状态及其变化规律，有用组分含量及其变化规律，尾矿的工艺特性和它们堆放情况。

在对尾矿进行再选及综合利用时，为了取得更好的效果，有些选矿厂应对原来选矿设备、工艺进行改进，以使其合理及有利于综合回收。

6 存在问题

(1) 尾矿作为二次资源潜在价值巨大。我国近年来虽然做了不少工作，但与国际上比较差距不小，尚缺乏宏观上的统一管理、统一规划、统一指导。而多停留在一般化宣传、一般化号召，更缺乏法制约束。至今绝大部分矿山尾矿尚未得到利用。国家有关矿业部门和行业协会还应加大管理力度，把“尾矿工程”切实提到日程上来，把“尾矿工程”作为矿管一项内容加以考核和监督。

(2) 对全国黑色、有色、黄金、化工、建材、非金属、煤炭矿山进行一次全面的尾矿调查，掌握尾矿资源量、类型、成分，特别是有价组分含量和储量，作为综合利用的可行性技术评价、经济评价，进行综合利用价值的分类。

(3) 牢固树立尾矿资源化意识与生态环境意识并处理好两者的关系。矿山企业经营者要有尾矿资源化意识，挖掘资源潜力，扩大资源视野，克服单纯开发主业资源而忽视尾矿二次资源的做法。尾矿中含有主业资源时就一定考虑加以回收利用，即使不含主业资源，也要把尾矿工程关系到根治当地生态环境污染影响的高度，摆在重要性的位置加以考虑。

（4）应当看到有投入才有产出，“尾矿工程”需要投入，对资金仍困难的矿山企业，国家应在制定“尾矿工程”的贷款、减税、免税方面出台优惠政策。在政策上给予倾斜和扶持。鼓励“尾矿工程”尽快实施。这样才能促进二次资源的再利用。企业是愿意做获得效益，得到实惠的事情的。

矿山企业经营者应因地制宜根据本矿的具体情况，选择“尾矿工程”的开发经营方式，可以考虑诸如承包、租赁、转让、合作等形式，以促进“尾矿工程”尽快实施，不能死守着二次资源自己不去开发，也不让别人来开发。

7 几点建议

应该看到，国家有关部门对“尾矿工程”十分重视，1990 年成立中国地质科学院尾矿利用技术中心，它是迄今为止我国唯一的专门从事矿山废弃物资源化综合利用的科技型实体。该中心已经在利用矿山尾矿制作陶瓷、玻璃、玻化砖、广场砖、空心砌块、水泥熟料、微晶玻璃等新技术、新产品、新材料方面取得了不少的科技成果。这就为国内对矿山废石、尾矿的整体再利用提供了有力的技术保障。

还应该看到的是我国在对尾矿的综合利用上，还需在很多方面加以完善。

（1）对矿山的尾矿的回收利用应建立一套完整的管理办法和技术标准，如矿山尾矿利用和清洁生产技术标准，尾矿资源化、开发利用、分析测试标准。

（2）尾矿资源化要瞄准最小量化和无害化甚至无尾矿的管理层次，建立尾矿整体利用管理系统。

（3）根据不同矿石工业类型、矿石自然类型、矿石工艺类型建立尾矿利用的实施方案。

（4）建立尾矿有效开发的经济准则、资源准则、生态准则、社会准则。

（5）建立尾矿利用数据库及信息管理系统。

（6）加强尾矿资源化的研究，如尾矿资源特征、开发利用途径、尾矿的深加工以及产品性能、检测技术方法等。

（7）引进尾矿资源化技术，如尾矿中有用金属组分提取回收及非金属矿物提纯加工技术等。

（8）建立尾矿资源化的示范工程。

（9）纳入法制轨道，制定奖罚政策。

（10）加强宣传力度，提高认识，树立尾矿资源化新理念。

总之，“尾矿工程”——尾矿的综合利用，关系到资源、环境的大课题，无论从哪方面讲都是我国面临的重要问题。资源要充分利用，以保障矿业可持续发展；污染要整治，以改善我们人口众多的国家赖以生存的环境。这样一项既有经济效益又有社会效益，还有环境效益一举多得的好事，何乐而不为？为了子孙后代，现在确实到了冷静思考、采取行动的时候了！

参考文献(略)

中亚成矿域地浸砂岩铀矿及伴生元素*

蔡根庆
（核工业北京地质研究所，北京，100029）

摘　要：地浸砂岩铀矿是20世纪80年代中期以来世界各国着力寻找和开发的低成本铀资源，该类型铀矿不仅开采成本低，而且避免了常规矿床开采的一系列环境问题。砂岩铀矿体内一系列有用伴生元素的经济价值甚至不低于铀元素本身的价值（如Re的回收）。本文通过中亚成矿域与国内一些典型层间氧化带型地浸砂岩铀矿的伴生元素来阐明砂岩铀矿体与伴生元素富集的空间关系。与铀矿体空间位置重叠的元素有Re、Sc、Y、REE、V、Ga等，在铀矿体尾部富集的元素有Se、Au、Ag，在铀矿体前部富集的元素有Mo，这些为该类矿床的勘查与开发提供了相关资料，提高了矿产资源的综合利用价值。

关键词：中亚成矿域；地浸砂岩铀矿；伴生元素

层间氧化带型地浸砂岩铀矿属后生水成铀矿，它是由蚀源区含氧及含活动变价元素（U，Se，Re，Mo，V，Sc，Au，Ag，REE等）的地表、地下水在运移进入透水砂岩地层（上、下发育不透水泥岩或粉砂岩）时，水溶液继续与透水砂层进行水岩交换作用，使砂体内的部分元素氧化、溶解，迁移，并在不同的地球化学障上沉淀富集，从而形成砂岩铀矿及相应的伴生元素矿产，由于各活性元素的地球化学性状不同，其富集位置与砂岩铀矿体有重叠也有偏移，加上各矿床蚀源区地质体岩性的差别，所含变价活性元素的种类也有差别，因此地浸砂岩铀矿的伴生元素也各不相同。

中亚成矿域由于其独特的地质构造，形成了复杂多样的大型超大型矿床，如穆龙套金矿、卡尔马雷克铜矿、平谷金铂矿、阿克泰佩克银矿等超大型矿床而引起全球地质学家的关注。铀矿是中亚成矿域内一颗耀眼的星星，特别是可地浸砂岩铀矿占全球铀资源[国际原子能机构分类的可靠资源（RAR）加估算附加资源Ⅰ（ERAI）达到130万t，加估算附加资源Ⅱ（ERAII）和推算资源（SR）将近300万t]的一半以上。十个以上的大型超大型矿床主要分布在楚萨—雷苏、锡尔达林和中央卡兹库姆等铀矿省内。我国境内的天山造山带是中亚成矿域的东延部分，在地浸砂岩铀矿的寻找和开发上均取得了较大进展，发现了一系列的大、中、小型矿床。下面就一些典型矿床中的伴生元素的富集状况作一简单介绍。

1　楚萨—雷苏铀成矿省

1.1　门库杜克矿床（超大型）

铀矿化呈多层状赋存在上白垩统，是一套含灰色和杂色薄层黏土的透水冲积砂质、细砾砂质沉积，厚度30~40 m至60~100 m。在门库杜克组（K_2t_1）和英库杜克组（k_2st-E_{11}）的铀矿石中，Re > 0.2×10^{-6}，在富含碳屑的富铀矿石中Re可达$(10\sim20)\times10^{-6}$，故门库杜克矿床也可称为U－Re矿床。铀矿体尾部（不完全氧化带与氧化还原过渡带交接部位）Se的含量为0.01%~0.06%，很少达到0.1%的综合利用最低含量，故Se不具有工业意义，只有地球化学意义。

1.2　英凯矿床（超大型）

含矿岩系为上白垩统门库杜克和英库杜克组，铀资源（RAR＋EARⅠ）达30万t，该矿床严格讲是一个单铀矿床，其铀矿体中Re一般达$(0.1\sim0.2)\times10^{-6}$，Se为0.01%~0.03%，U在实验室用硫酸法浸出，回收率为80%~90%，浸液中Re达0.11 mg/L、Se达0.12 mg/L、REE达7.9 mg/L，故用地浸法回收这些金属在原则上是可行的。

1.3　莫英库姆和坎菇甘矿床（均为大型）

前者在托库杜克矿段Re达1×10^{-6}、南矿段Re平均为$(0.17\sim0.2)\times10^{-6}$，实验室浸液Re达0.26 mg/L；坎菇甘矿床部分铀矿体中Re达1×10^{-6}，Se、Mo、REE均偏高；错拉克—艾斯佩矿床（中型）Re的

* 国家重点基础研究发展计划（973，项目编号2001CB4009800）和国家科技攻关305项目（编号2001BA609A）联合资助

偏高，富集达$(0.5 \sim 3.8) \times 10^{-6}$，Se在铀床尾部达0.01%～0.02%。

综上所述楚萨—雷苏铀矿省铀矿伴生元素Re普遍达到综合利用价值，部分矿床Sc、REE也具工业意义，Se、Mo、Ge等虽偏高，但只有地球化学意义。

2 锡尔达林铀矿省

2.1 哈拉桑矿床(超大型)

含矿岩系有桑顿组(K_2st_2)、坎潘组(K_2km)和马斯特里赫特组(k_2m)，各约占1/3的铀储量，铀矿主要呈卷状矿体，有时发育卷状翼部的板状矿体，矿厚1～8 m，铀品位0.03%～0.1%，平均产矿率1.20 mg/m^2。该矿床在铀矿卷尾部形成硒矿石亚带，Se的参数与铀相似，故该矿床为Se－U型综合矿床，Se以自然硒形式产出。矿石的伴生元素V为1%～2%、Re>10×10^{-6}、Ni、Co达0.0 n%，富集在富含植物碎屑的铀矿石中，此外还有偏高富集的As、Cu、Ge、Mo、Ag等。该矿床除Se外，Re具有工业意义。

2.2 扎列奇诺也矿床(大型)

含矿岩系为坎潘组和马斯特里赫特组，铀矿体呈不规则卷状透镜体，矿厚1～2 m至10～20 m，U品位0.014%～0.052%，在铀矿体尾部不完全氧化带前峰的褐铁矿带内Se的平均品位达0.039%～0.053%，形成厚0.5～11 m(主体为3～5 m)的矿体，硒以白硒铁矿和自然γ－硒产出，该矿床为大型U－Se矿床。

2.3 伊尔科立大型铀矿

Se的含量0.01%～0.05%，可形成规模不大的断续硒矿体，工业意义不大；其中克孜尔科立矿床、月亮矿床、恰扬矿床均为中型铀矿，含矿岩系均为老第三纪地层，各矿床分别为E_2、E_2和E_1，这些矿床铀矿体内Re的富集不明显，在铀矿卷状尾部的Se虽有偏高，但无工业意义。

因此锡尔达林铀矿省内一些大型超大型铀矿床中Se普遍具有工业意义，一些中型铀矿床中Se虽有偏高富集，但只有地球化学意义，Re在哈拉桑超大型矿床具工业意义，而一些中型矿床中富集不明显，这可能与含矿岩系属不同时代有关。

3 中央卡兹库姆铀矿省

该铀矿省位于乌兹别克斯坦境内，具体矿床矿化特征及伴生元素的文献资料很少，但从一些零星资料也可说明铀与伴生元素的关系。乌奇库多克超大型铀矿含矿岩系为下白垩统，伴生元素Se和Mo可综合利用；肯得克秋拜大型矿床富集伴生元素有Se、Sc、Y和REE；苏格拉雷铀矿Mo达综合利用价值；多宏别特铀矿床富集伴生元素有Se、Re；阿乌立别克矿床Mo(达0.6%)、Re(达30×10^{-6})、Sr(达5%)的含量特别高，此外As、Y也偏高富集。据1992年全俄"外生－后成和热液－沉积成矿作用地球化学"讨论会论文集综合资料，中央卡兹尔库姆铀矿省铀矿床主要伴生元素有Re、Se、V、Mo、Sc等，大部分都可综合利用，Se产于不完全氧化带靠近铀矿体附近，Re、Sc基本上与铀矿体重叠，Mo产于铀矿体的前方(部分在还原带内)，V一般环绕铀矿体分布。

中央卡兹库姆铀矿省总的铀矿伴生元素富集较楚萨－雷苏和锡尔达林复杂多样，这可能与产铀盆地是地垒式背斜隆起上的小型地堑式断陷盆地有关，不像后两者为大型台向斜盆地，铀矿体离蚀源区地质体不甚远，伴生元素与蚀源区地质体的矿化元素富集有关，如阿格朗铀矿床蚀源区是吉拉布拉克山脉，产有W矿床和众多W矿化点，铀矿石中W可达75×10^{-6}；凯特缅奇铀矿床的蚀源区为卡尔那勃产多金属矿化区，其Zn达1%、Pb达0.2%、Cu达0.02%。

4 伊犁铀矿省

4.1 苏伊切津铀矿床(大型)

含矿岩系为直接覆盖在上古生代火山建造上的古伊犁组($K_2sm_2 - E_1$)，厚60～120 m，为不等粒长石石英砂岩，夹有黏土、粉砂岩及冲积成因砾岩透镜体，矿体除卷状外，还有不规则透镜体、带状体和舌状体，矿体平均厚2～3 m，铀平均品位0.07%～0.13%；铀矿带中Re含量达$(1 \sim 24) \times 10^{-6}$，其中卷状矿体Re含量一般为$(0.55 \sim 7.8) \times 10^{-6}$，均值为$(1 \sim 2) \times 10^{-6}$，在透镜状层状矿体中Re平均为$0.7 \times 10^{-6}$，铀矿体头部和铀分散晕内Re达$(0.1 \sim 5) \times 10^{-6}$，局部地段达$(10 \sim 24) \times 10^{-6}$，延伸达50～100 m，故该矿床亦可称为U－Re矿床。矿床内其他偏高富集的元素还有Se、Mo、Ge、Zn、Pb、As、Co等；在铀矿体卷形矿块尾部可形成Se 0.043%、厚3.36 m的独立硒矿体，但只是局部现象，对整个矿床无工业意义。

4.2 卡尔卡纳铀矿床、阿克套铀矿床、马拉伊－尾－萨雷铀矿床

均为小型层间氧化带型铀矿床，主含矿层均为古伊犁组[仅卡尔卡纳有次含矿层——贾尔贝姆巴斯套($E_3^3 - N_1^1$)地层]。前者伴生有较高的Se(0.0 n%)和Mo(0.008%～0.025%，最高0.15%)；阿克套铀矿床伴生元素富Se，一般含量为0.00 n%～0.012%，

有时达0.1% ~0.5%，以白硒铁矿形式产出，少见自然硒；后者在铀矿体内有零星分布的富Re的透镜体(宽50 m)、Re品位$(0.58 \sim 3.6) \times 10^{-6}$，在富含碳化有机质的铀矿化体内还有Ge(达1%)、Y(达1%)、Zn(达005%)、Mo(达001%)的偏高富集，铀矿体尾部的褐铁矿化细砂质岩中Se偏高，达0.012% ~ 0.079%。

4.3 库捷尔泰矿床

库捷尔泰矿床是位于中亚伊犁铀矿省东延进入我国境内的一个大型可地浸砂岩铀矿(伊犁盆地南缘一系列铀矿之一)。其含矿岩系为侏罗系水西沟群($J_{1-2}sh$)，主含矿岩系Ⅴ旋回(相当于J_1s三工河组)，次含矿层位为Ⅰ、Ⅱ旋回(J_1b八道湾组)，含矿地层属陆相含媒碎屑建造，透水砂体稳定性较差，故矿体形态复杂(单卷状、板卷状、串卷状、“反卷”状等)，矿体厚度一般为1 ~4 m，最厚7.75 m，平均品位0.06%，富矿石品位 >0.1%，该矿床富集的伴生元素有Se、Re、Mo、V等，在U >0.1%的富矿石中Re含量为6×10^{-6}、Mo为0.014%，V为0.025%(矿卷头部达1%)，铀矿卷及后部Se达0.079%，该矿床REE亦有偏高(一般小于0.01%)，但只具地球化学意义。

4.4 乌库尔其矿床(中型)

位于库捷尔泰矿床东边，含矿岩系相同，只是增加了水西沟群上部西山窑组(J_2x)的Ⅶ旋回，铀矿体特征相同，但铀矿化中发育的伴生元素更多，有Se、Mo、Re、V、Ga、Ge等，其中Se、Re、Ga有一定规模，具有综合利用价值，而Mo、V、Ge的矿化具局限性。伴生元素产出特征自氧化带前峰至还原带依次为Se、Re、Ga、Mo、V；Se在铀矿卷尾内凹部内侧，Re、Ga在整个铀矿体内均有分布(Re、U富集程度基本对应)，而Mo、V、Ge在矿卷前部近还原带偏高富集。

4.5 十红滩矿床(大型)

位于吐－哈盆地西南缘，吐－哈盆地是中亚成矿域东部天山带内又一较大的山间盆地，其南缘发育有一系列砂岩铀矿床及矿化点。含矿岩系为中下侏罗统($J_{1-2}sb$)上部西山窑组(J_2x)的三个不同旋回，分别组成了南矿带、中矿带和北矿带，铀矿体较为复杂，除卷状外，有板状及卷板联合的似板状等，铀品位平均0.02% ~0.08%，块样最高达3.38%，在铀矿石中Re平均含量0.264×10^{-6}，最高含量1.08×10^{-6}，Se在不完全氧化带平均含量7.24×10^{-6}，最高58×10^{-6}，通过相关统计分析，除Re、Se外，与U呈正相关的元素还有Mo、V，说明其与铀在同一地球化学障沉淀，只是由于盆地南缘蚀源区的觉罗塔格山脉(中天山)有海西期花岗岩和泥盆纪火山岩组成的贫Se、Mo、V、REE的地质体，虽然在后生氧化作用过程中得到了富集，但只有地化意义而无工业意义。

吐－哈盆地西南缘的白咀山—迪哈尔铀矿化区不完全氧化带(矿尾)Se达0.0206%(4个样品均值)，Re在铀矿体内达$(0.12 \sim 0.13) \times 10^{-6}$；大南湖铀矿点(吐哈盆地东南缘，刚开始勘查)，在铀矿化尾部Se最高含量达122×10^{-6}。这些伴生元素富集信息值得进一步引起注意。

5 小 结

(1) 层间氧化带地浸砂岩铀矿浸液中Se和Re普遍可达综合利用要求，一些矿床内呈独立矿体产出。Se在不完全氧化带前部、铀矿体尾部产出是由于硒在氧化条件下很难形成硒酸盐矿物，而可与有机物或铁锰水合物形成复杂络合物迁移并在氧化带前缘、氧化还原过渡带尾部褐铁矿(针铁矿、水针铁矿等含水氧化铁混合物)和黄钾铁矾沉淀区以自然硒和白硒铁矿沉淀富集；而Re在氧化水介质中能形成(ReO_4)的络离子，与水介质中的$[UO_2(CO_3)]^{2-}$、$[UO_2(CO_3)]^{4-}$一起迁移，并在还原环境中与U^{6+}、Re^{7+}一起还原成四价(U^{4+}、Re^{4+})沉淀，故Re的富集位置与铀重叠。

(2) 蚀源区地质体活动性变价元素的富化程度与层间氧化带砂岩铀矿伴生元素富集种类有关。在铀矿勘查时要注意这些元素的综合利用价值。

(3) 层间氧化带内伴生元素富集与铀矿体的空间叠置关系自不完全氧化带→氧化还原过渡带(富铀矿体→贫铀矿体→铀异常晕)→还原带有如下的叠置关系：Se富集在不完全氧化带前部铀矿卷尾部的内凹部位，Au、Ag次生富集有相似特征，V、Ga与铀相似，自氧化还原过渡带向还原带逐渐降低，Mo在铀矿卷前(贫矿带)至过渡带(铀异常晕)得到最大富集；总体上Re有在铀矿体内与U同步沉淀的正相关关系，但在个别矿床铀异常晕前部的还原带尚有偏高富集，Ge与Re相似，同铀矿有相同的富集空间关系；Se、Y、REE仅在铀矿石内富集，铀异常内无富集现象；Zn、Ni、Co富集与硫化物有关，故其富集位置与铀矿体重叠。

参考文献(略)

黄金矿山要走综合利用之路

张应凡
（娄底市黄金办，湖南娄底，417000）

摘　要：由于我国黄金保有储量不足，其中有相当部分矿石品位低、选冶困难。只有走综合利用和科技进步之路，才能改变矿山的面貌。

关键词：金矿资源；综合利用；科技进步

在广州召开的全国黄金地质工作会议认为，我国黄金矿山保有储量消耗过快，新增探明储量严重不足，黄金矿山发展潜在资源危险。截至目前全国金矿保有储量约4 200 t，其中伴生金约1 200 t；难选冶、低品位金500 t，其他砂金200 t；全国约有2 300 t储量为现在生产矿山利用，所以黄金资源有限。如何保护和珍惜黄金矿产资源，合理地开发和综合利用资源已成为黄金矿山持续发展的战略问题。因此，黄金矿山要走综合利用科技进步之路，才能实现我国黄金矿山持续、快速、健康发展。

1　走综合利用之路

我国黄金矿产资源随着不断开发，易处理的矿石比例逐年减少，难处理矿石比例在不断增大。所以，今后黄金矿山都要朝着低品位、难处理矿石以及过去废弃的废石、尾矿、尾渣综合回收利用领域发展。

1.1　综合利用伴生有价多金属组分

黄金矿山矿石中常伴生有价值多金属硫化物，除回收金外，还可以综合回收银、铅锌、铜、钨、锑等有价金属。如某金矿，含金黄铁矿矿石中的硫含量大于5%，在回收金的同时，综合回收伴生元素硫。20世纪60年代以前湖南湘西金矿，在未发现伴生金以前，主要生产白钨精矿。到60年代发现金、锑、钨共生矿时，才搞综合利用，以金为主，锑、钨同时回收，故原湘西钨矿改名为湘西金矿。这表明科技进步，综合利用矿产资源成为矿山发展的方向。

1.2　综合利用尾矿废石资源

国外一些产金大国，如南非、澳大利亚、加拿大等国在20世纪70年代末开始大量综合利用金尾矿和废石中有用金属，经过重新选别回收有用金属后，“干净”的尾砂作为高级玻璃、水泥等工业原料，并且也改善了矿山的环境。

过去我国的选矿工艺设备、药剂技术水平落后，弃去的尾矿、废石中有价金属组分流失严重。随着选冶工艺技术水平的不断提高和发展，在矿产资源日渐减少情况下，原来损失在尾矿、废石中的有价金属组分逐渐引起人们的高度重视，并研究重新开发利用。如河北赤城县后沟金矿，为含硫微细粒金矿石，浸出后尾矿品位在0.5 g/t左右，日排放尾矿量850 t，每年约有15万g黄金流入尾矿库。他们采用煤质炭态吸附新技术，每年从尾矿中回收黄金17.5 kg，并治理了污水，年增加收益60多万元。近年来湖南湘西金矿已投入老尾矿综合开发利用工作。他们采用浮选回收金、锑—尾矿氰化—氰化尾渣浮选钨精矿的工艺流程，已经获得效益。

目前国内还有几处主要金矿（矿区）的尾矿、废石资源已合理开发利用，如灵宝地区、招远地区，他们与国外公司合作开发利用，引进澳大利亚公司推荐的5.1 m×6 m浸吸槽技术进行尾矿利用，做了许多工作。

我国一些矿山为了解决资源危机及环保问题，已投入研究综合利用尾矿、废石资源的工作。除回收有用金属外，“干净”的尾渣供制玻璃、水泥、建材原料。如山东的三山岛、新城、辽宁的五龙等矿。

据统计，1997年全国矿山产金168 t，采矿量为2 540万t，出矿品位平均4.13 g/t，尾矿品位在0.38 g/t左右，总回收率86.46%。按这样估计每年有18 t到20 t黄金流入尾矿库。因此黄金矿山的尾矿及废石资源综合开发利用前景非常好。

1.3　综合利用微细粒金矿资源

随着我国黄金工业的不断发展，对易采、易选、易冶的金矿石资源消耗加快，而且找矿难度也越来越大。因此，加强我国有找矿前景的微细粒金矿的研究和开发利用，促进我国黄金工业持续、快速、稳定发展意义重大。

我国发现的微细粒金矿绝大部分为中大型，主要分布在中西部地区，以贵州为例，微细粒金矿占全省已知黄金矿产资源的95%以上，占全国已查明的该类型金矿的55%以上。并且，这一类型金矿颗粒极细，含有害杂质As、Hg、Sb、C、S等元素。现已有广西、贵州、湖南等省先后采用堆浸工艺处理微细粒氧化矿石投入工业生产。但对绝大部分原生微细粒金矿，虽然我国广大的科技工作者做了大量的研究试验工作，但还没有为矿山设计和生产提供扩大试验依据。因此，微细粒金矿中占有很大比例的原生矿石的经济价值，已成为目前国内外黄金资源开发和投资者最为关注的热点。

2 走科技进步之路

我国黄金工业经过几十年的持续发展，一个突出的成绩是，黄金生产实现了机械化，建成了一批机械化程度较高的黄金矿山企业，一些自动化控制的现代化矿山。这就表明了我国黄金工业在不断朝着科技进步方向迈进。

黄金工业发展几十年来取得了世人公认的进步，我国已进入世界产金大国行列。从纵向比较这是进步，如与世界先进水平横向比较，在众多方面我们仍有许多差距。即我国建成的一批机械化和自动化的矿山，也只停留在单机、局部点控制阶段多，而国外发达国家在20多年前就实现了生产全过程自动化控制和管理电脑化。

我国近几年来狠抓了黄金生产成本管理工作，产品成本逐年下降。到1999年黄金成本为260美元/oz（1oz≈28.358），与世界平均水平（261美元/oz）相比基本持平，但与国外先进水平（220美元/oz）相比还有较大差距。其主要原因是我国黄金矿山点多面广，结构不合理，少有年产金10 t以上世界级的大型金矿，而且企业冗员多，债务重，技术落后。据统计，我国小型金矿占80%以上。

我国黄金矿山采选生产技术与国外发达国家比，差距还较大。在开采技术上，国外现在开采深度在3 000 m以下，高温、高压条件下，采用设备大型化，管理技术现代化；而我国黄金矿山规模小，设备技术水平低，开采深度在700～1 000 m之间，属浅层开采。在选矿技术上，对难处理金矿资源，国外早就采用热压氧化预处理、氧化焙烧预处理和细菌氧化技术；而我国对于难处理的金矿资源选矿技术虽进行了研究攻关，并取得一定成果，但产业化过程还需要一段时间。

我国黄金工业在几十年的发展过程中，敢于追求高起点建设的矿山，目前有辽宁排山楼金矿。从建设开始他们就选择了选冶过程自动化，生产设备大型化。如大型颚式破碎机、球磨机、1060型压滤机、800 kW高压同步电机等；采用碳浆提金、高压解析电解，尾矿压滤等新技术工艺。排山楼金矿在我国黄金矿山中，目前自动化程度最高，技术最先进。由于金矿生产自动化程度高，金矿定员只150人，年产黄金2 500 kg，人均产金超过15 kg，人均实物劳动生产率比我国目前的平均水平高15倍多，接近了美国的水平。排山楼金矿是我国黄金矿山建设史上的飞跃跨越。

排山楼金矿高起点建设的模式告诉我们，我国黄金工业进入21世纪的建设目标是高起点，要求我们要向前看，坚持科技进步与创新，在主要工艺技术上接近和达到世界先进水平，实现我国黄金工业持续、快速，稳定发展。

参考文献（略）

五、地球物理找矿新方法、新技术

流场法用于堤防管涌渗漏实时监测的研究与应用*

何继善　邹声杰　汤井田　王恒中　杜华坤
（中南大学地球科学与信息物理学院，长沙，410083）

摘　要：堤防属于挡水建筑，在长时间运行过程中，受到复杂的自然环境和各种内外力的作用，其状态随时都在变化，有可能出现各种各样的隐患问题。其中最常见、危害最大的隐患就是管涌和渗漏。汛期堤防管涌渗漏的实时监测对堤防的紧急抢险具有非常重要的意义。本文在分析了已知各种用于堤防管涌渗漏监测工作方法的优缺点的基础上，提出了用流场拟合法进行堤防管涌渗漏入水口的监测，通过物理模拟实验以及实际应用表明流场拟合法可以有效地用于堤防管涌渗漏入水口的实时监测。

关键词：流场法；管涌渗漏；实时监测

1　前　言

我国是一个水灾频繁的国家，每年洪水泛滥给国民经济和人民生命财产造成了巨大的损失。由于我国堤防漫长，受社会及经济条件等因素的制约，目前尚不能彻底根治堤防隐患。在汛期，堤防内部物性参数在不同时刻的变化都不一样，因而堤防隐患不是固定不变的，而是随着汛情的发展而变化。一段堤防，今天没有险情隐患，明天可能就会有。因此，堤防隐患探测工作也绝非一劳永逸，必须对重点堤段进行动态实时探测，随时跟踪监测隐患的发展变化情况。长期以来，尽管在堤防质量及隐患探测方面，我国有许多单位和个人做过不少工作，也取得了不错的成绩，但对于汛期堤防隐患的实时跟踪监测技术研究，国内这方面还只处于初步阶段。中国水利科学研究院的房纯纲等[1]提出用瞬变电磁法跟踪监测堤防隐患，在岳阳毛家湖某堤段先后在汛期和枯水期开展了瞬变电磁法工作，用以对比堤防内部物性参数在汛期和枯水期间的变化。中国地质大学的王传雷等[2]采用高密度电阻率法通过定点重复观测来研究不同水位下堤坝隐患电阻率图像的动态变化，进行了一系列的模拟实验工作，并且在武汉长江大堤上进行了实测对比工作。郭玉松[3]等提出了一些可用于堤防隐患监测的物性参数，并对监测系统的功能做了简要介绍。这些方法都是在堤坝顶部开展工作的，基本上能够较为准确的监测到堤坝一定深度内电阻率或电导率随时间变化的过程，可以对堤坝管涌渗漏的产生和发展起到一定程度上的监测与预报，但是对于分秒必争的汛期抢险来说，这些方法的探测结果仅能作为参考，原因是这些方法的探测成果不能立马用于堤防紧急抢险，只适合用于汛后堤防整治。鉴于以上原因，我们认为如果能够快速及时找到堤坝管涌渗漏通道的源头——入水口，就可以对症下药，迅速解除管涌渗漏的威胁，因此提出一种能够快速查找堤坝管涌渗漏入水口的全新的探测方法——流场法，这种方法可以实时跟踪堤坝管涌渗漏入水口的变化情况。

* 基金项目：国家自然科学基金委员会与长江水利委员会联合资助项目（编号：50099620—03—02）。

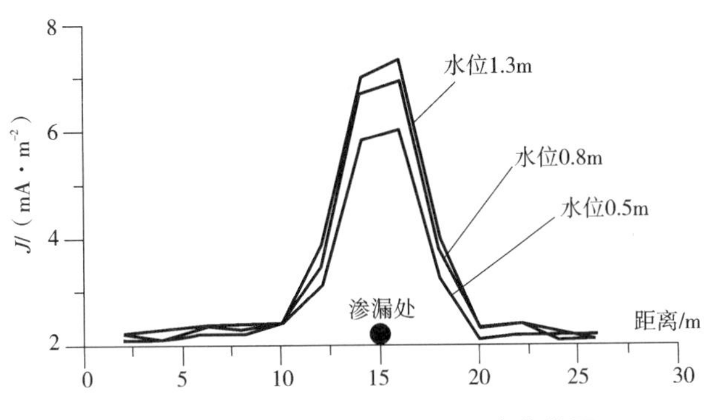

图1　不同水位下流场拟合法异常曲线图

2　流场法的基本原理与模拟实验

由水力学可知堤坝的渗漏管涌入水口会产生微弱的水流场，但在汛期这些微弱的流场被江、河以及水库的强大正常水流场所掩盖，用仪器直接测量出来几乎是不可能的。因此只能通过间接方法来测量这些微弱流场的存在。早在1918年，苏联科学院院士巴甫洛夫斯基就指出了电流场与水流场的某些相似性，并首先运用了水电比拟试验。事实上，水流场和电流场的控制方程都为拉普拉斯方程，具有相同的数学形态，因此它们在空间分布上应具有相似的规律。

根据流场法基本原理我们选择一处较大较深的水塘修建了模拟实验场所，并在水塘底部布置了一处模拟渗漏区域(图1的15 m处)，进行了不同水位下堤坝管涌渗漏的物理模拟(见图1)，从图1可知，随着水位的增加，所监测到的异常幅值相应增加。由此可知流场拟合法可以用于汛期管涌渗漏入水口的监测工作。

3　流场法在堤坝实时监测中的应用

3.1　洪泽湖大堤管涌险情实时探测

洪泽湖大堤是淮河下游重要的流域性工程，保护2 000万人，3 000万亩土地。2001年3月份，天气干旱，洪泽湖大堤背水面坡脚的堤河水位下降。当时湖水位13.50 m，堤河水位约7.00 m。在三坝桥(桩号52K+315)处堤河内有两处管涌险情，管涌出水口分别距堤顶223 m和241 m，冒水孔直径分别为0.3 m和0.1 m，涌水量分别为0.0043 m^3/s和0.0021 m^3/s。险情发现后，引起各级领导的高度重视，水利部、国家防办领导多次到现场检查，指示尽快采取措施。根据国家防总有关领导的安排，中南大学于2001年4月24—25日对管涌附近大堤渗漏情况进行了探测，本次探测是在湖内采用连续扫描的方式进行，铁船装载接收机，高灵敏度探头伸入水中，沿堤巡查，同时用GPS全球卫星定位系统对探头所在位置进行实时定位。先后进行了三次探测，每次探测时的渗漏流量、流速、水力坡降和水文地质条件均有所不同。第一次是在涌水点水位较高，看不出明显冒水的情况下进行，探测仪在洪泽湖大堤的上游湖面上进行巡测，发现临大堤护坡附近19 m×12 m范围内出现微弱的异常区，最大异常幅值为4~6个信号单位(见图2)。值得说明的是，经3~4次往返重复检查观测，此异常客观存在。异常绝对值虽不大，但重现性好，而且在异常范围外的信号背景值仅为0~1个信号单位，因此该异常是可靠的。

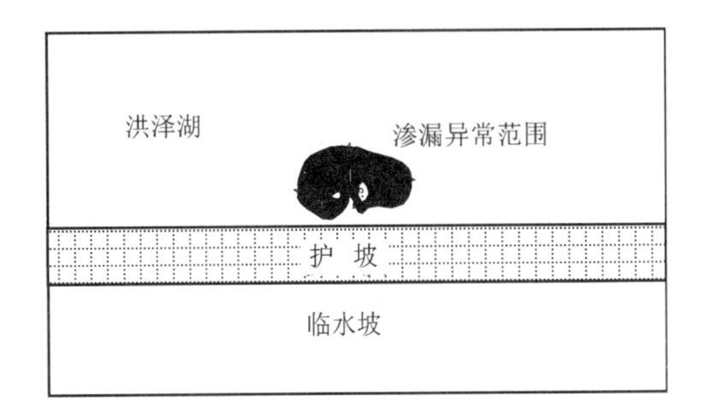

图2　第一次巡测渗漏异常示意图

第二次是在涌水点处修筑了围堰，并抽水3小时后，在降低涌水点的水位的情况下进行的，此时渗水漏斗初步形成，探测小组在洪泽湖面进行第二次巡测，发现异常区仍在原来位置，大约为20 m×14 m，并且测试仪器信号增强，读数最大值为15(相对值)(见图3)。

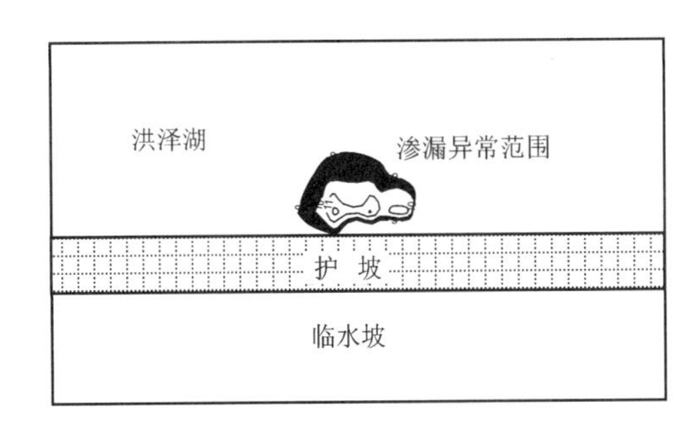

图3　第二次巡测渗漏异常示意图

第三次是在经过对管涌涌水点进行长时间(9 h)抽水后，形成较大的水力坡降后进行，此时渗水漏斗基本形成，异常区还在原来的位置，信号又有增强，读数最大值为30，异常范围也稍有扩大，大约为25 m×20 m(见图4)。

从三次探测的结果可以发现，在不同的水力坡降条件下，在相同的区域内均有异常存在，且随水力坡

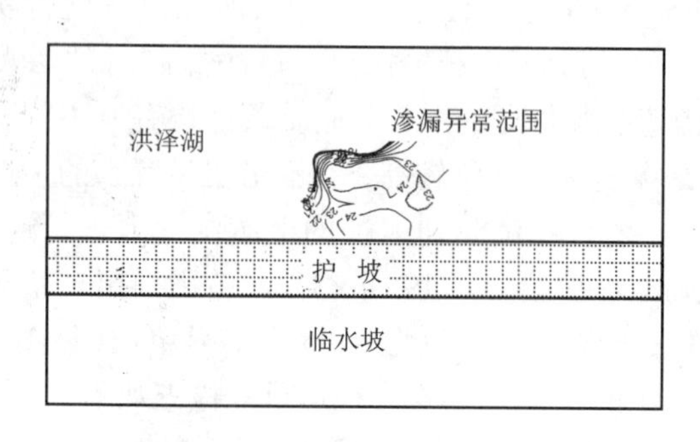

图4 第三次巡测渗漏异常示意图

降增加，渗水漏斗逐步形成，渗漏速度增加，异常强度增大，反映出涌水点与湖水有明显的连通关系，异常部位即为渗漏位置。

为了验证流场法探测结果是否正确，洪泽湖三河闸管理处又进行了同位素示踪法测量，其测量结果与DB—3普及型堤防管涌渗漏检测仪结果相同。

根据上述流场法探测结果，在渗漏异常幅值区左右各100 m的区域，在迎水面的防浪平台处采用振动沉模防渗墙应急工程，同时沿着检测到的渗漏路径采用压密注浆工程，两工程实施后，渗漏量减少了61.5%，浸润线下降了32.5%，只剩下部分(由于施工长度偏短，相邻堤段产生的渗流）绕渗的影响，达到了预期的目的，保证了52 km处险工段安全度汛。

由此可知流场法对管涌渗漏的渗漏流量、流速、水力坡降敏感，因此在汛期流场法完全可以实时监测到因江河湖水水位反复变化而导致管涌渗漏动态变化的过程。

3.2 汉寿县阁金口闸特大管涌实时监测

阁金口闸位于汉寿县沅南垸临南湖撇洪河大堤下游，是一座引临南湖撇洪河水灌溉垸内农田的涵闸。1999年7月22日，该闸出现少量渗水，7月23日17时，出水量突然加大到1.5 m^3/s，且夹带大量黑色泥沙。险情发生后，省市各级领导和水利专家迅速赶赴现场，紧急动员4000多劳力、900多解放军官兵、100多台翻斗车以及70多条船只等在水闸金口部位抛投土袋、米袋和块石，筑围坝，再利用机械填土，出水量有所下降，但始终维持在0.35 m^3/s。为了彻底排除险情，省防汛抗旱指挥部电请中南大学予以支援。中南大学有关专家对现场进行勘查后，决定采用流场法在涵闸进口处以及临水坡北侧26 m的范围内进行广泛实时反复检查，发现了集中进水口10余个和一条沿堤角的弱渗水带。潜水员当即下水摸查，在集中进水口施放有色染料或小麦，证明存在管涌进水口和涵闸出水口连通。随后又在涵闸临水坡南侧发现渗水带和漏水洞，并在涵闸临水坡已封填平台前方发现面积性渗水区域，现场指挥部调整抢救方案，经数小时作业，涵闸出水流量明显减小，漏水量减小到0.002 m^3/s，阁金口险情被彻底控制，这一全省关注的特大险情转危为安。图5是阁金口闸5号剖面1999年7月26日和7月30日的流场法观测结果。图中尖峰状异常指示漏水的部位。从图可以看出7月26日测的流场异常宽而强烈，经过抢救后，到7月30日流场异常不复存在。1999年冬天，对阁金口闸进行开挖彻底整治。开挖后发现涵闸第一次接长部位严重破裂。在涵闸临水坡北侧有10余条通道呈伞状集中指向涵闸破裂处，通道内淤塞着外来泥土。涵闸临水坡南侧也存在一个淤塞外来泥土的通道指向破裂处。在涵闸临水坡前方，当挖除2～3 m盖层后，发现有通道指向涵闸。这进一步证明了流场法此次查漏的准确性。

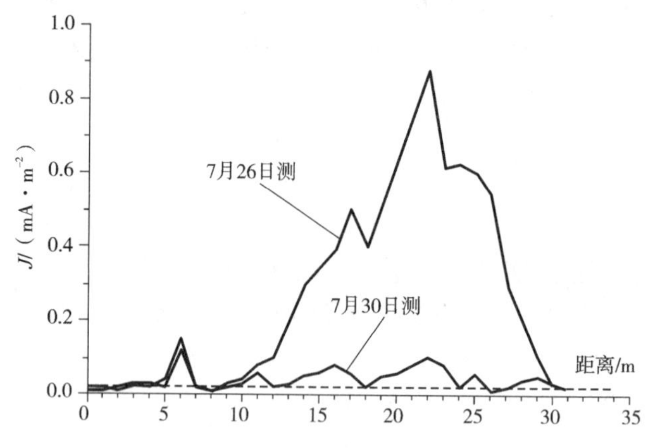

图5 汉寿县阁金口闸5号剖面流场法探测结果

4 结 论

汛期堤坝渗漏管涌状态随江河湖水水位变化而变化，这是一个动态的变化过程。流场法的物理模拟实验及汛期实际应用表明流场拟合法完全可以有效地实时监测堤坝管涌渗漏的这种动态变化过程，能够准确探查出管涌渗漏的入水口，为汛期堤坝管涌渗漏的紧急抢险提供科学、可靠、经济的堵漏方案。

参考文献

[1] 房纯刚，葛怀光，鲁英等. 瞬变电磁法探测堤防隐患及渗漏[J]. 大坝观测与土工测试，2001，25(4)：30－32

[2] 王传雷，董浩斌，刘占永. 物探技术在监测堤坝隐患上的应用[J]. 物探与化探，2001，25(4)：294－299

[3] 郭玉松，谢向文，马爱玉等. 从堤防隐患探测到堤防隐患监测的思考[J]. 水利技术监督，2003，11(3)：34－37

新技术在电法仪器中的应用概况及前景

陈儒军　何继善
（中南大学地球科学与信息物理学院，长沙，410083）

摘　要：电子技术、计算机技术和信号处理技术的发展，为电法仪器性能的提高提供了保障。特别是GPS技术、电力电子器件、高速微处理器、可编程逻辑器件、24位A/D转换器等新技术，对电法仪器性能具有决定性的影响。本文介绍上述技术在电法仪器中的应用状况，并分析其应用前景。

关键词：电法仪器；GPS；电力电子；FPGA/CPLD

电法仪器的发展与电子技术、计算机技术和信号处理技术的发展息息相关。

上述技术的发展，为电法仪器性能的提高提供了保障。与上述技术相应的GPS技术、电力电子器件、高速微处理器、可编程逻辑器件、24位A/D转换器等新技术，对电法仪器的性能具有决定性影响，将在电法仪器中取得广泛的应用。本文介绍上述技术在电法仪器中的应用状况，并分析其应用前景。

1　GPS技术

同步和高精度时钟对电法仪器显得十分重要，传统电法仪器采用高精度恒温石英晶体振荡器提供高精度时钟，采用直接电缆连接、光缆连接、无线电等方式同步。上述方法都有用，但在实际中有限制。利用GPS的高精度时钟和秒脉冲信号，可以很好地解决上述问题。由于GPS技术的上述优点，国外的著名电法仪器纷纷推出或研究采用GPS同步对时技术的新型电法仪器，如加拿大凤凰公司推出V5－2000大地电磁探测仪，取得了很大成功。此外，该公司的MTU系列电法数据采集模块、EMI公司MT－24、ZONG公司的GDP－32II都采用或增加了GPS同步和对时技术。国内也开展了GPS同步对时技术的研究，部分单位还研制了科研样机。同时，由于美国停止了GPS定位中的SA政策限制，GPS的定位误差一般小于10 m，如果采用差分和叠加技术，定位误差更小。GPS定位技术将在电法仪器中发挥重要作用，国外采用GPS定位技术的电法仪器有AGI公司用于河湖和海洋电法勘探的高密度电法仪。

2　电力电子器件

无论是激电还是电磁法勘探，大功率发送机可以解决若干采用中小功率发送机无法解决的问题。尤其是大的探测深度要求和干扰强烈的地区，采用大功率发送机在一定程度上可以解决上述问题。因此，大功率发送机成为研究的热点，电力电子器件是大功率发送技术的首要选择。

电力电子是一门用电子的手段控制电气主回路的电流，以进行功率变换和控制的相关技术，为电子技术，控制技术的边缘区域。对电法勘探发送机有价值的技术有：

（1）电力半导体器件。如晶闸管、功率晶体管、GTO、MOSFET、SIT（静电效应晶体管）、IGBT（绝缘栅双极晶体管）等新器件。

（2）电力变换电路，如整流电路，逆变、斩波、变频等基本电路以及控制电路、保护、滤波电路等。电力变换电路是电子电路的一种，为了高效处理功率，构成电路的半导体器件工作在开关状态可得到所需要的电压电流波形以实现电力变换。

采用电力电子技术可以很好地解决大功率电法勘探场源研究中的难题。如整流二极管，目前已发展到直径100 mm，电流近万安培，反向电压近万伏。对于GTO，20世纪70年代中期就出现了600 A/2 500 V的GTO，20世纪末，国际上的生产水平已达到8 000 A/8 000 V。下面简要介绍在大功率电法勘探场源中具有很好应用前景的GTO和IGBT。

GTO（Gate Turn-off Thyristor）是一种用正门极信号可控制其导通、用负门极信号可实现其关断的特殊型晶闸管。GTO具有晶闸管的全部特点，如耐高压、电流大、抗浪涌能力强等，又有具有晶体管控制方便的长处。由于GTO不需要换流电路，采用GTO装置与普通晶闸管装置相比显示出下述优点：①电路元件小，结构简单；②装置体积小，重量轻；③没有因换流脉冲产生的噪音；④减小了换流损耗、提高了装置的效率；⑤容易实现脉宽调制（PWM）、改进输出波形。其次，GTO 与普通晶闸管相比工作频率高，其开关速度高于快速晶闸管和高频晶体管，是一种较理想的直流开关、在中小容量变流装置中有着诱人的应用前景。

IGBT(insulated gate bipolar transistor)是一种电压驱动型器件，它是以 MOSFET 作为基本技术、由大量元胞集成、可以开关高电压大电流的器件，兼有 MOS 器件高输入阻抗和双极器件低损耗的特点，因而具有控制功率小、开关速度快、电流处理能力大、饱和压降低等特点。它由于控制简单的优点而倍受青睐，正广泛投入实践应用。

我国于 20 世纪 90 年代开始将电力电子器件用于电法勘探场源中，相继推出一些产品和科研样机。地矿部地球物理地球化学研究所于 1992 年研制了 10 kW 瞬变电磁发送机系统。该系统最大发送电压为 600 V，最大发送电流为 40 A。功率器件为大功率达林顿模块 GTR(Giant Transistor)，该器件具有功率大，开关容易控制(同一般晶体管相比)，放大倍数大等优点。1991—1993 年期间，煤炭科学研究院西安分院研制了 DD－1 型大功率电磁频测仪。其供电电压可升至 1 000 V，供电电流可达 40 A，逆变器中开关元件采用 30 A/1 200 V 高频晶闸管串联使用。原长春科技大学采用 IGBT 5 kW 电磁法发射机系统，关断时间达 1.2 μs。原中南工业大学采用了 IGBT 10 kW DF－1 微机程控多功能大功率发送机。

在国外，晶闸管和 IGBT 较早应用于大功率发送机中。如 ZONGE 的 GGT－10 10 kW 和 GGT－30 30 kW 地球物理发送机，采用晶闸管整流，IGBT 作为逆变器。GGT－10 的最大发送电压为 1 000 V，最大发送电流为 25 A，GGT－30 的最大发送电压为 1 000 V，最大发送电流为 43 A。

3　高速微处理器

微处理器对物探仪器革新的影响是决定性的。速度更快、功能更强的微处理器的是探矿仪器设计者首先要追求的。因为功能强大的微处理器不仅可以对各种地球物理信号进行复杂的处理和控制，而且为用户获得更好的仪器操作环境提供了可能。有了功能强大的微处理器，我们就有能力研制能够开展多种地球物理方法的虚拟地球仪器，因为仪器的功能由软件来定义和完成；我们就有能力在物探仪器中采用计算机网络技术，实现远程调试、诊断及数据采集。

表 1 有力地说明了微处理器对物探仪器改进的决定性作用。近年来，32 位微处理器在新一代高性能电法仪器上取得了广泛应用。如 GDP－32II 和 EH－4 采用了 80486 CPU，V5－2000 和 MT－24 也采用了 32 位微处理器。

表 1　微处理器的发展历史及其在物探仪器中的应用

机种＼年	1940　1950　1960　1970　1980　1990　2000
晶体管的开发	• (点接触式)　• (硅片型)
台式计算机	• (CS—10A)(夏普)
4位CPU	• (i4004)
8位CPU	• (i8008) • (M6800) • (Z80)
16位CPU	• (i8086) (M68000) (Z8000)
32CPU	• (i80386) (M68020) (32000) • (80486)

CPU分类	勘探仪器	使用的微机
8位	• 地震仪	
	Geotro 8012(BISON)	Z80
	McSEIS—1500(OYO)	Z80
	• 电法仪器	
	SYSCAL(IRIS)	NSC800
	SAS300(ABEM)	M6802
	HcOHM(OYO)	Z80
	• 测井仪	
	Geologger—3030(OYO)	64180
16位	• 地震仪	
	Series9000(BISON)	M68000
	McSEIS—16000(OYO)	M68000
	• 电法仪器	
	McOHM21(OYO)	M68000
32位	• 地震仪	
	Series 24000(BISON)	i80486
	TERRALOC mark6(ABEM)	i80486
	ES—2401(GEOMETRICS)	i80286
	strataview(GEOMETRICS)	i80486
	DAS—1(OYO GEOSPACE)	
	• 测井仪	
	WELLMAC(ABEM)	i80386
	Prologger(RG)	i80386

总的说来，微处理器在电法仪器的作用主要是数据采集、傅立叶变换和电法参数计算等常规的处理。除了 GDP－32II 实现了实时高通滤波外，其他实时信号处理方式实现起来还比较困难。要在电法仪器实现更复杂的信号处理，需要 DSP 处理器或更快速度的通用微处理器。由此可见，在电法仪器中采用比 486 更快的微处理器，是电法仪器的发展趋势。

4 可编程逻辑器件

随着微电子技术的发展，设计和制造集成电路的任务已不完全由半导体厂商来独立承担。系统设计师们更愿意自己设计专用集成电路(ASIC)芯片，而且希望 ASIC 的设计周期尽可能短，最好是在实验室里就能设计出合适的 ASIC 芯片，并且立即投入实际应用中。因而出现了现场可编程逻辑器件(FPLD)，其中应用最广泛的当属现场可编程门阵列(FPGA)和复杂可编程逻辑器件(CPLD)。它们具有设计周期短，设计制造成本低、开发工具先进、标准产品无需测试、质量稳定以及可实时在线检验等优点，因此被广泛应用于产品的原型设计和产品生产(一般在 5 000 件以下)之中。几乎所有应用中小规模通用数字电路的场合均可以应用 FPGA 和 CPLD 器件。

ASIC 具有以下几个特点：

(1) 降低了产品的综合成本。用 ASIC 来设计和改造电子产品可以大幅度地减少印刷电路版的面积和接插件，降低装配和调试费用。

(2) 提高了产品的可靠性。大量分立元器件在向印刷电路板上装配时，往往会发生由于虚焊或接触不良而造成故障，并且这种故障常常难以发现，给调试和维修带来了极大的困难。因此，采用 ASIC 之后系统的可靠性会大大提高。

(3) 提高了产品的保密程度和竞争能力。

(4) 降低了电子产品的功耗。由于 ASIC 内部电路尺寸很小、互连线短、分布电容小，驱动电路所需的功耗就大大降低；另外，由于芯片内部受外界的干扰很小，所以可以采用较低的工作电压以降低功耗。

(5) 提高了电子产品的工作速度。ASIC 芯片内部很短的连线能大大缩短延迟时间，并且其内部电路不易受外界干扰，这对提高速度非常有利；而且，ASIC 规模越做越大，有时可以将整个(子)系统集成到一块芯片上，这比分立元器件构成的电子系统速度要快。

(6) 大大减小了电子产品的体积和重量。

(7) 半定制设计由于不需涉及布局布线专业知识和经验，也使得设计人员都能够接受这种 CAD 技术。

轻便、可靠、低功耗是电法仪器研制所追求的主要目标，采用大规模可编程逻辑器件可以满足上述目标，使仪器更加轻便、可靠性更高，同时降低仪器功耗。采用 ASIC 的电法仪器有 GDP－32II，其他电法仪器没有这方面资料或说明。但从仪器的功耗、体积和重量来看，V5－2000、MT－24、EH－4 等新一代电法仪器很可能也采用了 ASIC。

5 Σ－Δ A/D(D/A)转换器

任何 A/D 转换器都包含三个基本的功能，这就是抽样、量化与编码。抽样过程将模拟信号在时间上离散化使之变成抽样信号，量化将抽样信号的幅度离散化使之变成数字信号，编码则将数字信号最终表示成数字系统所能接收的形式。如何实现这三个功能就决定了 A/D 转换器的形式与性能。

传统上，A/D 转换过程大都严格按照抽样、量化和编码的顺序进行。首先根据抽样定理用模拟信号对重复频率等于抽样频率 f_s 的脉冲串进行幅度调制，将模拟信号变成脉冲调幅信号，然后对每一个样值的幅度进行均匀量化，最后根据需要的编码用二进制码元来表示量化电平的大小。对于一个 n 位的 A/D 转换器，每一个抽样值都编成 n 位码。由于量化为均匀量化，按照通信中的调制编码理论，上述编码过程通常称为线性脉冲编码调制(LPCM)，因此这类 A/D 转换器被称为 LPCM 型 A/D 转换器，或简称为 PCM A/D 转换器。现今使用的绝大部分 A/D 转换器，例如并行比较型、逐次比较型、积分型等都属于这种类型。这种类型的 A/D 转换器由于是根据抽样值的幅度大小进行量化编码，一个分辨率为 n 位的 A/D 转换器其满刻度电平被分为 2^n 个不同的量化等级，为了能区分这 2^n 个不同的等级需要相当复杂的比较网络和极高精度的模拟电子器件。当位数 n 较高时，比较网络的实现是十分困难的，因而限制了转换器分辨率的提高。同时在用 A/D 转换器构成采集系统时，为了保证在转换过程中样值不发生变化，必须在转换之前对抽样值进行抽样保持，A/D 转换器的分辨率越高，这种要求越显得重要，因此在一些高精度采集系统中，在 A/D 转换器的前端除了设置有抗混叠滤波器外大都还需要设置专门的抽样/保持电路，从而增加了采集系统的复杂度。

另一类所谓增量调制编码型 A/D 转换器则与之不同，它不是直接根据抽样数据的每个样值的大小进行量化编码，而是根据前一样值与后一样值之差即所谓增量的大小来进行量化编码。这就是过抽样 Σ－Δ A/D 转换器(以及与之对应的 D/A 转换器)。它由两部分组成，第一部分为模拟Σ－Δ调制器，第二部分为数字抽取滤波器。Σ－Δ调制器以极高的抽样频率对输入模拟信号进行抽样，并对两个抽样之间的差值进行低位量化（通常为1位），从而得到用低位数码表示的数字信号或Σ－Δ码，然后将这种Σ－Δ码送给第二部分的数字抽取滤波器进行抽取滤波，从而得到高分辨率的线性脉冲编码调制的数字信号。因此抽取滤波器实际上相当于一个码型变换器。由于这种类型的A/D和D/A转换器就量化而言仅采用了极低位的量化器，避免了LPCM型A/D转换器中需要制造高位D/A转换器或高精度电阻网络的困难，但另一方面确因为它采用了Σ－Δ调制器技术和数字抽取滤波器，可以获得极高的分辨率，大大超过了LPCM型A/D转换器。同时由于采用低位量化，输出Σ－Δ码不会像PCM型A/D那样对抽样值幅度变化敏感，而且由于码位低，抽样与量化编码可以同时完成，几乎不花时间，因此不需要抽样保持电路，这样就可以使得采集系统的构成大为简化。

与传统的PCM型A/D转换器相比，增量调制型A/D转换器实际上是采用高抽样率来换取高位量化，即以速度来换精度的方案。这种方案早在20世纪60年代就提出来了，但限于当时的技术水平，特别是抽取滤波器的实现困难，因而没有获得实际的应用。近年来随着大规模集成电路和数字信号处理技术的发展，使得数字抽取滤波器的实现已不成问题，因此自20世纪90年代以来这种A/D和D/A转换器获得了很大的发展，并在高精度数据采集特别是数字音响系统、多媒体、地震勘探仪器、声纳、电子测量等领域获得了广泛的应用。

由于Σ－Δ A/D转换器的上述优点，它在最近几年在电法仪器中的应用日趋广泛。如ABEM公司推出的高密度电法仪、凤凰公司的V5－2000和该公司的其他MTU电法数据采集模块、EMI公司的MT－24。ZONG公司的创始人K. L. Zonge也认为，Σ－Δ A/D转换器是电法仪器A/D转换器的最佳选择。

6 结 语

（1）GPS技术可以很好解决电法仪器的同步问题，还能够提供定位、导航等多种功能，将在电法仪器中获得广泛应用。

（2）电力电子技术是大功率电法勘探发送机中采用的关键技术，也使自动控制发送功率的小功率发送机（如高密度电法仪发送机）成为可能。今后，电力电子技术不仅可以在大功率发送机中发挥作用，还可以在智能型中小功率发送机中发挥重要作用。

（3）高速微处理器可以满足电法数据的实时现场处理，提供更好的仪器操作界面。

（4）可编程逻辑器件在增强电法仪器性能、降低仪器重量、提高可靠性、降低仪器功耗方面有重要作用。

（5）Σ－Δ A/D转换器精度高、有效降低了电法仪器放大和滤波网络的复杂度，是电法仪器A/D转换器的最佳选择，在电法仪器中的应用范围将进一步增大。

参考文献

[1] 刘益成，罗维炳. 信号处理与过抽样转换器[M]，北京：电子工业出版社，1997

[2] 余晓龙，丁仁杰等. 全网同步监测装置GPS接口模块的改进设计与实现[J]. 电子技术应用，2001(12)：41－43

[3] 马立峰，潘霞. 10千瓦瞬变电磁发送系统技术特点技术及GTR应用技术研究[J]. 地学仪器，1997(2)：13－16

[4] 薛克先. 微型计算机的变迁与勘探仪器[J]. 地学仪器，1996(1)：1－6

[5] Phoenix Geophysics. The MTU data acquisition units [OL]. http://www.phoenix-geophysics.com/Products/MTU.html，2002

[6] Zonge Engineering. GDP－32 II [OL]. http://www.zonge.com/grgdp322.htm，2001

[7] Phoenix Geophysics. V－6 receiver [OL]. http://www.phoenix-geophysics.com/Products/V6Receiver.html，2002

高密度电法单－偶极排列勘探深度探讨

晏月平
（湖南有色地质勘查局二四七队，长沙，410129）

摘　要：单－偶极排列是高密度电法中一种常用的电极排列方式，本文利用灵敏度函数简要分析了该类排列电极距与勘探深度的关系，并举例说明了反演方法的选择在资料解释时的重要性。

关键词：单－偶极排列；灵敏度函数；平均勘探深度；反演方法

1　问题的提出

单－偶极排列（见图1，也叫三极排列）由供电极 A 及一个偶极子 MN 组成，C 为无穷远极。该排列有正、反向两种方式，正、反向同时开展时即成了平常所说的联合剖面排列。由于该排列对低阻陡立地质体、轴状体以及岩石界面等有较明显的效果，因而无论在常规电法、还是在高密度电法中，这一排列经常被采用。然而对勘探深度问题，该排列一直存在一个误区，即电极距大小与勘探深度的关系问题。对大多数排列来说，随电极距的增长，排列所能影响的区域或深度也会增长，但对单－偶极排列而言，情况并没有这样简单。本文将就这种排列的勘探深度进行探讨。

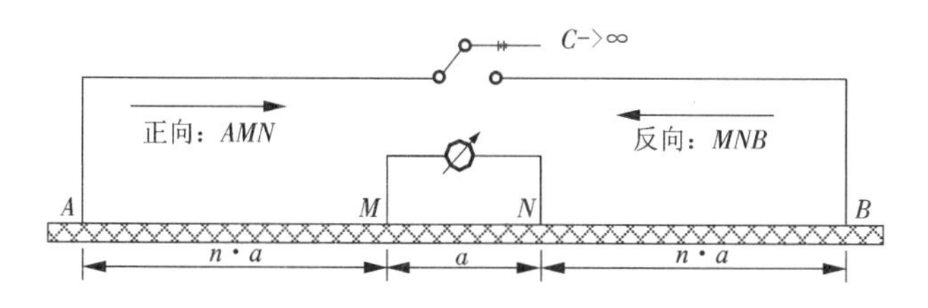

图1　单－偶极排列示意图

2　理论基础

考虑一种特殊情况，如图2所示，在均匀半空间地面（0，0，0）处布置的供电电极 A，在与 A 相距 a n 的（a，0，0）处布置测量电极 M（该排列即为单－单极排列或二极排列），$d\tau$ 为体元电性体。我们在 A 供入 1.0 A 电流，在 M 处则会观测到某一电位值 φ。如果将（x，y，z）处的体元电阻率作微小的改变，变化量记为 $\delta\rho$，则在 M 处的电位值也将相应变化，变化量记为 $\delta\varphi$。据 Loke 和 Barker（1995）分析，它们之间有以下关系：

$$\delta\phi = \frac{\delta\rho}{\rho^2}\int_V \nabla\phi \cdot \nabla\phi' \mathrm{d}\tau \tag{1}$$

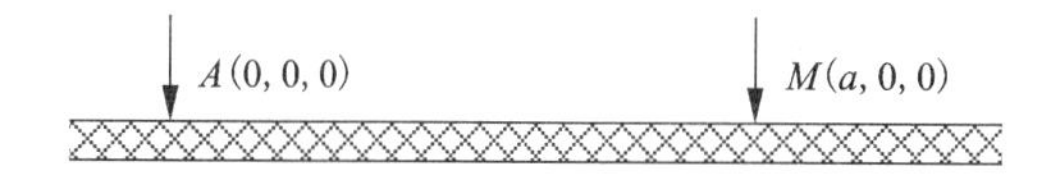

图2　均匀半空间下一个体元电性体

在这里，电阻率在体元 $d\tau$ 内的变化为一恒定值，而在其他地方为0。参数 φ' 表示另一电位值，它与在 M 处供电时有关。作为均匀半空间的一种特殊情况，当在地表采用单位电流源时，在半空间中某一点的电位 φ 值有如下简单的表达式：

$$\phi = \frac{\rho}{2\pi[x^2+y^2+z^2]^{0.5}}$$，同样地可以得到：

$$\phi' = \frac{\rho}{2\pi[(x-)^2+y^2+z^2]^{0.5}} \tag{2}$$

对以上各式微分后，进一步得到以下等式：

$$\frac{\delta\phi}{\delta\rho} = \int_V \frac{1}{4\pi^2} \cdot \frac{x(x-a)+y^2+z^2}{[x^2+y^2+z^2]^{1.5}[(x-a)^2+y^2+z^2]^{1.5}}\mathrm{d}x\mathrm{d}y\mathrm{d}z \tag{3}$$

将上式中积分体导出，即得到以下导数：

$$F_{3D}(x, y, z) = \frac{1}{4\pi^2} \cdot \frac{x(x-a)+y^2+z^2}{[x^2+y^2+z^2]^{1.5}[(x-a)^2+y^2+z^2]^{1.5}} \tag{4}$$

此导数即为三维 Frechet 导数，这里我们称其为灵敏度函数。该函数中包含了电性体空间信息和排列的几何信息，结合（3）、（4）式可以了解地电断面中电阻率的变化对某一种电极排列下电位值测量结果的影响。上述灵敏度函数是据单－单极排列导出，不同的排列这一函数有不同的形式，我们也可以根据各类排列对应的灵敏度函数分析其对地下电性体的分辨能力。

同理可以导出不同排列所对应的一维、二维灵敏度函数，由于过程及公式较复杂，本文不再列出。但是为叙述问题的方便，我们来讨论一种特殊情况。

对水平层状介质，x、y 的范围是无穷的，考虑一维情况时，可以对(4)式沿 x、y 方向在$(-\infty,+\infty)$范围内积分，由此可以得到一个简化的公式：

$$F_{1d}(z)=\frac{2}{\pi}\cdot\frac{z}{[a^2+z^2]^{1.5}} \tag{5}$$

以上公式可以作为勘测深度的特征函数，并用于排列的性能分析。图3是根据这一函数计算得到的曲线。灵敏度值由0逐渐增大，在0.35a处达到最大，然后不对称地减少至0。有人以最大灵敏度值对应的点作为该类排列的勘测深度，而更为可靠的估计是以平均勘探深度来衡量。所谓平均勘探深度是曲线下方面积为总面积的一半处对应的值，由Barker(1997)提出。一般而言，平均深度以上的地段对观测电位的影响与其稍深的地段几乎一样，据此我们可以粗略估算某类排列的探深能力。

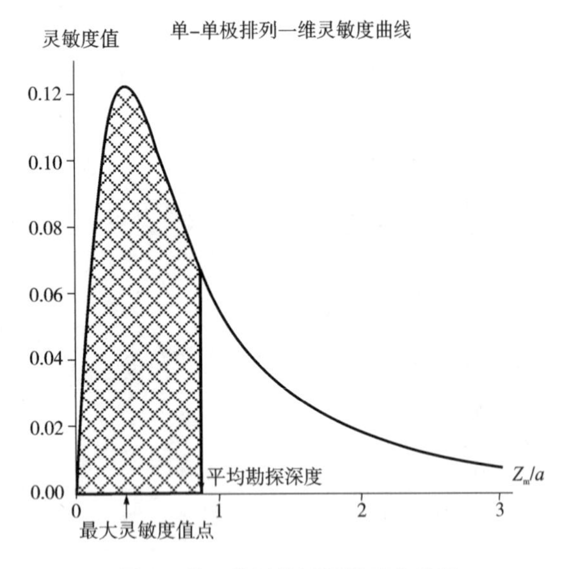

图3　单－单极排列灵敏度曲线图

3　单－偶极排列

根据上述原理，计算得到 $a=1$ m，$n=1\sim8$ 时，单－偶极排列的平均勘探深度见表1。

表1　$a=1$ 时不同 n 值情况下单－偶极排列的平均勘探深度

n	1	2	3	4	5	6	7	8
Z_m/a	0.52	0.93	1.32	1.71	2.09	2.48	2.86	3.25

表中：a 为 MN 间距，n 表示 $AM=n\times a$，Z_m 表示平均勘探深度，单位为 m。

由表1，似乎可以得到一个结论，即随 n 的增大，或者随电极距 AM 的增大，勘探深度也随之增大。然而实际情况并不完全这样，图4是根据单－偶极排列灵敏度函数得到的灵敏度断面图，它反映了固定 $a=1$ m不变，$n=6$、12、18时单－偶极排列灵敏度情况。由图可见，灵敏度最大值位于 MN 偶极子下方，当 n 越大时此现象更为明显，大到一定程度时，灵敏度值几乎完全集中到 MN 下方一个窄小的区域，并呈近垂直扇状展布。当 $n=6$ m时，在 A 和 M 间的灵敏度值到达3～4 m的深度是有理由的。而当 $n=12$ 时，由于高灵敏度区域逐渐地集中到 $M-N$ 附近一个窄小的区域。这就意味着对深部地质体的敏感性在 $n=12$ 时比在 $n=6$ 时要差，这一现象在 $n=18$ 时更加明显。

因此，单独增加供电电极与测量偶极子间的距离而固定偶极子长度 a 不变，不能有效增大单－偶极排列的勘探深度。经验表明，当 n 超过6或8时，偶极长度 a 也应适当增加，这样才能达到随着增大电极距而增大勘探深度的目的。当然，影响勘探深度的原因还有很多，例如供电条件、地电特性、仪器灵敏度等。

4　反演方法或软件的选择

图5中，中间部分为一模型断面，其背景电阻率为10 Ω · m，在剖面上17 m至19 m处浅地表有一电阻率为50 Ω · m的高阻体。上部为该模型的视电阻率异常断面图，采用的排列为单－偶极，偶极距 $a=1$ m，$n=28$。由图可见，异常已出现严重畸变，除高电阻体顶部出现异常外，在供电电极一侧还伴有倾斜产出的高幅值异常，此现象很容易造成存在一倾斜深延高阻体的假象。分析其原因，除与排列本身及排列参数(特别是 n 与 a 之间的比例关系)相关外，还与近地表高阻体引起的地表不均匀性有关。这些原因都是客观存在的，我们很难克服它，只能在工作之前充分考虑到这些因素，而采取一些特别的措施。例如，我们可以采用正、反向排列测量，根据异常的对称性，排除某些因素。除此之外，采用好的反演软件也非常重要。图5中下部分是直接利用断面图中视电阻率数据进行自动反演的结果，使用的软件为GEO2DINV，该软件充分考虑了各类排列的特点，并采取最优化的反演方法。图中所示结果完全排除了干扰异常的影

响，很好地再现了模型体的空间位置。

5 结　论

单 – 偶极排列在高密度电法测量中有着较为重要的地位，它具有较好的水平覆盖宽度、有较好的信号强度、抗外界干扰力强，同时也有较好的勘测效果。在实际应用时，应仔细考虑排列电极距与勘探深度的关系，对不同地质体的敏感度，以及其异常的不对称性。本文提出的灵敏度函数有助于相关参数，例如电极排列方式、电极距、电流强度等的选择、确定，它不仅对单 – 偶极排列，而且对其他排列也有很好的效果。为确保解释结果的趋真性，选择好的反演方法或软件也非常重要。

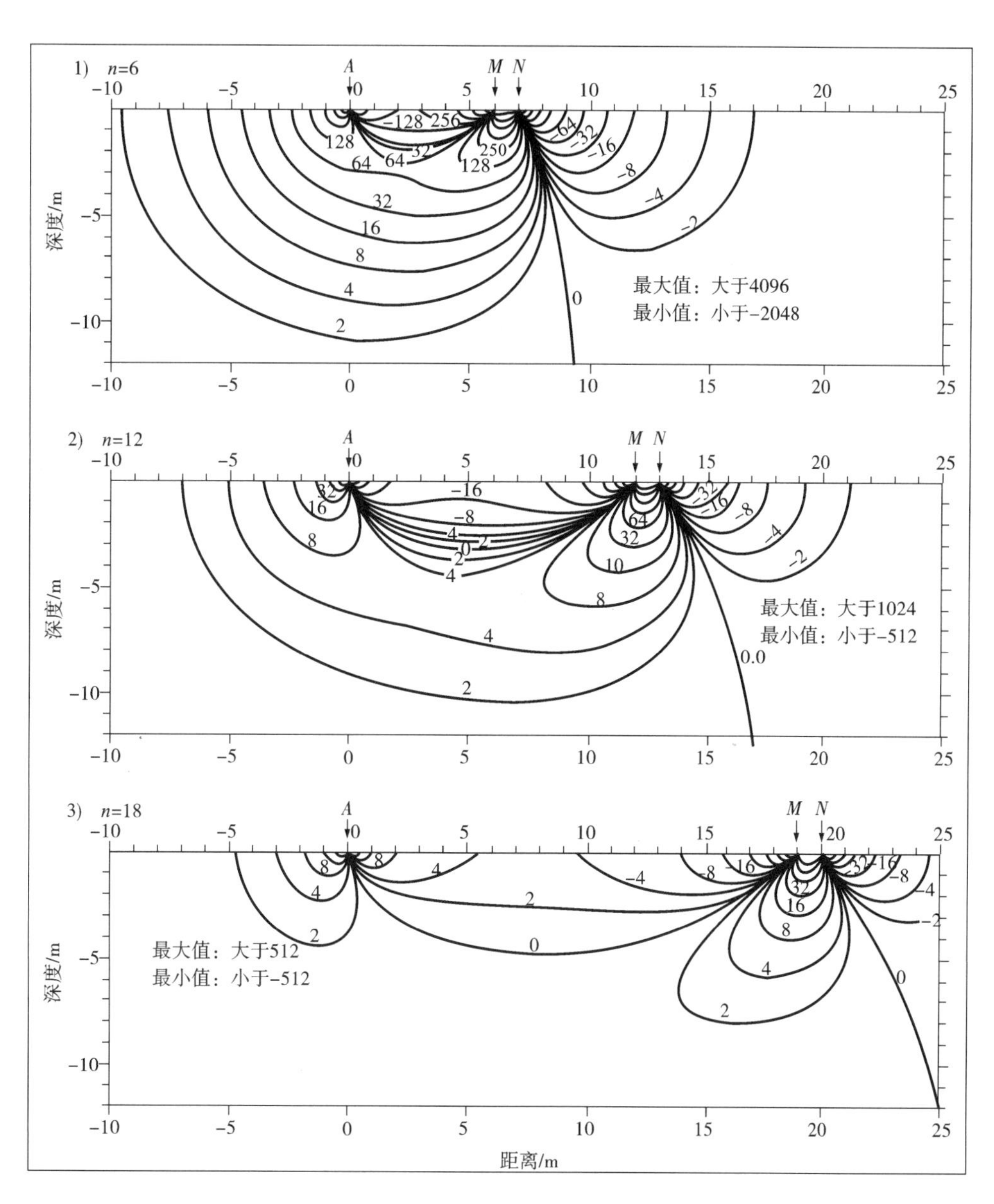

图 4　单 – 偶极排列灵敏度断面图

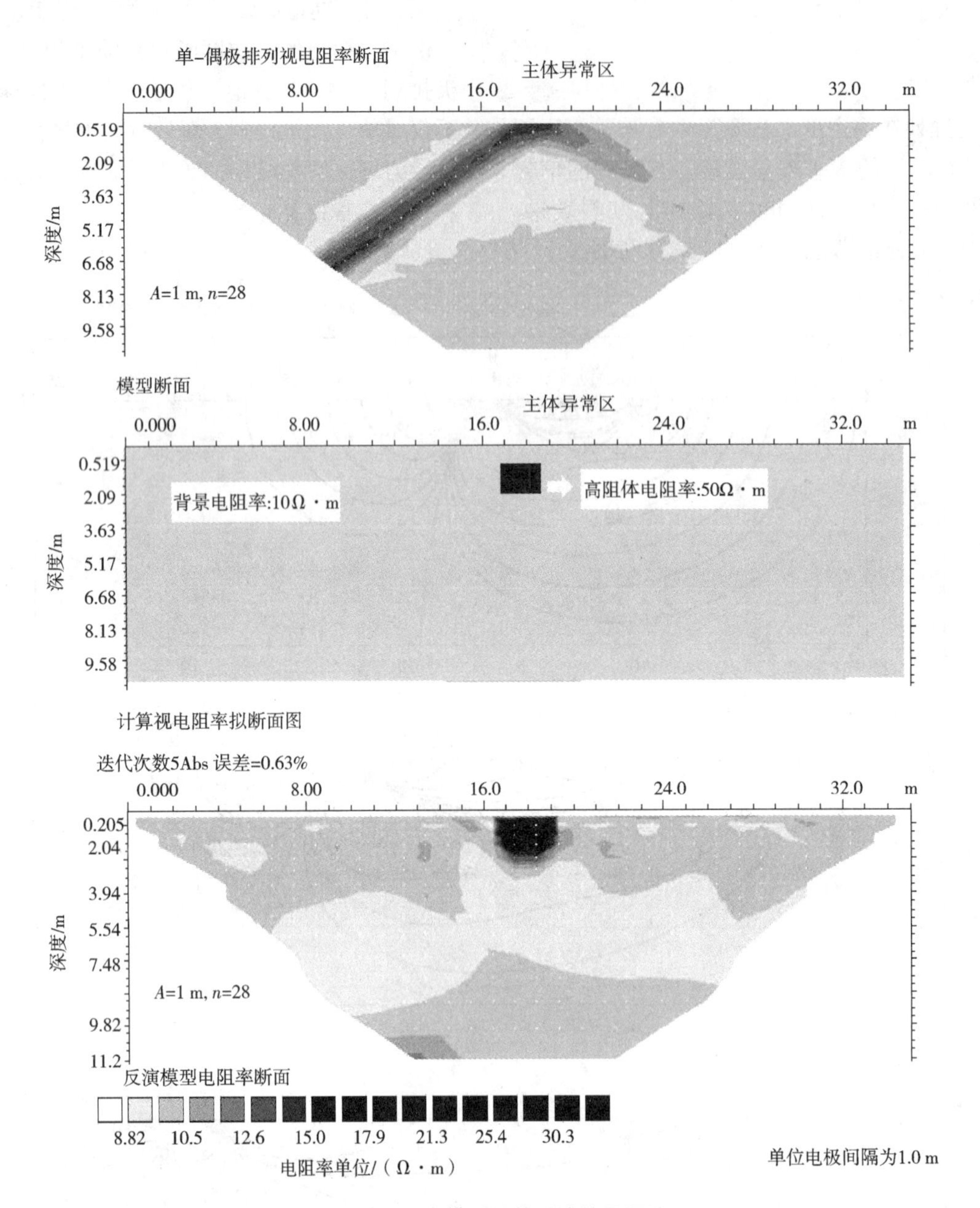

图 5 一个模型及其反演结果图

参考文献

[1] McGillivray P R, Oldenburg D W. Methods for calculating Frechet derivativesand sensitivities for the non - linear inverse problem : A comparative study. 1990, 38: 499 - 524

实现测井属性预测的一种新思路

周竹生　陈灵君　张赛民

（中南大学地球科学与信息物理学院，长沙，410083）

摘　要：在石油地震勘探中，如何从大量的地震数据体中提取岩性信息，一直是地球物理、地质工作者的目标。宽带约束反演已经成功地利用测井和地震的数据反演出波阻抗等参数，但是地质工作者往往为了进行储层描述，需要了解地下地质体其他更多更直观的参数，如孔隙度、渗透率等测井属性参数。本文分别介绍了如何从地震属性到测井属性的实现方法，前一种方法是线性的，相对简单，后面利用神经网络来预测测井属性是非线性的计算，更加符合地质规律。本文所论述的方法突破了常规的地震反演的限制，这无疑对实际生产有积极的应用价值。

关键词：地震属性；测井属性；神经网络；多属性回归

在石油勘探中，地震勘探所取得的信息是非常丰富的。如何从地震数据找到描述储层属性的参数一直是地球物理工作者的目标。利用测井数据与地震数据进行综合分析是从地震数据找到描述储层属性的参数有效方法。宽带约束反演（BCI）[1,2]正是基于这种思想上提出来的，它充分利用了测井纵向高分辨率特点与地震强的横向追踪能力的特点，使得对地下地层的描述更准确和精细。

我们知道宽带约束反演对地质模型和地震子波的依赖性很强。但实际上地质模型建立可能并不一定很准确，特别是子波具有时变和空变的特点，对子波的精确描述相当困难，这些都影响反演的精度和可信度。近年来许多学者[3,4]试图突破常规地震反演的局限，直接预测测井曲线的特性，而不是预测声阻抗，如孔隙度，采用的是由地震数据求取的属性而不是常规的叠后地震数据本身。这样，我们不仅可以利用叠后数据，而且还可以利用叠前数据。这种方法不是假定地震数据与测井数据间存在任何特定的模型，而是通过分析井位处的一组训练数据，建立起一个统计关系。这种关系既可以是线性的（多属性回归），也可以是非线性的（神经网络）。本文从地震属性与岩性的关系出发讨论了应该提取哪些地震属性，然后由简单到复杂探讨了建立地震数据体属性和测井属性之间联系的数学方法。

1　地震数据属性提取

从数学方法上来说，我们的目标是要找到一个算子，它能从邻近的地震数据预测测井曲线的特性。实际上，我们很难从地震数据本身推出测井属性，而利用的是从地震数据中提取的属性。Daniel P. Hampson 论述[4]过，第一，地震数据的许多属性是非线性的；第二，通过地震特征提取，把输入数据分解成各个组成部分，降低了维数。这些特点使我们能把先验知识加入到高模式识别系统中，提高系统的性能、增强预测测井属性的能力。

地震特征参数提取的思想主要是试图从大量而又丰富的地震数据中挖掘在这些数据中有关地层属性信息，使得这些信息在反演系统中可以明确地体现出来。地震属性是很多的，很多学者从不同角度对地震特征参数进行了分类，但是实际上通常只有 30 ~ 50 种用于地震解释。我们引用 Taner[5] 等的分类：对地震特征参数分为物理特征参数和几何特征参数两类。

物理特征参数用于岩性及储层特征解释，它由两部分组成。第一，由叠后地震道计算出来的属性。这是最常用的一些属性，包括道包络振幅、瞬时相位、瞬时频率等等。第二，由叠前资料计算出来的属性。如振幅及其与炮检距的关系、正常时差，等等。而几何特征参数提供地震同相轴的几何特征，用于地震地层学、层序地层学及构造解释等。

在实际应用中，主要用物理特征参数，根据经验表明，下面这些属性对测井特性预测特别重要：振幅包络、加权振幅的余弦、加权振幅的频率、加权振幅的相位、平均频率、视极性、余弦瞬时相位、道微分、道微分瞬时振幅、主频、瞬时频率、瞬时相位、道积分、道积分绝对振幅、二次微分、时间、地震反演。

2　多属性线性回归

交会图在生产过程中经常应用，如建立波速与孔隙度关系。对于地震数据的某种特定属性，为获得测井与地震属性间期望关系的也可绘制两者间的交会图。测井曲线应该经过时深转换，采样间隔也应该与地震属性具有相同采样率。这样的综合才能建立这种交会图。假定目标测井曲线 y 与地震属性 x 间存在线性关系，那么，就可通过回归来拟合一条直线：

$$y = a + bx \tag{1}$$

式中的系数 a 和 b 可通过最小化均方预测误差来获得：

$$E^2 = \frac{1}{N}\sum_{i=1}^{N}(y_i - a - bx_i)^2 \tag{2}$$

从常规线性分析可以推广到多属性分析（多属性线性回归）。为简单起见，设提取某地震道三种属性 $A(t)$，在每个时间采样点处，目标测井曲线 $L(t)$ 可由线性方程(3)来模拟。

$$L(t) = \omega_0 + \omega_1 A_1(t) + \omega_2 A_2(t) + \omega_2 A_3(t) \tag{3}$$

类似于式(2)、式(3)中的权值可通过最小化均方预测误差求得：

$$E^2 = \frac{1}{N}\sum_{i=1}^{N}(L_i - \omega_0 - \omega_1 A_{1i} - \omega_2 A_{2i} - \omega_3 A_{3i})^2 \tag{4}$$

3 神经网络

值得注意的是，上面叙述的都是线性拟合算子，函数只有一阶。无疑高阶曲线可能更好地拟合各点。可以用多种方法计算这一曲线。一种方法是拟合成高阶多项式。在本节中，我们将采用另外一种方法，即用神经网络来导出这一关系。

由于人工神经网络具有并行处理能力、自组织学习能力、高度映射分类和计算能力，以及广泛的适用性和较高的容错性，因而它广泛应用于各个工程领域。神经网络成功地应用于地球物理也已经有一段时间了，特别是 BP 神经网络在其中应用最多。由于应用 BP 网络时，如果在属性值较小时，要使神经网络对数据拟合得很好的话，会造成明显的不稳定性。我们可采用概率神经网络（PNN）[6]，PNN 与常规 BP 神经网络有同样的网络结构。作为前馈神经网络的概率神经网络，由于它既具有一般神经网络分类器所具有的特点，又通过使用概率密度函数作为网络的非线性变换函数，从而使我们可以用完备的概率基本理论来解释神经网络的行为及性能，特别是一些概率统计方法能够被直接应用到网络的学习和评估中。它采用神经网络结构实现的数学内插法，这也正是 PNN 法的优势所在。我们在应用过程中可以让输入层的节点数与属性数相同。假如只预测一种测井特性，则输出层只有一个节点。下面通过研究其数学公式，我们可以更好地理解 PNN 的特性。

设在分析时窗内，有 n 个采样点，每个地震样点都有经过时深转换的测井曲线值与之对应。这样，在一口井处有 n 个训练样本，如果用 A_{ij} 表示第 i 个采样点的第 j 个属性，L_i 表示第 i 个采样点对应的测井属性值，可表示为：

$$\begin{array}{l}\{A_{11},\ A_{12},\ A_{13},\ \cdots,\ L_1\}\\ \{A_{21},\ A_{22},\ A_{23},\ \cdots,\ L_2\}\\ \{A_{31},\ A_{32},\ A_{33},\ \cdots,\ L_3\}\\ \ \vdots \qquad \vdots \qquad \vdots \qquad\quad \vdots\\ \{A_{n1},\ A_{n2},\ A_{n3},\ \cdots,\ L_n\}\end{array}$$

对于给定的训练数据，PNN 法假设每个新的输出测井属性值都可以表示为训练数据测井属性值的线性组合。对于地震属性值为 $x = \{A_{i1},\ A_{i2},\ A_{i3},\ \cdots\}$ 的新数据样本，新的测井属性值为：

$$\hat{L}(x) = \frac{\sum_{i=1}^{n} L_i \exp(-D(x,\ x_i))}{\sum_{i=1}^{n} \exp(-D(x,\ x_i))} \tag{5}$$

其中：

$$D(x,\ x_i) = \sum^{j=1}\left[\frac{x_i - x_{ij}}{\sigma_j}\right]^2 \tag{6}$$

$D(x,\ x_i)$ 是输入点与每个训练点 x_i 之间的“距离”。这个“距离”对各种地震属性，它可能会有所不同。

式(5)和式(6)描述了 PNN 网络的适用情况。网络的训练是要确定最优平滑参数 σ_j。判定这些参数的标准是导出网络的校验误差最小。定义第 m 个目标样本的校验结果为：

$$\hat{L}_m(x_m) = \frac{\sum_{i \neq m} L_i \exp(-D(x_m,\ x_i))}{\sum_{i \neq m}^{n} \exp(-D(x_m,\ x_i))} \tag{7}$$

当从训练数据中去除第 m 个目标样本时，依据上式可得出第 m 个样本的预测值。由于样本值已知，所以可以计算该样本的预测误差。对每个训练样本重复这一过程，则可把训练数据的总预测误差定义为：

$$E_v(\sigma_1,\ \sigma_2,\ \sigma_3,\ \cdots) = \sum_{i=1}^{n}(L_i - \hat{L}_i)^2 \tag{8}$$

要注意的是，预测误差的大小取决于参数 σ_j 的选择。σ_j 可由 Masters（1995）[7] 提出的非线性共扼梯度算法来最小化。导出的神经网络具有最小的校验误差。

4 结　论

本文讨论了如何用多种地震属性来预测测井属性。在分析中，地震属性定义为对地震数据提取其物理特征参数。我们提到了两种数学方法，即多属性线性回归法和神经网络预测法。由于神经网络是非线性的，所以对比第一种方法分辨率有所提高。

多属性变换方法可以认为是传统地震反演方法的一种推广。因为这些方法有相同的输入数据(地震数据和测井数据),并且都试图预测测井属性。新方法与传统的反演方法相比,主要优势首先在于除声阻抗外,还可以预测其他测井特性,且除常规叠加数据外,还可以使用其他属性,另外既不依赖于任何特定的正演模型,又不需已知地震子波。

参考文献

[1] 周竹生,周熙襄. 宽带约束反演方法[J]. 石油地球物理勘探,1993,28(5):523-526

[2] 尹成,谢贵生,吕中育等. 地震反演与非线型随机优化方法[J]. 物探化探技术,2001,23(1):6-10

[3] 陶春辉,何樵登,王晓春. 用遗传算法反演层状地层参数[J]. 石油地球物理勘探,1997,29(3):382-386

[4] Daniel P Hampson. Use of multiattribute transforms to predict log properties from seismic data[J]. Geophys, 2001, 66(1): 220-236

[5] Taner M T, Schuelke J S, O'Doherty R and Baysal E. Seismic attributes revisited[J]: 64th Ann. Internat. Mtg. c Soc. Expl. Geophys., Expanded Abstracts, 1994, 1104-1106

[6] Specht Donald. Probabilistic neural networks[J]. Neural Networks, 1990, 3: 109-118

[7] Masters T. Advanced algorithoms for neural network[J]: John Wiley & Sons, Inc. 1995

速度层析成像正反演技术研究

杨晓弘　王　烨　戴前伟　吕绍林
（中南大学地球科学与信息物理学院，长沙，410083）

摘　要：利用层析成像的基本原理对地质异常体进行速度层析成像，可以确定出地质体中速度异常体的大小、位置、物性等参数。通过建立正演模型，可以在已知异常体基本情况的前提下，计算出各条速度射线的走时值。利用正演的走时数据，采用ART算法进行精确的模型反演，得到的理论模型和实际模型十分地逼近，取得了满意的结果。

关键词：正演；反演；层析成像；速度射线

层析成像技术(tomography)是一种用数学方法把许多射线路径得到的信息组合成射线在介质中传播的两维图像的技术，医学上的CT技术就是利用层析成像技术在图像终端清晰地重现身体内部的构造，为诊断提供科学的依据。而我们的地球物理层析成像技术则是利用对象的各种物理性质和物性参数来重建地质体的内部图像。

在众多的地球物理层析成像中，速度波层析成像技术就是用层析成像的方法对速度数据进行处理，来重建地质体内速度分布(或吸收分布)的图像。

从波动理论来说，不同的物质对某一频率的波的反射、折射或吸收是不一样的，波穿过不同密度的物质时，波的传播速度及方向会发生变化，能量吸收或衰减的程度也不一样。因此，当波穿透一个物体时必然会把物体内部各个部分有关密度差别(或速度差别，波能量衰减差别)的信息携带到物体外部来。只要测得穿透过物体波的有关参数，使用正确而有效的方法进行反演，就可以重建出物体内部的图像。根据对模型的正反演结果来看，我们可以得到满意的结果。

1　速度层析成像的基本原理

由于波穿透过不同物质时，速度衰减的程度不一样，我们可以利用这一特性，用层析成像的基本原理来重建出一定区域内部异常体的图像。

我们在速度射线沿近似直线传播的前提下，将所要研究的二维区域离散化成正方形网格平面(见图1)，成像区域中的图像函数$D(x, y)$离散化成$D_j(j=1, 2, M\times N)$，在每个像素中认为D_j是常数。从左边结点处发射速度波，在区域右边各结点处进行接收(如图2所示)，射线沿第i条射线的走时积分T_i即投影值可用和式表示为：

$$T_i = \sum_{J=1}^{M\times N} a_{ij} D_J$$

其中a_{ij}为第i条射线通过第j个像素时，射线所走过的路线长度，D_j是被网格化后每个像素上的慢度值。

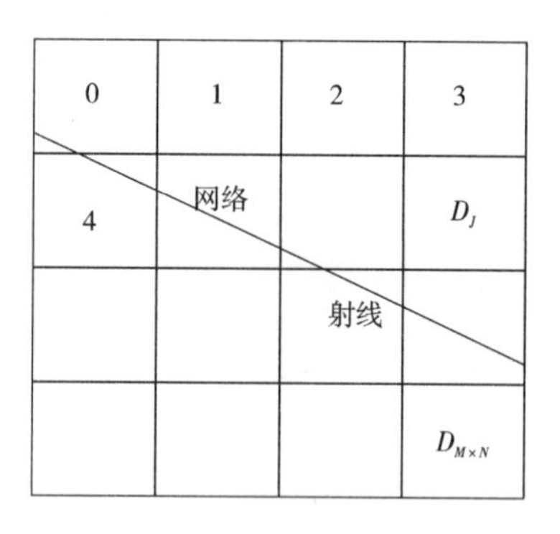

图1　区域离散化示意图

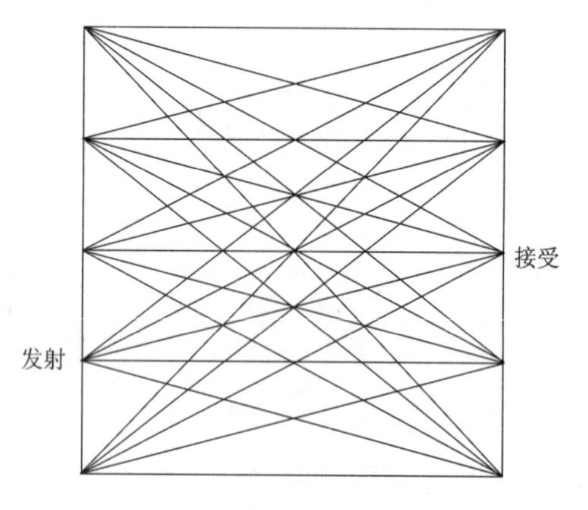

图2　区域间发射接收示意图

每条射线的走时值，可以通过各个像素上的慢度值分别乘以该条射线在像素中的长度，然后将他们求和而得到。即

$$T = \int_{rav} \frac{ds}{v}$$

令慢度为D，$D=\frac{1}{v}$，v为波速度，ds为路径微分，则

沿射线的走时积分又可表示为:

$$T = \int_{rav} D\mathrm{d}s$$

写成矩阵形式：$T = AD$

其中 T 为 m 维投影数据向量，D 为 n 维向量，A 为 $m \times n$ 阶投影矩阵，写成矩阵的形式，就是下式。

$$\begin{bmatrix} a_{11} & a_{12} & \cdots & a_{1m} \\ a_{21} & a_{22} & \cdots & a_{2m} \\ \cdots & \cdots & \cdots & \cdots \\ a_{n1} & a_{n2} & \cdots & a_{nm} \end{bmatrix} \begin{bmatrix} x_1 \\ x_2 \\ \cdots \\ x_m \end{bmatrix} = \begin{bmatrix} t_1 \\ t_2 \\ \cdots \\ t_n \end{bmatrix}$$

上式可能为超定、正定或欠定方程，这取决于未知数的个数及射线的多少。通过求解上式就可以得到每个小方格内的声波慢度值，分别取其倒数，即得到两孔间波速度值分布图。

本文采用代数重建法来进行反演，这种算法在用于解大型稀疏线性方程组及现生成型线性方程组方面，具有节省计算机内存和运算速度快等显著优点，本文将这种算法的思想通过编写程序来完成计算过程。

2 正反演模型的计算

2.1 正演模型建立的原理和方法

为了能用速度层析成像的原理重建出异常体内部的图像，我们首先模拟建立一个正演模型，根据模型中异常体的大小、方位和背景慢度以及异常体的慢度值，来计算从各个发射点到各接收点速度波射线的所有理论走时值，并根据这些理论测到的时间数据，为反演求出速度波射线通过每个像素时的慢度值，重建出地下异常体的各个参数做准备。

因此，必须首先建立起一个正演模型，模拟有一个长宽分别为 100 m 的正方形地质区域，发射的波在该区域中的速度为常数，在该区域的中心部位有一个边长为 20 m 的正方形速度异常区域。首先假设该异常区域为低速体，假设它的速度为 2 000 m/s，背景速度为 3 000 m/s，将该区域离散化为正方形网格区域，低速异常体位于大区域的中心位置，这样就可以从模型的左边区域的网格结点上向区域右边的网格结点处发射速度波射线(见图 3)。图中浅色代表低速异常体，外围区域为高速背景区域，射线是按多点发射，多点接收来布置的，我们再将网格统一编号，为了计算的方便，取慢度值为 10^{-3} 数量级。这样就建立起了低速异常体正演模型，由于计算的射线走时值较多，所以要开发正演软件来代替繁杂的计算过程，用C ++ 来写这套程序。利用这套程序就可以得到各个射线的精确走时数据。

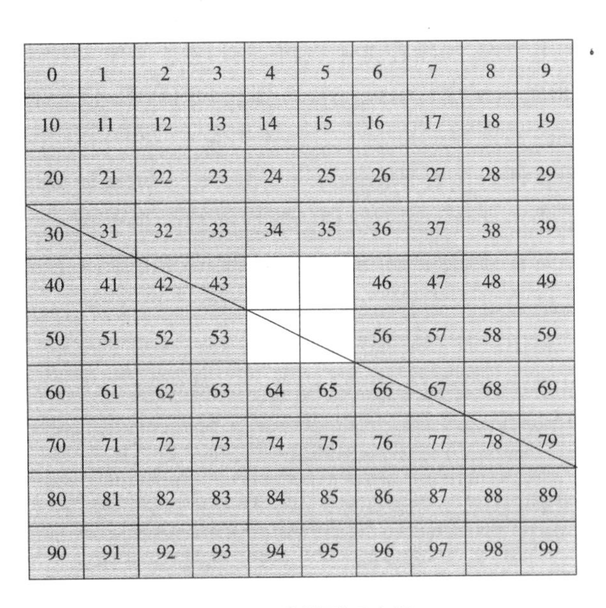

图 3 正演模型示意图

2.2 反演模型的计算

为了能够利用波穿过不同密度的物质时速度衰减和吸收的程度不一样这一特性，也就是利用速度层析原理，来对异常体进行成像，我们先利用正演所得的时间数据来进行反演计算。在这些反演计算中，常常遇到的是解大型稀疏矩阵 $T = AD$，在求解上式中的 D 时，用到的方法是地球物理反演计算中经常用到的 ART 算法，地球物理反演中的非唯一性问题已由许多学者做了大量的研究，所谓“非唯一性”，就是存在许多个(可能是无限多个)十分不同的模型都满足同一组观测资料，因此，一个模型无论用什么方法确定出来，只要存在着非唯一性，则求出的模型仅仅是那许多个不同的模型中的一个，这样似乎反演就没有什么意义。但是，应该注意，某一组观测资料可以被许多个(或许是无限多个)模型所满足这句话并没隐含着这些模型可以在模型参数所能取的所有可能值的范围内无限、任意地变化，无限数量的模型可能只存在于一个很窄的参数范围内。

ART 是 algebraic reconstruction(代数重建方法)的总称。这类方法都是属于图像重建的级数展开方法，它要求将所研究的区域划分为若干子区域，每个子区域称为一个像素，其优点之一是这种方法可以应用于任何不规则的区域，而且适用于任何形状的射线集合。利用 ART 算法，不仅可以避免由于内存和时间问题在大型计算上求解这类方程组的困难，而且可以获得满意的结果。

由于在传播过程中介质会对波有吸收作用，它会影响计算的精度，产生失真现象，为了减少误差，射线不能按直线传播来计算，所以将正演所得的时间数据加上20%的噪声之后，再进行反演工作。我们取1 000次迭代次数，精度E取到0.000 001，我们再将所得的慢度数据以grd文档格式输出，利用SURFER成图软件直接对异常体进行成像，由于对反演数据进行了噪声处理，我们获得的数据能减少由于速度射线的能量在地质区域中被吸收衰减而带来的误差，最大限度地逼近真实异常体的情况。

利用软件对所得的慢度值进行成像处理之后，就可以清楚地看到异常体的位置，并判断出它为低速异常体(见图4)。

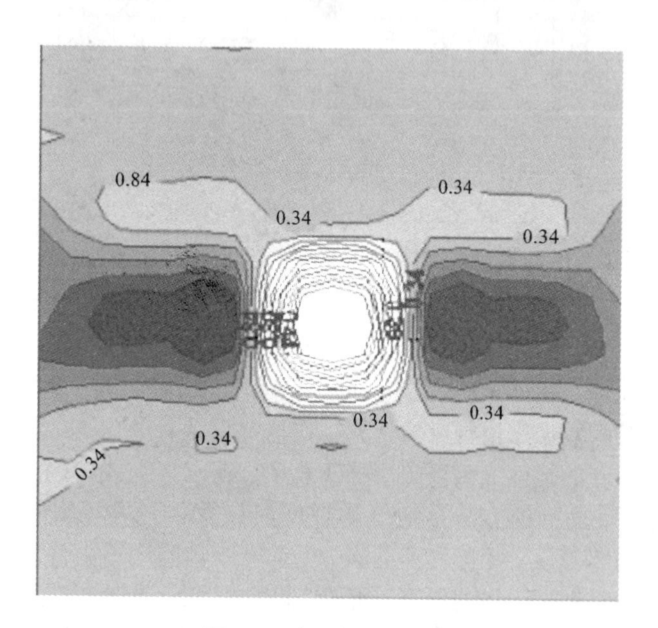

图4 正方形低速异常体

从图4中可以清楚地看出低速度异常体的方位和大小，其背景慢度大致是0.33左右，也就是速度大约是3 000 m/s，中间异常体慢度约为0.5×10^{-3}，大约是2 000 m/s的速度，为正方形低速异常体，它和我们所建的模型十分地逼近，反演所得的效果比较理想。此外，我们还可以将模型中的规则异常体变为“L”形，设异常体为高速体，其慢度值设为0.5×10^{-3}，即速度为2 000 m/s，背景慢度为0.33×10^{-3}，也就是对速度为3 000 m/s时来对异常体进行成像，此外还可以将异常体换为低速体来研究。

3 结 论

利用正反演软件进行计算，在对所得数据进行成像处理后，就可以分别得到地质区域模型中正方形的成像结果，图像结果很好地反映出不同速度异常体的大小、形状、位置以及慢度参数，与所建模型十分地逼近，取得了理想的效果。

由于受射线条数和区域网格数量的限制，所得到的图像在成像区域的两边有部分失真。表现为异常体的两边有高速异常区域存在，模型的形状不是规则的正方形，这些失真可以通过增加射线条数和多点发射与接收来克服。速度层析成像技术在无损检测，确定地下地质体的形状等方面有着广泛的应用，将该技术应用于医学，可以重建出身体器官的图像，为诊断提供科学的依据，所以该技术有着广泛的应用前景。

参考文献

[1] 赫尔曼G T. 由投影重建图像CT的理论基础[M]. 北京：科学出版社，1985

[2] 王振东. 浅层地震勘探应用技术[M]. 北京：地质出版社，1988

[3] Moser T J. Shortost path calculation of scismic ray[J]. Geophysics, 1991, (56): 59-67

[4] Carrion P. Dualtomogtaphy for imaging complex structure[J]. geophysies, 1991

[5] Scales J A. Tomographic invetsion vin the conjugare gradjent method[J]. geophysics, 1987, (52): 179-185

电阻率层析成像方法综述

肖　晓　汤井田　杜华坤
（中南大学地球科学与信息物理学院，长沙，410083）

摘　要：电阻率层析成像是20世纪80年代末发展起来的一种新的地球物理方法。本文首先介绍了该方法的基本原理，接着详细描述了该方法正、反演的各种常用方法，并描述了各种方法的优缺点，最后对电阻率层析成像的现状做了简要的分析。

关键词：电阻率层析成像；正演；反演

电阻率法是20世纪初（Schlum berger，1920）提出的一种地球物理勘探方法。随着该方法的应用推广和不断发展，已经演变出诸如单极、偶极、多极装置和电剖面法、电测深法等多种观测装置，并发展到孔－孔、孔－地及单孔电极设置方式的研究。但随着地球物理勘探应用越来越广泛和勘探要求的提高，这些观测装置的发展虽然增加了野外数据的采集量，却很难实际地描绘出地下的电性分布。

随着X射线的发现和医学CT技术的成功应用，地学CT技术也很快引起人们的重视，并很快投入研究和应用。1987年岛裕雅等（Shima 和 Sakayama，1987）首次采用了“电阻率层析成像”（resistivity tomography）一词，并提出了反演解释的方法。此后，日、美学者对电阻率层析成像从理论、实验到应用展开了研究，并取得了显著的成绩。随着地学层析成像的快速发展，电阻率层析成像凭借其穿透深度大（和电磁波CT相比）、分辨率高（和普通电阻率法相比）以及经济实惠（和地震CT相比）等优势，引起了国内外学者的极大关注。

国内对电阻率层析成像的研究开始于20世纪90年代中后期。白登海[1]、董清华[9,14]、刘国强[6]等人对电阻率层析成像理论以及正反演方法进行了深入的研究；毛先进[3,7]、底青云[11,12]、李克等人在正演计算效率方面做了大量研究，并取得了良好的进展；王若、张大海等人对反演图像质量展开了研究；冯锐等人在电阻率层析成像的应用方面做了大量的工作。

1　电阻率层析成像的基本原理

电阻率层析成像是通过向地下供电，形成以供电电极为源的等效点电源激发的电场，再由在不同方向观测的电位或电位差来研究探测区的电阻率分布的一种地球物理方法。由于电流在介质中是沿着电阻率最小的方向流动的，因此电阻率CT不像地震CT和电磁波CT一样可以用射线理论来处理。

目前电阻率层析成像所用的场源是直流点电源产生的稳定电场，因此，它遵守稳定电流的一切规律。电阻率层析成像的理论基础是直流电场的基本方程，即介质中的欧姆定律和电流连续性方程：

$$\boldsymbol{j}=\sigma\boldsymbol{E} \tag{1}$$

$$\nabla\cdot\boldsymbol{j}=0 \tag{2}$$

式中，$\boldsymbol{j}$是电流密度矢量，σ是介质的电导率，$\boldsymbol{E}$是电场强度矢量，令$\boldsymbol{E}=-\nabla\varphi$，则：

$$\nabla\cdot(\sigma\nabla\varphi)=0 \tag{3}$$

式中，φ表示直流电场的电位势。电阻率层析成像的主要问题就是要寻找式（3）在一定边界条件下的解，但实际上，只有在一些特殊的情况下才能求出该方程的解析解，一般实际工作中都采用数值解法。

由于电阻率层析成像是高度非线性问题，对于此种问题，首先必须将探测区域离散化，通过式（3），利用一定的边界条件，我们可以推导出最终的成像方程：

$$A\sigma=U \tag{4}$$

其中，A是系数矩阵，σ是待求的电导率分布，U是一系列观测点的电位矢量。解式（4）可以得到地下电阻率的分布，最后以一定的图像形式表示出来。

电阻率层析成像是一种不适定的地球物理反问题。由于投影数据空间小于要反演的图像数据空间，所以它的解往往不具有惟一性，必然依赖于正演或其他先验信息才能实际成像，因此它的数据采集应尽可能地密集、全方位、精确可靠，才能使成像更真实可靠。足够量的、可靠的数据采集是地下电阻率层析成像的基础。井间电阻率层析成像和高密度电阻率层析成像是最常用的电阻率层析成像方法。图1为电阻率层析成像野外观测系统的示意图。

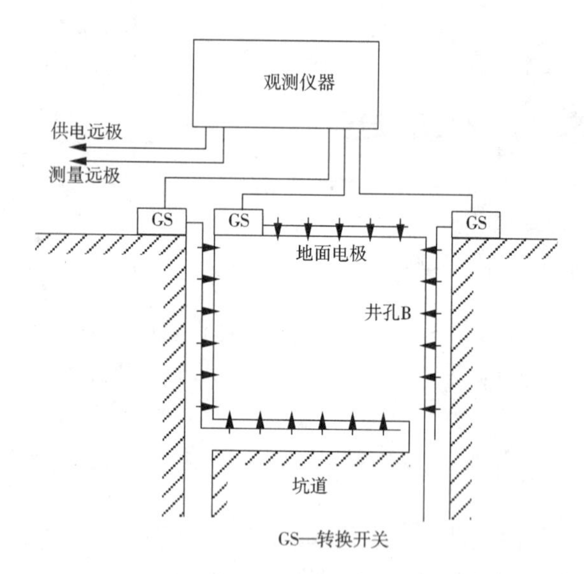

图1　电阻率层析成像观测系统示意图

2　电阻率层析成像正演计算

正演是电阻率层析成像的关键。目前，主要的电阻率层析成像正演方法有两种：α 中心法和有限单元法。

2.1　α 中心法

α 中心法是 Stefanescu 提出的，该方法采用了一种非线性变换，使复杂的场方程变为拉普拉斯方程或亥姆霍兹方程，从而实现了计算上的简化，特别对于直流电场极为方便。变换方程(3)可得[1]：

$$\nabla\sigma\cdot\nabla\varphi+\sigma\nabla^2\varphi=0 \tag{5}$$

引入变量　$\sigma=\alpha^2,\ \varphi=\psi/\alpha$　(6)

将式(6)代入式(5)并经计算后得：

$$\left.\begin{aligned}\alpha(m)&=B+\sum_i^n\frac{C_i}{R_{im}}\\ \psi(m)&=\frac{I}{4\alpha_0 r_{0m}}+\sum_i^n\frac{D_i}{R_{im}}\end{aligned}\right\} \tag{7}$$

这里 B、C、D 为待定常数，I 为电流强度，$\alpha(m)$ 和 $\psi(m)$ 分别为 α 和 ψ 在 m 点的值，R_{im} 为第 i 个 α 中心 α_i 到 m 点的距离（见图2），α_0 为 α 中心位于供电点处的 α 值。这样就使复杂的电位方程计算转变成级数求和，当 B、C、D 确定后，很容易得到 $\alpha(m)$ 和 $\psi(m)$，从而求出电位 φ 和电导率 σ。

2.2　有限单元法

有限单元法在电阻率层析成像的应用开始于1991年 Daily 和 Owen；1992年 Shima 又提出了用有限单元法和 α 中心法联合成像来重建电阻率分布图像；1994年 Sasaki 论述了三维电阻率反演的有限元方法。

首先，沿 y 方向对式(5)做 Fourier 变换，得：

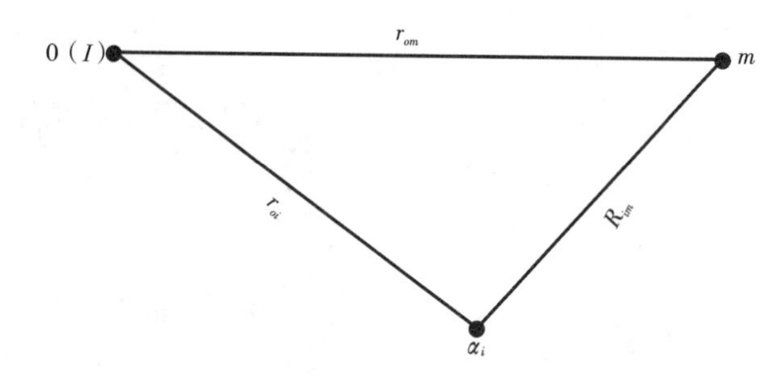

图2　电流源、α 中心和观测点的关系示意图

$$-\sigma(x,z)\nabla\tilde{\varphi}(x,k_y,z)+k_y^2\sigma(x,z)\tilde{\varphi}(x,k_y,z)=0 \tag{8}$$

这里，k_y 为 y 方向的波数，$\tilde{\varphi}$ 为傅氏电位，应用变分原理把该方程的边值问题转化为相应的变分问题。接着，将连续的求解区域离散化，即按一定规则将求解区域划分为一些节点处相连的网格单元，在各单元上近似将变分方程离散化，导出以各节点电位为未知量的高阶线性方程组，并求解此方程组，得到各节点的电位值。最后，做 Fourier 逆变换，将频率域的电位变换到空间域，得到空间稳定电流场的位场分布。由于该方法是将成像区域作网格划分后描述其地电模型的，所以网格划分越细，电极间距越小，成像质量越高。与 α 中心法比较，有限单元法适于对任意地形、任意电性分布作数值模拟，无须进行地形校正。

上述的两种电阻率层析成像的正演方法，是最基础的正演方法，但是它们各自都有自己的缺点。α 中心法采用了一个巧妙的非线性变换，使得电位成为一个级数和，因此计算方便、速度快，但该方法描述高阻体和电导率存在急剧变化的介质时却遇到了困难；有限单元法适于任意地形、任意电性分布作数值模拟，但该方法计算量大，不便于分析模型参数与模拟结果之间的关系。为了克服这些缺点，国内外的学者对电阻率层析成像的正演问题展开了深入的研究，并取得了许多成果。1998年毛先进等人提出了适合于2维和2.5维问题的基于边界积分方程的电阻率层析成像正演；1999年 Mauriello 和 Patella 等又提出了反映电阻率异常的概率层析成像方法；2001年底青云等人提出了三维电阻率层析成像的积分法。这些新方法在不同程度上弥补了传统的 α 中心法和有限单元法的不足，提高了正演的质量和效率，为精确反演打下了基础。

3　电阻率层析成像的反演算法

电阻率层析成像与地震层析成像和电磁波层析成像的理论基础不同，它是一种高度非线性的成像方法。其观测数据不是物性沿路径的线性积分，而是电场对物性(电阻率)差异分布的综合反应；根据最小位能原理，电流总是沿电阻最小路径流动，并非直线行进；因此电阻率层析成像所用的反演方法和基于射线理论的层析成像反演方法有着本质的不同。

3.1 最小二乘法

Yorkey 等人(1987)首先将该方法用于电阻率层析成像，目标函数取如下形式[2]：

$$\varphi=\frac{1}{2}(U_c-U_0)^{\mathrm{T}}(U_c-U_0) \tag{9}$$

其中 U_c 和 U_0 分别为正演算出的和实测的电位值。利用最小值条件 $(\partial\varphi/\partial\rho)=0$，将目标函数的一阶导数 φ' 在 k 次迭代解 $\rho_{(k)}$ 处进行泰勒展开，忽略高阶项后：

$$\varphi'\approx\varphi'(\rho_{(k)})+\varphi''(\rho_{(k)})\Delta\rho_{(k)} \tag{10}$$

用 Gauss-Newton 方法，并取近似条件 $\varphi''=[U'_c]^TU'_c$，从而可得如下矩阵方程：

$$\Delta\rho=[A^{\mathrm{T}}\quad A]^{-1}A^{\mathrm{T}}b \tag{11}$$

式(11)为迭代反演时模型改正的基本方程。其中 A 为雅可比偏导数矩阵，元素为 $\partial U_c/\partial\rho$，残差向量 $b=U_c-U_0$。

线性迭代反演的一个极大困难在于每步迭代都要按修改后的模型重新计算雅可比矩阵 A，其计算繁杂，耗时甚多。因此，许多学者在目标函数的选取和雅可比矩阵的计算方面做了大量的工作，并取得了较好的效果。张大海等提出了一种以平滑限定的最小二乘法为基础的对二维电阻率断面进行反演的快速最小二乘法。

3.2 模拟退火法

模拟退火法是 Kirkpatrick 等 1983 年首先提出的。这种方法是一种完全非线性的反演方法。它的思想源于固体冷却退火这一自然现象。把退火过程中的系统能量、分子的热运动和温度的变化速度分别同优化问题的目标函数、设计参数的变化和迭代过程中的步长联系起来，在优化过程中让迭代步长缓慢变化，设计参数以某种概率随机变化(就像分子的无规则热运动一样)，就有可能获得一个目标函数的最小值，得到优化问题的全局最优解。它既可以向目标函数增大的方向搜索，也可以向目标函数减小的方向搜索，故可从局部极值中爬出，不会陷在局部极值中。

卢元林[5]等人把模拟退火法应用到电阻率层析成像的反演中。为表征用非线性反演方法计算出的理论数据和实测数据的拟合程度，采用如下的均方差公式作为目标函数：

$$\phi=\frac{1}{N}\sum_{i=1}^{N}(R_s^i-R_0^i)^2 \tag{12}$$

式中，R_S 为理论视电阻率数据矢量，可以利用 2.5 维有限元正演计算获得，R_0 为实测电阻率矢量，N 为数据矢量的长度。

这个算法从任意一个初始模型 m_i 开始，计算出这个模型的理论数据，再用式(12)求目标函数 $\phi(m_i)$。然后对 m_i 施加一个扰动值从而获得一个新的模型 m_j，并计算

$$\Delta E=E(m_j)-E(m_i) \tag{13}$$

$$P(\Delta E)=\exp(-\Delta E/KT) \tag{14}$$

式中，T 是一个控制变量，K 为 Boltzmann 常数。

当 $\Delta E\leqslant 0$ 时，接受概率 $P_i=1$，这表明从能量高的状态变化到能量低的状态总是允许的；当 $\Delta E>0$ 时，用式(14)计算此时的概率 P_i。如果计算得到一个介于 0 和 1 之间的随机数，接受模型，这时 P_i 比较小，但不为零，也就是说能量稍有升高也是允许的。

模拟退火法的搜索过程并不是盲目的，它是在一定理论指导下进行的随机搜索，大大提高了搜索效率和准确性。同时，把模拟退火法用于电阻率层析成像的反演正好解决了电阻率层析成像的高度非线性问题。

3.3 佐迪法

佐迪法反演是通过解正问题达到解反问题的目的。对于二维电阻率层析成像，如果解正问题时用 2.5 维有限元方法，其迭代公式可表示为[12]：

$$\frac{\rho_{i+1}(l,n)}{\rho_i(l,n)}=\frac{\rho_0(l,n)}{\rho_{ci}(l,n)} \tag{15}$$

其中，(l,n) 代表第 n 行，第 n 列的小单元，ρ_i 和 ρ_{i+1} 分别代表第 i 次和第 $i+1$ 次迭代所得的电阻率值，ρ_0 表示观测视电阻率值，ρ_{ci} 表示用有限元计算得到的视电阻率值。

把观测值作为初始模型，并将探测区划分为一系列小单元，利用有限元正演模拟方法对初始模型进行正演计算，得到一组理论视电阻率值。用式(15)进行调整，用调整后的视电阻率值作为模型，在此基础上再做有限元正演计算，把这组理论视电阻率值与实际观测值进行比较，计算理论和观测视电阻率的均方根差，如果达到预先给定的误差范围，便终止计算，否则，继续用式(15)调整，直到误差达到最小或预先定义的范围为止。

3.4 Frèchet 导数的求解

Frèchet 导数定义为位函数对空间任意一点介质的某个物理量变化的灵敏度函数。对它的求解精度和速度关系到整个反演过程的成败和效率。在 Frèchet 导数求解的问题上，国内许多学者都做了大量的研

究。董清华[9]等人(1997)用2.5维有限元法作井间电阻率成像，分别用标准法、格林函数法和扰动法计算了Frèchet导数的数值解，并对三种算法做比较；刘国强[6]等人(2001)针对电阻率层析成像，比较了求解Frèchet导数的4种方法，并提出了摄动方法计算该导数，使得每一次迭代过程只计算一次正演，大大提高了计算效率。

4 结 语

在电阻率层析成像的正、反演问题上许多学者作了大量的研究，也取得了不错的效果。目前，电阻率层析成像的正演方法，除了传统的α中心法和有限单元法外，大都是针对有限元法计算量大、效率低、模型参数与模拟结果分析不便等缺陷展开的。而反演成像的方法则还主要是基于最小二乘法原理。

电阻率层析成像作为一种新兴的地球物理方法，有着其独特的优势。同时，电阻率层析成像无论就其理论研究还是工程应用而言，目前都处于发展阶段，它同波动过程的成像有着本质的不同。目前，对地下复杂电性结构的数学模拟还是以有限单元－差分为主要工具，使随之而来的图像重建方法更为复杂和艰难。但随着研究的不断深入和工程上的需要，今后电阻率层析成像的研究工作将主要集中在寻找更好的观测方式，以提高观测数据的信息量和精度；探索快速有效的反演方法，以提高成像的质量。

参考文献

[1] 白登海，于晟. 电阻率层析成像理论和方法[J]. 地球物理学进展，1995，10(1)：56－75
[2] 李晓芹，陶裕录等. 电阻率层析成像的原理与初步应用[J]. 地震地质，1998，20(3)：234－242
[3] 毛先进，鲍光淑. 一种适于电阻率成像的正演新方法[J]. 地球物理学报，1998，41(增)：385－393
[4] 张辉，孙建国. 井间电阻率层析成像研究新进展[J]. 地球物理学进展，2003，18(4)：628－634
[5] 卢元林，王兴泰等. 电阻率成像反演中的模拟退火方法[J]. 地球物理学报，1999，42(增)：225－233
[6] 刘国强等. 摄动求解Fréchet导数的电阻率层析成像方法[J]. 地震地质，2001，23(2)：314－320
[7] 毛先进，鲍光淑. 边界积分方程法二维电阻率层析成像[J]. 物探与化探，1998，20(3)：226－229
[8] 崔元星，张西荣. 电阻率层析成像的实质及其应用[J]. 水文地质工程地质，1997，(2)：58－60
[9] 董清华，田宪谟. 井间电阻率成像中Frechet导数的算法比较[J]. 物探化探计算技术，1997，19(1)：41－45
[10] 武杰，刘树才等. 电阻率层析成像发展浅议[J]. 江苏煤炭，2003，(2)：58－60
[11] 底青云，王妙月. 积分法三维电阻率成像[J]. 地球物理学报，2001，24(6)：843－851
[12] 底青云，倪大来等. 高密度电阻率成像[J]. 地球物理学进展，2003，18(2)：323－326
[13] 姚姚. 地球物理反演基本理论与应用方法[M]. 武汉：中国地质大学出版社，2002
[14] 董清华，朱介寿. 井间电阻率层析成像及其应用[J]. 计算物理，1999，16(5)：474－480

虚拟仪器在地球物理仪器中的应用探讨

左国青　周　剑　白宜诚
（中南大学地球科学与信息物理学院，长沙，410083）

摘　要：从地球物理信号采集分析和处理等方面入手，基于虚拟仪器技术和自行研发虚拟仪器开发系统，构建不同于传统地球物理仪器的虚拟式地球物理仪器系统。该系统可以推动地球物理信号采集处理系统以一种新的形式取得更快的发展，而且可以充分利用目前迅速发展的信号处理技术、计算机技术和网络技术等实现远程数据采集、远程数据处理。

关键词：虚拟仪器；地球物理仪器；信号处理

随着电子、计算机、软件、网络技术的高度发展及其在电子测量技术与仪器上的应用，新的测试理论、新的测试方法、新的测试领域以及新的仪器结构不断出现，在许多方面已经突破传统仪器的概念，电子测量仪器的功能和作用已经发生了质的变化。在这种背景下，美国国家仪器公司在20世纪80年代最早提出虚拟仪器（virtual instrument，VI）的概念。虚拟仪器这种计算机操纵的模块化仪器系统在世界范围内得到了广泛的认同和应用，国内近几年的应用需求急剧高涨。

所谓虚拟仪器，就是在以通用计算机为核心的硬件平台上，由用户设计定义、具有虚拟前面板、测试功能由测试软件实现的一种计算机仪器系统。其基本思想就是在测试系统或仪器设计中尽可能地用软件代替硬件，即“软件就是仪器”。简而言之VI系统是由计算机、应用软件和仪器硬件组成的。用户可以通过友好的图形界面（这里称作虚拟前面板）操作计算机，如同操作功能相同的单台传统仪器一样。

与传统非数字化仪器相比，虚拟仪器技术的优势在于用户自定义仪器功能、结构等，且构建容易，转换灵活以及其开放性，其性能与传统仪器对比如表1所示。

同样在地球物理勘察领域，通常要借助许多仪器来作为观测手段，而虚拟仪器具有许多传统仪器所不能比拟的诸多优点，但是目前我们所使用的地球物理电法仪器主要还是传统意义上的仪器，因此有必要把虚拟仪器作为开发新一代地球物理仪器仪表的方向来研究。

表1　虚似仪器和传统仪器的比较

虚拟仪器	传统仪器
开放性、灵活，可与计算机技术保持同步发展	封闭性、仪器间相互配合较差
开发和维护费用低	开发和维护费用高
技术更新周期短（0.5~1年）	技术更新周期长（5~10年）
软件是关键，系统升级方便，网络下载升级程序即可	硬件是关键，升级成本较高，且升级必须上门服务
价格低且开发与维护费用降至最低	价格昂贵且开发与维护开销高
开放灵活与计算机同步，可重复用和重配置	固定
可用网络联络周边各仪器	只可连有限的设备
自动、智能化、远距离传输	功能单一，操作不便
用户可定义仪器功能	只有厂家能定义仪器功能

1 地球物理信号采集与处理

1.1 地球物理信号的采集

地球物理信号的获取与采集由硬件来完成，将所有的信号都转化成计算机能够识别和处理的数字信号。地球物理勘察是对大地作为观测对象，利用天然场或人工场在大地中的特性，利用仪器来提取大地中的某种信号，需要通过传感器将物理信号转换为电信号，这些信号往往幅度很低，对噪声比较敏感，因此将所测量的信号转换为数字格式前需要进行调制和滤波；然后由 A/D 转换设备将信号转换为计算机能接受的数字信息。现在，应用于虚拟仪器的各种通用数据采集卡功能非常完善，美国国家仪器公司在推广虚拟仪器的同时，提供了很多解决方案，包括各种总线的采集卡[1]。

1.2 地球物理信号处理

信号的分析与处理依托于现代信号处理与信息技术的发展，应用计算机强大的处理能力，通过软件来完成。通过地球物理采集系统的功能得到地球物理信号后，必须对其进行信息处理。最基本的地球物理信息处理是必须对测量得到的数据进行存档，这对于地球物理工作者来说是非常重要和宝贵的第一手资料，随着大规模集成电路的发展，为这些测量数据提供海量存储已经不是问题，并且随着信息处理技术的发展，各种适合地球物理数据的高效的压缩算法也不断出现。对地球物理信号进行信息处理的另一个含义是利用现代信号处理方法提取测量数据中的各种信息。

由于这些信号容易受外界干扰产生噪声，因此在软件设计中应用现代信号处理方法（如：时域、频域分析方法、Wigner 分布和小波变换方法、独立分量分析、人工神经网络及非线性动力学等），并把不同的处理方法做成独立的模块，把原来需要用复杂的硬件电路来完成的滤波、消噪等处理由软件模块来完成，不再需要为不同的模拟信号准备不同的硬件电路板，而只需要在进行处理时调用合适的处理模块即可。

2 虚拟仪器技术

随着超大规模集成电路技术、计算机通讯技术、网络技术和虚拟技术的发展，虚拟仪器技术也获得了飞速发展。虚拟仪器的出现和兴起改变了传统仪器的概念、模式和结构，改变了人们的仪器观。利用虚拟仪器技术，可以充分利用计算机的运算、存储、回放、调用、显示以及文件管理等智能化功能，把传统仪器的专业化功能软件化，使之与计算机融为一体，从而构成一台从外观到功能都完全与传统硬件仪器相同，同时又充分享用计算机智能资源的全新的仪器系统[2]。

2.1 虚拟地球物理仪器的形成

传统的硬件地球物理仪器，主要由机箱、主机板、插在主机板上的反映仪器功能的电子卡和与电子卡有序连接、用以控制仪器的工作状态、调用仪器功能和参数的面板控件等 4 部分组成。如果将计算机作为一套带有智能化功能的仪器通用的机箱和底盘，把由电子卡组成的“硬功能库”和面板控件组成的“硬控件库”实行“软件化”，从而构成了相应的“软功能库”和“软控件库”，便形成了一台功能具有更大柔性的虚拟式地球物理仪器。此时，若在计算机总线槽内插入一块相应的模块卡，并在测试对象和模块卡之间接入合适的地球物理信号传感器，使得虚拟仪器可与外界的被测对象之间进行数据交换，从而实现信号测量、信息分析与处理的功能。

2.2 虚拟地球物理仪器库的形成

虚拟仪器的一大优点就是具有集成性，通过“测试集成”可以将多台（种）地球物理仪器的测量和分析功能集成在一个“软功能库”中，同样，也可将多种（台）仪器的面板控件一一软件化后集成于“软控件库”中，在一台计算机内形成由多种地球物理仪器系统构成的虚拟地球物理仪器库。用户可从该仪器库中调用自己所需的仪器或调用若干仪器组成一个大的地球物理测量与分析系统。

2.3 虚拟地球物理仪器的功能实现

虚拟地球物理仪器满足了地球物理信息处理的需求，可以对测量的数据进行存储、回放、调用、显示、运算以及文件的管理，同时利用现代信号处理理论，通过计算机软件技术使之成为分析地球物理信号的有效算法，如果我们选用合适的数据采集装置和地球物理传感器，与虚拟地球物理仪器相结合，就构成了一个地球物理信息处理的虚拟式地球物理仪器系统，如图 1 所示。

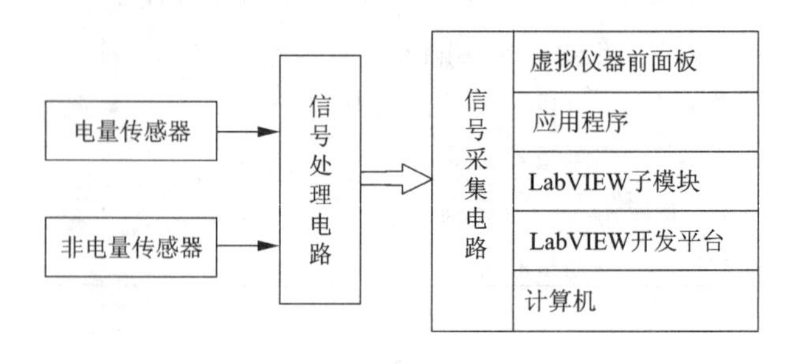

图 1 虚拟地球物理仪器结构框图

2.4 软件分析

软件是虚拟仪器的核心，由两部分构成，即应用程序和I/O接口仪器驱动程序。虚拟仪器的应用程序包含两方面功能的程序：实现虚拟面板功能的软件程序和定义测试功能流程图的软件程序。I/O接口仪器驱动程序完成特定外部硬件设备的扩展、驱动和通信。应用于虚拟仪器开发的软件平台分为两种：一是文本编辑语言，例如LabWindows CVI、Visual C++、VB等；二是图形化编辑语言，例如LabVIEW等。文本编程语言的灵活性好，用户可以任意添加功能；而图形化编辑语言具有编程简单、直观和开发效率高的特点[1]。用户可以根据自身特点合理选择开发工具进行开发。

LabVIEW是目前使用最广泛、功能强大而又应用灵活的仪器和分析软件应用开发工具。LabVIEW程序称为虚拟仪器或者简称为VI，该开发平台提供了大量的虚拟仪器和函数库帮助用户编程。该软件使用简单，能够很好地提高开发效率。图2是用LabVIEW开发的简单的地球物理仪器采集部分的面板。

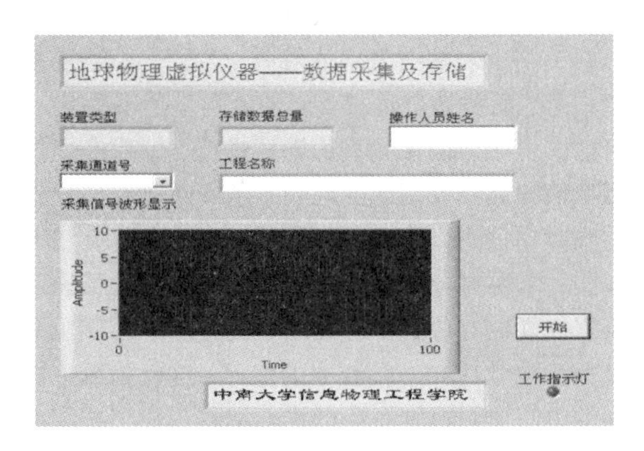

图2 地球物理虚拟仪器面板示例

3 结 论

虚拟仪器技术使现代地球物理仪器系统更灵活、更紧凑、更经济、更高效、功能更强。地球物理学科的发展是不断创新的过程，可以预知，随着虚拟仪器技术，计算机技术、网络技术和信息处理技术的发展，基于虚拟仪器技术的地球物理仪器系统将获得飞速发展，这必将给地球物理电子设备和仪器行业带来巨大的影响。

参考文献

[1] 靳红梅，马宪民，王芝峰. 虚拟仪器技术在石油测试设备中的应用[J]. 测井技术，2004，28(1)
[2] 季忠，秦树人. 基于虚拟仪器技术的生物医学仪器系统[J]. 中国机械工程，2004，015(001)
[3] 杨欣荣. 智能仪器原理、设计与发展[M]. 长沙：中南大学出版社，2003

激发极化法探测火山、次火山热液石英脉型金矿

廖秀英　白宜诚　张　力
（中南大学地球科学与信息物理学院，长沙，410083）

摘　要：地处内蒙古草原的太基敖包金矿属火山、次火山热液石英脉型金矿，由于第四系覆盖层较厚，测区内很少有石英脉出露地表，利用地质填图很难确定石英脉的分布状况。采用激发极化法的ρ_s视参数则能有效地圈定出石英脉在测区内的赋存状态，同时利用其F_s视参数来确定石英脉的黄铁矿化程度，则能间接地确定石英脉中金的赋存状态，因而对于探测火山和次火山热液石英脉型金矿，具有很好的地质效果。

关键词：金矿；激发极化法；中梯装置

1　地质概况及地球物理条件

太基敖包测区位于杰林牧场—毛登—宝登图褶断束中。褶断束内褶皱构造均发育于华力西第二构造亚层中，主要是一些轴向北东或北东东的复式褶皱，由北向南存在三个相互依存的背向斜——哈达候向斜、贵钦坤兑背斜和斯仁温多尔向斜。其中哈达候向斜出露比较好，形态保存较完整。太基敖包矿区就位于哈达候向斜南翼。

太基敖包测区位于大兴安岭火山和次火山热液金矿带南端，该区火山岩、次火山岩发育，是一个找火山岩和次火山岩热液型金矿床的潜在地区。

本测区内的矿化主要为金矿化，呈含金石英脉形式产出，其中已发现一条含金石英脉，其金含量已达开采品位。

工作地区的岩石与矿石电阻率和幅频率具有明显差异，是布置电法勘探工作的前提和进行异常推断解释的重要依据。测区内分布有安山岩、石英脉及含金黄铁矿化石英脉，而掌握测区内岩石和矿石电阻率和幅频率的特征和规律十分重要，于是在测区内采集了安山岩、蚀变安山岩和黄铁矿化石英岩进行了有关电参数测定，测定结果见表1。

从表1中标本的电参数测定结果可知：

（1）安山岩的电阻率值最低，蚀变安山岩的电阻率值中等，而黄铁矿化石英岩的电阻率值最高；

（2）安山岩的幅频率值同样最低，蚀变安山岩的幅频率值略高于安山岩的幅频率值，而黄铁矿化石英岩的幅频率值则高出安山岩、蚀变安山岩好几倍。以上表明，作为围岩的安山岩或蚀变安山岩与黄铁矿化石英岩之间的导电性能存在明显的差异，同样也存在明显的激电效应——幅频率的差异，这就为测区内观测到的电法资料进行正确的推断解释提供了可靠的电性依据，也表明了在测区内开展激发极化法探测黄铁矿化石英脉具有充分的地球物理前提，即达到间接寻找含金石英脉矿体的目的。

表1　标本电参数测定结果

岩矿石名称	标本块数	电阻率ρ/（Ω·m）			幅频率F/%		
		极大值	极小值	常见值	极大值	极小值	常见值
蚀变安山岩	7	2.6	0.8	1.6	2513	414	854
安山岩	5	1.3	0.7	1.0	2244	203	272
含黄铁矿石英岩	12	12.6	3.1	6.7	10599	1034	4082

2 激电中梯圈定含金黄铁矿化石英脉

测区共观测了15条间距为50 m的东西向中梯激电剖面，图1为该测区中梯激电ρ_s平面等值线图。从$-2^{\#}\sim10^{\#}$剖面可以看出，在每条剖面的30号测点左右和70号测点左右都有一个ρ_s高阻异常，并且存在一个从$-2^{\#}$剖面至$10^{\#}$剖面之间在每条剖面的30号测点左右的ρ_s高阻异常幅值大于70号测点左右的ρ_s高阻异常幅值，然后逐渐过渡到70号测点左右的ρ_s高阻异常幅值大于30号测点左右的ρ_s高阻异常幅值的分布规律，但总的趋势是70号测点左右的ρ_s高阻异常幅值(800 Ω·m左右)和宽度都大于30号测点左右的ρ_s高阻异常幅值(600 Ω·m左右)和宽度，根据ρ_s高阻异常的这一分布规律，就能十分清晰地在上述测区范围内圈定出两条规模较大且分别以30号测点和70号测点为中心的南北向的高阻石英脉，以70号测点为中心的高阻石英脉规模远大于30号测点为中心的高阻石英脉规模。除此以外，在上述测区范围内的每条剖面的20号测点左右都有一个ρ_s低阻异常，这也表明，在推断的以30号测点为中心的南北向的高阻石英脉的左侧存在一条低阻的断层破碎带。而$12^{\#}\sim26^{\#}$剖面之间则不存在上述这种ρ_s异常的分布规律，只是ρ_s高阻异常都集中在每条剖面的30号测点和70号测点之间，ρ_s高阻异常幅值相对减小，无明显ρ_s高阻异常峰值，同时也不存在反映断层破碎带的ρ_s低阻异常，表明在这一测区范围内广泛分布有规模较小的风化程度较高的多条高阻石英脉，且上面提到的断层破碎带并没有通过上述地段。$-2^{\#}\sim10^{\#}$剖面之间的30号测点左右和70号测点左右都非常明显地分布有两条南北向的幅值较大的ρ_s高阻异常带，但在这一地段的北面，在每条剖面的中间部位分布有多条次一级的南北向的高阻异常带，上述这些ρ_s异常的平面分布特点表明了测区内大、小高阻石英脉的平面分布特点。

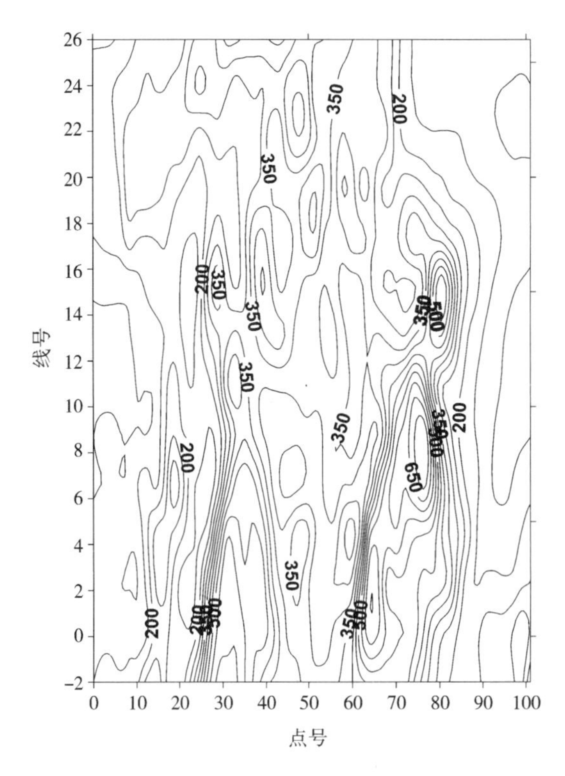

图1 中梯激电ρ_s等值线平面图

该测区中梯激电异常F_s的分布规律不同于ρ_s异常的分布规律，图2为西测区中梯激电F_s平面等值线图，图中$-2^{\#}\sim4^{\#}$剖面之间的中梯激电F_s曲线均在2%左右变化，对照标本电参数测定结果，这几条剖面观测结果反映这一地段存在安山岩或厚度较大的风化岩层，虽然根据ρ_s高阻异常的分布规律推断出两条南北向高阻石英脉通过这一地段，但其中并不存在黄铁矿化。$6^{\#}\sim10^{\#}$剖面之间则在ρ_s高阻异常的对应部位存在F_s激电异常，30号~40号测点之间存在一个F_s值大于3%且呈南北走向的F_s激电异常，70号测点附近虽然也存在像30号~40号测点之间一样呈南北走向的F_s激电异常，但其F_s极大值却只有2.4%，但都说明这一地段分布的两条规模较大的高阻石英脉存在黄铁矿化，且30号测点为中心的高阻石英脉中的硫化物含量大于70号测点为中心石英脉中的硫化物

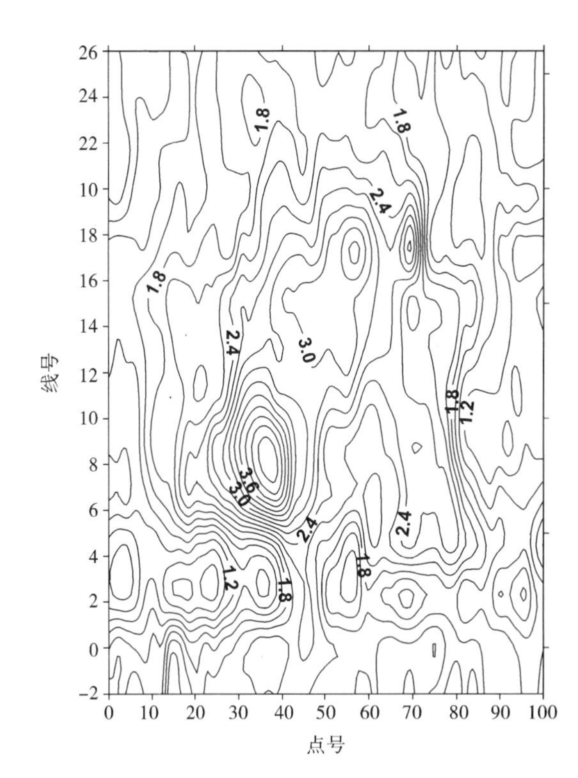

图2 中梯激电F_s等值平面图

含量。12# ~26#剖面之间的中梯激电 F_s异常则与该地段 ρ_s异常的分布规律相同，即在这一地段中间规模较小而风化程度较高的多条高阻石英脉中亦不同程度地存在黄铁矿化。

3 激电测深确定黄铁矿化石英脉的产状

为了进一步了解西测区黄铁矿化高阻石英脉的空间赋存状况，在 6#、8#、10#剖面上各观测了一条激电测深剖面，现以 8#剖面激电测深成果为例进行说明：图 3 为 8#剖面激电测深 ρ_s等值线断面图，图中除右侧上部存在局部水平同步起伏的 ρ_s等值线外，所有其他 ρ_s等值线均呈直立分布，该断面图在剖面底部分布有 ρ_s高阻异常，其余部位分布的为低值的 ρ_s等值线，说明剖面内除了底部存在一条石英脉及其蚀变带外，其余部位均为低阻风化岩层。与 6#剖面不同的是：位于该剖面内 ρ_s高阻异常左侧的 ρ_s低阻异常继续向深部延伸，应为断层破碎带的存在部位。由于该 ρ_s高阻异常的形态和分布范围与 6#剖面的 ρ_s高阻异常相似，即与 6#剖面属于同一石英脉及其蚀变带，该石英脉亦埋深较大，其中 4 号测点下的石英脉的埋深在 66 m 左右，产状陡立，仅向东稍微倾斜。

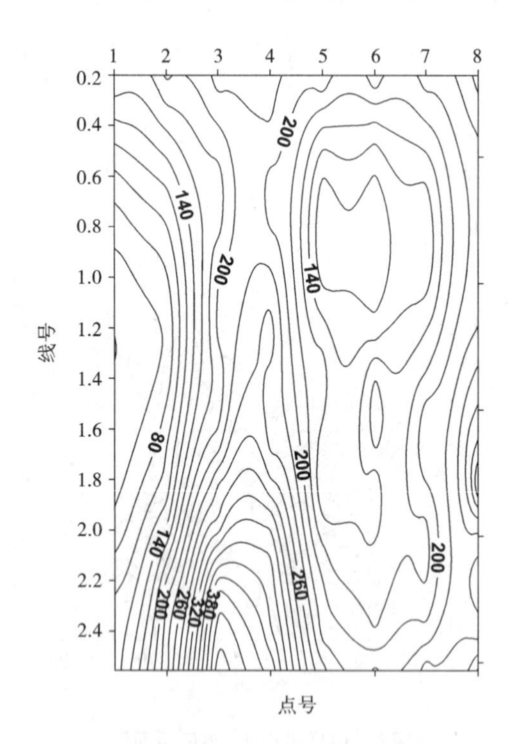

图 3 8#激电测深 ρ_s 等值线断面图

图 4 为 8#剖面激电测深 F_s等值线断面图，图中 F_s等值线的分布形态与其他激电测深剖面的 F_s等值线的分布形态相同，只是 F_s等值线梯度和 F_s异常幅值变大，表明该剖面内的石英脉及其蚀变带中黄铁矿的含量比其他激电测深剖面中的石英脉及其蚀变带中黄铁矿的含量高。

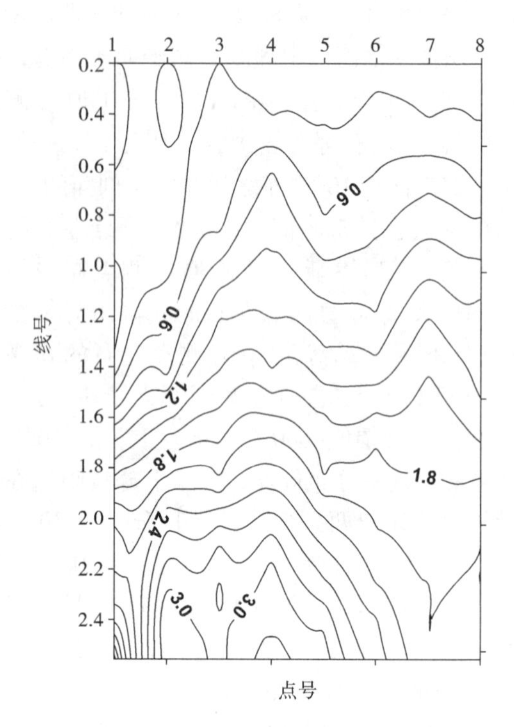

图 4 8#激电测深 F_s 等值线断面图

通过对测区激电资料的推断解释，可以说明：

（1）西测区 12#剖面以南存在两条规模较大贯穿性的高阻石英脉，并且在其西侧有一条同样是南北走向的断层破碎带，但测区右边高阻石英脉的规模明显大于左边的高阻石英脉，但其埋深则明显小于左边的高阻石英脉的埋深。该测区 12#剖面以北中部分布有多条规模较小而风化程度较高、分布范围较大的高阻石英脉或安山岩蚀变带；

（2）6#剖面以北所推断出的高阻石英脉都不同程度地存在黄铁矿化，但从中梯激电 F_s异常的分布规律看：6#剖面以南，虽分布有高阻石英脉，其中却无黄铁矿化，6# ~10#剖面之间以 30 号测点为中心的高阻石英脉中硫化物含量最高，而以 70 号测点为中心的高阻石英脉中硫化物含量相对较少，其中石英脉中黄铁矿的含量与金含量的关系值得研究。

后来在 8#剖面进行了钻孔验证，Zk3(46#/8) 在离地表 23 ~36 m 之间，发现 8.7 m 厚的黄铁矿化石英脉，其金含量已达开采品位。而 Zk4(72#/8) 在离地表 59 ~64 m 之间，发现 2.4 m 厚的石英脉，其中无黄铁矿化。

4 结 论

（1）通常对于火山和次火山热液金矿，第四系覆盖层都比较厚，即使地表介质电阻率比较低，但由于石英脉与围岩及覆盖层存在明显的电性差异，采用中梯激电法，也能很好地圈定出含金黄铁矿化石英脉的平面分布状况，为后续的地质工作提供可靠信息；

（2）利用激电测深能进一步反映黄铁矿化石英脉的存在，并能清楚地显示出含金黄铁矿化石英脉的空间赋存状况，为钻孔验证提供地质依据。

参考文献

[1] 傅良魁. 激发极化法[M]. 北京：地质出版社，1982

[2] 陈绍裘，陈灿华. 激发极化法探测断裂蚀变带型金矿[J]. 中南大学学报，2003，11

[3] 陈绍裘，陈伟明. 激发极化法在石英脉型金矿探测中的应用[J]. 矿产与地质，1994，4

[4] 向钟. 激电找矿在拾金坡矿区的试验研究[J]. 陕西煤炭专科学校学报，2002，(4)

小波分析在地震资料去噪中的应用

柳建新[1] 韩世礼[2] 许金城[2]
（1. 中南大学地球科学与信息物理学院，长沙，410083
2. 中国冶勘总局中南地质勘查院，武汉，430081）

摘 要：本文讲述了小波变换和去噪的基本原理，根据模拟信号和实际地震信号的频谱分析，讨论了如何选择小波基，及去噪中的阈值问题，从小波分解出发，利用多尺度分解对地震资料进行分析，并基于 MATLAB 语言和小波工具箱，实现了对地震资料的去噪。

关键字：数字信号处理；去噪；小波基；多尺度分解；地震数据

小波分析是当前数学中一个迅速发展的新领域，它同时具有理论深刻和应用广泛的双重特点。与 Fourier 变换、窗口 Fourier 变换相比，它是一个时间和频率的局域变换，因而能有效地从信号中提取信息，通过伸缩和平移等运算功能对函数或信号进行多尺度细化分析，解决了 Fourier 变换不能解决的许多困难问题。小波分析被誉为“数学显微镜”，它是调和分析发展史上里程碑式的进展。

1 小波变换

小波变换是一种信号的时间－尺度（时间－频率）分析方法，它具有多分辨分析的特点，而且在时频两域都具有表征信号局部特性的能力，是一种窗口大小固定不变但其形状可改变，时间窗和频率窗都可以改变的时频局部化分析方法。即在低频部分具有较高的频率分辨率和较低的时间分辨率，在高频部分具有较高的时间分辨率和较低的频率分辨率，很适合于探测正常信号中夹带的瞬态反常现象并展示其成分，所以被誉为分析信号的显微镜。这正符合低频信号变化缓慢而高频信号变化迅速的特点，这也正是小波变换优于经典的傅立叶变换和短时傅立叶变换的地方。从整体上说，小波变换比短时傅立叶变换具有更好的时频窗口。

$\forall f(t) \in L^2(R)$，$f(t)$ 的连续小波变换（有时也称为积分小波变换）定义为：

$$WT_f(a, b) = |a|^{-1/2}\int_{-\infty}^{\infty} f(t)\psi^*\left(\frac{t-b}{a}\right)\mathrm{d}t,\ a \neq 0$$

其中 a 为尺度因子，b 为平移因子。
逆变换为

$$f(t) = C_{\psi}^{-1}\int_{-\infty}^{\infty}\int_{-\infty}^{\infty}\psi_{a,b}(t)WT_f(a, b)\mathrm{d}b\frac{\mathrm{d}a}{|a|^2}$$

2 小波消噪处理的方法和原理

将信号进行小波分解，就是把信号向 $L^2(R)$ 空间各正交基分量投影，即求函数与各小波基函数之间相关系数，亦即小波变换值。矢量分解去噪实质是基于正交变换思想的相关分析方法。有效信号的小波变换值一般要比干扰波的小波变换值大得多。由 d^j 是第 j 个尺度下的信号与小波基函数的相关系数给定阈值，当小波系数 d^j 小于阈值，则置零，即将记录中的噪声去掉，按式重建得到去噪后的记录。

为了说明这种方法在地震数据中的应用，下面用强制消噪方法、默认阈值消噪方法和给定软阈值消噪方法分别对合成地震记录进行了消噪处理。合成地震信号，把地下介质看成是无限均匀、各向同性的理想弹性介质时，其子波数学表达式可表示为：

$$f(t) = \mathrm{e}^{at}\sin(\omega t)$$

式中，a 为衰减常数；ω 为地震子波角频率。取 $a = -\pi/5$，$\omega = \pi$ Hz。

地震子波同反射系数卷积得到合成地震的原始信号。在合成地震信号上叠加白噪声，可以看到地震信号的高频部分噪声占主要地位，其振幅变化剧烈，影响地震数据的解释。用本文方法去噪所得结果可以看出这种方法较好地除去了高频噪声，提高了地震信号的分辨率（图 1 ~ 2）。并从中可以得知默认阈值消噪方法处理后的信号反映的原始信号最佳，重构后的信号基本保持了原合成地震信号的结构，最大反射振幅发生处的位置相同。

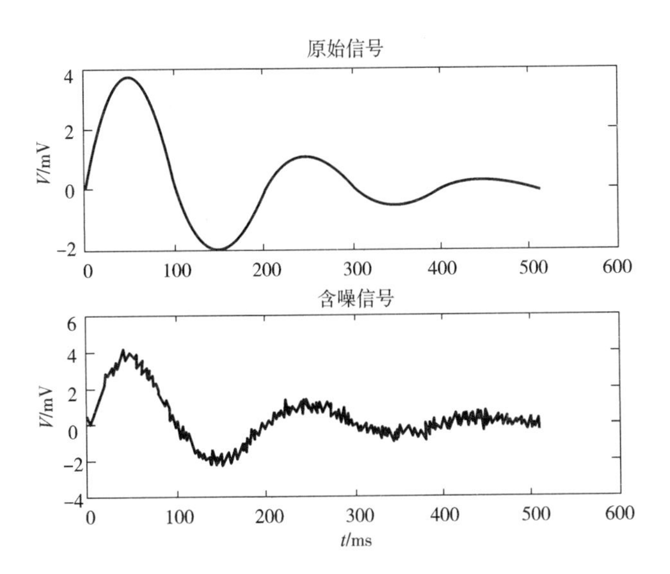

图 1　合成地震的原始信号及含噪信号

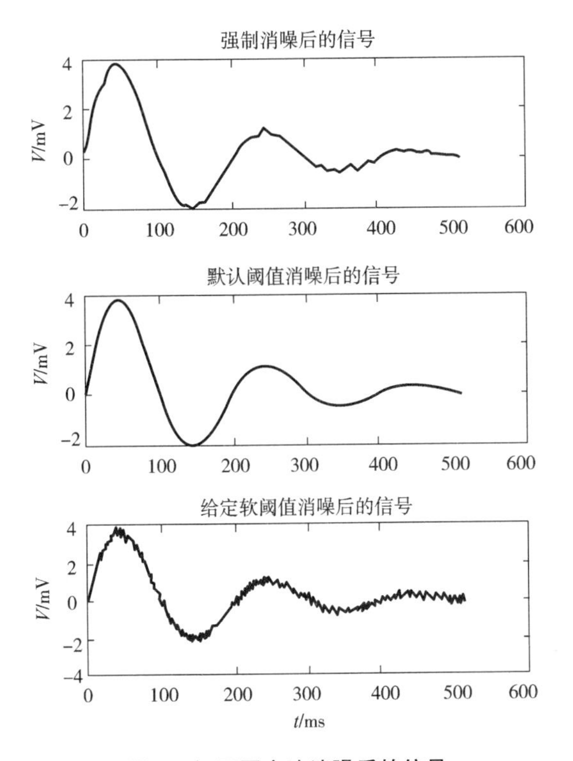

图 2　经不同方法消噪后的信号

3　小波基的选择和尺度参数的确定

3.1　小波基的选择

小波变换不同于傅立叶变换，因为小波分析中所用的小波函数具有多样性，此外，应用不同的小波解决同一个问题也可能会产生不同的结果，所以我们在对地震资料进行小波处理时，必须考虑选择最优小波基。

连续小波变换是一种冗于变换，子波在空间两点之间的关联增加了分析解释变换结果的困难。而离散正交小波变换则不会出现这种缺陷。选择和构造一个正交小波要求其具有一定的紧支集、平滑性和对称性。紧支集保证有优良的空间局部性质；对称性保证子波的滤波特性有线性相移，不会造成信号的失真；平滑性保证频率分辨率的高低。但是上述三点不可能同时得到满足。紧支撑性与平滑性二者不可兼得，要求小波具有较高的光滑型，必须要求增加小波支集的长度；反之，为了保证小波分析的局部特性，利用算法实现，支集的长度要尽量小，但这又保证不了光滑性。综合考虑，我们必须采取某种折衷作法，保证一定的紧支撑性、对称性和平滑性来选择正交小波。

我们通过对地震数据进行小波分析后的重构信号与原始信号的误差大小，来选取最优小波基。这是选用 sym4 小波对一个地震道数据进行的离散小波变换，其变换结果如图 3 所示。

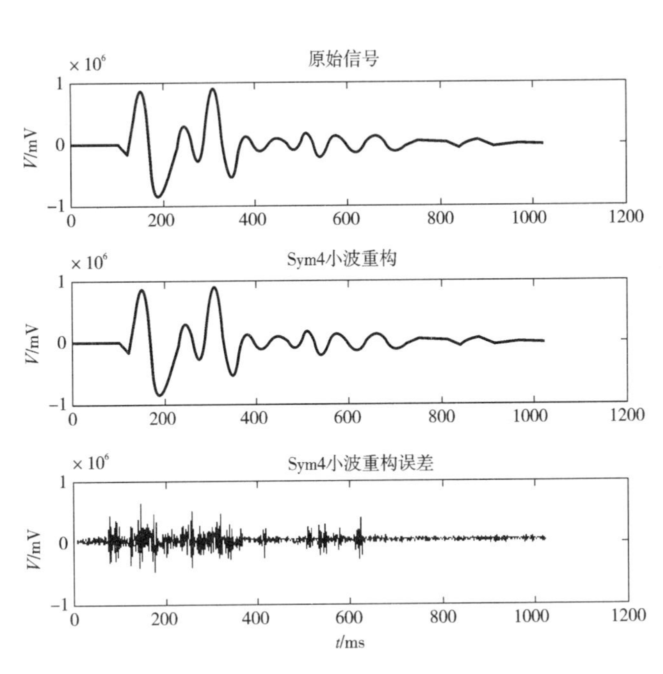

图 3　用 sym4 小波对地震数据进行的小波重构及其误差

由图 3 可以看出，地震波的原始信号和重构信号完全一样，只是有微小的误差，误差数量级为 10^{-8}。这说明我们所选用的小波分解和重构信号是可行的。

下面我们考虑两种情况来对误差结果进行分析：

（1）滤波器长度不同(同一家族小波，如选择小波，滤波长度均为 $2N$)。

（2）滤波器长度相同(不同家族小波，如选择 db 族小波和 sym 族小波)。

其中误差分析的标准有：最大误差和平均误差。

表1 滤波器长度不同的误差结果分析比较

滤波器	db1	db2	db3	db4	db5	db6	db7	db8	db9
平均误差	5.5594 e-012	6.2654 e-010	1.5821 e-008	3.1025 e-009	8.0280 e-009	3.0266 e-009	3.2044 e-009	1.0710 e-008	3.6381 e-008
最大误差	5.8208 e-011	1.2951 e-008	2.1706 e-007	3.8126 e-008	6.7172 e-008	3.6089 e-008	3.4634 e-008	9.4355 e-008	6.2262 e-007

表2 滤波器长度相同的误差结果分析比较

滤波器	db4	sym4	db8	sym8
平均误差	3.1028 e-009	4.7362 e-010	1.0710 e-008	4.133 e-010
最大误差	3.8126 e-008	1.1787 e-008	9.4355 e-008	7.6252 e-009

由表1的误差分析得知，对于紧支撑长度较小的db1、db2和db3小波，由于小波的光滑度不够，重构地震波的误差都比较大。而对于db7、db8和db9小波，随着滤波长度的增加，紧支集区间也相应变大，虽然小波的光滑度得到了保证，但是小波的局部性下降，其误差也逐渐增大。故在dbN小波族中，db4和db6小波在进行地震波重构中误差较小，于是这两种小波能够很好的顾及正交小波的紧支集和平滑性。而从表2的误差分析得知，对于滤波器长度相同的不同小波类型来说，sym族小波都优于db族小波。

3.2 尺度参数的确定

因噪声具有一定的频带宽度，故噪声应存在于一定范围的尺度参数的分解结果中，故选择合适的尺度参数既是保证噪声得到完全去除的前提，同时又使得处理的工作量尽可能少。图4是多尺度小波分解去噪法对一地震道数据的处理结果，分别对含噪信号进行了2，3，4及5尺度分解的去噪处理。从4种尺度的处理结果可见，2次分解的处理结果中仍然存在噪声成分，从3次分解起噪声成分几乎不存在。随分解层次的增大，去噪后波形基本没有变化，5次分解与3次分解的去噪结果一致。这说明，地震信号中噪声只存在于前三尺度的分解结果中，故采用3次分解去噪即可消除地震信号中的噪声。

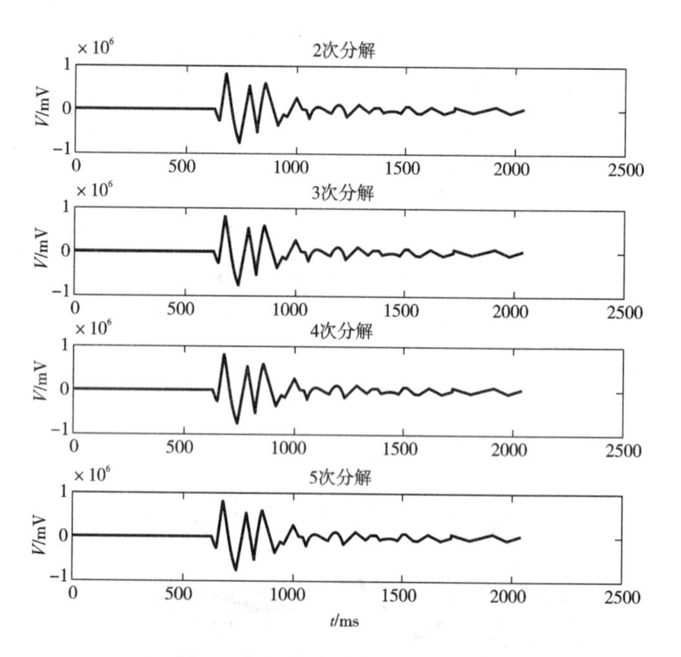

图4 多尺度小波分解去噪结果

4 地震资料去噪实例

在实际的地震数据采集时，有时候干扰噪音是不可避免的，包括规则和不规则的干扰波，比如勘查区产生的声波、工业电干扰波等。然而为产生良好的解释资料，必须对采集的数据进行消噪处理。

我们通过上述对小波基的选择，得出对于地震波应选用sym4小波3次分解。下面我们将这种方法用在实际的地震记录上，观看效果。

其中，所用的是某工地的36道地震记录，由于显示效果的原因，我们只读取了前20道(见图5)，每道2 048个采样点，采样率为0.2 ms。经过去噪后的地震记录如图6。从原始信号中可以看出其前4道和第12、13、14、16道有部分噪音干扰，影响解释效果。通过消噪处理后，尖锐波都已消除，波形明显有所改善，达到了消噪的效果。

图7(a)所用的地震记录是12道，每道2 048个采样点，采样率为0.2 ms，经过去噪后的地震记录分

别是如图 7(b)。基于 Matlab 语言所编写的程序，由于其自身的显示效果，原始地震波形中的毛刺干扰波未能很好地显示。但通过原始和消噪后的波形对比，同样可以看出去噪的效果。由图可见，地震波去噪后地震记录结构保持不变，同相轴清晰，波形光滑，达到了除去地震信号中随机噪声的目的。

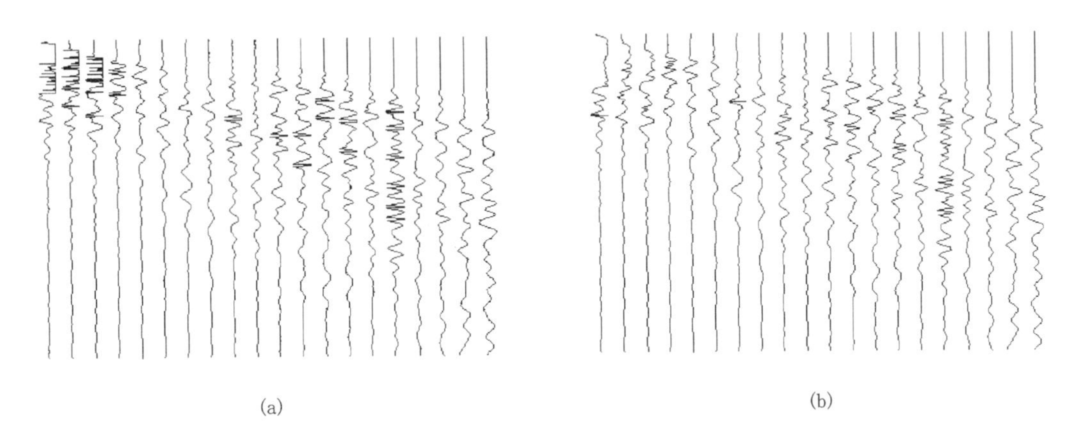

图 5　某工地 36 道原始地震记录信号(a)及去噪后的信号(b)

(a)原始信号；(b)去噪后的信号

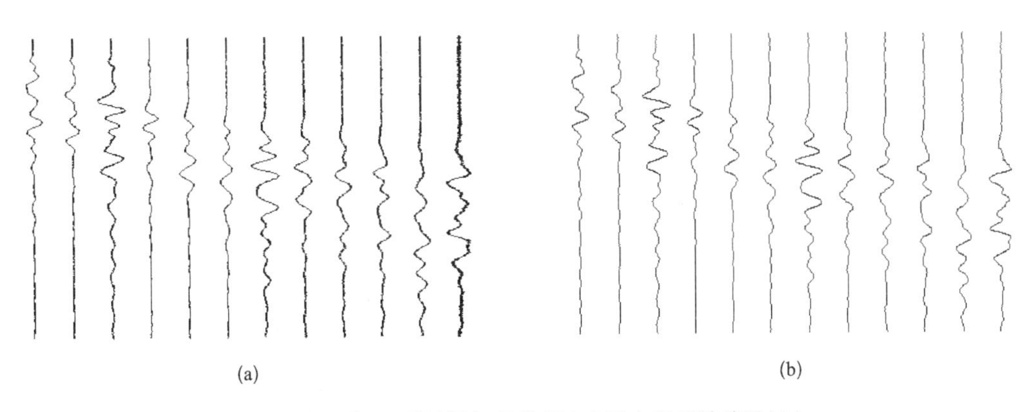

图 6　读取前 20 道地震记录信号(a)及去噪后的信号(b)

(a)原始信号；(b)去噪后的信号

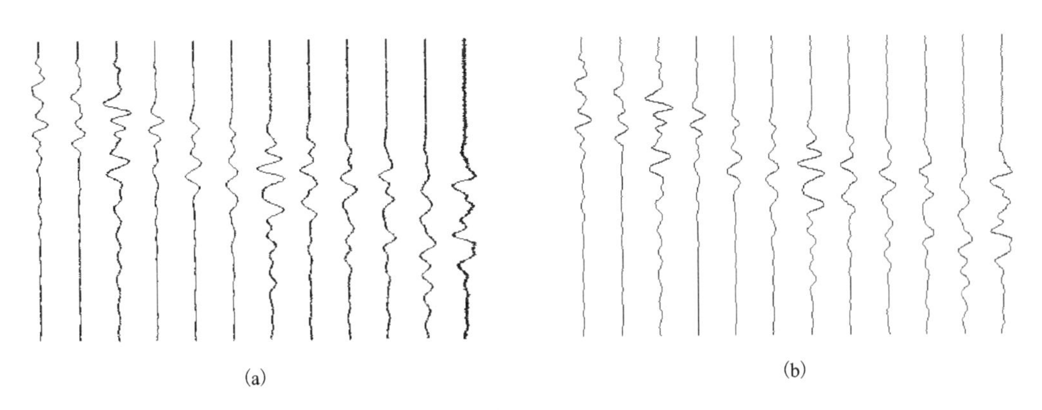

图 7

(a)原始信号；(b)去噪后的信号

5　结 论

由于地震信号频率的时变性，以及地震信号不同频率成分中的信噪比对分辨率具有不同贡献的性质，要求地震信号去噪应该采用在时频域中分频处理的方法。小波变换是实现这一思想的有效途径。我们通过对小波基和消噪中阈值的选择，对地震资料进行了去噪处理，实验表明这个方法具有比较好的效果. 本文利用Matlab语言和小波工具箱，方便而有效的实现了对地震资料的处理。Matlab语言为工程技术人员提供了强大的数值计算和显示平台，对于物探人员来说，用于研究各种新的地震技术和开发好的处理模块，可以节省大量的时间。从整个实现过程来看，我们可以充分体会Matlab语言在解决实际问题上的方便性和高效性。

参考文献

[1] 冷建华，李萍，王良红. 数字信号处理[M]. 北京：国防工业出版社，2003

[2] 胡昌华等. 基于MATLAB的系统分析与设计——小波分析[M]. 西安：西安电子科技大学出版社，1999

[3] (美)崔锦泰. 小波分析导论[M]. 西安：西安交通大学出版社，1995

[4] 杨福生. 小波变换的工程分析与应用[M]. 北京：科学出版社，1999

[5] 秦前清、杨宗凯. 实用小波分析[M]. 西安：西安电子科技大学出版社，1998

[6] 李水根等. 分形与小波[M]. 北京：科学出版社，2000

[7] Albert Boggess等. 小波与傅立叶分析基础[M]. 北京：电子工业出版社，2001

地质雷达技术及其应用

王　武　汤井田　肖　晓

（中南大学地球科学与信息物理学院，长沙，410083）

摘　要：本文介绍了地质雷达的基本概念及其原理，重点介绍了地质雷达的系统结构及其影响因素，并简介了地质雷达的应用范围。

关键词：地质雷达；中心频率；时窗；采样率

地质雷达（ground probing/penetrating radar, GPR），也称探地雷达，是利用地下介质对广谱电磁波（$10^7 \sim 10^9$ Hz）的不同响应来确定地下介质分布特征的地球物理技术。它是20世纪70年代发展起来的一种用于确定地下介质分布的广谱电磁法。探测时，地质雷达由发射天线向地下发射某一中心频率附近的高频、宽带的短脉冲电磁波。电磁波在地下介质传播过程中，当遇到存在电性差异的地下目标体，如空洞、分界面等时，电磁波便发生反射，返回到地面时由接收天线所接收。在对接收天线接收到的雷达波进行处理和分析的基础上，根据接收到的雷达波形、强度、双程走时等参数便可推断地下目标体的空间位置、结构、电性及几何形态，从而达到对地下隐蔽目标物的探测。

地质雷达以其高探测分辨率和高工作效率而成为地球物理勘探的一种有力工具。随着信号处理技术和电子技术的发展以及实践操作经验的丰富积累，地质雷达仪器不断更新，应用范围也不断扩大，现已广泛应用于岩土勘察、无损检测、工程建筑结构、水文地质调查、考古、矿产资源、生态环境、军事等众多领域。下面将简单介绍地质雷达的基本原理及其在工程物探中的一些应用。

1　基本原理

地质雷达技术是一种对地下的或物体内不可见的目标体或界面进行定位的电磁技术。它是研究高频（$10^7 \sim 10^9$ Hz）短脉冲电磁波在地下介质中的传播规律的一门学科技术。在距场源 r、时间 t、以单一角频率 ω 的电磁波的场值 P 可以用下列数学形式表示：

$$P = |P| e^{-j\omega(t - r/v)} \tag{1}$$

式中 v 表示电磁波速度，r/v 表示 r 点的场值变化滞后于原场变化的时间。因为角频率 ω 与频率 f 的关系为 $\omega = 2\pi f$，波长 $\lambda = v/f$，式（1）可以表示为：

$$P = |P| e^{-j(\omega t - 2\pi f r/v)} = |P| e^{-j(\omega t - kr)} \tag{2}$$

其中 $k = 2\pi/\lambda$，为相位系数，也可以称为传播常数，它是一个复数：

$$k = \omega \sqrt{\mu(\varepsilon + j\sigma/\omega)} \tag{3}$$

若将（3）式写成 $k = \alpha + j\beta$，则有：

$$\alpha = \omega \sqrt{\mu\varepsilon} \sqrt{\frac{1}{2}\sqrt{1 + \left(\frac{\sigma}{\omega\varepsilon}\right)^2} - 1} \tag{4}$$

$$\beta = \omega \sqrt{\mu\varepsilon} \sqrt{\frac{1}{2}\sqrt{1 + \left(\frac{\sigma}{\omega\varepsilon}\right)^2} - 1} \tag{5}$$

将基本波函数 $e^{jkr} = e^{j\alpha r} \cdot e^{-\beta r}$ 代入电磁波方程（2），则有：

$$P = |P| e^{-j(\omega t - \alpha r)} \cdot e^{-\beta r} \tag{6}$$

式中指数幂中 αr 表示电磁波传播时的相位项，α 是波速的决定因素，称为相位系数；$e^{-\beta r}$ 是一个与时间无关的项，它表示电磁波在空间各点的场值随着离场源的距离增大而减小，β 称为吸收系数。介质电磁波速度 v 的计算公式为：

$$v = \omega/\alpha \tag{7}$$

常见介质一般为非磁介质，在地质雷达的频率范围内，一般有 $\frac{\sigma}{\omega\varepsilon} \ll 1$，于是介质的电磁波速度近似为：

$$v = c/\sqrt[3]{\varepsilon} \tag{8}$$

地质雷达的观测方式主要采用剖面法，数据采集方式有连续采集、不连续点采集和测量轮控制采集。图1为地质雷达原理及记录示意图。

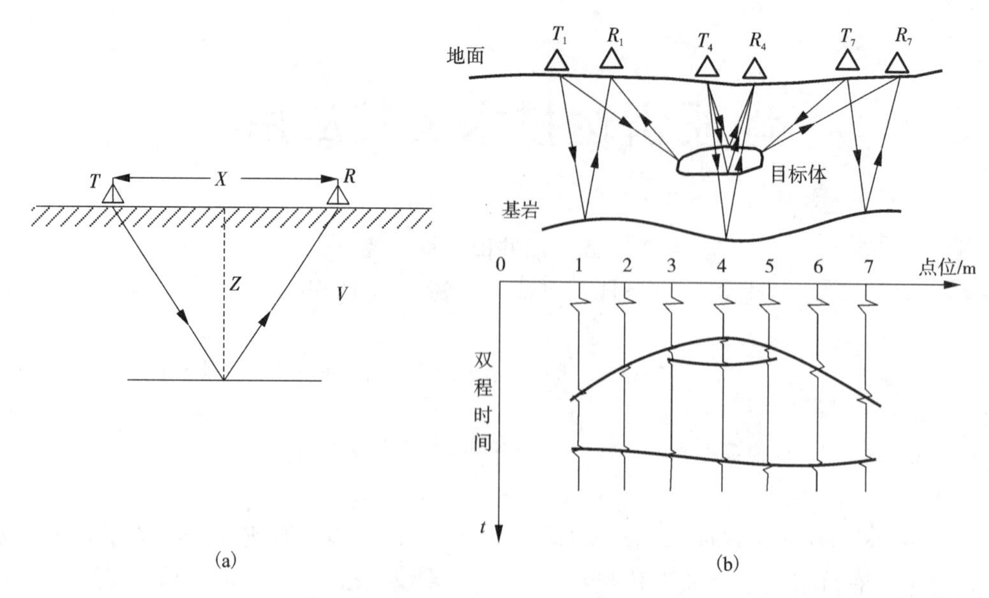

图1　原理说明及雷达记录示意

(a)反射探测原理示意图；(b)雷达记录示意图

2　地质雷达的系统结构

地质雷达系统由以下三个基本部分组成：①天线；②控制板(转换器)，它包括发送机、接收机及定时、控制等电子器件；③显示设备，如示波器、模拟磁记录仪、灰度图记录仪及显示器。

地质雷达的全面设计以及其硬件指标一般取决于目标体的埋深、类型、性质及周围环境。总的来说，地质雷达的有效性依赖于以下四个方面：

(1) 电磁能量辐射(向地下)的有效耦合；

(2) 电磁波相对于目标体具有合适的穿透深度；

(3) 地表或地表以上接收到足够强的来自埋藏目标体或电性不连续面的电磁散射信号；

(4) 相对设计分辨率和噪场水平，接收信号有合适的频带宽度。

目标体性质、周围环境及地质雷达各部分与仪器系统设计的相互关系可用图2来描述。

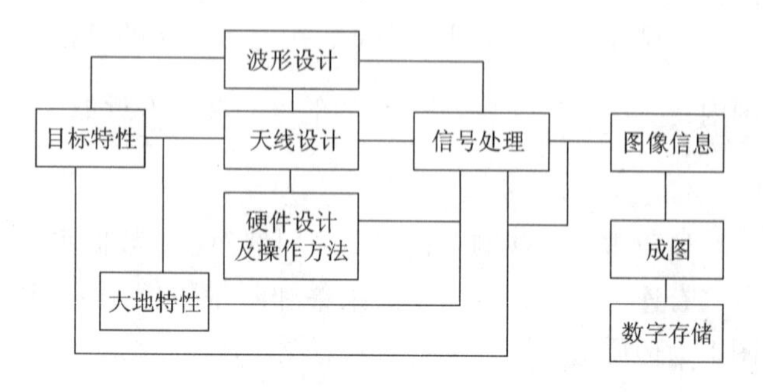

图2　仪器系统设计及其影响因素的相互关系

从图2可以看出目标特性、大地特性、信号处理、波形设计等因素都将影响到天线的设计。天线的设计必须与传播媒质的性质和目标体的几何形状等因素相匹配。目前使用的天线大都是振子天线和开孔天线，前者带宽有限，后者只适应于浅层的勘探，并且相对体积较大。因此，高方向性、宽频带、高发射率以及体小量轻天线的研制是一个重要的课题。

发送机利用控制电路通过储存能量的短时释放，形成脉冲或单周期雷达信号。脉冲宽度一般为0.5～10 ns，脉冲间隔常为1×10^4～5×10^4 ns，脉冲幅值达100～150 V。我们知道，平均辐射能量的大小是雷达操作系统的主要标准；而高频电磁波在大地中的高衰减性，使得只有降低电磁波频率或加大辐射能量才能增大勘探深度。显然，频率的降低将导致分辨率的下降，并且会出现电磁波绕射等低频电磁波现象。因而，加大辐射能量成为一条可取的途径。由此对发送机的技术指标要求更高。

地质雷达的接收机主要部分是一个高速采样电路，由于采样脉冲的频谱不能与接收脉冲的频谱很好匹配，使得接收机内在地具有低信噪比的性质。另外，高速采样电路的动态范围小于信号的动态范围，脉冲雷达系统不得不利用时变增益来压缩接收信号水平。然而，在20～100 ns的短时间内对接收信号采用时变增益相当困难，这是获得高保真目标信号的关键。

3　影响地质雷达应用的一些因素

影响地质雷达的探测深度、分辨率以及精度的因素主要包括内在与外在的两方面。内在因素主要是指探测对象所处环境的电导率，介电常数等因素；外在因素是与探测方法有关的测量参数，包括天线中心频率、时窗、采样率、测点点距与发射、接收天线间距。在实际应用中，综合考虑这些因素，采用适当的方法技术，是探测成功与否的关键。

3.1 环境电导率及介电常数对探测效果的影响

环境电导率是影响地质雷达探测深度的重要因素，高频电磁波在地下介质的传播过程中会发生衰减。由于探地雷达的工作频率较高，一般认为，高频电磁波在地下介质的传播过程满足介电极限条件，即 $\omega\varepsilon \gg \sigma$。$\omega$ 为电磁波的频率；ε 为环境的介电常数；σ 为环境的电导率。高频电磁波的衰减系数满足：

$$b \approx \frac{\sigma}{2}\sqrt{\frac{\mu}{\varepsilon}} \tag{9}$$

实际上，由于大地电阻率一般都比较低，达不到介电极限条件，其工作条件介于准静态极限（$\omega\varepsilon = \sigma$）与介电极限条件之间。对于静态极限，其趋肤深度为：

$$\sigma = \frac{1}{b} \approx \frac{2}{\sigma}\sqrt{\frac{\varepsilon}{\mu}} = \sqrt{\frac{2}{\mu\omega\sigma}} \tag{10}$$

可见，不管工作条件是在介电极限还是在准静态极限条件，或者是介于两者之间，其趋肤深度都是随电导率的增大而减少，即环境的电导率越低，高频电磁波的衰减越慢，探测深度越大。

在工程实践中，环境电导率的值一般在 $4^{-9} \sim 10^{-9}$ s/m，对于常见的非饱和含水土壤和沉积型地基，其电导率的大小主要受含水量及黏土含量的影响，其间存在以下经验公式：

$$\sqrt{\sigma} = n(1-s)\sqrt{\sigma_a} + ns\sqrt{\sigma_w} + (1-n)\sqrt{\sigma_s} \tag{11}$$

式中，σ 为电导率；σ_a、σ_w、σ_s 分别为空气、水和土的电导率；n 为孔隙率；s 为含水饱和度。一般地说，低电导率条件[$\sigma < (10 \sim 7)$ s/m]是很好的雷达应用条件，如空气、干燥花岗岩、干燥石灰岩、混凝土等；$(10 \sim 7)$ s/m $< \sigma < (10 \sim 2)$ s/m 为中等应用条件，如纯水、冰、雪、砂、干黏土等；$\sigma > (10 \sim 7)$ s/m 为很差的应用条件，如湿黏土、湿的页岩、海水等。

介电常数反映了处于电场中的介质存储电荷的能力。介质的介电常数主要受介质的含水量以及孔隙率影响，与电导率相类似，也存在以下经验公式：

$$\sqrt{\varepsilon} = n(1-s)\sqrt{\varepsilon_a} + ns\sqrt{\varepsilon_w} + (1-n)\sqrt{\varepsilon_s} \tag{12}$$

通常把一种介质的介电常数与空气介电常数的比称为相对介电常数。相对介电常数的范围为：1（空气）~81（水）。高频电磁波在介质中的传播速度主要取决于介质的介电常数，其速度表达式见（8）式。高频电磁波在两种不同介质的界面产生反射，反射系数为：

$$r = (\sqrt{\varepsilon_1} - \sqrt{\varepsilon_2})/(\sqrt{\varepsilon_1} + \sqrt{\varepsilon_2}) \tag{13}$$

由于地质雷达是靠接受反射波的信息来探测目标体，而反射信号的强弱取决于介电常数的差异，因此，介电常数的差异是地质雷达应用的先决条件。

3.2 测量参数对探测效果的影响

测量参数包括天线中心频率、时窗、采样率、测点点距与发射、接收天线间距。其中，时窗、采样率的选取对采集效果的影响不大，通常可以采用常规的计算方法。时窗 W 主要取决于最大探测深度 $d_{\max}$ 与地层电磁波速度 v，数据采集时所开的时窗可由下式估算：

$$w = 1.3\frac{2\{d_{\max}\}_m}{\{v\}_{m/ns}} \tag{13}$$

上式中，时窗的选用值增加30%，是为地层速度与目标深度的变化所留出的余量。采样率由尼奎斯特（Nyquist）采样定律控制，即采样率至少应达到记录的反射波中最高频率的2倍。为了使记录波形更完整，一般采样率取天线中心频率的6倍。当天线中心频率为 f，则采样率 Δt 为：

$$\{\Delta t\} = 1000/6\{f\}_{\mathrm{MHz}} \tag{14}$$

天线中心频率决定了地质雷达分辨最小异常的能力和所能探测到最深的目的体的深度，即地质雷达的分辨率和探测距离。当选用中心频率高的天线时，其分辨率高，但探测距离小；选用中心频率低的天线时，探测距离大，但分辨率降低了，这就要求在选取天线中心频率时，需兼顾目标深度和目标最小尺寸，使所选的天线既能探测到目标体所在的深度，又能达到分辨率的要求。一般来说，在满足分辨率的条件下应该尽量使用中心频率低的天线，以获取较多的信息。如果要求的空间分辨率为 x，围岩相对介电常数为 ε，则天线中心频率 f 可由下式初步选定：

$$f = 150/(x\sqrt{\varepsilon}) \tag{15}$$

根据初选频率，利用雷达探测距离方程计算探测深度。如果探测深度小于目标深度，需降低频率以获得适宜的探测深度。

测点点距的选择取决于天线中心频率与地下介质的介电特性。为了确保地下介质的响应在空间上不重叠，亦应该遵循尼奎斯特采样定律，尼奎斯特采样间隔 n 为围岩中波长的1/4，即：

$$n = \frac{c}{4f\sqrt{\varepsilon}} = \frac{75}{f\sqrt{\varepsilon}} \tag{16}$$

对于倾斜反射体，测点点距不宜大于尼奎斯特采样间隔，否则就不能很好地确定。当反射体比较平整时，点距可适当放宽。在实际工作中，根据研究的内容以及目标体的情况，测点点距可在几厘米至几米范围内变化。

4 应用范围

地质雷达探测是以被测目的体与其围岩之间存在明显的电磁性差异为基础的，被测目的体的电性特征、埋藏深度、规模大小及赋存形态等特性都直接影响方法的有效性，因此，在实际应用中，应更注重场地特有的地球物理特征，通过现场试验来正确选择地质雷达的工作参数，以避免由于选择了不合理的或错误的技术参数而导致应用的失败。

随着地质雷达软、硬件的不断发展和完善，地质雷达技术以其高分辨率又直观的图像、准确的解释成果和高效率等优点逐渐被人们所熟知和认可，并被越来越多地应用于工程勘察、军事、考古、地质调查以及建筑内部构造的探测，尤其近几年来，地质雷达在工程勘察中的应用日益广泛，在地下障碍物、公路滑坡调查，岩溶、破碎带、裂隙等不良地质现象及地下管线和人防工事探测以及公路路基填方量检测等领域已得到成功的应用。

参考文献

[1] 戴前伟，吕绍林，肖彬. 地质雷达的应用条件探讨[J]. 物探与化探. 2000, 24(2): 157 - 160

[2] 肖兵，周翔，汤井田. 探地雷达技术及其应用和发展[J]. 物探与化探, 1996, 20(5): 378 - 383

[3] 王水强，万明浩，谢雄耀等. 不同地质雷达测量参数对数据采集效果的影响[J]. 物探与化探. 1999, 3(3)

[4] 李伟和，邱庆程. 地质雷达在不同岩性介质中的应用[J]. 物探与化探, 2001, 25(4): 312 - 315

[5] 谭春，万明浩，赵永辉等. 高频探地雷达在工程建设及地学勘察中的应用[J]. 物探与化探, 2000, 24(6): 455 - 458

[6] 兰樟松，张虎生，张炎孙等. 浅谈地质雷达在工程勘察中的干扰因素及图像特征[J]. 物探与化探, 2000, 24(5): 387 - 390

[7] 邓居智，莫撼，刘庆成. 探地雷达在岩溶探测中的应用[J]. 物探与化探, 2001, 25(6): 474 - 476

[8] 李梁，兰樟松，张炎孙. 探地雷达在大口径基桩无损检测中的应用[J]. 物探与化探, 2000, 24(6): 474 - 476

海底热液硫化物勘探技术的现状分析及对策

汤井田　杜华坤　白宜诚

（中南大学地球科学与信息物理学院，长沙，410083）

摘　要：本文介绍了勘探海底热液硫化物的技术现状，并对其缺点进行了分析。针对目前对海底热液硫化物勘探技术的更高要求，提出了海洋伪随机激电法可作为勘探和评价海底热液硫化物的有效技术方法。

关键词：海底热液硫化物；激电法；伪随机信号

海底热液硫化物是近代科学家在海底发现的一种含有金、银、铜、锡、铅、锌等多金属的固体型和软泥型矿物，由于其具有矿体富集度大、成矿速度快、可再生、易于开采和冶炼等特点，故被称为“深海采矿业中的佼佼者”。从 20 世纪 80 年代起，世界上几个主要工业国家就开始制定了勘探和开发海底硫化物的国家计划。20 余年来，在国际海底已发现超过 140 多处的热液硫化物矿化点，其中预测储量大于 100 万 t 的有多处。随着世界各国海洋国家勘探调查的不断深入，其开发价值会更加明显。

1　勘探海底热液硫化物的技术现状

为勘探海底热液硫化物、洋底多金属结核矿等深海矿产资源，近 20 年来发达国家一直在进行技术开发研究，设计和制造勘探开发所需的技术设备，并取得了显著进展，在勘探技术方面，已经有很多可实际应用的技术产品，它们可以大致分为两大类：直接勘探法和间接勘探法。

1.1　直接勘探法

海底热液硫化物直接勘探方法有目测和取样两种方式，前者主要是采用水下照相机和水下电视机等摄影装备，后者主要使用的是拖网、海底钻探和取样管等取样分析技术。

目前，水下照相和水下摄像技术已成熟，并广泛应用于深海矿产资源勘探，成为主要的设备。水下照相机可连续地拍摄海底照片，虽不能进行现场实时观察，但清晰度高，而水下摄像机则可实现现场连续观察。其摄像和照相系统可置于 5 000 m 水深处。该系统配有高分辨力的彩色摄像机，照相机可拍摄 700 张彩色幻灯片。考察时常采用 3 种无人潜水器作为水下照相机和水下摄像机的载体：其一是轻拖运载器，具有携带照相机和摄像机的能力，可在距海底 10 m 处“翔行”；其二是重拖运载器，携带大型摄像系统和取样工具；其三是自由潜水器，由声学系统控制，作业时间较长，可达一周以上，能拍摄海底照片和测量其他参数。

拖网和样管取样是直接勘探深海矿产资源的另一种方法。拖网仅采集海底表层矿床样品，取样管则可获取部分海底沉积物样品。这些都是早期的勘探技术，所取样品不一定与深海矿产资源的相对丰度成比例。现在已研制出岩芯取样器（铲式、活塞和重力岩心取样器），拖曳式采样器（岩心管、箱式取样器和链拖网），以及自返式底质取样器。目前最佳的取样器为电视导控的底质取样系统，其取样水深可达 5 000 m，可用于对岩石、硫化物或富钴结壳进行精确的和大规模的取样，每次取样可多达 3 t。由于该系统装有高分辨率摄像机，在采样器的中心又装有多个光源，因此又可用来对海底进行小范围的精确绘图，或对将要采样的样品进行选择，最后再取样。如一次取样的数量不够，该取样器会进行多次闭合，以取得足够的样品。

1.2　间接勘探法

间接勘探方法是采用地球物理方法和地球化学方法对海底热液硫化物进行勘探的技术。已用于勘探海底热液硫化物的地球物理方法包括精密回声测深声纳、侧扫声纳、地震方法、磁法、重力法、热流法等。

地球化学方法包括回收物质的分析和海底现场分析。回收物质分析取决于与矿床伴生的沉积物的回收率及其分析。利用对海水中元素的扩散分析和沉积物中元素的扩散分析来勘探海底热液矿体；利用网络法在含热液硫化物矿区取样，来探查热液硫化物矿矿床品位。这种分析方法能以独特的方式寻找用其他方法不能找到的高品位矿床。在现场分析中，常采用能得到海底组成的连续记录的海底分析器，这样在海上勘探期间就可以编制出各种地球化学图样，它比传统的海底取样、船上分析和资料处理将大大节省时间。

近年来，国际上还开发出了一种叫“深潜拖鱼”的新装置，它集各种地球物理仪器于一体，包括窄束回声测深仪、侧扫声纳、3.5 kHz浅地层剖面仪、立体照相设备和质子磁力仪、采样器和摄像系统等，自动化程度很高。此外，一些发达海洋国家在勘探中还采用了深潜器。它们可用于4 000 ~5 000 m深处的海底考察，进行多金属结核矿、热液矿床及富含锰结核、钴结壳矿床的调查与勘探。

2 勘探海底热液硫化物的新方法

2.1 目前勘探技术存在的缺点

以上方法可以发现部分海底热液硫化物并且可对已发现海底热液硫化物矿床进行初略的评价，但存在如下缺点：①由于海底热液硫化矿多分布在海底1 200 ~3 700 m的海底，由于热液活动频繁，断裂构造发育，矿体(床)赋存的地质条件极为复杂，因而目前这些方法技术虽然能发现出露海底的“露头矿”，但无法对矿点(床)的分布范围、规模及赋存状态作出整体推断；②这些方法技术工作效率低、成本高，不适合大面积的海底热液硫化物勘探与评价；③通常不能有效地发现赋存在碎屑、淤泥、火山灰之下的海底热液硫化物矿点(床)。

2.2 可更加有效地勘探海底热液硫化物的海洋伪随机激电法

在陆地金属硫化矿勘探中，地球物理中电磁法勘探是主要的方法之一，其中激发极化法又是金属硫化矿普查与勘探最直接最有效最成熟的方法，这在陆地几十年的地质调查中已被证实。虽然海洋电磁法与陆地电磁法有着很大的区别，但理论和实践表明几乎所有陆地上已经使用的电(磁)法方法都可以在海洋中使用。并且海洋电磁法还具有陆地上的电磁法无法比的优点：①海底是一个低通滤波器，高频电磁信号严重衰减，各种天然、人工干扰场源衰减殆尽，这对海底微弱信号观测极为有利；②海水的含盐度处处相等，接收电极和测量电极所处环境均匀稳定，电极噪声极小，供电电极与海水的接触阻抗非常小，可以大电流供电，这在陆地上是难以做到的；③海洋可进行拖曳式连续测量，发送和接收均可在海中(或海底)拖动，实现大面积快速测量，而在陆上是不可能的。另外，通过对取自海底的数十块多金属软泥标本进行物性测量和水槽模拟实验结果表明，多金属软泥的极化率为3.5 ~5.8，与其赋存环境(海水)有较大差异(通常约为0.2)。所以激电法是勘探和评价海底热液硫化物的有效方法。

但传统的陆地激电法移植到海洋时存在许多技术难题，除需克服高电导率的海水影响和适应海洋这一特殊环境外，更重要的是目前西方国家现行的频率域激电法本身存在工作效率低等致命的弱点，不适合海上拖曳式连续作业需要。美国的Scott等提出海洋环境中的表面拖曳激电勘探系统，但其最初的测试结果却不理想，后经系统信噪比改善后，仅在低电导率的湖泊环境中获得了有用的IP数据。美国的Jeffrey和C. Wynn曾利用一个非漂浮、拖曳IP系统在Virginia和Georgia的浅海海域中勘查滨海砂矿(主要是钛铁矿)，并对其激电效应以及装置技术进行了研究取得了较好的效果。但由于高电导率海水的屏蔽作用，该系统只能在海水与海底界面进行测量。因此选择合理的激电激励场源和观测方式对海洋激电勘探的效果具有至关重要的作用。

针对传统激电法激励场源的缺点，何继善院士提出将伪随机信号作为海洋激电法勘探的激励场源(海洋伪随机激电法)。伪随机信号的实质是将多个具有相等或相当振幅的、但频率按一定规律变化的(如按2^n递增)信号合成，伪随机信号的实质是将含有多种主频率(例如3 ~15个)的复合信号，一次性地发射，而不是一个频率一个频率分别地发射，接收机则是同时一次性地接收，而不是间断地分别接收各个频率，因此在数据采集时不需在海上停留，突破了传统激电测量方式的困境，为实现拖曳式连续数据采集提供了技术保障。更重要的特点是波形的能量基本集中在各个主基频上。分析这些多种主频率的振幅谱、相位(虚、实分量)谱所提供的信息，即可达到勘查与评价海底热液硫化矿产资源的目的。

因此，海洋伪随机激电法可望成为勘探和评价海底热液硫化物的有效技术方法。

3 结论与展望

随着越来越多的海底热液硫化物矿点的发现，各个先进工业国家对海底热液硫化物的勘探已经历了从偶然发现到有计划勘探的阶段，在目前情况下，对海底热液硫化物资源的研究和估价，并确定它的分布范围、规模及赋存状态等信息至关重要。但由于进行海洋调查需要昂贵的费用，因此所有勘探海底热液硫化物的手段都要讲究效率。所以必须研究和开发多学科、多方法的海底热液硫化物的勘探技术。

对于在陆地金属硫化矿勘探中取得巨大成功的各种电磁法来说，研究开发轻便、高效、快速、面积性工作的海洋电磁法应是今后勘探和评价海底热液硫化物方法技术的发展方向，海洋伪随机激电法是我们为此而提出的一种新的方法技术，有望成为勘探和评价海底热液硫化物的一种有效方法。

参考文献

[1] 毛彬. 深海热液硫化物[J]. 国际海底，2002，(4)
[2] 何继善，戴前伟，汤井田. 海洋电磁法的回顾与展望——兼论拖曳式可控源伪随机信号电磁法论[A]. 1999 海洋高新技术研讨会文集[C]，1999
[3] 苏纪兰. 海洋科学和海洋工程技术[M]. 济南：山东教育出版社，1998
[4] 何继善，鲍力知. 海洋电磁法研究的现状和进展[J]. 地球物理学进展，1999，(2)

瞬态瑞雷面波资料处理效果的几点改进

周竹生　刘喜亮
（中南大学地球科学与信息物理学院，长沙，410083）

摘　要：本文主要讨论了瞬态瑞雷面波勘探的发展、原理、资料处理方法及流程，并在此基础上，针对面波资料处理过程中存在的两个方面的技术难点提出了应对措施，使处理效果得到了相应的改进。

关键词：瞬态瑞雷面波；工程勘察；资料处理；效果改进

1　概　述

19 世纪 80 年代英国数学物理学家 Rayleigh 预言了瑞雷面波的存在；20 世纪 50 年代人们发现了面波并观察到了其频散特性；80 年代日本每熊辉记和佐藤长范等人使稳态瑞雷面波勘探达到实用化阶段；90 年代我国刘云桢开始探讨多道面波勘探方法，并相应地研制了 SWS 瞬态面波勘探系统。从此，面波勘探方法作为一种浅层地震勘探新方法得到迅速发展。由于瑞雷面波的波速同剪切波速度及岩土力学参数有着密切的关系，因此在岩土工程和地基处理方面得到广泛应用。

面波勘探可分为人工源和天然源两大类。其中人工源面波勘探方法包括瞬态瑞雷面波勘探和稳态瑞雷面波勘探两种。天然源面波勘探也分两种，一种是利用天然地震中的面波来解析地球内部构造，另一种是利用微动中的面波信息来推断地壳浅部构造。工程中广泛应用的是采用人工震源的瞬态瑞雷面波勘探方法。

瞬态瑞雷面波勘探方法对仪器要求比较低，采用常规浅层地震仪便可开展工作，所不同的只是在检波器的选择上有所差异（为了得到地下比较深层介质的瑞雷波波速，要求选择固有频率较低的检波器，一般选固有频率 4 Hz 左右的检波器）。

2　瞬态瑞雷面波勘探原理

假设在某一观测点 A 记录到的瑞雷波信号为 $f_1(t)$，其相应的频谱为

$$F_1(\omega) = \int f_1(t)\mathrm{e}^{i\omega t}\mathrm{d}t$$

在波的前进方向上与 A 点相距 Δx 的观测点 B 同样记录到瑞雷波信号 $f_1(t)$，其频谱是

$$F_2(\omega) = \int f_2(t)\mathrm{e}^{i\omega t}\mathrm{d}t$$

若波从 A 点传播到 B 点，它们之间的变化完全是频散引起的（事实上，我们所关心的是计算波速问题，波速只与信号的相位差异有关，因此，可以不考虑能量因素），则它们之间的相位差应为

$$\Delta\varphi = \omega\Delta x/V_R(\Omega)$$

因此，

$$V_R(\omega) = 2\pi f\Delta x/\Delta\varphi$$

可见，问题的关键是要计算相邻两个观测点所记录到的信号的不同频率成分的相位差。

3　瞬态瑞雷面波资料处理方法

我们知道，A 点信号的频谱可以表示为

$$F_1(\omega) = |F_1(\omega)|\mathrm{e}^{i\varphi_1}$$

同样，B 点信号的频谱共轭可以表示为

$$\overline{F_2(\omega)} = |F_2(\omega)|\mathrm{e}^{-i\varphi_2}$$

那么，其互功率谱

$$\begin{aligned} S_{12}(\omega) &= F_1(\omega)\overline{F_2(\omega)} \\ &= |F_1(\omega)||F_2(\omega)|\mathrm{e}^{i(\varphi_1-\varphi_2)} \\ &= |S_{12}(\omega)|\mathrm{e}^{i\Delta\varphi} \end{aligned}$$

可见，只要将相邻两观测点的信号求互功率谱运算，其结果所对应的相位部分就是要计算相邻两个观测点所记录到的信号的相位差。

利用相位差计算出瑞雷波相速度 $V_R(\omega)$ 之后，依据均匀介质的瑞雷方程的近似解

$$V_R \approx \frac{0.87+1.12v}{1+v}V_S$$

即可换算出横波波速 V_S，式中 v 表示介质的泊松比。由于 v 的取值范围为 0.25～0.5，因此，$V_R \approx 0.92 \sim 0.95V_S$。

根据瑞雷波质点振动能量分布规律，其主要能量一般分布在一个波长范围内。因此，所计算出的波速可近似看成埋深 $H = K\lambda = KV(f)/f$ 处介质的波速。通常取 $K = 0.5$，也可通过钻探结果标定 K 值。

4　瞬态瑞雷面波资料处理流程

资料处理过程主要包括预处理、速度计算、成果

显示三部分。首先，为了提高处理质量，必须进行必要的预处理工作。预处理主要包括对原始资料进行能量均衡、道编辑、外科切除、零相位滤波、时－空内插等处理。速度计算部分包括面波能量区选择、求互功率谱等，其技术关键是连续相位谱展开技术；成果显示包括成果中间显示和最终显示，在中间显示阶段应对处理质量实施实时监控，以保证处理成果的可解释性，若发现处理结果与相邻观测点所处理的结果之间存在不合理性，应及时调整处理参数(见图1)。

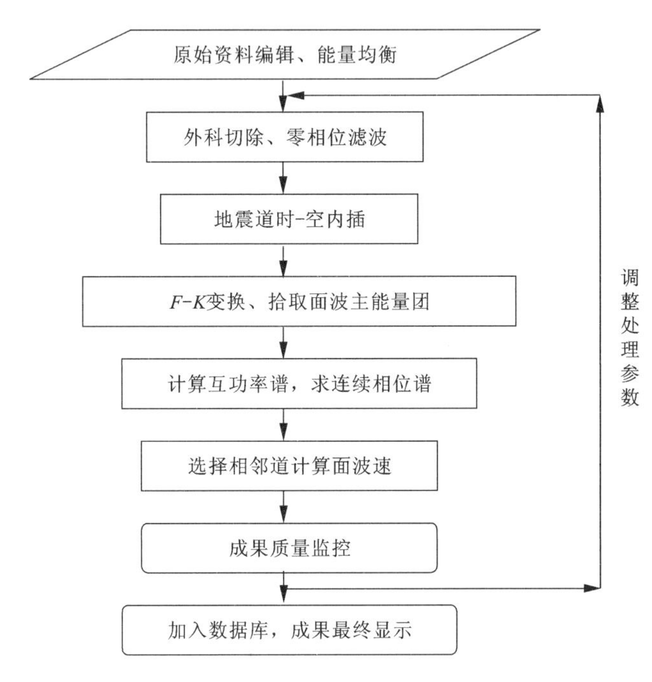

图1 瞬态瑞雷面波资料处理流程

5 处理效果改进

在面波资料处理过程中，存在两个方面的技术问题：①在计算面波速度时需要利用相位绝对值，而相位是通过反正弦函数获取的。由于反正弦函数是分段连续的，其主值区间为(－π/2，＋π/2)。人们习惯于将相位主值区间内分布的面波能量称之为“基波”。为了绕过相位非连续性问题，以往的面波勘探要求资料解释人员必须在 $F-K$ 域内选择面波的基波成分来计算面波的速度，这给实际工作带来了两个方面的困难：第一，“基波”的完全识别非常难以做到；其二，影响勘探深度。②根据 $F-K$ 方法计算出的面波的频散曲线为 V_r-F 曲线，而对工程勘探来说，人们需要的是 V_r-H 曲线。将 V_r-F 曲线转化为 V_r-H 曲线时需要对频率 F 求倒数运算，这势必使得原本在 V_r-F 域内线性(或均匀)分布的频散点转化到 V_r-H 域后在深度 H 轴上出现非线性(或不均匀)排列，导致大勘探深度的频散点变得稀少，从而影响勘探精度和深部地层的分辨能力。

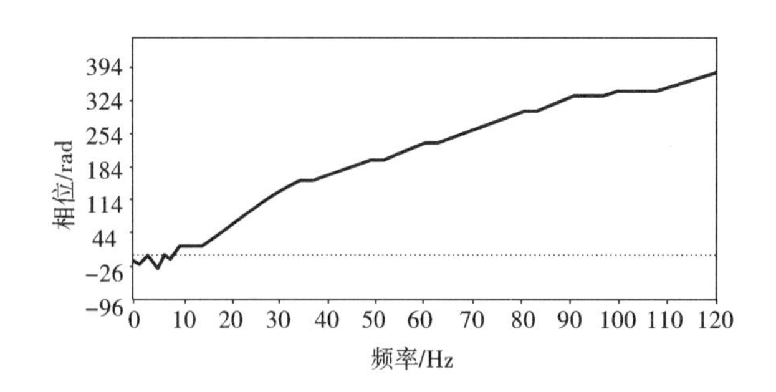

图2 互相关连续相位谱

针对上述技术问题①，我们提出在计算相位谱时用 Tribolet 连续相位谱展开法将分段连续的相位谱展开为在目标频率段内全段连续的相位谱(见图2)，从而取消了选择“基波”的限制和要求，并有效地利用了除基波以外的多阶面波能量。这样一来，既放宽了对资料处理的要求，又更好地利用了面波的全部信息。同时，在实际工作中我们注意到，Tribolet 法非常稳定，精度高，抗噪能力强。针对技术问题②，我们采用了基于 $F-X$ 域的地震道时－空内插技术。利用内插后的地震数据计算出来的面波的 V_r-H 曲线的面貌大大改观。如图3所示，即便在25 m的勘探深度处，频散点仍保持了一定的密度。在此曲线上进行解释，将可避免解释结果的随机性，提高解释结果的必然性和可靠性。

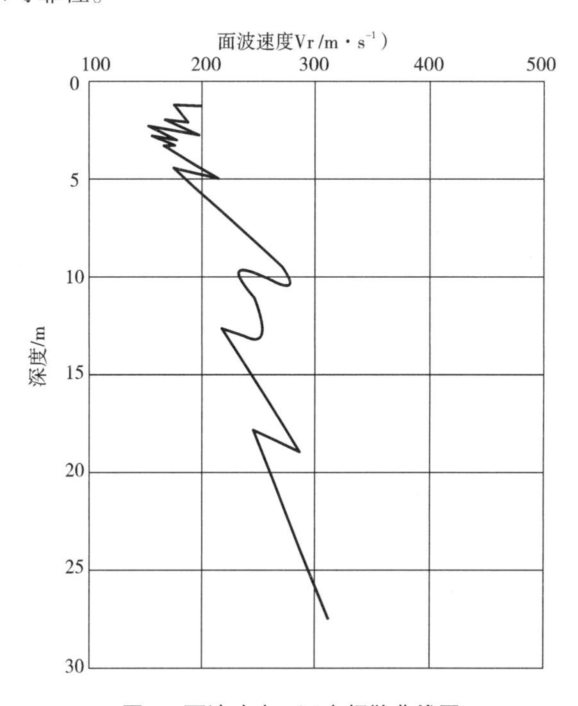

图3 面波速度－深度频散曲线图

6 结 论

面波勘探方法是工程物探方法中常用的、行之有效的方法之一，它具有勘探效率高、成本低廉、野外作业容易实施等优点。本文提出的 Tribolet 相位谱连续展开技术和基于 $F-X$ 域的地震道时 - 空内插技术是提高面波资料处理效果的关键技术，必将更好地推动面波勘探技术的发展和应用。

参考文献

[1] Tribolet J M. A new phase unwrapping algorithm. IEEE, 1997 Assp - 25(2)
[2] 王振东. 浅层地震勘探应用技术[M]. 北京：地质出版社，1988
[3] 常士骠等. 工程地质手册[M]. 北京：中国建筑工业出版社，1992
[4] 周竹生，陆江南. 一种快速有效的地震道空间内插方法[J]. 物探化探计算技术，2000(8)：211 - 215
[5] 王俊茹. 工程与环境地震勘探技术[M]. 北京：地质出版社，2002

双频激电法在四川汉源－洪雅地区富锌矿资源评价中的应用

游学军

（四川省地矿局207地质队，四川乐山，614000）

摘　要：本文介绍了双频激电法，结合地质、化探综合勘查方法，辅以轻、重型山地工程手段，在四川汉源－洪雅地区的富锌资源评价中，实现了快速有效的找矿目的。

关键词：双频激电法；资源评价；汉源－洪雅地区；四川

四川汉源—洪雅铅锌成矿区位于康滇地轴北段东缘，龙门山逆冲推覆构造带和鲜水河深大断裂交汇处，属三江成矿带的东南部和攀西成矿带的北部。是中国地调局首批启动的攀西地区矿产资源调查评价的主要工作区，新发现汉源红花大型矿产地1处，汉源万里、马烈中型矿产地2处，洪雅宋家沟、老汞山、罐坪—二汞山小型矿产地3处，证明本区铅锌资源潜力巨大。在本次资源评价和新发现矿产地的预查评价中，充分、合理地运用了物探方法，其中双频激电法发挥了重要作用，取得了突出的找矿成果。并在此基础上探索了铅锌矿化探定向、物探定点、地质定性、工程定量的找矿组合方法。该区铅锌矿的找矿突破是传统地质与现代物、化探成功结合的典型范例。

1　评价区地质矿产概况

评价区位于著名的康滇地轴东缘北段的汉源－甘洛铅锌成矿带。依据铅锌物化探异常和已知矿产地分布情况，结合铅锌成矿地质条件和矿床成因类型的基本特征与成矿规律，将评价区划分为汉源县红花、万里、马烈、洪雅县硝水坪4个矿区。区内主要出露震旦系灯影组、寒武系麦地坪组和筇竹寺组，主要岩石有白云岩、硅质白云岩，含磷白云岩和碎屑岩（部分含少量碳质）。铅锌矿的成因类型主要有构造热液型和沉积改造层控型，前者含矿围岩为震旦系灯影组，后者含矿层位为寒武系麦地坪组，且后者为主要矿床类型。其特征分别以汉源万里和红花矿床为例。

1.1　汉源万里铅锌矿

矿体呈雁列状赋存于震旦系灯影组白云岩北西向构造破碎带和次级派生裂隙中。共发现矿体9个，长100～1 140 m，厚0.60～3.76 m，含Pb 0.06%～4.19%，Zn 2.51%～16.17%。矿石矿物主要为闪锌矿、方铅矿和黄铁矿，矿石构造主要为块状、角砾状和浸染状。

1.2　汉源红花铅锌矿

矿体赋存于寒武系麦地坪组中部，距麦地坪组顶界约20 m。矿体呈层状、似层状产出，产状与围岩产状一致。矿体长2 460 m，厚1.23 m，含Pb 0.67%，Zn 8.08%，（Pb＋Zn）8.75%。矿体顶、底板围岩均为硅质条带白云岩，主要矿石矿物为闪锌矿、方铅矿，矿石构造主要为条纹条带状、细粒浸染状。

2　物探在资源评价中的应用

2.1　方法和仪器

双频激电法是中南大学（原中南矿冶学院）何继善院士于1977年正式提出的，并研制了相应的仪器，20多年来进行了不断的推广应用和改进提高。

双频激电法的核心是同时供双频电流和同时测双频电位差，即发送机将两种频率的矩形波电流合成双频电流供入地下，这两种电流的频率可根据需要加以改变：接收机同时接收双频信号，根据需要可以测量它们的振幅或（和）相位，形成幅频测量和相频测量；既可只测一组双频信号的各个参数，也可根据需要测多组双频信号以形成频谱测量。

本次采用双频道幅频测量法，是以测量振幅为基础，同时测量高、低两频率的电位差的振幅 V_G 和 V_D，并计算出视幅频率 F_s［$F_s=(V_D-V_G)/V_G$］。

本次采用的仪器为中南大学地球物理勘查新技术研究所提供的SQ－1型数字双频激电仪，工作频率设定为4 Hz和0.308 Hz。

2.2　双频激电法在评价区的应用

（1）物探工作基本情况。

工作区地处四川盆地西缘，植被茂密，水系和沟谷发育，属深切割的高中山地貌，气候潮湿多雨，土壤发育。地表铅锌矿均被风化淋滤，形成宽窄不一的氧化淋滤带，有益元素大部流失，品位急剧降低，仅可见少量残留褐铁矿和大小不等的风化溶蚀空洞，地表矿化不易识别，且因工作区人烟稀少，工业基础差，无较强的工业游散电流干扰。岩矿石标本物性测定结果表明，围岩总体上具有相对高阻、低幅频率特征，矿石及含矿岩石则具有高幅频率，中低阻特征，故本区具备进行电法测量的物性前提。

针对测区的实际情况，物探工作部署在成矿地质条件好，规模大、异常强度高的1∶1万土壤化探圈定的锌异常内，使用的SQ－1轻便型双频激电仪的接收机重1.6 kg，发送机重1.8 kg。工作中记录的参数有高频电位 V_G、视幅频率 F_s、供电电流 I，室内计算的参数有视电阻率 ρ_s 和视金属因数 J_s。

面积性物探工作采用偶极－偶极方式，$AB=MN=40$ m，$n=4\sim6$(洪雅硝水坪、汉源马烈 $n=4$；汉源红花和万里 $n=6$)。使用干电池组作为工作电源(电压225 V)，一般供电电流为200～300 mA，部分点达到500 mA，少数测点因接地原因供电电流小于200 mA，接收机接收的电位差大于2 mV，部分测点达到180 mV。测网首期按400 m×40 m布设，施测发现异常后，在异常地段采用200 m×40 m网度加密测量和断面测量。采用GPS定位仪结合测绳进行定点，一般测点平面定位误差小于10 m，A、B、M、N 电极的相对定位误差小于1 m，保证了视电阻率的精度。

在汉源万里和马烈矿区还进行了井－地充电剖面法测量，在洪雅硝水坪和汉源红花矿区对设计钻孔部位进行了对称四极测深，均取得了较好效果，为工程定位提供了有力依据。

评价期间共完成面积性工作28.8 km²，共发现视幅频率异常111个，且大多数异常与地表土壤锌异常的套合度较高，经槽、坑、钻探工程解剖其中20个异常，均证实为矿致异常，见矿率达100%。

根据测区野外测量所得的原始数据，经过整理得到各矿区的视幅频率，视电阻率异常平面图和主要测线的地质、断面、视幅频率、视电阻率、土壤锌含量综合剖面图(图1)，在此基础上结合地质特征进行综合解释，为工程布设提供依据。

(2) 在洪雅硝水坪矿区的应用。

2000年项目开始之初，选择宋家沟矿段开展物探试点。在1∶1万土壤化探圈定的锌异常区进行了2 km²的幅频激电扫面工作，共圈定视幅频率异常8个(以2%为视幅频率异常下限)，异常分布受断层控制明显。主要异常XJD4长1 625 m，宽180 m，面积1.01 km²，视幅频率最高为7.6%，视电阻最低为9.21 Ω·m，具7个异常中心，属高视幅频率，低视电阻率异常(见图1)，经断面测量和对称四极测深，显示异常倾向南，分布于宋家沟断裂破碎带，地表有锌化探异常配合，推测为构造热液型矿致异常，选择激电异常高值区布置ZKl7－1和ZKl3－1孔，验证结果表明ZKl7－1孔见富锌矿，厚度1.58 m，含Zn 15.15%，发现了Ⅰ号矿体；ZKl3－1孔仅见硫铁矿，厚1.50 m，含硫15.47%，为铅锌矿外带的硫铁矿。两孔施工结果表明本区物探异常为矿致异常。物探工作运用于铅锌矿找矿取得了显著成效，找矿亦取得了重要进展。

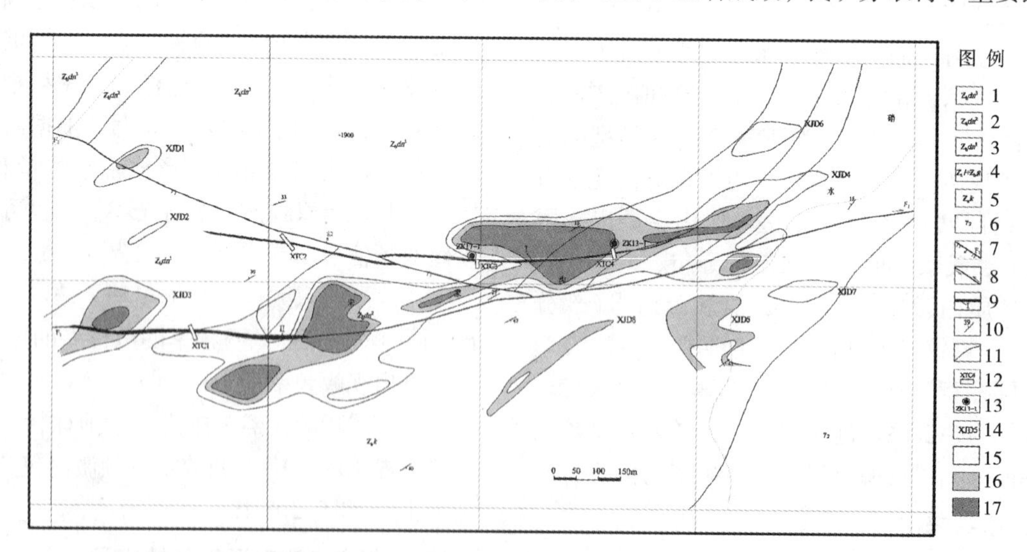

图1 四川洪雅宋家沟铅锌矿视幅频率异常图

1—震旦系上统灯影组第三段；2—震旦系上统灯影组第二段；3—震旦系上统灯影组第一段；4—震旦系下统列古六组＋上统观音崖组；5—震旦系下统开建矫组；6—晋宁期花岗岩；7—正断层及编号；8—平移断层及编号；9—铅锌矿体及编号；10—地层产状；11—地质界线；12—探槽及编号；13—钻孔及编号；14—异常编号；15—异常外带($F_s=2\sim3\%$)；16—异常中带($F_s3\sim4\%$)；17—异常内带($F_s>4\%$)

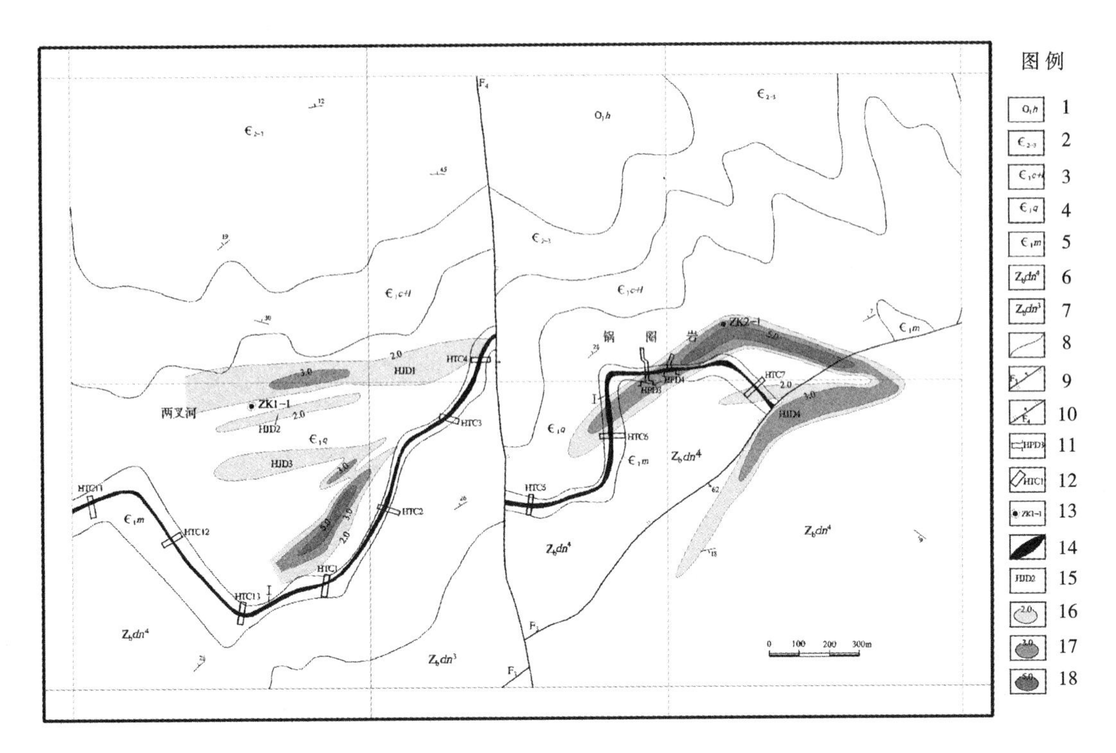

图 2　四川汉源红花铅锌矿视幅频率异常图

1—奥陶系下统红石崖组；2—寒武系中－上统；3—寒武系下统沧浪铺组＋龙王库庙组；4—寒武系下统筇竹寺组；5—寒武系下统麦地坪组；6—震旦系上统灯影组第四段；7—震旦系上统灯影组第三段；8—地质界线；9—逆断层及编号；10—正断层及编号；11—坑道及编号；12—探槽及编号；13—钻孔及编号；14—矿体及编号；15—异常编号；16—幅频率异常外带（F_s＝2.0～3.0%）；17—幅频率异常中带（F_s＝3.0～5.0%）；18—幅频率异常内带（F_s＞5.0%）；

（3）在汉源红花矿区的应用

继在洪雅硝水坪，汉源万里、马烈矿区进行物探找矿取得成效之后。2002 年选择汉源红花矿区继续开展针对沉积改造型富锌矿的物探工作。

在北部锅圈岩一带含矿地层分布区进行了 4 km^2 的幅频激电扫面工作，共圈定视幅频率异常 4 个（以 2% 为视幅频率异常下限），异常分布受含矿地层麦地坪组的控制，并与其走向一致，主要异常 HJDl 和 HJD4 均呈带状分布（见图 2）。HJDl 异常长 1 000 m，宽 80～120 m，面积 0.10 km^2，视幅频率最大值 4.4%，视电阻率最小值为 85 Ω·m，且具内、中、外三带，属中等视幅频率、低视电阻率异常，经断面测量和对称四极测深，证实深部异常的形态与含矿地层产状基本吻合，推测为层状矿体所致的异常，选择高值异常区布置 ZKl－1 孔验证，结果见富锌矿，厚 1.86 m，含 Pb 0.36%，Zn 10.16%，Pb＋Zn 10.52%，控制 I 号矿体西段。而处于东部的 HJD4 异常长 1 150 m，宽 80～200 m，面积 0.21 km^2，视幅频率最大值 9.2%，视电阻率最低 143 Ω·m，且具内、中、外三带，属高视幅频率，中视电阻率异常，经断面测量和对称四极测深，同样证实深部存在高视幅频率异常区，推测亦为层状矿体所致的异常，选择高值异常区施工浅坑 PD3 和 PD4，钻孔 ZK2－1 验证，均见富锌矿，厚 1.13～1.43 m，含 Pb 0.59%～2.56%，Zn 7.05%～31.05%，控制 I 号矿体东段。

红花矿区 I 号矿体是在物探工作的指导下，经工程解剖异常发现的，其单个矿体的资源量就已达大型。至此，汉源－洪雅地区富锌矿资源评价找矿取得突破性进展，物探工作再次在资源评价中发挥了重要作用。

3　结　论

本次评价工作采用地质、化探和物探的综合方法，辅以轻、重型山地工程手段，实现了快速有效的找矿目的，特别是幅频激电的应用，克服了传统电法受地形影响大和解释难度大的不足，且由于设备小巧轻便，适宜于在山区开展电法测量，是寻找金属硫化物矿床的一种有效方法。项目工作中探索出了化探定向、物探定点、地质定性、工程定量的一套有效的组合式找矿方法。实践中，探槽见矿率达 93%，坑道见矿率达 95%，钻孔见矿率达 80%。这种组合式找矿方法对植被发育、地形切割较大，矿体风化氧化强烈，地表和近地表浅部矿化不明显的地区，可大大提高地质工作效率，缩短工作周期，提高找矿效果。

本项目已圆满完成下达的目标任务，新发现矿产地6处，其成果报告已于2003年6月由成都地质矿产研究所组织的专家组评为优秀成果。

参考文献

[1] 何继善等. 双频道激电法研究[M]. 长沙：湖南科学技术出版社，1989

[2] 游学军，陈华安等. 四川汉源—洪雅地区富锌矿资源评价报告[R]，2003

双频激电法在福建某钼多金属矿带的应用

谢 维[1] 柳建新[1] 许金城[2]
(1. 中南大学地球科学与信息物理学院，长沙，410083
2. 中国冶勘总局中南勘查院，武汉，430081)

摘 要：本文主要介绍了双频激电法在福建某钼多金属矿带的应用情况，并就本区开展双频激电工作提出了几点建议。根据以往经验，结合本区勘探成果我们认为，双频激电法在本区寻找钼多金属矿具有较好的效果，所测量的异常成果可靠。

关键词：双频激电法；视幅频率；视电阻率

双频激电法以其效率高、成本低、装置轻便等特点已在国内大部分地区得到广泛应用，2003 年，中南大学信息物理工程学院又将这一高效率的方法推广到了高山区的福建某钼多金属矿区并取得了很好的地质找矿效果。

1 地质概况

福建某钼多金属矿带所在区域的大地构造，位于大洋南北向背斜中断之西翼，紧靠其轴部的罗峰溪群浅变质岩与大洋花岗岩体的接触带上，其接触界线呈“U”字型(见图 1)。

本次工作主要集中在某钼多金属矿区内。矿区出露地层仅见单一的奥陶系中上统罗峰溪群(O_{2-3}If)，为一巨厚之海相碎屑沉积。主要为浅变质的细砂岩、粉砂岩、泥岩、千枚岩等，上部偶含灰岩透镜体，总厚 >1 107 m，共分三个岩层段，各段间均为整合接触，为本区的基底岩层。在距离矿区西部 750 m 处是罗峰溪群(O_{2-3}If)与泥盆系上统天瓦栋组上段(D_3t^b)呈断层接触。在矿区东侧约 450 m 处(即大洋背斜之东翼)为大洋岩体侵入；自桃子坑组上段(D_3tZ^b)至翠山组(P_2CP)，均为断层接触。

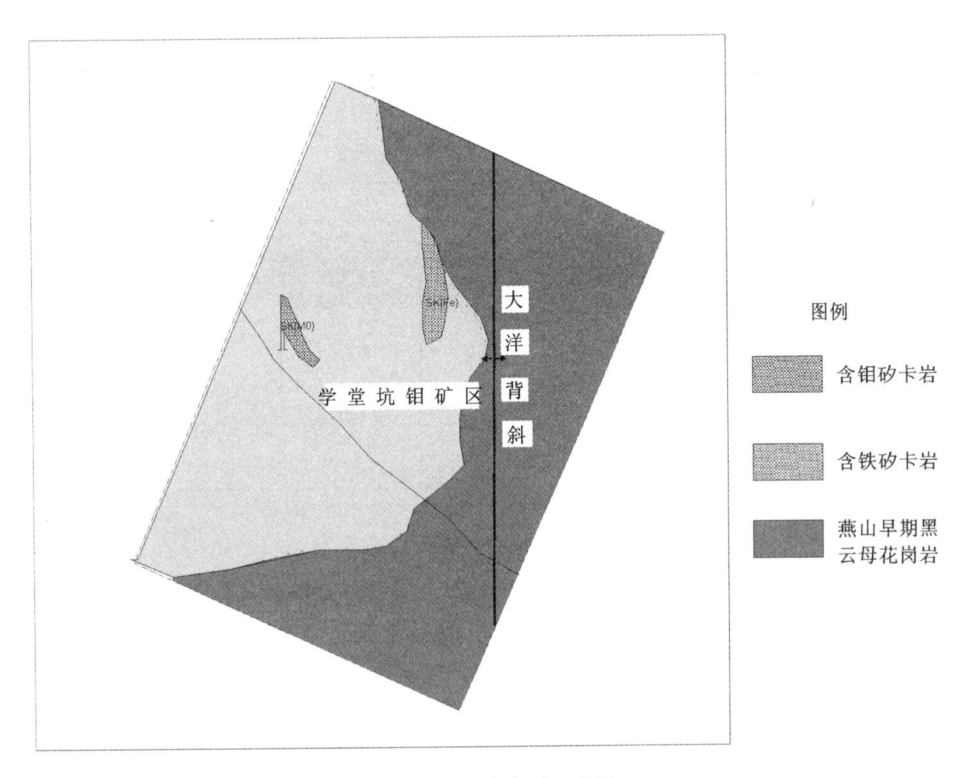

图 1 区域地质示意图

大洋黑云母花岗岩体是沿大洋背斜轴部断裂侵入的，呈大岩株状，南北向长16 km，东西向窄，面积为28 km^2。该岩体呈中细颗粒花岗岩石结构，可划分为过渡相、边缘相两个相带，岩体中派生有细颗粒花岗岩、花岗斑岩、石英斑岩等。岩体边部斜长石增多，黑云母减少，接触变质为角岩化和硅化等。与岩体有关的矿产，有马坑大型铁矿床，并伴生钼金属7 000多吨。此外，还有铜罗坑和清凉山钨矿点。

成矿构造：一般地说，火成岩与围岩接触呈突起状侵入，对成矿十分有利，而本矿火成岩与围岩接触带呈V形界线，火成岩呈凹陷状侵入，同样对成矿有利。

本矿区含钼矿岩体地表出露长约170 m，宽20～45 m；含铁矽卡岩体长约260 m，宽20～50 m。含钼矽卡岩，是由岩浆的成矿热液沿顺层的条带状(硅质夹层10～15 cm)灰岩变化而成的条带状矽卡岩。出露于物探23线的20～24点南侧一陡壁上，出露宽约405 m，辉钼矿呈鳞片状集合体充填于矽卡岩裂隙中形成富矿包，也有的成浸染状产于石榴石、绿帘石、阳起石等晶隙中。

初步认为，辉钼矿成单矿物产于矽卡岩中，其分布不均匀。从老洞口处的3 m范围内，用地质锤敲取三个捡块样，其分析结果见表1。

此外，位于物探测区西南角(即物测点10/10号)之260°方向，约600 m的大水沟中，有一条含辉钼矿石英脉产于罗峰溪群($O_{2-3}lf$)变质细砂岩的断裂中，出露脉长约40 m，脉幅10～40 cm。脉的东段向东逐渐变窄，而西段向西逐渐变宽，脉的西端被坡积层掩盖。脉产状倾向190°，倾角80°。

由于地表露头出露不佳，仅在局部沟谷及陡壁有露头出露外，绝大部分被覆盖土层及茂盛植被所覆盖。因此，在1∶10000的1 km^2物探测区内只定了21个地质观察点，圈定了地质体。区内岩层常见硅化、绢云母化、高岭石化、青磐岩化等，岩石蚀变强烈，空间上显示了“中心式”面型蚀变分带特征，含矿斑岩体由内向外大体可分为：石英绢云母化带、高岭石硅化绢云母化带、青磐岩化带，其规模之大为斑岩铜矿中所罕见。其中石英绢云母化带分布于斑岩体内，带内矿化明显，矿石以细脉浸染状为主。

2 测区地球物理工作

为了弄清楚区内钼矿体的分布规律。我们首先选择了1 km^2的范围开展双频激电面积性工作，发现异常后再进行异常检查和评价(由于该区内异常激电未封闭，后来又增加了部分面积性工作)。面积性工作区布置在成矿地质条件有利的地区，经现场踏勘圈定具体位置。此次双频激电面积性工作大体按20 m×100 m的网度进行布置，测线间距可根据野外实际地形起伏情况适当调整，设计测线13条、理论测点590个。通过物探激电扫面，根据区内岩矿石的物性测定结果可知(见表2)，本区双频激电异常正常场在0.7%左右，矿体标本大多在3%左右，属于中极化率异常，因此解释时按3%划分异常，随后对这些异常进行了对称四极测深，以了解异常的埋深和厚度，并经反演计算算出了异常体的大致厚度。

表1 矿石样品中成矿元素含量表

样品原号	分析编号	分样项目 w/%						备注
		Mo	WO_3	Sn	TFe(全铁)	Zn	S	
H1	030816－1	0.52	0.002	0.008	13.40	0.13	0.31	矿石
H2	－2	0.012	0.004	0.006	11.45	0.12	0.05	矽卡岩
H3	－3	0.016	0.005	0.006	16.20	0.10	0.05	矽卡岩
捡样	030416－1	1.30	SiO_2 47.84	Co 21.31	P 0.03 Cu 0.06	0.61	Pb 0.01 Bi 0.01 WO_3 0.05 Sn 0.02	钼矿

表2 矿区岩矿石物性测量结果

岩石类型	极化率/%	岩石类型	极化率/%
钼矿	3.0	细沙岩	0.6
大块钼矿(品位大于1)	3.8	石英岩	0.2
花岗岩	0.4	角砾岩	0.3
绿帘石	0.3	透辉石、矽卡岩	0.2
透辉石	0.4	含铁矽卡岩	0.6
粉沙岩	0.9	矽卡岩化围岩	0.4

3 物探成果及异常解释

在测区按1:10000比例尺进行了面积性的激电工作，每天收工回到驻地后及时将当天所测量的数据输入计算机，按物探规范要求分测线计算出每个测点极化率和视电阻率数据，并作出视电阻率和极化率剖面图，然后根据剖面图与地形图的对比图的对比确定异常的可靠性，删除个别供电电极附近的异常突变点和由于观测读数、记录、数据录入等人为因素造成的异常点。待整个测区工作结束后整理出测区的激电异常和视电阻率异常平面图（见图2）最后结合平面图和剖面图圈定了有一定意义的异常区（见图3），并对异常体进行了微分测深垂直定位测量和反演工作。

从图2可以看出，在测区西北部明显存在条带状视极化率异常，异常形态呈不规则状，由于测区布设的限制，上述条带状异常尚未封闭。根据图2及区内化探分析结果我们将激电工作区异常划分为4个（见图3）。

为了摸清这些异常在垂直方向的分布情况，我们选择了24线、25线、26线、28线、34线的部分测点进行了对称四极测深垂直定位测量。测深数据经二维地形反演计算反映有良好异常，对照野外地质填图和地形标高分析，我们认为处于成矿断层的最有希望的成矿异常是1、3号异常，并且在这两个异常体之间存在一条地质构造接触带，推断应该有一个走向北东、倾向北西的断层存在。为此，我们建议可选择22线、24线、26号线布置了编号为1～4的验证钻孔4个。到目前为止4个钻孔均已终孔，验证结果表明4个钻孔均见矿，其中2号钻孔在60～85 m见到厚度达22 m的钼铅锌工业矿体、3号钻孔在48～120 m见到总厚度达26 m的三层铜钼铅锌工业矿体，化验结果表明钼品位超过工业品位10～20倍，铜铅锌品位达到工业品位的1～3倍。

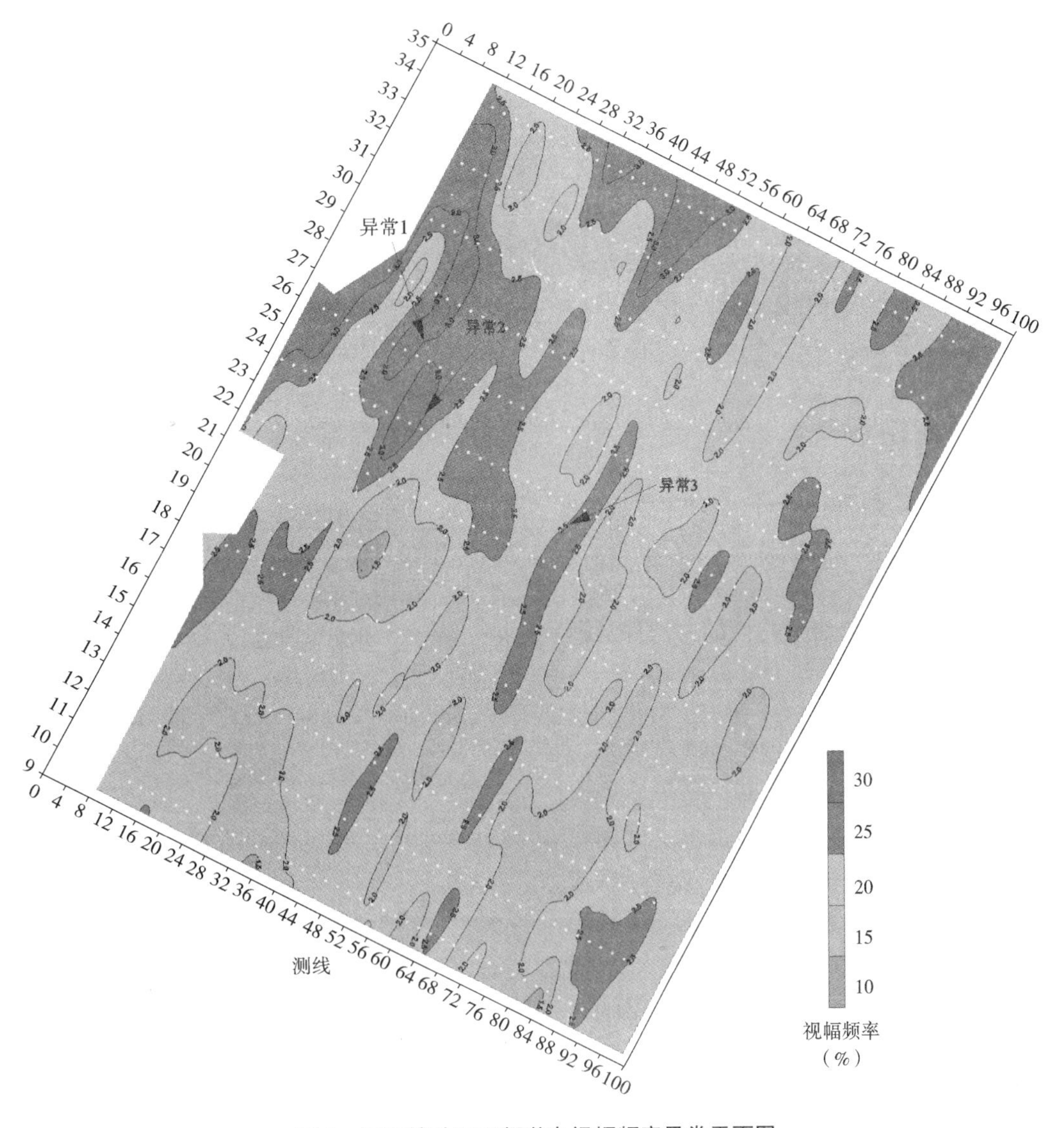

图2　福建某矿区双频激电视幅频率异常平面图

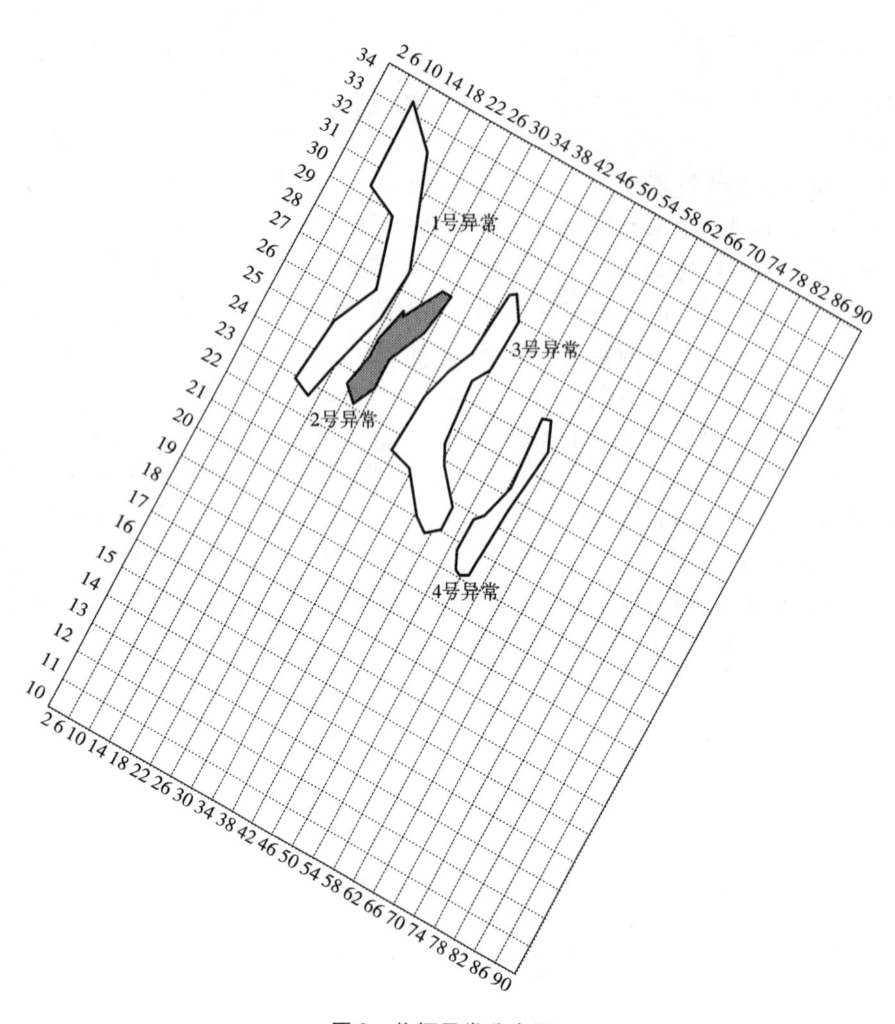

图 3 物探异常分布图

4 几点认识和建议

（1）在用 SQ－3B 仪器进行野外工作时候，如果发现接地电阻太大，可采取在电极上浇水或将电极尽量打深等方法减小接地电阻。在干扰大的地区，如读数不够稳定，应采用多次读数取平均值的办法保证测量精度。

（2）在本区工作频率域应用激电法时，由于山地潮湿，容易产生电磁感应耦合，在施工中为了减小或避免电磁感应耦合采取了下列措施：

① 合理选择电极距：在不影响勘探深度的前提下，尽量减小电极距，这样可以明显地减小电磁感应耦合。本区矿体深度一般不超过 200 m，工作中采用中梯装置，*AB* 极距一般控制在 800～1 000 m。

② 合理布置测量导线与供电导线，施工中采用“Π”型布极，增大 *AB* 与 *MN* 线间的距离以控制感应耦合，*AB* 与 *MN* 线间的距离不得小于 20 m，潮湿和低阻地区还应适当增大。

③ 为了减小供电线与大地间的电容、电感耦合，潮湿地区和水塘处将 *AB* 线架空。

（3）由于环境、气候与地形的原因，在福建开展相应的地质、物探工作，存在着一定的困难，所以在本区开展工作时，前期工作准备就显得尤为重要。如能充分利用已有的资料，将给野外工作带来很大的便利，建议在充分收集相关资料后，利用地理信息系统进行相关的空间分析，划分成矿的有利区段，以便有针对性地开展地质、物探工作。

参考文献

[1] 何继善等著．双频激电法研究[M]．长沙：湖南科技出版社，1989

[2] 中南矿冶学院物探教研室编．金属矿电法勘探[M]．北京：冶金工业出版社，2000

[3] 傅良魁主编．电法勘探教程[M]．北京：地质出版社，1983

EH－4电磁成像系统在阿勒泰地区铜矿定位预测试验中的应用

柳建新　韩世礼　胡厚继　王　飞
（中南大学地球科学与信息物理学院，长沙，410083）

摘　要：EH－4电磁成像系统（又称电导率成像系统）是一套电磁自动采集和处理系统，它是CSAMT和MT的结合体。本文介绍了EH－4电磁成像系统的原理、特点和该系统在新疆阿勒泰地区某铜矿定位预测试验中的应用。

关键词：EH－4电磁成像系统；电阻率；铜矿

电磁勘探方法随着仪器的改进与完善，勘探的效率也得到了进一步的提高。EH－4电磁成像系统依靠其先进的电磁数据自动采集和处理技术，将CSAMT和MT方法结合在一起，实现了天然信号源与人工信号源的采集和处理，两种数据互相补充，可以提高地下矿体勘查的效果，有效勘查深度可达1 000 m以上。

1　EH－4电磁成像系统方法原理

EH－4电磁成像系统属于部分可控源与天然源相结合的一种大地电磁测深系统。深部构造通过天然背景场源成像（MT），其信息源为10 Hz～100 kHz。浅部构造则通过一个新型的便携式低功率发射器发射1～100 kHz人工电磁讯号，补偿天然讯号的不足，从而获得高分辨率的图像。

将大地看做水平介质，大地电磁场是垂直投射到地下的平面电磁波，则在地面上可观测到相互正交的电磁场分量为E_x、H_y、H_x、E_y。通过测量相互正交的电场和磁场分量，可确定介质的电阻率值。其计算公式为：

$$\rho = \frac{1}{5f}\left|\frac{E_x}{H_y}\right|^2$$

式中，f为频率，单位Hz；ρ为电阻率，单位Ω·m。由于地下介质是不均匀的，因而计算的ρ值称为视电阻率值[1,2]。探测深度理论计算公式为：

$$\delta \approx 500\sqrt{\rho/f}$$

δ为趋肤深度。上式表明，电磁波的透入深度随电阻率的增加和频率的降低而增大，同时也与大地电阻率的均方根成正比。

2　电磁成像系统的特点

EH－4电磁成像系统与其他地球物理方法相比，具有以下一些特点：

（1）用人工场源与天然场源共同作用的方式，人工场源弥补了天然场源在某些频段的不足，使该系统在10 Hz～100 kHz的范围内获得连续的有效信号。人工场源对解决浅部地质问题尤为有用。

（2）测量系统和发射装置都比较轻便，测量速度快。该系统效率高于直流电测深法。

（3）该系统具有较高的分辨率，为探测某些小的地质构造和区分电阻率差异不大的地层提供了可能性。

（4）该系统不受高阻盖层的影响，在玄武岩覆盖地区、基岩大面积出露地区，甚至在某些沙漠覆盖区，均能有效地探测地下深部地质信息。

3　试验矿集区地质特征

矿集区位于克兰盆地北缘，为阿勒泰复式向斜北翼次级褶皱——萨热阔布复式背斜的北西转折端及其北东翼；区内有乌拉斯沟－红岭铜矿、阿勒泰铜矿、恰夏铜矿。前人认为乌拉斯沟－红岭铜矿位于萨热阔布复式背斜北西转折端部位。

测区内出露泥盆系康布铁堡组地层，可划分为下、上两个亚组，下亚组分为两个岩性段，上亚组分为三个岩性段。

康布铁堡组上亚组第一岩性段（$D_1k_2^1$）：由酸性火山碎屑岩和熔岩组成，局部夹绿泥石英片岩，厚度398.57～709.55 m。

康布铁堡组上亚组第二岩性段（$D_1k_2^2$）：以黏土

质—碎屑沉积—碳酸盐沉积浅变质岩为主，夹少量火山碎屑岩，主要岩性为绿泥石英片岩、钙质砂岩、凝灰质砂岩、大理岩、流纹质(晶屑)凝灰岩、英安质晶屑凝灰岩等；厚度282.74～693.1 m；层位内普遍发育块状硫化物、磁铁石英岩、石英岩(硅质岩)、钠长石岩(热水沉积)、铁锰质大理岩等火山喷流沉积层和似层状矽卡岩等火山气液交代变质岩，为金铅锌多金属矿及铜矿的主要含矿层位。

康布铁堡组上亚组第三岩性段($D1k_2^3$)：为近火山口相的流纹质火山碎屑建造，厚度458.6～1 645.8 m。其下部和中部为喷发空落火山碎屑沉积，主要岩性有流纹质晶屑凝灰岩，近火山口部位分布有流纹质火山角砾岩、流纹质集块角砾岩和流纹岩；上部为含硅质岩层和碳酸盐岩层的沉流纹质火山碎屑岩，在上部沉积火山碎屑岩层中有铅锌矿化和铜矿化，为区域内铅锌和铜的次要含矿层位。

4 试验区地球物理特征

通过对测区内采集岩矿石标本进行电阻率测量，结果分别是：条纹状铜铅锌矿石电阻率为102～748 Ω·m；块状铜铅锌矿石电阻率为2～421 Ω·m；含铁(铜)石英岩250～912 Ω·m；铁帽电阻率为371～979 Ω·m；矽卡岩电阻率为51～1 245 Ω·m；凝灰岩电阻率为7.3～3 697 Ω·m；酸性熔岩电阻率为667～1 253 Ω·m；片岩电阻率为43～6 668 Ω·m；大理岩电阻率为99～1 181 Ω·m；砂岩电阻率为251～1 980 Ω·m；斜长角闪岩电阻率为279～329 Ω·m。由上可知区内块状铜铅锌矿石具有低电阻率；条带状矿石为中低电阻率；含铁(铜)石英岩、铁帽等地表矿化体视电阻率与其他岩石差异不大，其他岩石(凝灰岩、大理岩、硅质岩、砂岩、矽卡岩、片岩、酸性熔岩等)视电阻率都比较大，矿体和围岩电性差异明显，具备开展EH－4电磁成像的物性前提。

5 试验区EH－4探测结果

为了了解本区EH－4电磁成像的应用效果，2004年8月在试验区选择了5条剖面开展了试验性研究工作，由于篇幅限制本文仅对1号试验剖面的勘探效果进行分析。

1号试验剖面总长度1 100 m，测点间距为50 m，地表无第四系覆盖，岩层出露地表，风化严重，倾角较大，为本区开展地质工作提供了有利条件。本次工作采用美国Geometrics公司和EMI公司联合研制的双源型电磁系统，采用地面二维连续张量式电导率测量，资料处理采用系统自带的专用反演软件进行连续二维电导率成像，成像结果见图1。

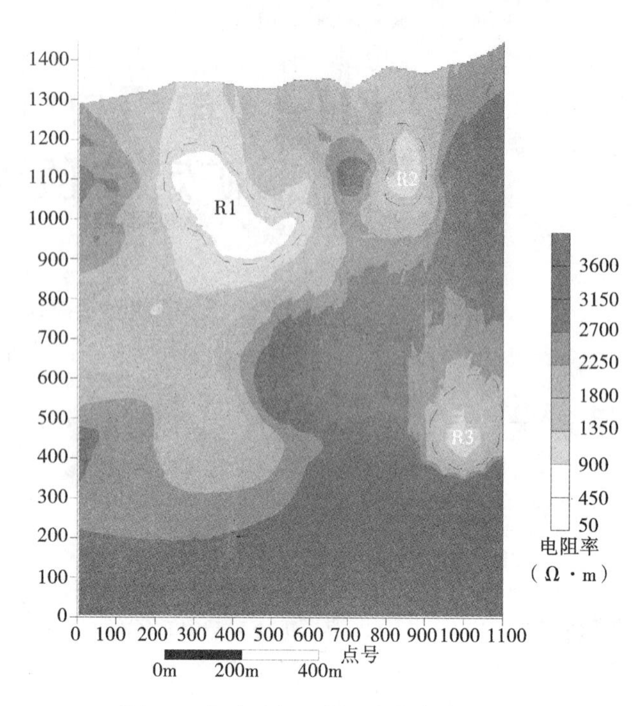

图1 1号试验剖面电导率成像成果图

由图1可以看出：在浅部存在两个低阻体带，其中低阻体带R1位于测线的200～500号点处，埋深150～400 m深的位置，电阻率在50～500 Ω·m之间，与代表出露的主含矿层火山喷流沉积层和似层状矽卡岩对应，推测其低阻体为块状铜铅锌矿石，另一个低阻体带R2在850号点处200 m深的位置，低阻异常体宽度约80 m，延深约120 m，该低阻体视电阻率为70～600 Ω·m，与地表出露的碳酸盐岩层的沉流纹质火山碎屑岩对应，也应该是铅锌铜矿体的反映。此外950～1 050 m处埋深800 m左右还存在一个电阻异常体，由于埋深大，本区尚没有深钻验证大于600 m深度的矿体，因此暂不能对此异常性质进行判别，加上本次试验只是方法技术试验，几条剖面相隔较远，因此对各异常在北西～南东方向的延伸发展情况无法预测，故而无法知道异常体的大致规模。

6 结 论

EH－4连续电导率剖面仪采用定点观测，探测深度相对较大，施工方便，能适应西部地区的找矿工作要求。上述结果表明，区内EH－4连续电导率反演的电阻率分布与实际地层变化具有较好的对应关系，说明其能够反映出地下电性分布情况，达到了试验的预期目的，对比附近勘探线的钻孔资料，可以发现用本方法可以实现试验区的铜矿定位预测研究，可以开展面积性的工作，弄清本区深部铜铅锌矿体的三维空间分布规律。

参考文献

[1] 何继善编译. 可控源音频大地电磁法[M]. 长沙：中南工业大学出版社，1990

[2] 付良魁. 应用地球物理教程[M]. 北京：地质出版社，1991

[3] 陈乐寿. 大地电磁测深方法[M]. 北京：地质出版社，1990

流场法在铜街子水电站坝基渗漏检测中的应用

朱洪潇 戴前伟 冯德山

（中南大学地球科学与信息物理学院，长沙，410083）

摘 要：流场法是近几年提出的用来检测坝基渗漏、管涌的一种新方法。这种方法克服了目前探测堤坝渗漏或管涌等隐患的方法中，只能在坝体上或堤垸外水面上进行的弱点。流场法通过分析“伪随机”电流场与渗漏水流场之间在数学形式上的内在联系，通过测定电流场和异常水流场时空分布形态之间的拟合关系，就可间接测定渗漏水流场。本文主要介绍了流场法的基本原理、工作方法和流场法结果的异常资料解释。

关键词：流场法；渗漏；检测；异常解释

1 坝区工程地质条件

1.1 构造地质条件

（1）褶皱：坝址位于北北东向紫斗村背斜的南东翼和南北向喻坝背斜的倾伏北端。

喻坝背斜：南北向短轴褶皱，向北倾伏至坝基下游，其轴部沿河流右深槽展布，受断层破坏，从 C_5 等值线、小构造和地下水活动等迹象表明，向北绵延至下游 F_6 与 F_{3-2} 的交汇处。

（2）断层：分布于坝区的扭断带，从属于北东向或南北向构造。主要形迹为中等倾角的仰冲断层 F_3、F_6 等；高角度扭断层 F_4、F_5 以及层间错动带 C_5、C_4 等。

1.2 水文及工程地质条件

15 坝段（1#溢流坝）在坝踵部位由于 F_6 断层使 C_5 错成 Z 型，交汇带形成上 C_5 和下 C_5 两层，地层涌水量也较大；坝趾部位也有不同程度涌水，该部位用无盖重灌浆。

16～17 坝段是右深槽最低谷，坝基开挖后高程 400 m，16 坝段的左侧在高程 410 m 以下 F_6 出露，经 15 坝段护坦后改转左至厂房坝段。该两坝段 C_5 在建基面以下，坝踵 4.5～5.5 m，坝趾 11～15 m。

该部位在混凝土浇至 408 m 以后开始固结灌浆，施工中大部分孔大量涌水（满孔涌水），上游为甚，坝中、坝趾次之。给施工造成严重困难。分析其水源，其一是上游挡砂坎已形成与建基面高差 25 m，坎前已积水；其二是通过围堰库区出露 C_5 通道；其三是两岸边坡的地下水，坝趾次之。19 坝段横 0+50～0+90 m，软弱夹层与断层破碎带纵横交错，有上 C_5、下 C_5、F_3、F_{3-1}，岩石破碎。

2 流场法检测方法的基本原理和工作方法

2.1 基本原理

江、河、库、湖中水流的正常分布有其自身的规律，江、河中的正常水流大体是沿着河床的方向。除了山泉等的补给和侧向渗流等之外，水库中的水总体是静止的。湖水运动较为复杂，它与江、河的交流，各种原因的水的补给和流失等均可引起水的运动。温度的差异也可引起水的对流。然而，在局部范围内水的流动是相对简单的。水流速度在空间上的分布，可以视为流场。在一般情况下，即没有渗漏情况下，流场为正常场：

$$V=V_n(x,y,z,t)$$

一旦出现管涌、渗漏，就出现了两方面的异常情况：

在正常流场基础上，出现了由于渗漏造成的异常流场，此异常流场的重要特征是水流速度的矢量场指向漏水口。因此，如果测量到了此异常矢量场的三维分布就可以找到渗漏入口。然而，由于正常流场的存在，并且，正常流场常常大于异常流场，因此关键的问题是如何快速、准确地分辨出异常流场来。

（1）由于渗漏的出现，必然存在从迎水面向背水面的渗漏通道。在出现管涌的情况下，此通道更为明显，此通道既是客观存在的，也是探测渗漏管涌入水口可以利用的物理实体。

(2) 在实际工作中，流场法就是基于以上物理事实，人工强化异常流场，而且将探测器材深入水中，使之尽量靠近入水口。这样，探测精度、灵敏度和抗干扰性能均达到很高的水平，不论是微渗漏还是集中管涌均可准确探测。用船载连续扫描或观测，扫描速度可达1 m/s，特别适合汛期快速查险的需要。如果非汛期，本方法也适合水库查漏或其他挡水建筑物的渗漏检测。

流场法就是基于以上物理事实，在背水面的堤垸内和迎水面的水中同时发送一种人工信号——特殊波电流场，去拟合并强化异常水流场的分布，这样，通过测量电流场分布密度就可以直接或间接测定渗漏水流场，从而寻找渗漏管涌入水口。

该方法的具体分析如下：

若用矢量 $V_n(x, y, z, t)$ 表示河流中河水正常流动时水流速度的正常分布，那么一旦出现渗漏管涌时，由贝努利定律可描述此条件下的水流场分布矢量：

$$V(x, y, z, t) = V_n(x, y, z, t) + V_a(x, y, z, t)$$

式中 $V_a(x, y, z, t)$ 表示由于渗漏管涌所造成的异常水流场矢量。

特别在水库中，若无渗漏或其他原因引起水的流动，则：$V_a(x, y, z, t) = 0$。

在汛期，由于 $|V_n| \gg |V_a|$，因此直接测定 $V_a(x, y, z, t)$ 相当困难。但该技术通过分析特殊波电流场与渗漏水流场之间在数学形式上的内在联系，建立了电流场和异常水流场时空分布形态之间的拟合关系，因而通过测定电流场就可间接测定渗漏水流场。经过理论分析和大量物理模型试验，优选了电流信号波形，使之与渗漏水流场分布关系变得简单，测定方便并具有较高的分辨率和强的抗干扰能力，并使研制的仪器大众化，为防洪减灾发挥重要作用。

2.2 工作方法

在用伪随机流场法进行检测过程中，我们根据两孔选一孔的原则，对4~24坝段的排水孔进行扫面工作，每孔分别在库水和尾水设置伪随机流场法发射源，共计检测排水孔232个，累计孔深6 200.57 m，由于在检测过程中出现卡孔等现象，库水发送源检测实际深度为5 966.5 m，尾水发送源检测实际累计深度为5 949.50 m，总计检测累计深度为11 916.00 m 。在完成流场法的工作后，我们还进行了超声波检测、声波CT、温度测井以及钻孔电视4种检测方法，分别对流场法的异常结果进行了辅助解释，进一步证实了流场法的正确性。

2.3 流场法检测仪器

(1) DB-4堤坝管涌渗漏检测仪发送机；

(2) DB-4堤坝管涌渗漏检测仪接收机；

(3) 探头；

(4) 电缆线(100 m)；

(5) 电池(2箱)；

(6) 导线若干。

3 资料分析解释

3.1 异常特征解释

(1) C5隔水层以及层间渗水的异常特征解释。

根据排水孔伪随机流场法测井检测原理可知，在 C_5 层由于岩层不透水、导电性差，导致该段的接地电阻高，同时，由于岩层不透水、导电性差，伪随机电流场往岩层发散较少，电流主要集中在孔中，沿水传播，导致观测系统测量电极密度强，因此电位差高，故在 C_5 层以上表现为高接地电阻、高电位差特征；在 C_5 层以下由于岩层的渗水性较强、导电性好，导致该段接地电阻低，电流密度低，因此电位差低，故在 C_5 层以下表现出低接地电阻、低电位差征。

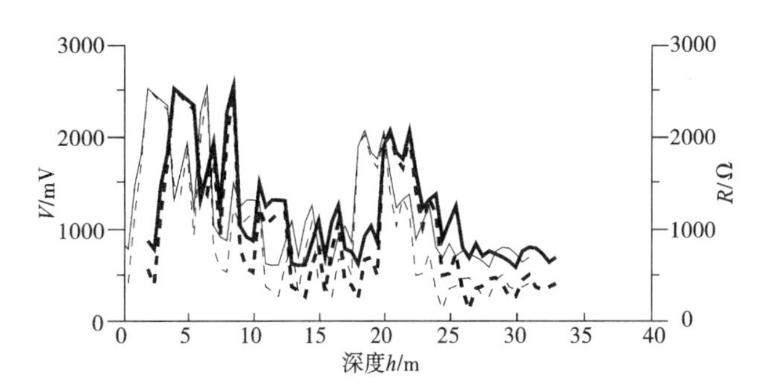

图1 N17-3-4排水孔伪随机流场检测曲线

从图1的曲线可看出，在9.0 m以上，电阻率和电位差的值较大，说明此处的岩石致密，透水性差，导致该段的接地电阻高，而伪随机电流场往岩层中发散较少，形成高接地电阻、高电位差特征；在9.0 m处，曲线发生突变，在9.0 m以下，电阻率和电位差的值变小，说明此处的岩石破碎，透水性好，导致该段的接地电阻低，而伪随机电流场往岩层中发散较多，从而形成低接地电阻、低电位差特征。根据这一突变现象可以断定在9.0 m处存在一隔水层，这一论断和地质资料中在9.0 m处存在阻水作用的 C_5 的探测结果是一致的。在图中，我们还可以看出，尾水供电的曲线大于库水供电，这也说明尾水对该孔的异常影响大于库水。

(2) 局部渗水段的异常特征解释。

在局部渗水点，该点与库水或尾水连通导致此处导电性较好，接地电阻低，同时，由于该点导电性好，电流密度相对集中，因此在该点电位差高，故有低接地电阻高电位差的特征。

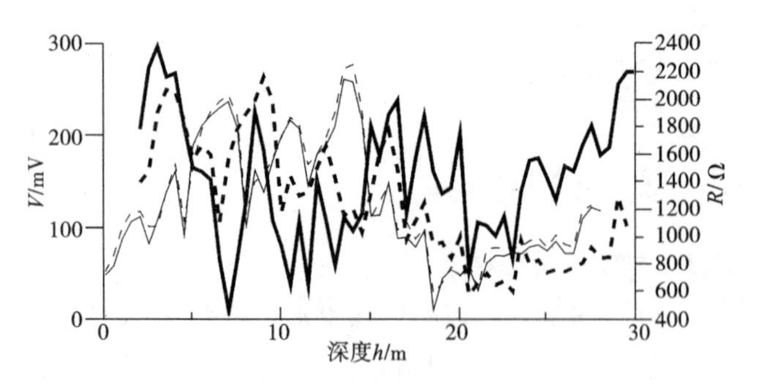

图2 N12-3-11排水孔伪随机流场检测曲线

从图2的曲线中可以看出，在3~5 m处，存在高电位差、低接地电阻，说明此处存在局部渗水带，且尾水的影响大于库水；在7~10 m处，尾水曲线图的异常较为明显，此处可能存在一局部渗水段；在15~17 m处，电位差和电阻率都突然变小，说明此地段有C_5隔水层或层间渗水带；而到23 m以下，电位差和电阻率又逐渐增大，说明排水孔底部的岩石完整性较好。

(3) 排水孔来源与伪随机流场法测井异常特征关系。

由于铜坝的水文地质情况十分复杂，各排水孔中水的来源往往不是单一的，库水、尾水，两岸边坡以及渗层地下水都可能是排水孔 的给水源，综合分析铜坝伪随机流场法测井异常特征，主要分以下类型：

① 伪随机场源位于库水发送与尾水发送时，曲线的形态与伪随机流场场值的大小是基本一致的。

② 若伪随机流场法测井显示库水发送异常值大于尾水发送异常值，表明该异常与库水的水力联系比尾水强。

③ 若伪随机流场法测井显示库水发送异常值小于尾水发送异常值，表明该异常与尾水的水力联系比库水强。

3.2 10~22坝段异常解释概述

(1) 第一排概述。

第一排大都表现为岩体破碎层间渗水，而N11-1-1、N11-1-3、N12-1-8、N13-1-3、N14-1-4在C5层以上也存在局部渗水区，且第一排绝大部分孔的库水发送与尾水发送的特征是基本一致的。

(2) 第二排概述。

第二排中，主要为岩体破碎层间渗水，其中N10-2-1、N10-2-7、N11-2-2、N11-2-8、N11-2-10、N18-2-2、N18-2-4、N19-2-7在C_5层以上存在局部渗水点。

在10~13坝段的坝基地段，库水发送与尾水发送的异常特征在异常的形态与场值大小上表现基本是一致的。其中N11-2-2的7.0~13.0 m段、N11-2-6孔、N12-2-4孔11.0 m处库水的异常大于尾水的异常，表明这些孔受库水的影响大于尾水，N13-2-3孔尾水的异常大于库水，表明该孔受尾水的影响大于库水。

15~19坝段的坝基地段，库水发送与尾水发送的异常特征在异常的形态与场值大小上表现出不一致。其中N17-2-1、N17-2-3、N17-2-5、N18-2-6~N19-2-3段以及N19-2-7孔中，尾水的异常大于库水的异常，表明这些孔受尾水的影响大于库水。N15-2-4、N17-2-7~N18-2-4以及N19-2-5孔中库水的异常大于尾水的异常，表明这些孔受库水的影响大于尾水。

(3)第三排概述。

第三排中，也主要表现为岩体破碎层间渗水，其中10~13坝段中除N12-3-7孔外的所有孔都存在局部渗水点，而N15-3-1、N15-3-3、N18-3-5、N18-3-7、N19-3-4、N19-3-6在C_5层以上都存在局部的渗水点。

在10~13坝段的坝基地段，库水发送与尾水发送的异常特征在异常的形态与场值大小表现出不一致。其中N10-3-5、N10-3-7、N11-3-3~N11-3-7、N13-3-4、N13-3-8孔中库水的异常大于尾水的异常，表明这些孔受库水的影响大于尾水。在N10-3-1、N10-3-3、N12-3-11~N13-3-2孔中尾水异常大于库水，表明这些孔受尾水影响大于库水。

在15~19坝段的坝基地段，库水发送与尾水发送的异常特征在异常的形态与场值大小表现出不一致。其中N15-3-6、N16-3-1、N16-3-7~N17-3-4段、N18-3-5~N18-3-7以及N19-3-4孔中，尾水的异常大于库水的异常，表明这些孔受尾水的影响大于库水。N15-3-1~N15-3-3、N17-3-5、N17-3-6、N18-3-3、N19-3-3以及N 19-3-6孔中库水的异常大于尾水的异常，表明这些孔受库水的影响大于尾水。

4 结束语

流场法突破了以往只在堤坝坝体上或只在水面上进行探测的思路局限，这是一种直接的测量方法。它采用了入水探头高灵敏度、高分辨率检测电流场密度技术，电流密度多分量检测，探头连续扫描技术和强抗干扰技术。这些技术使得流场法在堤坝管涌渗漏检测中发挥了重要的作用，改变了以前抗洪的被动局面，减少抗洪抢险中人、财、物的巨大损失。

参考文献

[1] 何继善. 堤防渗漏管涌流场法探测技术[J]. 铜业工程，1999(4)

[2] 冷元宝. 流场法探测堤坝管涌渗漏新技术[J]. 人民黄河，2001(23)

图书在版编目(CIP)数据

矿山地质选集第四卷:矿山地质与地球物理新进展/汪贻水,彭觥,肖垂斌主编. —长沙:中南大学出版社,2015.7

ISBN 978 -7 -5487 -1732 -4

Ⅰ.矿... Ⅱ.①汪...②彭...③肖... Ⅲ.①矿山地质-文集②地球物理勘探-文集 Ⅳ.①TD1 -53②P631 -53

中国版本图书馆 CIP 数据核字(2015)第 159745 号

矿山地质选集第四卷:矿山地质与地球物理新进展

主编 汪贻水 彭 觥 肖垂斌

□**责任编辑** 刘石年 胡业民

□**责任印制** 易红卫

□**出版发行** 中南大学出版社

社址:长沙市麓山南路 邮编:410083

发行科电话:0731-88876770 传真:0731-88710482

□**印 装** 湖南地图制印有限责任公司

□**开 本** 880×1230 1/16 □**印张** 16 □ **字数** 548 千字

□**版 次** 2015 年 8 月第 1 版 □**印次** 2015 年 8 月第 1 次印刷

□**书 号** ISBN 978 -7 -5487 -1732 -4

□**定 价** 130.00 元